教育部高等学校材料类专业教学指导委员会规划教材

固体物理基础

秦高梧 张宪民 李 松 孟祥颖 主编

FUNDAMENTALS OF SOLID STATE PHYSICS

化学工业出版社
·北 京·

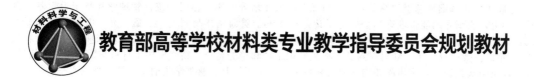

内容简介

《固体物理基础》基于“厚基础、宽口径”的人才培养原则，在引入统计物理学和量子力学基本理论基础上，详细介绍能带理论和金属电子论，并在电子层面阐述材料的热、磁、光、电等基本性质的起源，最后介绍固体物理理论在各类新材料中的应用。本书充分融合了凝聚态物理和典型功能材料最近20年的主要研究成果，针对材料类本科生知识结构和培养特点，精心架构了材料与物理之间的桥梁，注重理论与实践结合，突出固体物理的材料特色，有利于提升材料类学生的专业基础理论水平。

本书具体内容为：量子力学和统计物理学导论、金属电子论、能带理论、材料的磁性、晶格动力学与材料热性质，以及固体物理理论的典型应用。每章后给出了一定数量的习题，以帮助读者进一步掌握本章的核心内容。每章最后还提供了一些思政阅读材料，讲述固体物理与材料领域的历史故事，以期增强学生的科学精神与家国情怀感。

本书可作为高等学校材料类、电子类以及物理类相关专业本科生和研究生的教学用书，也可供相关专业的科研人员参考。

图书在版编目（CIP）数据

固体物理基础/秦高梧等主编. —北京：化学工业出版社，2023.11

ISBN 978-7-122-44262-8

Ⅰ.①固… Ⅱ.①秦… Ⅲ.①固体物理学-高等学校-教材 Ⅳ.①O48

中国国家版本馆CIP数据核字（2023）第179198号

责任编辑：陶艳玲　　文字编辑：王丽娜

责任校对：杜杏然　　装帧设计：史利平

出版发行：化学工业出版社（北京市东城区青年湖南街13号　邮政编码100011）

印　　刷：三河市航远印刷有限公司

装　　订：三河市宇新装订厂

787mm×1092mm　1/16　印张17½　字数408千字　2023年12月北京第1版第1次印刷

购书咨询：010-64518888　　售后服务：010-64518899

网　　址：http://www.cip.com.cn

凡购买本书，如有缺损质量问题，本社销售中心负责调换。

定　　价：69.00元

前言

近年来，随着材料领域的科研和生产从结构型材料向功能型材料的快速转变，材料科学与工程学科已经与物理学科和化学学科深度融合，固体物理已成为新型结构材料和各类功能材料领域的理论基础。材料科学与工程相关专业的人才培养，逐渐注重基于电子理论的固体物理知识的教学。

固体物理学相关的教材，国内外版本均较多。国内最为经典的是黄昆教授于 1988 年编写出版的《固体物理学》，后续的相关教材多沿用该教材体系，并根据各校的专业特点做了一定的修改与补充。现有各个版本的固体物理学教材一般都是面向物理类专业学生，更侧重于基础物理，理论性较强，其深度不适用于材料类专业的本科生教学。现有的固体物理学教材中所涉及的物质结构、相与相图、晶体缺陷等内容，在材料类专业基础课——《材料科学基础》教材中都有详细介绍，现有的固体物理学教材与材料类专业的结合度存在一定的问题。

基于以上因素，我们编写了这本面向材料类等工科专业学生的教材。本教材共分 6 章：第 1 章主要介绍有关量子力学的基本知识，包括描述微观粒子运动状态和规律的波函数以及薛定谔方程；第 2 章讲述金属电子论，以量子自由电子理论为基础讨论电子气的性质，并给出费米分布和费米能等概念，为第 3 章的学习奠定基础；第 3 章讲解能带理论及其应用，从晶体的周期性结构和周期场中的电子运动规律出发，解释布里渊区以及能带的形成，并给出导体、绝缘体和半导体的能带论解释；第 4 章介绍材料的磁性，主要是在量子理论的基础上解释物质磁性的来源以及物质产生各种磁性的机理；第 5 章介绍晶格动力学、声子概念以及由晶格振动所决定的晶体热学性质；第 6 章介绍固体物理理论的典型应用，如密度泛函理论、自旋电子器件、量子材料等。除第 6 章以外，每章都分别给出了一定数量的习题，有助于读者对相应章节知识和内容的进一步巩固和掌握。此外，每章最后都包含与材料及物理领域相关的思政阅读材料，让读者了解一定的物理学和材料学的发展历史，以培养科学精神。

本教材由东北大学秦高梧、张宪民、李松和孟祥颖四位教授主编，李宗宾教授和杨波副教授参与了第 6 章部分章节的编著。

本教材可作为高等学校材料类、电子类以及物理类相关专业的本科生和研究生“固体物理学”课程的教学用书。

由于编者们知识水平所限，教材中的失误之处料所难免，敬请专家和读者及时指出，不吝赐教，以期及时修正。

编者
2023年7月

目 录

第1章 量子力学和统计物理学导论

第2章 金属电子论

第3章 能带理论

第 1 章

量子力学和统计物理学导论

宏观固体由大量微观粒子组成，固体中的原子数密度为 $10^{23}/\mathrm{cm}^3$，因此，固体物理需要从微观粒子的物理理论出发，来说明宏观固体的现象、性质和规律。量子力学研究低速微观粒子的运动特性和规律，是微观粒子的物理理论；统计物理学说明或预言由大量粒子组成的宏观物体的物理性质，是由微观世界到宏观世界及其他各层次领域的桥梁。因此，量子力学和统计物理学是固体物理的基础理论和基本工具。本章讲述量子力学和统计力学的基本理论，量子力学部分包括：基本原理、量子体系基础、自旋和基本近似方法；统计力学部分包括：统计物理学基本原理、平衡态系综理论和近独立粒子体系统计分布及其应用。本章内容将为固体物理后续研究内容奠定坚实的物理理论基础。

1.1 微观粒子的运动特征

微观粒子的行为通常要用量子力学的方法描述，而不能用经典力学的方法描述。经典力学用于处理宏观物体的运动是量子力学的一个成功近似；若用于描述微观粒子的运动，则常常得出错误的结果，这是因为微观粒子的运动具有特殊性，其运动规律和宏观物体有质的区别。

1.1.1 能量量子化

经典物理学认为物理量的取值是可以连续变化的，例如，一个物体的能量可以从 E 增加到 $E+\mathrm{d}E$，此处 $\mathrm{d}E$ 代表无穷的能量。量子论则认为，微观粒子的能量是不连续的。人们把不连续变化的物理量的最小单位称为量子，把这种物理量的不连续变化称为量子化。例如，每一种频率的光的能量都有一个最小单位，称为光量子或光子。频率为 ν 的光的 1 个光子能量为

$$E=h\nu \tag{1-1}$$

式中，$h=6.626\times10^{-34}\,\mathrm{J\cdot s}$，称为普朗克（M. Planck）常量。在微观领域中不仅能量是量子化的，还有许多其他物理量的变化也是量子化的。

1.1.2 波粒二象性

光在干涉、衍射、偏振等现象中显示波动性；在涉及能量的问题中，例如在光电效应中，

光又显示出粒子性。因此，对光这一客观物体，需要用两种图像来描述：光有粒子性，用表征粒子性的能量 E 和动量 p 来描述；光还具有波动性，用表征波动性的波长 λ 和频率 ν 来描述。

根据式（1-1），光的能量公式为 $E=h\nu$，光还具有动量

$$p=\frac{h}{\lambda} \tag{1-2}$$

式（1-1）和式（1-2）的等号左边的物理量 E 和 p 表示光具有粒子性，右边的物理量 ν 和 λ 表示光的波动性，粒子性和波动性通过普朗克常数 h 联系起来。这样，光就具有粒子性和波动性的双重性质，这种性质称为波粒二象性。

在光的波粒二象性的启示下，德布罗意（L. de Broglie）指出，电子、质子和中子等实物粒子也具有波动性，而且关于光的波粒二象性的两个关系式也适合于实物粒子，即

$$E=h\nu \quad p=\frac{h}{\lambda} \tag{1-3}$$

式（1-3）称为德布罗意关系式，它把实物粒子的波动性和粒子性联系起来。实物粒子所具有的波称为德布罗意波或物质波。对于质量为 m，运动速度为 v 的粒子，其动量为 $p=mv$（v 为运动速度），由式（1-3）可得到其物质波的波长为

$$\lambda=\frac{h}{p}=\frac{h}{mv} \tag{1-4}$$

由于 h 是一个很小的量，所以物质波的波长实际上是很短的。对于宏观物体来说，因波长太短，通常观察不到波动性。例如，质量为 0.02kg，速度为 500m/s 的子弹，物质波的波长只有 10^{-35}m，故其波动性可以忽略不计，用经典力学来处理是恰当的。对于微观粒子，例如，经 100V 电压加速的电子，速度达 10^{6}m/s 左右，电子的质量为 9.1×10^{-31}kg，用式（1-4）可求出其物质波的波长约为 10^{-8}m。虽然波长仍很短，但已与 X 射线的波长相当，在一定条件下波动性便会明显表现出来。因此，像电子这样的微观粒子通常不能用经典力学处理，而要用量子力学处理。

量子力学中常把式（1-3）改写成

$$E=\hbar\omega \qquad \boldsymbol{p}=\frac{h}{\lambda}\boldsymbol{n}=\hbar\,\boldsymbol{k} \tag{1-5}$$

式中，$\hbar=\frac{h}{2\pi}=1.0545\times10^{-34}$J·s，是量子力学中常用的符号；$\omega=2\pi v$，表示角频率；$\boldsymbol{n}$ 表示波传播方向的单位矢量；$\boldsymbol{k}=\frac{2\pi}{\lambda}\boldsymbol{n}$ 称为波矢，波矢 $\boldsymbol{k}$ 的方向即为波传播的方向，其大小 $k=|\boldsymbol{k}|\frac{2\pi}{\lambda}n$，表示在距离 2π 内波的个数。

德布罗意关于物质波的假设，在 1927 年分别被戴维孙（C. Davisson）和格默（L. H. Germer）的电子束在镍单晶上的散射实验及汤姆孙（G. P. Thomson）的电子衍射实验所证实。汤姆孙选用金、铝、铂等金属箔为光栅进行电子衍射实验（见图 1-1），在底片上获

得投射的电子衍射图样（见图 1-2）。由实验所得到电子波的波长 λ 和用式（1-4）计算的值符合得很好，证实了德布罗意的假设是合理的。后来发现质子、中子和分子等微观粒子都有衍射现象，而且都符合德布罗意关系式，这说明波粒二象性是微观世界的普遍现象。物质粒子的波动性在现代科学技术中已经得到广泛应用，如电子显微镜、中子衍射技术等。

波粒二象性是微观粒子最重要的特点，这是其运动规律区别于宏观物体的根本原因。

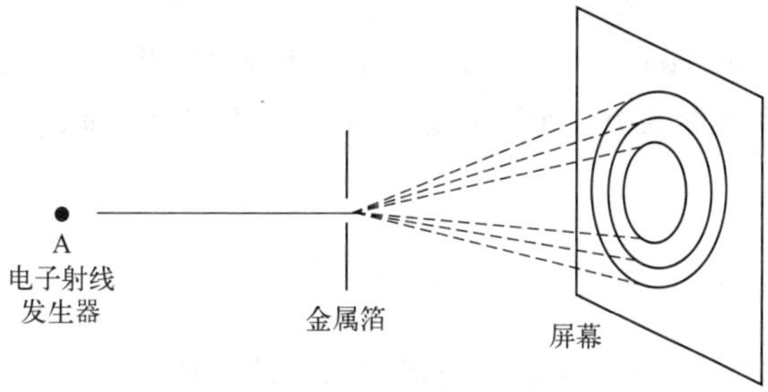

图 1-1 电子衍射

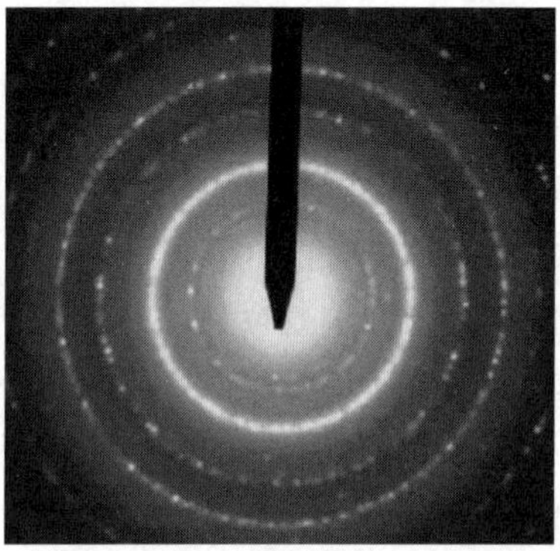

图 1-2 多晶 Au 的电子衍射花样

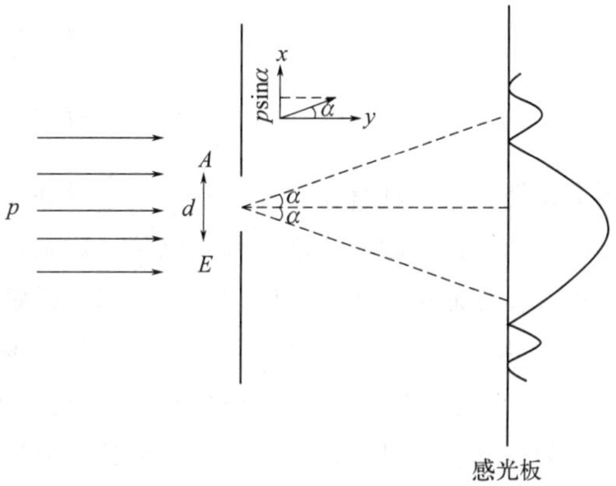

图 1-3 通过狭缝的电子衍射

1.1.3 测不准关系

在经典力学的概念中，1 个粒子在任何时刻 t，其坐标 x 和速度 v_x 都同时具有确定值。因为动量 p_x 等于质量 m 和速度 v_x 的乘积，即 $p_x=mv_x$，所以 t 时刻粒子的坐标 x 和动量 p_x 同时有确定值的可能性便成为宏观粒子的基本性质。在此基础上，可以认为经无限短时间间隔 $\mathrm{d}t$ 之后，粒子的位置

$$x+\mathrm{d}x=x+\frac{\mathrm{d}x}{\mathrm{d}t}\mathrm{d}t=x+\frac{p_x}{m}\mathrm{d}t \tag{1-6}$$

是可以确定的，这样就可以得出粒子的运动轨迹。电子等微观粒子具有波粒二象性，那么微观粒子的坐标和动量能否同时有确定的值呢？下面用电子束通过狭缝的衍射实验进行验证。带有一条狭缝的隔板平行于 x 轴，狭缝的宽度为 d，隔板后面平行放置一个感光板，一束电子以一定动量 p 沿 y 轴方向运动，如图 1-3 所示。电子束通过狭缝后，在感光板上产生衍射

花样，衍射强度的分布如图 1-3 右部所示，衍射强度大部分落在主峰范围。α 代表主峰边沿的衍射角。衍射使电子的运动方向发生变化，即电子的动量发生了变化。衍射实验表明，电子束通过的狭缝的宽度 d 越小，衍射角 α 就越大，产生的衍射主峰范围就越大，即电子运动方向变化范围就越大。电子通过狭缝的瞬间，位置不确定范围 Δx 就是狭缝宽度 d，而动量不确定范围 Δp_x 就是电子运动方向变化范围。因此，电子衍射实验说明，电子位置定得越精确，则电子的动量就确定得越不精确。

1927 年，海森堡（W. Heisenberg）首先提出如下原理：测量一个粒子的位置不确定范围是 Δq，那么同时确定的动量也有 1 个不确定范围 Δp，并且 Δq 和 Δp 的乘积总大于一定的数值，即

$$\Delta q \Delta p \geqslant \frac{\hbar}{2} \tag{1-7}$$

这就是测不准原理或测不准关系。若把它写成三维形式，则应为

$$\begin{cases} \Delta q_x \Delta p_x \geqslant \dfrac{\hbar}{2} \\ \Delta q_y \Delta p_y \geqslant \dfrac{\hbar}{2} \\ \Delta q_z \Delta p_z \geqslant \dfrac{\hbar}{2} \end{cases} \tag{1-8}$$

测不准原理表明，具有波动性的粒子，位置和动量不能同时有精确值。当它的某个位置被确定地越精确，则其相应的动量分量就越不确定，反之亦然。

值得注意的是，测不准原理不仅适用于微观粒子，同样也适用于宏观粒子。只是$\hbar$是一个非常小的量（$\hbar=1.0545\times10^{-34}$J·s）。对于宏观物体，迄今最精确的测量所得 Δq 和 Δp 的乘积都远比$\hbar$的数量级大得多，以致测不准原理对宏观物体不起实际的作用。因此，可以认为宏观物体的运动同时具有确定的位置和动量，$\hbar$可以近似看作为零。

例如，质量为 0.02kg、运动速度为 500m/s 的子弹，如果速度测量准确到运动速度的十万分之一（这已经很精确了），则按式（1-7）计算其位置的不确定度

$$\Delta q=\frac{\hbar}{2m\Delta v}=\frac{1.05\times10^{-34}}{2\times0.02\times500\times10^{-5}}=5.3\times10^{-31}(\mathrm{m})$$

这个不确定度的数值远在测量精度之外，因此子弹的位置和速度（动量）可以同时精确测量。但是对于原子和分子中的电子（质量为 9.1×10^{-31}kg），则同样的速度和速度测量精度所引起的位置不确定度

$$\Delta q=\frac{\hbar}{2m\Delta v}=\frac{1.05\times10^{-34}}{2\times9.1\times10^{-31}\times500\times10^{-5}}=1.2\times10^{-2}(\mathrm{m})$$

远大于原子和分子的自身尺寸，即不可能同时精确测量其位置和速度（动量）。

由上面分析可以看出，测不准原理限制了经典力学的适用范围。在一个具体问题中，如果相对来说，$\hbar$可以忽略不计，那么 Δq 和 Δp 均可同时为零，也就是位置和动量可以同时有精确值，于是经典力学就完全适用于这个问题；如果$\hbar$的大小不容忽视，这种情况下粒子的位置和动量不可能同时有精确值，粒子的运动也无确定的轨道可言，经典力学不再适用，而必

须应用正确反映微观世界特有规律性的量子力学理论。

1.2 波函数和波动方程

1.2.1 用波函数描述的微观粒子状态

在经典力学中，运动粒子在 t 时刻的状态，是以该时刻粒子的坐标和动量一对确定值 (q,p) 来描述的。因为其他力学量 F 都可以表示成坐标和动量的函数，即

$$F=F(q,p)$$

t 时刻的 q 和 p 确定以后，则该时刻各种力学量也就随之确定了，这样 t 时刻粒子的状态就完全确定了。而且如果知道了 t 时刻粒子的状态，由牛顿定律可以推出其在另一时刻的运动状态。对于微观粒子，由于测不准原理的限制，其坐标和动量不能同时有确定值，因此就不能用经典力学的方法描述它们的运动状态。量子力学认为，微观体系的运动状态可以用波函数 ψ 来描述。

波函数是描述微观粒子状态的时间 t 和坐标 $\boldsymbol{r}$，而且一般应为复函数。下面用一个简单的例子建立对波函数的直观表述，看看自由粒子的波函数如何表达。所谓自由粒子是不受外力作用的粒子，其能量 E 和动量 p 是不随时间 t 变化的常量。根据德布罗意关系式，与自由粒子相联系的波的角频率 $\omega=\dfrac{E}{\hbar}$ 和波长 $\lambda=\dfrac{h}{p}$ （或波矢 $\boldsymbol{k}=\dfrac{\boldsymbol{p}}{\hbar}$）也都是不变的常量。由波动学可以知道这样的波是单色平面波，可表示为

$$\psi(\boldsymbol{r},t)=A\mathrm{e}^{\mathrm{i}(\boldsymbol{k}\cdot\boldsymbol{r}-\omega t)}=A\mathrm{e}^{\frac{\mathrm{i}}{\hbar}(\boldsymbol{p}\cdot\boldsymbol{r}-Et)} \tag{1-9}$$

式中，A 是 ψ 的振幅；$\mathrm{i}=\sqrt{-1}$ 为虚数单位。式（1-9）就是描述自由粒子运动状态的波函数，可以看出它是坐标 $\boldsymbol{r}$ 和时间 t 的复函数，在空间和时间上是连续延展的。

1.2.2 波函数的物理解释

如何把分布于有限空间的粒子和这样一个波给统一起来呢？描述粒子的波函数 ψ 究竟有什么物理意义呢？

曾有人认为，电子的波动性是因为电子本身就是由许多波组合起来的一个波包，因而会显现出干涉、衍射等现象，波包的大小即电子的大小，波包的速度也就是电子的速度，但实验很快就否定了这种认识。波包是由不同频率的波组成的，频率不同的波在媒质中的运动速度不同，这样波包在传播过程中会逐渐扩散开来。而实验中观测到的一个电子，总处于空间一个有限小区域内。此外，波在媒质界面上可分为反射和折射两部分，这样就会观测到“一个电子的一部分”，而实验观察到的电子总是一个不可分割的整体。显然，这种观点片面地强调了波动性，而抹杀了粒子性。

另一种观点认为，电子波是大量电子在空间疏密分布形成的波，类似于在大量相互作用着的空气分子中传播的声波。电子衍射实验证实了这一观点是不正确的。将图 1-1 所示的实

验改变一下，用强度很弱的电子束射向金属箔，以保证电子一个一个地通过金属箔到达底片上。实验开始阶段，底片上由于电子撞击出现了一个个孤立斑点，它表明每个电子都是独自作为一个整体（而不是分割）被接受，这显示了电子的粒子性。起初，斑点的分布是没有规律的，见图 1-4（a），但是随着实验时间的延长，底片上斑点增多，其分布逐渐显示出规律性，最后得到的衍射图样和用强电子束衍射的结果完全一样，如图 1-4（b）所示。衍射现象是波动性的一种标志，这显示了电子具有波动性。既然逐个通过金属箔的电子能在底片上形成衍射图样，这说明电子衍射不是大量电子相互作用的结果。单个电子就具有波动性，反映了电子本身的运动遵循一种固有规律性。由此可见，电子的波动性乃是大量彼此独立的电子在同一实验中的统计结果，或是一个电子在许多次相同实验中的统计结果。

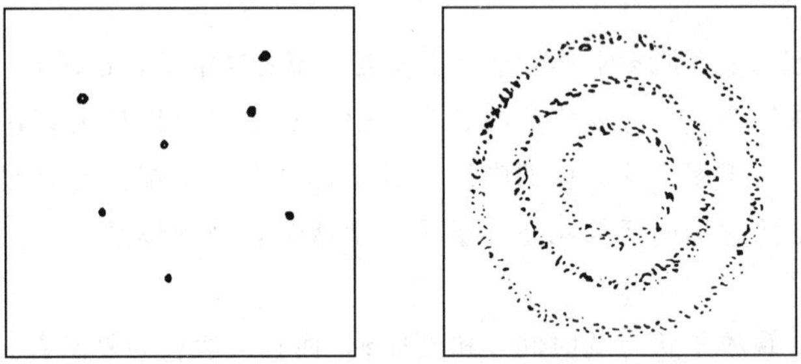

(a) 开始时　　(b) 经足够长时间后

图 1-4　慢速电子衍射实验结果

对衍射实验的结果进行分析，可以得到如下结论：底片上 $\boldsymbol{r}$ 处衍射强度大，$\boldsymbol{r}$ 处的电子出现的数目就多；衍射强度小，电子出现的数目就少。而 $\boldsymbol{r}$ 处的电子出现的数目多，则电子出现概率就大；电子出现数目少，则电子出现的概率就小。因此，电子的波动性是和微观粒子行为的统计规律性联系在一起的。

按波动学，衍射花样的强度分布用波函数绝对值平方 $|\psi(\boldsymbol{r},t)|^2$ 表示。玻恩（M. Born）在此基础上提出了波函数的统计解释：t 时刻在空间 $\boldsymbol{r}$ 处找到粒子的概率与 t 时刻波函数在 $\boldsymbol{r}$ 处的绝对值平方 $|\psi(\boldsymbol{r},t)|^2$ 成正比。可用数学式把上述的波函数物理意义表达出来。空间 $\boldsymbol{r}(x,y,z)$ 点附近的体积元为 $\mathrm{d}\tau=\mathrm{d}x\mathrm{d}y\mathrm{d}z$，$t$ 时刻在该体积元中找到粒子的概率是

$$\mathrm{d}W(x,y,z,t)=|\psi(x,y,z,t)|^2\mathrm{d}\tau \tag{1-10}$$

单位体积中的概率称为概率密度，即

$$\begin{aligned}\omega(x,y,z,t)&=\frac{\mathrm{d}W(x,y,z,t)}{\mathrm{d}\tau}=|\psi(x,y,z,t)|^2\\&=\psi(x,y,z,t)^*\psi(x,y,z,t)\end{aligned} \tag{1-11}$$

式中，ψ^* 是 ψ 的共轭复数。按照这种理解，$|\psi|^2$ 代表粒子在时空的概率密度分布，物质波乃是概率波。

概率波正确地把微观粒子的波动性和粒子性统一起来了，这使人们对电子的波粒二象性形成了更清晰的物理图像。电子本身是一颗颗的粒子，电子的波动性是电子在空间各处出现的概率性，反映了电子的运动服从一种统计规律。一般来说，不能根据描述电子状态的波函数来预言一个电子在什么时刻必定出现在什么地方，但能预言电子可能出现在什么地方：

$|\psi|^2$ 大的地方，电子出现的概率大；$|\psi|^2$ 小的地方，电子出现的概率小；$|\psi|^2=0$ 的地方，则不会有电子出现。一旦在空间发现一个电子，它必定是一个整体，有确定的质量、电荷等，而且集中在一个很小的区域内（约 10^{-14} m），因而显现为一个粒子。

1.2.3 波函数的标准化和归一化

由于 $|\psi|^2$ 是 t 时刻在 $\boldsymbol{r}$ 处找到粒子的概率密度，因此波函数应该满足一些条件，才代表物理实在，才有物理意义。首先，ψ 必须是有限的、单值的和连续的，这称为标准化条件。概率是有限数值，所以波函数应该有限；粒子在某一时刻、某一地点出现的概率是唯一确定的，所以波函数必须是单值的；概率不会在某处发生突变，故波函数必须处处连续。其次，由于粒子必定要在空间某点出现，所以粒子在空间各点出现的概率总和等于1，也就是概率密度 $|\psi|^2$ 对全空间积分应等于1，因此有

$$\int_0^\infty |\psi(\boldsymbol{r},t)|^2 \mathrm{d}\tau = 1 \tag{1-12}$$

式（1-12）一般称为波函数的归一化条件。

若有波函数 $\phi(\boldsymbol{r},t)$

$$\int_0^\infty |\phi(\boldsymbol{r},t)|^2 \mathrm{d}\tau = A \neq 1$$

可令

$$\psi(\boldsymbol{r},t) = \frac{1}{\sqrt{A}} |\phi(\boldsymbol{r},t)| \tag{1-13}$$

显然

$$\int_0^\infty |\phi(\boldsymbol{r},t)|^2 \mathrm{d}\tau = \int_0^\infty \frac{|\phi(\boldsymbol{r},t)|^2}{A} \mathrm{d}\tau = 1$$

$\psi(\boldsymbol{r},t)=\dfrac{1}{\sqrt{A}}|\phi(\boldsymbol{r},t)|$ 称为归一化波函数，把不是归一化的波函数 ϕ 变成归一化波函数 ψ 的过程称为归一化，$\dfrac{1}{\sqrt{A}}$ 叫作归一化常数。

波函数 ψ 和波函数 ϕ 实际上代表同一状态。这是因为波函数的绝对值平方表示粒子在空间各处的概率分布，无论状态用 ψ 还是 ϕ 描述，这种概率分布都是一样的。例如，对于空间任意两点 $\boldsymbol{r}_1$ 和 $\boldsymbol{r}_2$，有

$$\frac{|\psi(\boldsymbol{r}_1,t)|^2}{|\psi(\boldsymbol{r}_2,t)|^2} = \frac{\frac{1}{\sqrt{A}}|\phi(\boldsymbol{r}_1,t)|^2}{\frac{1}{\sqrt{A}}|\phi(\boldsymbol{r}_2,t)|^2} = \frac{\phi(\boldsymbol{r}_1,t)^2}{\phi(\boldsymbol{r}_2,t)^2} \tag{1-14}$$

可见，波函数 $\phi(\boldsymbol{r},t)$ 与 $\psi(\boldsymbol{r},t)=\dfrac{1}{\sqrt{A}}|\phi(\boldsymbol{r},t)|$ 所代表的粒子相对概率分布完全相同。

1.2.4 态叠加原理

波动性的本质是叠加性（表现为干涉、衍射）。微观粒子的状态用波函数描述，而波函数也表示一种波，当然也有叠加性。量子力学中把波函数的叠加性表述为态叠加原理：如果 ψ_1 和 ψ_2 是体系的可能状态，那么，它们的线性叠加

$$\psi=c_1\psi_1+c_2\psi_2 \tag{1-15}$$

也是体系的一个可能状态。其中，c_1 和 c_2 为复常数。它的更一般的表述是：设 ψ_1，ψ_2，ψ_3，…是体系的各种可能状态，那么，这些状态的线性叠加

$$\psi=c_1\psi_1+c_2\psi_2+\cdots=\sum_i c_i\psi_i \tag{1-16}$$

也是体系的可能状态。换句话说，如果体系可以处于 ψ_1 所描述的状态，也可以处于 ψ_2 所描述的状态，则它也一定可以处于 $\sum_i c_i\psi_i$ 所描述的状态。只是，当体系处于 ψ 态时，无法确定体系究竟处于 ψ_1 态，还是处于 ψ_2 态或 ψ_3 态……所能确定的只是体系处于 ψ_1，ψ_2，ψ_3，…各态的概率是 $|c_1|^2$，$|c_2|^2$，$|c_3|^2$，…

1.3 薛定谔波动方程

1.3.1 波动方程

量子力学中粒子的状态用波函数描述，然而还需要知道粒子的状态随时间的变化规律。显然，微观体系的状态变化规律不能用牛顿方程来描述，因为牛顿方程只能描述粒子的运动规律不能描述波的运动规律。薛定谔（E. Schrödinger）在 1926 年建立了描述微观粒子运动规律的方程——薛定谔方程

$$\mathrm{i}\hbar\frac{\partial}{\partial t}\psi(\boldsymbol{r},t)=\left[-\frac{\hbar^2}{2m}\nabla^2+V(\boldsymbol{r},t)\right]\psi(\boldsymbol{r},t) \tag{1-17}$$

式中，m 是粒子质量；V 是粒子势能（一般为位置和时间的函数）；∇^2 是拉普拉斯算子，$\nabla^2=\frac{\partial^2}{\partial x^2}+\frac{\partial^2}{\partial y^2}+\frac{\partial^2}{\partial z^2}$；$\mathrm{i}=\sqrt{-1}$，是虚数单位，由于它的存在要求波函数一般是复函数。

薛定谔方程也称为波动方程，它是量子力学的一个基本假设。薛定谔只是建立了波动方程，而不是从更基本的原理出发导出这个方程，所以它的正确性只能由实践检验。从方程建立之日起至今近一个世纪以来，以薛定谔方程为基础建立起来的量子力学的理论和方法经受了大量实践的检验，证明了它的正确性。

1.3.2 定态薛定谔方程

薛定谔方程是时间和坐标的偏微分方程，很难求解。但很重要的一种特殊情况是，V 不显含 t，故可用分离变量法求解方程。设特解

$$\psi(\boldsymbol{r},t)=\psi(\boldsymbol{r})f(t) \tag{1-18}$$

将式（1-18）代入式（1-17）并除以 $\psi(\boldsymbol{r})f(t)$，可得

$$\mathrm{i}\hbar\frac{1}{f(t)}\times\frac{\partial}{\partial t}f(t)=\frac{1}{\psi(\boldsymbol{r})}\left[-\frac{\hbar^2}{2m}\nabla^2+V(\boldsymbol{r})\right]\psi(\boldsymbol{r}) \tag{1-19}$$

式（1-19）左边仅为 t 的函数，而右边仅是 $\boldsymbol{r}$ 的函数，而 t 与 $\boldsymbol{r}$ 又是互相独立的自变量，要使式（1-19）恒等，必须两边都等于同一常数。令此常数为 E，则可分离为两个方程

$$\frac{1}{f(t)}\times\frac{\mathrm{d}f(t)}{\mathrm{d}t}=-\mathrm{i}\frac{E}{\hbar} \tag{1-20}$$

$$\left[-\frac{\hbar^2}{2m}\nabla^2+V(\boldsymbol{r})\right]\psi(\boldsymbol{r})=E\psi(\boldsymbol{r}) \tag{1-21}$$

式中，E 表示与时间 t、坐标 $\boldsymbol{r}$ 都无关的常数。式（1-21）称为定态薛定谔方程，也简称为薛定谔方程。式（1-20）的解为

$$f(t)=C\mathrm{e}^{-\mathrm{i}\frac{E}{\hbar}t} \tag{1-22}$$

式中，C 是积分常数。只要由式（1-21）求出 $\psi(\boldsymbol{r})$，则式（1-17）的解可求得

$$\psi(\boldsymbol{r},t)=\psi(\boldsymbol{r})f(t)=\psi(\boldsymbol{r})\mathrm{e}^{-\mathrm{i}\frac{E}{\hbar}t} \tag{1-23}$$

常数 E 有明确的物理意义。波函数 $\psi(\boldsymbol{r},t)=\psi(\boldsymbol{r})\mathrm{e}^{-\mathrm{i}\frac{E}{\hbar}t}$ 表示一个波，这个波的时间部分按欧拉公式展开

$$\mathrm{e}^{-\mathrm{i}\frac{E}{\hbar}t}=\cos\left(\frac{E}{\hbar}t\right)-\mathrm{i}\sin\left(\frac{E}{\hbar}t\right)$$

可见这个波与时间的关系是正弦和余弦函数关系，其角频率 $\omega=\frac{E}{\hbar}$，对照式（1-5）的德布罗意关系式 $E=\hbar\omega$，可知 E 即是能量。由于 E 既不依赖于坐标 $\boldsymbol{r}$，也不依赖于时间 t，因此当体系处于波函数 $\psi(\boldsymbol{r},t)=\psi(\boldsymbol{r})\mathrm{e}^{-\mathrm{i}\frac{E}{\hbar}t}$ 所描述的状态时，其能量 E 有确定的值。所以把这种状态称为定态，把 $\psi(\boldsymbol{r},t)=\psi(\boldsymbol{r})\mathrm{e}^{-\mathrm{i}\frac{E}{\hbar}t}$ 称为定态波函数，而把 $\psi(\boldsymbol{r})$ 称为振幅波函数，或简称为波函数。

当体系处于定态时，除能量有确定值外，还有一些其他特征，比如粒子的概率密度也不随时间改变。概率密度

$$\psi(\boldsymbol{r},t)^2=\psi^*(\boldsymbol{r},t)\psi(\boldsymbol{r},t)=\psi^*(\boldsymbol{r})\mathrm{e}^{\mathrm{i}\frac{E}{\hbar}t}\psi(\boldsymbol{r})\mathrm{e}^{-\mathrm{i}\frac{E}{\hbar}t}=|\psi(\boldsymbol{r})|^2$$

这表明在空间各处的单位体积中找到粒子的概率不随时间改变。因此，定态是一种力学性质稳定的状态。

根据上面讨论，可以把定态薛定谔方程（1-21）的物理意义概述为：对于一个质量为 m、在势能为 $V(\boldsymbol{r})$ 的外场中运动的粒子，有一个与该粒子的稳定态相联系的波函数 $\psi(\boldsymbol{r})$，这个波函数满足式（1-21）所示的方程。该方程的每一个有物理意义的解 $\psi(\boldsymbol{r})$，表示粒子运动的

某一个稳定状态，与此解相对应的常数 E 就是在这个稳定态的能量。

1.4 力学量和算符

物理学要从理论上回答，体系处于某一状态时，测量一个力学量可得到什么值。在经典力学里，质点的状态是以坐标 $\boldsymbol{r}$ 和动量 $\boldsymbol{p}$ 一对确定值表示的，而各可观察的力学量都是它们的函数，如能量 $E=\boldsymbol{p}^2/2m+U(\boldsymbol{r})$，从而使理论能够在给定的一状态里，对力学量的观察结果给出唯一确定的预言。对于微观粒子，由于波粒二象性，其状态是用波函数 $\psi(\boldsymbol{r},t)$ 描述的。我们已经知道，在给定的状态 $\psi(\boldsymbol{r},t)$ 里，测量粒子的位置得不到确定值，只能得到粒子在 $\boldsymbol{r}$ 处出现的概率 $|\psi(\boldsymbol{r},t)|^2$。微观粒子运动的这种统计规律性（表现为概率波），不仅决定了测量粒子位置只能得到分布概率，而且测量其他力学量通常也得不到唯一结果，只是得到有一定概率分布的一系列可能值。量子力学的功能之一就是要从理论上回答，在给定状态测量一个力学量可以得到什么可能值，以及测得某个可能值的概率多大。这是本节的主要内容，在此之前要知道量子力学是如何用数学工具描述力学量的。

在量子力学中，每个力学量都是用线性厄米算符来表示的。力学量是指坐标 $\boldsymbol{r}(x,y,z)$、动量 $\boldsymbol{p}(p_x,p_y,p_z)$、动能 T、势能 V、能量 E 等物理量。

1.4.1 算符及其一般性质

所谓算符，就是对一个函数施行某种运算的符号。一般情况下，算符作用在函数 u 上，得到的将是另一个函数 ν，用式子表示为

$$\hat{F}u=\nu \tag{1-24}$$

式（1-24）中 $\hat{F}$ 就是算符。例如，$\frac{\mathrm{d}}{\mathrm{d}x}$ 是微商算符，它将函数 $u(x)$ 变成一级微商 $u'(x)$，即 $\frac{\mathrm{d}}{\mathrm{d}x}u(x)=u'(x)=\nu(x)$。$\sqrt{\ }$ 是开平方算符，$\sqrt{u(x)}=\nu(x)$。x 也是算符，它的作用是与 $u(x)$ 相乘，$xu(x)=\nu(x)$。

算符相等、相加、相乘的定义如下：对于任意的波函数 ψ

① 若 $\hat{F}\psi=\hat{M}\psi$，则

$$\hat{F}=\hat{M} \tag{1-25}$$

② 若 $\hat{F}\psi+\hat{G}\psi=\hat{M}\psi$，则

$$\hat{F}+\hat{G}=\hat{M} \tag{1-26}$$

③ 若 $\hat{F}(\hat{G}\psi)=\hat{M}\psi$，则

$$\hat{F}(\hat{G})=\hat{M} \tag{1-27}$$

式（1-27）明确地表示了相乘算符对波函数的作用次序

$$\hat{F}\hat{G}\psi=\hat{F}(\hat{G}\psi)=\hat{F}\Phi \tag{1-28}$$

即$\hat{G}$先作用于 $\psi(\boldsymbol{r},t)$，作用后 $\psi(\boldsymbol{r},t)$ 变为 Φ，然后$\hat{F}$再作用。对多个算符的积，应作同样的理解，也就是说，算符在运算时向右作用，而且作用的次序不能随意颠倒。一般来说，算符之积不满足交换律，即$\hat{F}\hat{G}\neq\hat{G}\hat{F}$，这是算符运算与通常数的运算唯一不同之处。定义

$$[\hat{A},\hat{B}]=\hat{A}\hat{B}-\hat{B}\hat{A} \tag{1-29}$$

为量子力学的对易式。若 $[\hat{A},\hat{B}]=0$，称算符$\hat{A}$与算符$\hat{B}$之间是对易的；若 $[\hat{A},\hat{B}]\neq 0$，称算符$\hat{A}$与算符$\hat{B}$不对易。

下面给出线性厄米算符的定义。

如果算符$\hat{F}$满足

$$\hat{F}\left[c_1u_1(x)+c_2u_2(x)\right]=c_1\hat{F}u_1(x)+c_2\hat{F}u_2(x) \tag{1-30}$$

式中，$u_1(x)$ 和 $u_2(x)$ 是任意两个函数；c_1 和 c_2 是任意常数。则称$\hat{F}$为线性算符。如$\frac{\mathrm{d}}{\mathrm{d}x}$和 x 都是线性算符，而开平方算符、取对数算符等都不是线性算符。

如果对于任意两个函数 $u(x)$ 和 $\nu(x)$，算符$\hat{F}$满足

$$\int u^*(x)\hat{F}\nu(x)\mathrm{d}x=\int(\hat{F}u)^*\nu\mathrm{d}x \tag{1-31}$$

则称$\hat{F}$为厄米算符，积分包括自变量的全部区域，$*$ 号表示取复共轭。可以证明 x 和$\frac{\hbar}{\mathrm{i}}\times\frac{\mathrm{d}}{\mathrm{d}x}$满足式 (1-31)，都是厄米算符，而$\frac{\mathrm{d}}{\mathrm{d}x}$不是厄米算符。

如果一个算符即是线性算符，又是厄米算符，则称为线性厄米算符。显然，x 和$\frac{\hbar}{\mathrm{i}}\times\frac{\mathrm{d}}{\mathrm{d}x}$就是线性厄米算符。

1.4.2 力学量的算符表示

一个力学量如何用算符来表达呢？量子力学提出如下算符化规则。

① 时间及坐标的算符就是它们自己

$$\hat{\boldsymbol{r}}=\boldsymbol{r},\hat{x}=x,\hat{y}=y,\hat{z}=z,\hat{t}=t \tag{1-32}$$

② 动量的算符为

$$\hat{p}_x=\frac{\hbar}{\mathrm{i}}\times\frac{\partial}{\partial x},\hat{p}_y=\frac{\hbar}{\mathrm{i}}\times\frac{\partial}{\partial y},\hat{p}_z=\frac{\hbar}{\mathrm{i}}\times\frac{\partial}{\partial z},\hat{\boldsymbol{p}}=\frac{\hbar}{\mathrm{i}}\nabla \tag{1-33}$$

式中，$\frac{\hbar}{\mathrm{i}}\nabla=\frac{\hbar}{\mathrm{i}}\times\frac{\partial}{\partial x}i+\frac{\hbar}{\mathrm{i}}\times\frac{\partial}{\partial y}j+\frac{\hbar}{\mathrm{i}}\times\frac{\partial}{\partial z}k$。

③ 任意一个力学量 F，先写成关于坐标和动量的函数

$$F=F(\boldsymbol{r},\boldsymbol{p})$$

然后将上式中坐标不变，动量换成动量算符，即得出力学量 F 的算符 $\hat{F}$

$$\hat{F}=\hat{F}(\hat{\boldsymbol{r}},\hat{\boldsymbol{p}})=\hat{F}\left(\hat{\boldsymbol{r}},\frac{\hbar}{\mathrm{i}}\nabla\right) \tag{1-34}$$

例如，质量为 m、速度为 v 粒子的动量 $\boldsymbol{p}=m\boldsymbol{v}$，动能大小为 $T=\frac{1}{2}mv^2=\frac{p^2}{2m}$，按上列规则，相应的动能算符为

$$\hat{T}=\frac{\hat{\boldsymbol{p}}^2}{2m}=\frac{1}{2m}\left(\frac{\hbar}{\mathrm{i}}\nabla\right)^2=-\frac{\hbar^2}{2m}\nabla^2$$

式中，$\nabla^2=\frac{\partial^2}{\partial x^2}+\frac{\partial^2}{\partial y^2}+\frac{\partial^2}{\partial z^2}$。势能 $V(\boldsymbol{r})$ 是坐标的函数，故算符保持不变

$$\hat{V}(\boldsymbol{r})=V(\boldsymbol{r})$$

角动量

$$\boldsymbol{L}=\boldsymbol{r}\times\boldsymbol{p}$$

相应的角动量算符为

$$\hat{\boldsymbol{L}}=\hat{\boldsymbol{r}}\times\hat{\boldsymbol{p}}=\boldsymbol{r}\times\frac{\hbar}{\mathrm{i}}\boldsymbol{r}\times\nabla \tag{1-35}$$

若一个体系的势能不含 t，即仅是坐标的函数，则称为保守系。在经典力学中，一个保守系的哈密顿（W. R. Hamilton）函数就是系统的动能和势能之和，即总能量

$$H=T+V$$

哈密顿函数 H 的算符称为哈密顿算符

$$\hat{H}=\hat{T}+\hat{V}=-\frac{\hbar^2}{2m}\nabla^2+V(\boldsymbol{r}) \tag{1-36}$$

量子力学中的力学量有两类：一类是从经典力学中的力学量对应过来的，如上面讲过的坐标 $\boldsymbol{r}$、动量 $\boldsymbol{P}$、角动量 $\boldsymbol{L}=\boldsymbol{r}\times\boldsymbol{p}$、动能 $T=\frac{\boldsymbol{P}^2}{2m}$、势能 $V(\boldsymbol{r})$ 及哈密顿量 $H=T+V$ 等，这些量在经过改造后即可成为量子力学中的算符；另一类是经典力学中所没有的，如自旋等量子力学所特有的力学量，它们的算符形式是由量子力学本身给出的，这类力学量在提及时再给出。

1.4.3 算符的本征值和本征函数

在一般情况下，一个算符 $\hat{F}$（如 $\hat{F}=\frac{\mathrm{d}}{\mathrm{d}x}$）作用于一个函数 f_1（如 $f_1=6x^2-2x$），得到的将是另一个函数 f_2，即

$$\hat{F}f_1=\frac{\mathrm{d}}{\mathrm{d}x}(6x^2-2x)=12x-2=f_2$$

在特殊情况下，存在一个函数 $\phi(x)$，使得算符$\hat{F}$作用于 ϕ 后，得到一个常数 λ 乘以 ϕ

$$\hat{F}\phi(x)=\lambda\phi(x) \tag{1-37}$$

则称 λ 为算符$\hat{F}$的本征值，$\phi(x)$ 为属于 λ 的本征函数，式（1-37）称为算符$\hat{F}$的本征方程。

定态薛定愕方程式（1-21）中

$$-\frac{\hbar^2}{2m}\nabla^2+V(\boldsymbol{r})=\hat{T}+\hat{V}=\hat{H}$$

所以式（1-21）可写成

$$\hat{H}\psi(\boldsymbol{r})=E\psi(\boldsymbol{r}) \tag{1-38}$$

故定态薛定谔方程就是哈密顿算符$\hat{H}$的本征方程。由于本征值 E 是能量，所以式（1-38）也称能量本征方程，而哈密顿算符也称能量算符。

由本征方程求出的算符本征值一般不止一个，其个数可能是有限的，也可能是无限的。算符$\hat{F}$所有本征值的集合称为$\hat{F}$的本征质谱。如果所有的本征值都是分立的，则称$\hat{F}$的本征值组成离散谱；如果本征值分布是连续的，则说它们组成连续谱；而如果本征值由分立和连续两部分组成，则称它们组成混合谱。下面只讨论离散谱。

如果算符$\hat{F}$的一个本征值 λ_n 只与一个本征函数 ϕ_n 相对应，称这个本征值是非简并的；如果有两个或两个以上线性独立的本征函数属于一个本征值 λ_n，则称这个本征值是简并的。属于同一个本征值 λ_n 的线性独立本征函数的个数 f 称为 λ_n 的简并度，这 f 个本征函数 ϕ_{n1}，ϕ_{n2}，…，ϕ_{nf} 称为简并波函数。

在量子力学中表示力学量的算符必须是厄米算符，这是因为力学量算符的本征值的物理意义是该力学量在本征态中的取值，所以本征值必须是实数，而厄米算符的本征值肯定是实数。设$\hat{F}$为厄米算符，其本征值为 λ，相应的本征函数为 ϕ，则有 $\hat{F}\phi=\lambda\phi$。按厄米算符的定义，应有

$$\int(\hat{F}\phi)^*\phi\mathrm{d}\tau=\int\phi^*\hat{F}\phi\mathrm{d}\tau \tag{1-39}$$

$$\int(\lambda\phi)^*\phi\mathrm{d}\tau=\int\phi^*\lambda\phi\mathrm{d}\tau$$

由本征方程

$$\lambda^*\int\phi^*\phi\mathrm{d}\tau=\lambda\int\phi^*\phi\mathrm{d}\tau$$

$$\lambda^*=\lambda \tag{1-40}$$

所以本征值 λ 必定为实数。

厄米算符的本征函数有下列两个重要性质。

（1）厄米算符本征函数的正交归一性

如果两个函数 $\phi_1(\boldsymbol{r})$ 和 $\phi_2(\boldsymbol{r})$ 满足

$$\int \phi_1^* \phi_2 \mathrm{d}\tau = 0 \tag{1-41}$$

则称函数 $\phi_1(\boldsymbol{r})$ 和 $\phi_2(\boldsymbol{r})$ 相互正交。式中积分是对变量 $\boldsymbol{r}$ 变化的全部区域进行的。厄米算符属于不同本征值的两个本征函数相互正交。下面给出这个定理的简单证明。

设厄米算符 $\hat{F}$ 的本征函数为 ϕ_1，ϕ_2，…，ϕ_n，…相应的本征值为 λ_1，λ_2，…，λ_n…本征值互不相等。则当 $k \neq l$ 时，应有 $\lambda_k \neq \lambda_l$，又

$$\hat{F}\phi_k = \lambda_k \phi_k \qquad \hat{F}\phi_l = \lambda_l \phi_l \tag{1-42}$$

因为 $\hat{F}$ 为厄米算符，按定义有

$$\int \phi_k^* \hat{F}\phi_l \mathrm{d}\tau = \int (\hat{F}\phi_k)^* \phi_l \mathrm{d}\tau$$

$$\int \phi_k^* \lambda_l \phi_l \mathrm{d}\tau = \int (\lambda_k \phi_k)^* \phi_l \mathrm{d}\tau$$

$$\lambda_l \int \phi_k^* \phi_l \mathrm{d}\tau = \lambda_k^* \int \phi_k{}^* \phi_l \mathrm{d}\tau = \lambda_k \int \phi_k{}^* \phi_l \mathrm{d}\tau$$

$$(\lambda_l - \lambda_k) \int (\phi_k)^* \phi_l \mathrm{d}\tau = 0 \tag{1-43}$$

由于 $\lambda_l - \lambda_k \neq 0$，所以必有

$$\int \phi_k{}^* \phi_l \mathrm{d}\tau = 0 \tag{1-44}$$

必须指出的是，无论本征值组成离散谱，还是连续谱，这个定理及其证明都成立。至于归一性，前面已指出波函数应归一化，即

$$\int |\phi_n|^2 \mathrm{d}\tau = \int \phi_n^* \phi_n \mathrm{d}\tau = 1$$

厄米算符的本征函数的正交归一性可以合并写成

$$\int \phi_n^* \phi_m \mathrm{d}\tau = \delta_{mn} \tag{1-45}$$

式中，符号 δ_{mn} 为克罗内克符号，它具有如下特性：

$$\delta_{mn} = \begin{cases} 1 & (m = n) \\ 0 & (m \neq n) \end{cases} \tag{1-46}$$

（2）厄米算符本征函数的完备性

设厄米算符 $\hat{F}$ 的本征函数为 ϕ_1，ϕ_2，…，ϕ_n，…对于体系的任意一已知的可能态 $\psi(\boldsymbol{r})$，都可以用本征态的线性叠加把 $\psi(\boldsymbol{r})$ 完全准确地表示出来，即存在

$$\psi(\boldsymbol{r}) = \sum_{n=1}^{\infty} c_n \phi_n(\boldsymbol{r}) \tag{1-47}$$

这又称为任意态用本征态展开。式（1-47）实际上就是态叠加原理的数学表示。式中 c_n 为叠加系数。数学上把任意函数 $\psi(\boldsymbol{r})$ 都可以按一套函数 $[u_n(x)]$（$n=1,2,\cdots$）展开的性质称为

这套函数 $[u_n(x)]$ 具有完备性或称 $[u_n(x)]$ 组成完备性（也称完全性）。因此，量子力学认为（即假设），一切力学量算符（或称为可观测量）的本征函数都具有完备性。

显然，求出 c_n，代入式（1-47）就实现了用本征态 $\phi_n(\boldsymbol{r})$ 表示任意已知态 $\psi(\boldsymbol{r})$。用某一本征态 $\phi_m(\boldsymbol{r})$ 的复共轭 $\phi_m^*(\boldsymbol{r})$ 左乘式（1-47）两边，然后对 $\boldsymbol{r}$ 变化的整个空间积分，并利用本征函数的正交性，得到

$$\int \phi_m^*(\boldsymbol{r})\psi(\boldsymbol{r})\mathrm{d}\boldsymbol{r} = \sum_{n=1}^{\infty} c_n \int \phi_m^*(\boldsymbol{r})\phi_n(\boldsymbol{r})\mathrm{d}\boldsymbol{r} = \sum_{n=1}^{\infty} c_n \delta_{mn} = c_m$$

所以

$$c_n = \int \phi_n^*(\boldsymbol{r})\psi(\boldsymbol{r})\mathrm{d}\boldsymbol{r} \tag{1-48}$$

这样，加上本征函数的正交归一性，可知力学量算符的本征函数组成正交归一的完备系。

1.4.4 力学量的测量值及平均值

体系处于 ψ 态时，测量一个力学量可以得到什么值？测得这个值的概率多大？对这个力学量多次测量的平均值是什么？量子力学以一个基本假设给出表述如下：

① 当体系处于 $\psi(\boldsymbol{r})$ 所描述的状态时，测量力学量 F，个别的一次测量只能得到可能值，而无确定值，可能值是 $\hat{F}$ 的本征值中的一个。

② 测得 $\hat{F}$ 的本征值 λ_n 的概率为 $|c_n|^2$，c_n 是 ψ 在 $\hat{F}$ 的本征函数叠加式中 ϕ_n 的系数。

③ 在 $\psi(\boldsymbol{r})$ 态测量力学量 F，测得 F 的平均值是

$$\overline{F} = \int \psi^*(\boldsymbol{r})F\psi(\boldsymbol{r})\mathrm{d}\tau \tag{1-49}$$

1.5 自旋和全同粒子

1.5.1 电子的自旋

许多实验都证明电子具有自旋，最著名的是施特恩-格拉赫（Stern-Gerlach）实验。实验中由 Q 射出的处于 s 态的氢原子束通过狭缝 S_1 和 S_2 和不均匀磁场，最后射到照相底片 P 上，其结果是在照相片底 P 上出现两条分裂的线（见图 1-5）。这一结果说明氢原子具有磁矩，并且原子的磁矩在磁场中只有两种取向，即它们是空间量子化的。这是因为原子束通过非均匀磁场时受到力的作用而发生偏转，同时分裂的线只有两条。由于实验中所用射线是处于 s 态

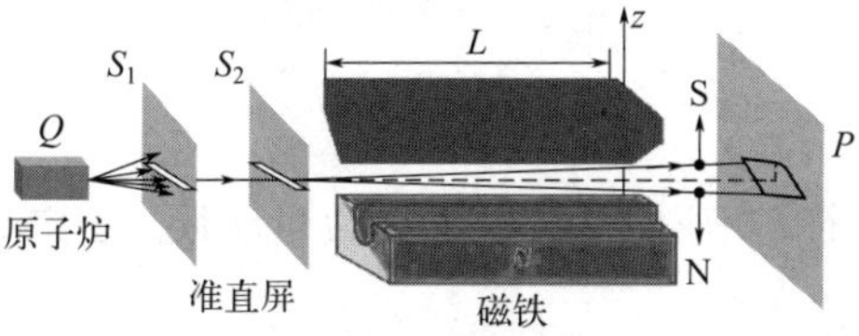

图 1-5　施特恩 - 格拉赫实验的仪器

的氢原子，角量子数 $l=0$，即原子没有轨道角动量，因而没有轨道磁矩，所以原子所具有的磁矩是电子的固有磁矩，即自旋磁矩。

为了解释施特恩-格拉赫实验，在 1925 年乌伦贝克（Uhlenbeck）和古德斯密特（Goudsmit）提出了如下假设。

① 每个电子具有自旋角动量 $\boldsymbol{S}$，且自旋角动量在空间任何方向上的投影只能取两个值

$$S_z=\pm\frac{\hbar}{2} \tag{1-50}$$

② 每个电子具有自旋磁矩 $\boldsymbol{M}_S$，它在空间任何方向上的投影也只能取两个值

$$\boldsymbol{M}_S=-\frac{e}{m}\boldsymbol{S} \text{ 或 } M_{S_z}=\pm\frac{e\hbar}{2m}=\pm\mu_B \tag{1-51}$$

式中，$-e$ 和 m 分别为电子的电荷和电子的质量；μ_B 是玻尔磁子。

由式（1-50）和式（1-51）可知，电子的自旋磁矩和自旋角动量之比为

$$\left|\frac{M_{S_z}}{S_z}\right|=\frac{e}{m} \tag{1-52}$$

这个比值称为电子自旋的旋磁比。

必须指出的是，除了电子具有自旋外，像质子、中子等基本粒子也都具有不为零的自旋（质子和中子的自旋都是 1/2）。粒子的自旋角动量是粒子的本性或粒子内部结构所决定的物理量，它不能用经典力学来解释，所以说自旋角动量又称内禀角动量。自旋角动量也是一个力学量，但是它和其他力学量有根本的差别，即一般力学量都是坐标和动量的函数，而自旋（自旋角动量）与粒子的坐标和动量无关，它是粒子内部状态的表征（经典力学中把粒子视为质点不考虑内部结构或自旋），因而是描述粒子状态的第四个变量。

1.5.2 自旋算符

像量子力学中所有力学量一样，粒子的自旋角动量也可以用一个算符 $\hat{\boldsymbol{S}}$ 来描述，不过由于它与粒子的坐标和动量无关，所以自旋角动量算符 $\hat{\boldsymbol{S}}$ 不能用 $\hat{\boldsymbol{r}}\times\hat{\boldsymbol{p}}$ 来表示。当然自旋角动量满足角动量的一般定义和性质。

量子力学给出角动量算符的一般定义：若算符 $\hat{\boldsymbol{J}}$ 满足下列对易关系

$$\hat{\boldsymbol{J}}\times\hat{\boldsymbol{J}}=\mathrm{i}\hbar\hat{\boldsymbol{J}}$$

即

$$\begin{cases}[\hat{J}_x,\hat{J}_y]=\mathrm{i}\hbar\hat{J}_z\\ [\hat{J}_y,\hat{J}_z]=\mathrm{i}\hbar\hat{J}_x\\ [\hat{J}_z,\hat{J}_x]=\mathrm{i}\hbar\hat{J}_y\end{cases} \tag{1-53}$$

则称 $\hat{\boldsymbol{J}}$ 为角动量算符，与算符 $\hat{\boldsymbol{J}}$ 相应的力学量 $\boldsymbol{J}$ 称为角动量。还定义 $\hat{\boldsymbol{J}}^2=\hat{J}_x^2+\hat{J}_y^2+\hat{J}_z^2$ 为角动量平方算符。

容易证明 $\hat{\boldsymbol{J}}^2$ 和 $\hat{J}_x^2$、$\hat{J}_y^2$、$\hat{J}_z^2$ 都是对易的，即

$$[\hat{\boldsymbol{J}}^2,\hat{\boldsymbol{J}}]=0,\text{或}\begin{cases}[\hat{\boldsymbol{J}}^2,\hat{J}_y]=0\\ [\hat{\boldsymbol{J}}^2,\hat{J}_z]=0\\ [\hat{\boldsymbol{J}}^2,\hat{J}_x]=0\end{cases} \tag{1-54}$$

可以证明，对于角动量平方算符$\hat{\boldsymbol{J}}^2$ 的本征方程$\hat{\boldsymbol{J}}^2\Phi=J^2\Phi$，$\hat{\boldsymbol{J}}^2$ 的本征值

$$J^2=j(j+1)\hbar^2 \tag{1-55}$$

其中，j 为整数 0，1，2，…或半奇数 1/2，3/2，5/2，…是标志角动量的量子数。在角动量的分量$\hat{J}_z$（$\hat{J}_x$，$\hat{J}_y$ 同）的本征方程$\hat{J}_z\Phi=J_z\Phi$ 中，本征值

$$J_z=m\hbar \tag{1-56}$$

量子数 $m=-j$，$-j+1$，…，$j-1$，j，共 $2j+1$ 个可能值（j 是最大值）。至于 j 究竟取什么值要看具体的角动量而定。例如，对于电子的轨道角动量，$j(=l)=0$，1，2，…而电子自旋角动量 $j(=s)=1/2$。

自旋角动量算符$\hat{\boldsymbol{S}}$满足的关系式为

$$\hat{\boldsymbol{S}}\times\hat{\boldsymbol{S}}=\mathrm{i}\hbar\hat{\boldsymbol{S}},\text{即}\begin{cases}\hat{S}_x\hat{S}_y-\hat{S}_y\hat{S}_x=\mathrm{i}\hbar\hat{S}_z\\ \hat{S}_y\hat{S}_z-\hat{S}_z\hat{S}_y=\mathrm{i}\hbar\hat{S}_x\\ \hat{S}_z\hat{S}_x-\hat{S}_x\hat{S}_z=\mathrm{i}\hbar\hat{S}_y\end{cases} \tag{1-57}$$

$$[\hat{\boldsymbol{S}}^2,\hat{\boldsymbol{S}}]=0\text{ 或}[\hat{\boldsymbol{S}}^2,\hat{S}_x]=[\hat{\boldsymbol{S}}^2,\hat{S}_y]=[\hat{\boldsymbol{S}}^2,\hat{S}_z]=0 \tag{1-58}$$

对于电子，由于$\hat{\boldsymbol{S}}$在任意方向上的投影 S_x、S_y、S_z 都只有两个可能值$\pm\dfrac{\hbar}{2}$，即$\hat{S}_x$、$\hat{S}_y$、$\hat{S}_z$ 的本征值都只有$\pm\dfrac{\hbar}{2}$，所以

$$S_x^2=S_y^2=S_z^2=\frac{\hbar^2}{4} \tag{1-59}$$

由此得到自旋角动量平方算符$\hat{\boldsymbol{S}}^2$ 的本征值是

$$S^2=S_x^2+S_y^2+S_z^2=\frac{3}{4}\hbar^2 \tag{1-60}$$

把式（1-55）和式（1-56）中的 J^2、J_z、j、m 分别替换为 S^2、S_z、s、m_s，并利用式（1-60）得到 $s(s+1)=\dfrac{3}{4}$，从而得电子的自旋量子数 $s=\dfrac{1}{2}$。注意 s 只能取一个值，即 $s=\dfrac{1}{2}$。而自旋磁量子数 m_s 取两个值，即 $m_s=\pm\dfrac{1}{2}$。

由式（1-57）和式（1-58）得

$$\hat{S}_x\hat{S}_y+\hat{S}_y\hat{S}_x=\hat{S}_x\frac{1}{\mathrm{i}\hbar}(\hat{S}_z\hat{S}_x-\hat{S}_x\hat{S}_z)+\frac{1}{\mathrm{i}\hbar}(\hat{S}_z\hat{S}_x-\hat{S}_x\hat{S}_z)\hat{S}_x=0 \tag{1-61}$$

所以有

$$\begin{cases}\hat{S}_x\hat{S}_y=-\hat{S}_y\hat{S}_x\\ \hat{S}_y\hat{S}_z=-\hat{S}_z\hat{S}_y\\ \hat{S}_z\hat{S}_x=-\hat{S}_x\hat{S}_z\end{cases} \tag{1-62}$$

凡满足$\hat{A}\hat{B}=-\hat{B}\hat{A}$就称算符$\hat{A}$和算符$\hat{B}$满足反对易关系。因此式（1-62）说明$\hat{\boldsymbol{S}}$的不同分量间都满足反对易关系。角动量分量间的反对易关系是$j=\dfrac{1}{2}$的角动量所特有的，对于$j\neq\dfrac{1}{2}$的角动量并不成立。

由式（1-62）和式（1-57）可得

$$\hat{S}_x\hat{S}_y=\mathrm{i}\frac{\hbar}{2}\hat{S}_z,\hat{S}_y\hat{S}_z=\mathrm{i}\frac{\hbar}{2}\hat{S}_x,\hat{S}_z\hat{S}_x=\mathrm{i}\frac{\hbar}{2}\hat{S}_y \tag{1-63}$$

为了简便，引进一个新的算符$\hat{\boldsymbol{\sigma}}$，它和$\hat{\boldsymbol{S}}$的关系为

$$\hat{\boldsymbol{S}}=\frac{\hbar}{2}\hat{\boldsymbol{\sigma}},\begin{cases}\hat{S}_x=\dfrac{\hbar}{2}\hat{\sigma}_x\\ \hat{S}_y=\dfrac{\hbar}{2}\hat{\sigma}_y\\ \hat{S}_z=\dfrac{\hbar}{2}\hat{\sigma}_z\end{cases} \tag{1-64}$$

把式（1-64）代入式（1-57）和式（1-63）后，依次可以得到

$$\hat{\boldsymbol{\sigma}}\times\hat{\boldsymbol{\sigma}}=2\mathrm{i}\,\hat{\boldsymbol{\sigma}} \tag{1-65}$$

$$\begin{cases}[\hat{\sigma}_x,\hat{\sigma}_y]=2\mathrm{i}\,\hat{\sigma}_z\\ [\hat{\sigma}_y,\hat{\sigma}_z]=2\mathrm{i}\hat{\sigma}_x\\ [\hat{\sigma}_z,\hat{\sigma}_x]=2\mathrm{i}\hat{\sigma}_y\end{cases},\text{或}\begin{cases}\hat{\sigma}_x\hat{\sigma}_y-\hat{\sigma}_y\hat{\sigma}_x=2\mathrm{i}\hat{\sigma}_z\\ \hat{\sigma}_y\hat{\sigma}_z-\hat{\sigma}_z\hat{\sigma}_y=2\mathrm{i}\hat{\sigma}_x\\ \hat{\sigma}_z\hat{\sigma}_x-\hat{\sigma}_x\hat{\sigma}_z=2\mathrm{i}\hat{\sigma}_y\end{cases} \tag{1-66}$$

由式（1-64）及$\hat{S}_x$、$\hat{S}_y$和$\hat{S}_z$本征值都是$\pm\dfrac{\hbar}{2}$可知，$\hat{\sigma}_x$、$\hat{\sigma}_y$和$\hat{\sigma}_z$的本征值也都是±1。因此，$\hat{\sigma}_x{}^2$、$\hat{\sigma}_y{}^2$和$\hat{\sigma}_z{}^2$的本征值都是1，即

$$\sigma_x^2=\sigma_y^2=\sigma_z^2=1,\text{或}\hat{\sigma}^2=\sigma_x^2+\sigma_y^2+\sigma_z^2=3 \tag{1-67}$$

由式（1-66）和式（1-67）可以证明$\hat{\boldsymbol{\sigma}}$的分量之间满足反对易关系，即

$$\begin{cases}\hat{\sigma}_x\hat{\sigma}_y=-\hat{\sigma}_y\hat{\sigma}_x=i\hat{\sigma}_z\\ \hat{\sigma}_y\hat{\sigma}_z=-\hat{\sigma}_z\hat{\sigma}_y=i\hat{\sigma}_x\\ \hat{\sigma}_z\hat{\sigma}_x=-\hat{\sigma}_x\hat{\sigma}_z=i\hat{\sigma}_y\end{cases},\text{或}\begin{cases}\hat{\sigma}_x\hat{\sigma}_y+\hat{\sigma}_y\hat{\sigma}_x=0\\ \hat{\sigma}_y\hat{\sigma}_z+\hat{\sigma}_z\hat{\sigma}_y=0\\ \hat{\sigma}_z\hat{\sigma}_x+\hat{\sigma}_x\hat{\sigma}_z=0\end{cases} \tag{1-68}$$

1.5.3 自旋波函数

由于自旋角动量是与坐标无关的独立变量，因此电子不是一个简单的只有三个自由度的粒子，它还有自旋这个自由度。要对电子的状态作出完全描述，除了像前面那样用三个变量（例如x，y，z）来描述空间运动之外，还需要用一个自旋变量（S_z）来描述自旋态，所以

电子的波函数可写为

$$\psi=\psi(x,y,z,s_z,t) \tag{1-69}$$

由于 S_z 只能取两个数值 $\pm\frac{\hbar}{2}$，所以式（1-69）可以写为两个分量

$$\psi_1(x,y,z,t)=\psi(x,y,z,+\frac{\hbar}{2},t) \tag{1-70}$$

$$\psi_2(x,y,z,t)=\psi(x,y,z,-\frac{\hbar}{2},t) \tag{1-71}$$

把这两个分量排成一个两行一列的矩阵，即

$$\psi=\begin{bmatrix}\psi_1(x,y,z,t)\\ \psi_2(x,y,z,t)\end{bmatrix} \tag{1-72}$$

规定第一行对应于 $S_z=\frac{\hbar}{2}$，第二行对应于 $S_z=-\frac{\hbar}{2}$。按照这个规定，如果已知电子处于 $S_z=\frac{\hbar}{2}$ 的自旋态，则它的波函数可写为

$$\psi_{\frac{1}{2}}=\begin{bmatrix}\psi_1(x,y,z,t)\\ 0\end{bmatrix} \tag{1-73}$$

同样，如果已知电子的自旋态是 $S_z=-\frac{\hbar}{2}$，则电子的波函数可写为

$$\psi_{-\frac{1}{2}}=\begin{bmatrix}0\\ \psi_2(x,y,z,t)\end{bmatrix} \tag{1-74}$$

对式（1-72）表示的电子的波函数进行归一化时，必须同时对自旋求和和对空间坐标积分，即

$$\int\psi^{+}\psi\mathrm{d}\boldsymbol{r}=\int(\psi_1^{*}\ \psi_2^{*})\begin{pmatrix}\psi_1\\ \psi_2\end{pmatrix}\mathrm{d}\boldsymbol{r}=\int(|\psi_1|^2+|\psi_2|^2)\mathrm{d}\boldsymbol{r}=1 \tag{1-75}$$

式中，ψ^{+} 是 ψ 的共轭矩阵。

由波函数 ψ 所定义的概率密度是

$$w(x,y,z,t)=\psi^{+}\psi=|\psi_1|^2+|\psi_2|^2 \tag{1-76}$$

它表示在 t 时刻、在（x,y,z）点周围单位体积内找到电子的概率。w 是两项之和，其中

$$w_1(x,y,z,t)=|\psi_1|^2 \tag{1-77}$$

$$w_2(x,y,z,t)=|\psi_2|^2 \tag{1-78}$$

式（1-77）、式（1-78）分别表示在 t 时刻、在（x,y,z）点周围单位体积内找到自旋向上 $S_z=\frac{\hbar}{2}$ 和自旋向下 $S_z=-\frac{\hbar}{2}$ 的电子的概率。将 w_1 或 w_2 对整个空间积分后，就得到在空间找到自旋向上 $S_z=\frac{\hbar}{2}$ 或自旋向下 $S_z=-\frac{\hbar}{2}$ 的电子的概率。

在一般情形下，电子自旋和轨道运动之间有相互作用，自旋磁矩和轨道磁矩之间的相互作用简记为 S-L 相互作用；两个电子自旋磁矩之间的相互作用简记为 S-S 相互作用。当这两种与自旋有关的相互作用可以忽略时，可以把描述电子自旋状态的波函数从 $\psi(x,y,z,S_z,t)$ 中分离出来，记为 $\chi(S_z)$。此时电子的波函数 $\psi(x,y,z,S_z,t)$ 可表示为

$$\psi(x,y,z,S_z,t)=\psi_0(x,y,z,t)\chi(S_z) \tag{1-79}$$

式中，$\chi(S_z)$ 是描述电子自旋状态的自旋波函数（或称自旋函数）。

把式（1-79）代入 $\hat{H}$ 的本征方程得到

$$\begin{aligned}&\hat{H}\ \psi_0(x,y,z,t)\chi(S_z)=E\psi_0(x,y,z,t)\chi(S_z)\\ \Rightarrow&\chi(S_z)\hat{H}\ \psi_0(x,y,z,t)=E\psi_0(x,y,z,t)\chi(S_z)\end{aligned} \tag{1-80}$$

由于 $\hat{H}$ 中不含与自旋有关的相互作用，不含 $\hat{S}(S_z)$，所以 $\hat{H}$ 对 $\chi(S_z)$ 没有运算作用，$\psi_0(x,y,z,t)$ 称为空间波函数，而把 $\chi(S_z)$ 称为自旋波函数。由于自旋算符与空间运动无关，所以 $\chi(S_z)$ 不能用 x、y、z 的函数表达出来，而只能记成符号“函数”。

按 $\hat{\boldsymbol{S}}^2$ 与 $\hat{S}_z$ 的可对易性，它们有共同的本征函数，因此

$$\hat{S}_z\chi_{\frac{1}{2}}(S_z)=\frac{\hbar}{2}\chi_{\frac{1}{2}}(S_z);\hat{S}_z\chi_{-\frac{1}{2}}(S_z)=-\frac{\hbar}{2}\chi_{-\frac{1}{2}}(S_z) \tag{1-81}$$

$$\hat{\boldsymbol{S}}^2\chi_{\frac{1}{2}}(S_z)=\frac{3\hbar^2}{4}\chi_{\frac{1}{2}}(S_z);\hat{\boldsymbol{S}}^2\chi_{-\frac{1}{2}}(S_z)=\frac{3\hbar^2}{4}\chi_{-\frac{1}{2}}(S_z) \tag{1-82}$$

式（1-81）和式（1-82）表明本征函数只有两个，即

$$\chi_{m_s}(S_z)=\begin{cases}\chi_{\frac{1}{2}}(S_z),\uparrow\\ \chi_{-\frac{1}{2}}(S_z),\downarrow\end{cases} \tag{1-83}$$

1.5.4 全同粒子的特性

静止质量、电荷、自旋等所有不因运动状态而改变的固有性质完全相同的一类粒子称为全同粒子。例如一切电子都是全同粒子，一切质子也都是全同粒子。研究由全同粒子（特别是电子）所组成的多粒子系统（简称为全同多粒子系统）是量子力学中一个重要的课题，因为在原子、分子、固体及原子核领域中所碰到的实际问题都是全同多粒子系统。

全同多粒子系统在量子力学中表现出和在经典力学中不同的特性。先考虑由两个全同粒子所组成的系统。

在经典力学中，只要在初始时刻对两个全同粒子编上号后，由于每个粒子都有确定的轨道，就可以一步一步地跟踪它们，从而在任意时刻 t，都能指出哪个是粒子 1，哪个是粒子 2。这就是说，在经典力学情况下，尽管两个粒子的固有性质完全相同，但仍然保持着“个性”而能区分它们，因此这和描述两个不同粒子的情况没有什么区别。

在量子力学中，是用波函数来描述粒子的状态，那么即使给粒子编上号，如令粒子 1 对应于 $\psi(q_1,t)$，粒子 2 对应于 $\psi'(q_2,t)$，式中，q 表示粒子的坐标和自旋，即 $q_1=(\boldsymbol{r}_1,S_{1z})$ 或 $q_1=(\boldsymbol{r}_1,m_{1z})$。但由于这两个波函数会发生空间重叠，这时在重叠的范围内找到的粒子，

就无法分辨该粒子究竟是粒子1还是粒子2，因为粒子1和粒子2是所有固有性质完全相同的全同粒子。除非 $\psi(q_1,t)$、$\psi'(q_2,t)$ 在整个随 t 的运动过程中，自始至终不发生空间重叠，才能区分它们，但这时可把该系统拆成两个单粒子系统来考虑。因此量子力学中，由全同粒子所组成的系统表现出和经典力学中完全不同的特性：即这些全同粒子完全失去了“个性”而不能被分辨，从而对全同粒子编号是不可能的，也是无意义的。这样，一方面在物理上由于全同粒子的不可分辨性（或称不可区分性）而不能对粒子编号；另一方面在数学上必须对粒子编号才能写出具体表式。为使两者协调，量子力学提出了全同性原理，从而在用粒子编号的波函数来描述全同多粒子系统的物理状态时，要求波函数对编号粒子必须是对称化的。

由于全同粒子的这种不可分辨性是微观粒子所具有的特性，所以量子力学认为，在全同粒子所组成的体系即全同多粒子系统中，交换其中任意两个全同粒子，不会引起系统物理状态的改变。这个论断被称为全同性原理，它是量子力学的基本原理之一。

设有一个由 N 个全同粒子组成的体系，以 q_i 表示第 i 个粒子的坐标和自旋，$q_i=(\boldsymbol{r}_i,S_i)$，则该 N 个全同粒子组成的体系的物理状态可以用 $\psi(q_1,q_2,\cdots,q_i,\cdots,q_j,\cdots,q_N,t)$ 描述。当交换任意两个粒子，如把编号为 i 的粒子和编号为 j 的粒子交换时，则有

$$\hat{P}_{ij}\psi(q_1,q_2,\cdots,q_i,\cdots,q_j,\cdots,q_N,t)=\psi(q_1,q_2,\cdots,q_j,\cdots,q_i,\cdots,q_N,t) \qquad (1\text{-}84)$$

式中，$\hat{P}_{ij}$ 是粒子 i 和粒子 j 的交换算符。

根据全同性原理，$\psi(q_1,q_2,\cdots,q_j,\cdots,q_i,\cdots,q_N,t)$ 和 $\psi(q_1,q_2,\cdots,q_i,\cdots,q_j,\cdots,q_N,t)$ 所描述的是同一个状态，因此它们之间只相差一个常数因子，以 λ 表示这个常数因子，则有

$$\psi(q_1,q_2,\cdots,q_i,\cdots,q_j,\cdots,q_N,t)=\lambda\psi(q_1,q_2,\cdots,q_j,\cdots,q_i,\cdots,q_N,t) \qquad (1\text{-}85)$$

若再用 $\hat{P}_{ij}$ 作用于式（1-85）两边，即 q_i 和 q_j 再次交换，则有

$$\begin{aligned}\psi(q_1,q_2,\cdots,q_i,\cdots,q_j,\cdots,q_N,t)&=\lambda\psi(q_1,q_2,\cdots,q_j,\cdots,q_i,\cdots,q_N,t)\\&=\lambda^2\psi(q_1,q_2,\cdots,q_i,\cdots,q_j,\cdots,q_N,t)\end{aligned} \qquad (1\text{-}86)$$

因此得到 $\lambda^2=1$，即由式（1-84）和式（1-85）得到

$$\hat{P}_{ij}\psi(q_1,q_2,\cdots,q_i,\cdots,q_j,\cdots,q_N,t)=\pm\psi(q_1,q_2,\cdots,q_j,\cdots,q_i,\cdots,q_N,t) \qquad (1\text{-}87)$$

① 当 $\lambda=1$ 时，$\psi(q_1,q_2,\cdots,q_j,\cdots,q_i,\cdots,q_N,t)=\psi(q_1,q_2,\cdots,q_i,\cdots,q_j,\cdots,q_N,t)$，两个粒子互换后波函数不变，所以 ψ 是 q 的对称函数，记为 ψ_S。

② 当 $\lambda=-1$ 时，$\psi(q_1,q_2,\cdots,q_j,\cdots,q_i,\cdots,q_N,t)=\psi(q_1,q_2,\cdots,q_i,\cdots,q_j,\cdots,q_N,t)$，两个粒子互换后波函数不变，所以 ψ 是 q 的反对称函数，记为 ψ_A。

可以证明，全同粒子系统波函数的这种对称性和反对称性不随时间改变。由此得出结论：描写全同粒子系统状态的波函数只能是对称的或反对称的，它们的对称性不随时间改变。如果系统在某一时刻处于对称（反对称）的态，则它将永远处于对称（反对称）的态上。

实验证明，由自旋为 $\frac{\hbar}{2}$ 的粒子以及其他自旋为 $\frac{\hbar}{2}$ 的奇数倍的粒子（电子、质子、中子的自旋均为 $\frac{\hbar}{2}$）所组成的全同粒子系统，其波函数是反对称的，这类粒子服从费米-狄拉克统

计，因而这类粒子被称为费米子；由自旋为零或为$\hbar$的整数倍的粒子（如光子的自旋为$\hbar$，π介子、α粒子、基态氦原子的自旋为零）所组成的全同粒子系统其波函数是对称的，这类粒子服从玻色-爱因斯坦统计，因而这类粒子被称为玻色子。

1.5.5 全同多粒子系统的波函数

（1）两个全同粒子体系的波函数

在不考虑粒子间的相互作用时，由两个全同粒子组成的体系的哈密顿算符可写为

$$\hat{H}(q_1,q_2)=\hat{H}_0(q_1)+\hat{H}_0(q_2) \tag{1-88}$$

式中，$\hat{H}_0$是每一个粒子的哈密顿算符（假设它不显含时间）。因为是全同粒子，所以在同一体系中两个粒子的哈密顿算符的数学形式$\hat{H}_0(q_1)$和$\hat{H}_0(q_2)$是相同的。以E_i、ϕ_i分别表示$\hat{H}_0(q_1)$的第i个本征值和本征函数，以E_j、ϕ_j分别表示$\hat{H}_0(q_2)$的第j个本征值和本征函数，则

$$\begin{cases}\hat{H}_0(q_1)\phi_i(q_1)=E_i\phi_i(q_1)\\ \hat{H}_0(q_2)\phi_j(q_2)=E_j\phi_j(q_2)\end{cases} \tag{1-89}$$

当第一个粒子处于第i态，第二个粒子处于第j态时，体系的能量为

$$E=E_i+E_j \tag{1-90}$$

若$\psi(q_1,q_2)$是$\hat{H}(q_1,q_2)$的本征值为E的本征函数，则有

$$\hat{H}(q_1,q_2)\psi(q_1,q_2)=E\psi(q_1,q_2) \tag{1-91}$$

用交换算符$\hat{P}_{12}$作用于式（1-91）两边，则有

$$\hat{P}_{12}\hat{H}(q_1,q_2)\psi(q_1,q_2)=\hat{H}(q_2,q_1)\psi(q_2,q_1)=E\psi(q_2,q_1) \tag{1-92}$$

因为$\hat{H}(q_1,q_2)=\hat{H}(q_2,q_1)$，所以

$$\hat{H}(q_1,q_2)\psi(q_2,q_1)=E\psi(q_2,q_1) \tag{1-93}$$

则$\psi(q_2,q_1)$也是$\hat{H}(q_1,q_2)$的本征值为E的本征函数。

显然式（1-94）中的波函数是本征方程（1-91）的解

$$\psi(q_1,q_2)=\phi_i(q_1)\phi_j(q_2) \tag{1-94}$$

如果第一个粒子处于第j态，第二个粒子处于第i态，那么式（1-95）中的波函数是本征方程（1-93）的解

$$\psi(q_2,q_1)=\phi_j(q_1)\phi_i(q_2) \tag{1-95}$$

由于波函数$\psi(q_1,q_2)$和$\psi(q_2,q_1)$对应的能量本征值都是$E=E_i+E_j$，所以体系的能量本征值E是简并的。由于这种简并是通过交换粒子得到的，故称为交换简并。显然交换简并来源于系统哈密顿算符$\hat{H}$对交换粒子不变的对称性。

如果两个粒子间的相互作用不能略去，则体系的定态波函数 $\psi(q_1,q_2)$［或 $\psi(q_2,q_1)$］不能写成单粒子波函数 $\phi_i(q_1)\phi_j(q_2)$［或 $\phi_j(q_1)\phi_i(q_2)$］的乘积的形式，但是式（1-93）仍然成立，这说明交换简并仍然存在。

两点讨论如下：

a. 如果 $i=j$，即两个粒子所处的状态相同，则波函数式（1-94）和式（1-95）是同一个对称波函数。

b. 如果 $i\neq j$，即两个粒子所处的状态不同，则波函数式（1-94）和式（1-95）既不是对称波函数，也不是反对称波函数，因而不满足全同粒子系统波函数的条件。为了满足对称波函数或反对称波函数的要求，可以把这两个函数进行线性组合以构成对称波函数 ψ_S 或反对称波函数 ψ_A。

$$\begin{cases}\psi_S(q_1,q_2)=\dfrac{1}{\sqrt{2}}[\psi(q_1,q_2)+\psi(q_2,q_1)]\\ \psi_A(q_1,q_2)=\dfrac{1}{\sqrt{2}}[\psi(q_1,q_2)+\psi(q_2,q_1)]\end{cases}\tag{1-96}$$

式中，$\dfrac{1}{\sqrt{2}}$是归一化因子。显然 ψ_S 或 ψ_A 都是 $\hat{H}(q_1,q_2)$ 属于本征值 $E=E_i+E_j$ 的本征函数。

对于两个费米子组成的体系的波函数只能够取式（1-96）的 ψ_A 形式，如果两粒子状态相同，即 $i=j$，$\psi_A=0$，体系不存在这样的状态。所以体系中两个费米子不能处于同一个状态，这是泡利原理在两个粒子组成的体系中的表述。

（2） N 个全同粒子体系的波函数

把上面的讨论推广到含 N 个全同粒子的体系中去，假设粒子间的相互作用可以忽略，单粒子的哈密顿算符 $\hat{H}_0$ 不显含时间，则体系的哈密顿算符可写为

$$\hat{H}(q_1,q_2,\cdots,q_N)=\hat{H}_0(q_1)+\hat{H}_0(q_2)+\cdots+\hat{H}_0(q_N)=\sum_{i=1}^{N}\hat{H}_0(q_i)\tag{1-97}$$

以 E_i、ϕ_i 分别表示 $\hat{H}_0$（q_1）的第 i 个本征值和本征函数，以 E_j、ϕ_j 分别表示 $\hat{H}_0$（q_2）的第 j 个本征值和本征函数……则

$$\begin{cases}\hat{H}_0(q_1)\phi_i(q_1)=E_i\phi_i(q_1)\\ \hat{H}_0(q_2)\phi_j(q_2)=E_j\phi_j(q_2)\\ \quad\vdots\qquad\qquad\quad\vdots\end{cases}\tag{1-98}$$

则体系的薛定谔方程

$$\hat{H}(q_1,q_2,\cdots,q_N)\psi(q_1,q_2,\cdots,q_N)=E\psi(q_1,q_2,\cdots,q_N)\tag{1-99}$$

对应的解为

$$E=E_1+E_2+\cdots+E_N\tag{1-100}$$

$$\psi(q_1,q_2,\cdots,q_N)=\phi_1(q_1)\phi_2(q_2)\cdots\phi_N(q_N) \tag{1-101}$$

这儿只需将式（1-97）、式（1-100）和式（1-101）代入式（1-99）中，并注意算符$\hat{H}_0(q_i)$只对单粒子波函数$\phi_m(q_i)$有作用，就可得出

$$\begin{aligned}
\hat{H}(q_1,q_2,\cdots,q_N)\psi(q_1,q_2,\cdots,q_N) &= \left[\sum_{i=1}^{N}\hat{H}_0(q_1)\right]\phi_1(q_1)\phi_2(q_2)\cdots\phi_N(q_N)\\
&=\phi_2(q_2)\cdots\phi_N(q_N)\hat{H}_0(q_1)\phi_1(q_1)+\\
&\quad \phi_1(q_1)\phi_3(q_3)\cdots\phi_N(q_N)\hat{H}_0(q_2)\phi_2(q_2)+\cdots+\\
&\quad \phi_1(q_1)\phi_2(q_2)\cdots\hat{H}_0(q_N)\phi_N(q_N)\\
&=(E_1+E_2+\cdots+E_k)\phi_1(q_1)\phi_2(q_2)\cdots\phi_N(q_N)\\
&=E\psi(q_1,q_2,\cdots,q_N)
\end{aligned} \tag{1-102}$$

这就证明了由无相互作用的全同粒子所组成的体系的哈密顿算符，其本征函数等于各单粒子哈密顿算符的本征函数之积，本征能量则等于各粒子本征能量之和。这样，求解多粒子体系薛定谔方程的问题就归结为求解单粒子薛定谔方程的问题。

几点讨论如下。

① 如果所讨论的是由玻色子组成的全同粒子体系，则体系的波函数应是对称函数，它可以由式（1-101）按下列方式构成

$$\psi_s(q_1,q_2,\cdots,q_N)=C\sum_P P\phi_i(q_1)\phi_j(q_2)\cdots\phi_k(q_N) \tag{1-103}$$

式中，P表示N个粒子在波函数中的某一种排列；$\sum\limits_P\cdots$表示对所有可能的排列求和；C为归一化常数。

② 如果所讨论的全同粒子体系是由费米子组成的，则体系的波函数应是反对称函数，它可以由式（1-101）按下列方式构成

$$\psi_A(q_1,q_2,\cdots,q_N)=\frac{1}{\sqrt{N!}}\begin{vmatrix}\phi_1(q_1) & \phi_1(q_2) & \cdots & \phi_1(q_N)\\ \phi_2(q_1) & \phi_2(q_2) & \cdots & \phi_2(q_N)\\ \vdots & \vdots & \vdots & \vdots\\ \phi_3(q_1) & \phi_3(q_2) & \cdots & \phi_3(q_N)\end{vmatrix} \tag{1-104}$$

由于上述行列式展开式的每项都具有式（1-101）的形式，因而它是方程式（1-99）的解。交换任何两个粒子在行列式中就是两列相互调换，会使行列式改变符号，所以式（1-104）是反对称的。

③ 如果N个单粒子态ϕ_1，ϕ_2，…，ϕ_N中有两个单粒子态相同，则式（1-104）中的行列式中有两行相同，因而行列式等于零。这就表示不能有两个或两个以上的费米子处于同一状态，这一结果正是泡利不相容原理。

④ 在不考虑粒子自旋和轨道相互作用的情况下，根据式（1-101），体系的波函数可以写成坐标函数和自旋函数之积

$$\psi(\boldsymbol{r}_1,S_1,\boldsymbol{r}_2,S_2,\cdots,\boldsymbol{r}_N,S_N)=\phi(\boldsymbol{r}_1,\boldsymbol{r}_2,\cdots,\boldsymbol{r}_N)\chi(S_1,S_2,\cdots,S_N) \tag{1-105}$$

如果粒子是费米子，则 ψ 是反对称的，在有两个粒子的情形下，这个条件可由下面两种方式来满足：ϕ 是对称的，χ 是反对称的；ϕ 是反对称的，χ 是对称的。这是因为一个对称函数与一个反对称函数相乘所得的积是反对称函数。

1.6 氢原子

本节将运用量子力学理论研究氢原子结构问题，这首先要确定体系的势能函数形式，接着写出体系的哈密顿算符并列出薛定谔方程，然后求解方程，同时考虑边界条件和标准化条件，得到符合物理要求的能量本征值和本征函数，进而根据方程的解，讨论原子的电子结构及有关的性质。

1.6.1 氢原子和类氢离子的薛定谔方程

氢原子和类氢离子（如 He^+、Li^{2+}、Be^{3+}）除了核电荷数 Z 不同外，都是只有 1 个核外电子的单电子体系，近似地认为电荷为 $+Ze$ 的核静止在坐标原点，电荷为 $-e$ 的电子绕核运动，则电子的势能为

$$V(\boldsymbol{r})=-\frac{Ze^2}{4\pi\varepsilon_0 r} \tag{1-106}$$

式中，$r=\sqrt{x^2+y^2+z^2}$ 为电子与核的距离；$\varepsilon_0=8.854\times10^{-12}\,\mathrm{F/m}$ 为真空介电常数。由式（1-106）可以看出，势能 $V(\boldsymbol{r})$ 是中心对称的，所以称为中心势场。体系的哈密顿算符为

$$\hat{H}=\hat{T}+\hat{V}=-\frac{\hbar^2}{2m}\nabla^2-\frac{Ze^2}{4\pi\varepsilon_0 r} \tag{1-107}$$

式中，右端第一项为电子的动能；第二项为电子的势能；m 为电子的质量；$\nabla^2=\frac{\partial^2}{\partial x^2}+\frac{\partial^2}{\partial y^2}+\frac{\partial^2}{\partial z^2}$。氢原子和类氢离子在直角坐标系中的薛定谔方程为

$$\left[-\frac{\hbar^2}{2m}\left(\frac{\partial^2}{\partial x^2}+\frac{\partial^2}{\partial y^2}+\frac{\partial^2}{\partial z^2}\right)-\frac{Ze^2}{4\pi\varepsilon_0 r}\right]\Psi(x,y,z)=E\Psi(x,y,z) \tag{1-108}$$

式中 $r=\sqrt{x^2+y^2+z^2}$ 的存在，使方程难以求解。若用球坐标（r,θ,φ）代换直角坐标（x,y,z），就可用分离变量法求解方程。进行坐标变换后，拉普拉斯算子

$$\nabla^2=\frac{\partial^2}{\partial x^2}+\frac{\partial^2}{\partial y^2}+\frac{\partial^2}{\partial z^2}=\frac{1}{r^2}\times\frac{\partial}{\partial r}(r^2\frac{\partial}{\partial r})+\frac{1}{r^2\sin\theta}\times\frac{\partial}{\partial\theta}(\sin\theta\frac{\partial}{\partial\theta})+\frac{1}{r^2\sin^2\theta}\times\frac{\partial^2}{\partial\varphi^2}$$

于是薛定谔方程式（1-108）在球坐标系中的表达式为

$$\frac{1}{r^2}\times\frac{\partial\Psi}{\partial r}(r^2\frac{\partial\Psi}{\partial r})+\frac{1}{r^2\sin\theta}\times\frac{\partial\Psi}{\partial\theta}(\sin\theta\frac{\partial\Psi}{\partial\theta})+\frac{1}{r^2\sin^2\theta}\times\frac{\partial^2\Psi}{\partial\varphi^2}+\frac{2m}{\hbar^2}(E+\frac{Ze^2}{4\pi\varepsilon_0 r})\Psi=0 \tag{1-109}$$

式中 $\Psi=\Psi(r,\theta,\varphi)$。可用分离变量法求解方程式（1-109），设

$$\Psi(r,\theta,\varphi)=R(r)\Theta(\theta)\Phi(\varphi) \tag{1-110}$$

式中，$R(r)$ 只是径向 r 的函数，称为波函数的径向部分；$\Theta(\theta)$ 和 $\Phi(\varphi)$ 分别是角度 θ 和 φ 的函数。并令

$$Y(\theta,\varphi)=\Theta(\theta)\Phi(\varphi) \tag{1-111}$$

$Y(\theta,\varphi)$ 称为波函数的角度部分。把式（1-110）代入式（1-109），经过换算、整理，可得到分别只含 $R(r)$、$\Theta(\theta)$、$\Phi(\varphi)$ 的三个常微分方程

$$\frac{\mathrm{d}^2\Phi}{\mathrm{d}\varphi^2}+m_l^2\Phi=0 \tag{1-112}$$

$$\frac{1}{\sin\theta}\times\frac{\mathrm{d}}{\mathrm{d}\theta}\left(\sin\theta\frac{\mathrm{d}\Theta}{\mathrm{d}\theta}\right)+\left[l(l+1)-\frac{m_l^2}{\sin^2\theta}\right]\Theta=0 \tag{1-113}$$

$$\frac{1}{r^2}\times\frac{\mathrm{d}}{\mathrm{d}r}\left(r^2\frac{\mathrm{d}R}{\mathrm{d}r}\right)+\frac{2m}{\hbar^2}\left[E+\frac{Ze^2}{4\pi\varepsilon_0 r}-\frac{\hbar^2}{2m}\times\frac{l(l+1)}{r^2}\right]R=0 \tag{1-114}$$

式中，l 和 m_l 都是常数。求解上面 3 个方程，并使解 $R(r)$、$\Theta(\theta)$ 和 $\Phi(\varphi)$ 满足波函数的标准化条件，可以得到氢原子和类氢离子中电子的能量

$$E_n=-\frac{me^4}{(4\pi\varepsilon_0)^2(2\hbar^2)}\times\frac{Z^2}{n^2} \tag{1-115}$$

式中，$\frac{me^4}{(4\pi\varepsilon_0)^2(2\hbar^2)}=13.6\text{eV}$。在求解过程中，为得到合乎物理要求的解，$n$ 只能取 1，2，3，…等正整数；而 l 只能取 0，1，2，…，$n-1$；而 m_l 只能取 0，±1，…，$\pm l$。由于 n、l、m_l 是量子化的，故分别称为主量子数、角量子数和磁量子数。方程的解 $R(r)$ 由 n 和 l 两个量子数决定，$\Theta(\theta)$ 由 l 和 m_l 两个量子数决定，$\Phi(\varphi)$ 由磁量子数 m_l 决定。为表示这种关系，这 3 个函数分别记为 $R_{n,l}(r)$、$\Theta_{l,m_l}(\theta)$ 和 $\Phi_{m_l}(\varphi)$。将求得的三个函数代入式（1-111），得到波函数的角度部分

$$Y_{l,m_l}(\theta,\varphi)=\Theta_{l,m_l}(\theta)\Phi_{m_l}(\varphi)$$

代入式（1-110），得到描述氢原子和类氢离子中电子状态的波函数为

$$\Psi_{n,l,m_l}(r,\theta,\varphi)=R_{n,l}(r)Y_{l,m_l}(\theta,\varphi)$$

由于每一组量子数确定了 1 个波函数的具体形式，而每一个波函数代表着绕核运动电子的 1 种状态，因此常用量子数 n、l、m_l 描述核外电子的状态。氢原子和类氢离子中只有 1 个电子，$\Psi_{n,l,m_l}(r,\theta,\varphi)$ 描述的是单电子空间运动的状态，人们沿用经典力学描述粒子空间轨道运动的习惯，称单电子波函数 $\Psi_{n,l,m_l}(r,\theta,\varphi)$ 为轨道函数或轨道。因而 3 个量子数 n、l、m_l 确定了 1 个轨道。

$n\leqslant3$ 的波函数较常用，列于表 1-1 中。

表 1-1　氢原子和类氢原子的波函数（$n \leqslant 3$）

量子数			波函数符号	$R_{n,l}(r)$	$Y_{l,m_l}(\theta,\varphi)$
n	l	m_l	Ψ_{n,l,m_l}	$(\rho=\frac{2Z}{na_0}r)$	$\Theta_{l,m_l}(\theta)\Phi_{m_l}(\varphi)$
1	0	0	$\Psi_{1,0,0}$	$2\left(\frac{Z}{a_0}\right)^{3/2}\mathrm{e}^{-\rho/2}$	$\left(\frac{1}{4\pi}\right)^{1/2}$
2	0	0	$\Psi_{2,0,0}$	$\frac{1}{2\sqrt{2}}\left(\frac{Z}{a_0}\right)^{3/2}(2-\rho)\ \mathrm{e}^{-\rho/2}$	$\left(\frac{1}{4\pi}\right)^{1/2}$
	1	0	$\Psi_{2,1,0}$	$\frac{1}{2\sqrt{6}}\left(\frac{Z}{a_0}\right)^{3/2}\rho\mathrm{e}^{-\rho/2}$	$\left(\frac{3}{4\pi}\right)^{1/2}\cos\theta$
	1	±1	$\Psi_{2,1,1}$ cos 型 $\Psi_{2,1,1}$ sin 型	$\frac{1}{2\sqrt{6}}\left(\frac{Z}{a_0}\right)^{3/2}\rho\mathrm{e}^{-\rho/2}$ $\frac{1}{2\sqrt{6}}\left(\frac{Z}{a_0}\right)^{3/2}\rho\mathrm{e}^{-\rho/2}$	$\left(\frac{3}{4\pi}\right)^{1/2}\sin\theta\cos\varphi$ $\left(\frac{3}{4\pi}\right)^{1/2}\sin\theta\sin\varphi$
3	0	0	$\Psi_{3,0,0}$	$\frac{1}{9\sqrt{3}}\left(\frac{Z}{a_0}\right)^{3/2}(6-6\rho+\rho^2)\ \mathrm{e}^{-\rho/2}$	$\left(\frac{1}{4\pi}\right)^{1/2}$
	1	1	$\Psi_{3,1,0}$	$\frac{1}{9\sqrt{6}}\left(\frac{Z}{a_0}\right)^{3/2}(4-\rho)\ \rho\mathrm{e}^{-\rho/2}$	$\left(\frac{3}{4\pi}\right)^{1/2}\cos\theta$
	1	±1	$\Psi_{3,1,1}$ cos 型 $\Psi_{3,1,1}$ sin 型	$\frac{1}{9\sqrt{6}}\left(\frac{Z}{a_0}\right)^{3/2}(4-\rho)\ \rho\mathrm{e}^{-\rho/2}$ $\frac{1}{9\sqrt{6}}\left(\frac{Z}{a_0}\right)^{3/2}(4-\rho)\ \rho\mathrm{e}^{-\rho/2}$	$\left(\frac{3}{4\pi}\right)^{1/2}\sin\theta\cos\varphi$ $\left(\frac{3}{4\pi}\right)^{1/2}\sin\theta\sin\varphi$
	2	0	$\Psi_{3,2,0}$	$\frac{1}{9\sqrt{30}}\left(\frac{Z}{a_0}\right)^{3/2}\rho^2\mathrm{e}^{-\rho/2}$	$\left(\frac{5}{16\pi}\right)^{\frac{1}{2}}(3\cos^2\theta-1)$
	2	±1	$\Psi_{3,2,1}$ cos 型 $\Psi_{3,2,1}$ sin 型	$\frac{1}{9\sqrt{30}}\left(\frac{Z}{a_0}\right)^{3/2}\rho^2\mathrm{e}^{-\rho/2}$ $\frac{1}{9\sqrt{30}}\left(\frac{Z}{a_0}\right)^{3/2}\rho^2\mathrm{e}^{-\rho/2}$	$\left(\frac{5}{4\pi}\right)^{1/2}\sin\theta\cos\theta\cos\varphi$ $\left(\frac{5}{4\pi}\right)^{1/2}\sin\theta\cos\theta\sin\varphi$
	2	±2	$\Psi_{3,2,2}$ cos 型 $\Psi_{3,2,2}$ sin 型	$\frac{1}{9\sqrt{30}}\left(\frac{Z}{a_0}\right)^{3/2}\rho^2\mathrm{e}^{-\rho/2}$ $\frac{1}{9\sqrt{30}}\left(\frac{Z}{a_0}\right)^{3/2}\rho^2\mathrm{e}^{-\rho/2}$	$\left(\frac{15}{4\pi}\right)^{1/2}\sin^2\theta\cos2\varphi$ $\left(\frac{15}{4\pi}\right)^{1/2}\sin^2\theta\sin2\varphi$

1.6.2　量子数的物理意义

3 个量子数（n,l,m_l）描述了核外电子的轨道运动，除此之外，电子本身还做自旋运动。为了全面确定原子中电子的运动状态，还要引入第四个量子数 m_s，称为自旋磁量子数，用以描述电子的自旋。下面对 4 个量子数的意义进行讨论。

（1）主量子数 n

主量子数 n 只能取正整数。由式（1-115）可以看出，对氢原子和类氢离子来说，电子的能量只取决于量子数 n，n 越大电子的能量就越高，绝对值越小。由于它决定着电子的能量，故称为主量子数。主量子数还规定着电子与核之间的平均距离的远近，随着主量子数的增加，电子离核的平均距离增大。主量子数相同的电子，大约在离核同样距离的范围内运动，所以将主量子数相同的电子称为一个电子壳层。n 为 1、2、3、4、5、6 等，电子壳层依次常用符号 K、L、M、N、O、P 等表示。

（2）角量子数 l

角量子数 l 可取 $0 \sim (n-1)$ 的整数。

在量子力学中，绕核运动的电子虽没有经典概念下的轨道，但用波函数 $\Psi_{n,l,m_l}(r,\theta,\varphi)$ 描述的电子运动状态仍有角动量，称为轨道角动量，以区别于下面将讲的另一个角动量——自旋角动量。量子力学可以证明，电子的轨道角动量 $\boldsymbol{L}$ 的大小为

$$L = |\boldsymbol{L}| = \sqrt{l(l+1)}\,\hbar \tag{1-116}$$

由于量子数 l 决定着角动量 $\boldsymbol{L}$ 的大小，故称为角量子数。

对于一个给定的主量子数 n，角量子数可取 $0 \sim (n-1)$ 的 n 个值。主量子数决定电子壳层，在 n 相同的情况下，不同状态的角量子数 l 表示在同一电子壳层中所具有的不同亚壳层。前面已指出，对于氢原子和类氢离子这样的单电子原子，核外电子的能量只取决于主量子数 n。但对于多电子原子，电子的能量还与角量子数 l 有关，即处于同一个壳层中，但在不同亚壳层上的电子能量有差异，所以亚壳层又称为能级。习惯上常用符号 s、p、d、f、g、h，…等依次代表 $l=0,1,2,3,4,5$，…等状态。例如，$n=1$、$l=0$ 的状态可记为 1s 态，$n=3$、$l=2$ 的状态可记为 3d 态等。相应能级分别记为 E_{1s} 和 E_{3d} 等。

角量子数还决定着原子轨道的形状，角量子数不同，对应的原子轨道形状不同。图 1-6 是 l 为 0、1、2 时对应的原子轨道形状示意图。$l=0$ 时，即处于 s 态的电子，原子轨道呈球形［图 1-6（a）］；$l=1$ 的 p 态电子，原子轨道为哑铃形［图 1-6（b）］；$l=2$ 的 d 态电子，原子轨道形状较为复杂，如图 1-6（c）所示。

（3）磁量子数 m_l

量子力学的结果表明，原子中绕核运动电子的轨道角动量沿外磁场方向（设为 z 轴方向）的分量为

$$L_z = m_l\,\hbar \tag{1-117}$$

m_l 的物理意义是决定了角动量在磁场方向的分量大小，故将 m_l 称为磁量子数。电子处在角量子数为 l 的状态时，角动量大小为 $|\boldsymbol{L}| = \sqrt{l(l+1)}\,\hbar$，磁量子数 m_l 可取 0，± 1，± 2，…，$\pm l$ 共 $(2l+1)$ 个整数。所以角动量在磁场方向的分量有 $(2l+1)$ 个确定值，即角动量在空间取向是量子化的。图 1-7 表示 $l=1$ 和 $l=2$ 两种情况的 $\boldsymbol{L}$ 取向和在 z 轴的分量。角动量的不同取向，对应着原子轨道在空间的不同取向，所以磁量子数的个数决定着原子轨道的空间取向的个数。以图 1-6 中的原子轨道为例：s 态的 $l=0$，磁量子数只有 1 个取值，$m_l=0$，相应地只有 1 个 s 轨道，是球形对称的。此时 $L=0$、$L_z=0$，这是因为角动量在空间各个方向取向是等概率的，角动量无方向可言，原子轨道无取向问题，见图 1-6（a）。p 态的，磁量子数有 3 个取值，$m_l=0$，± 1，这表明 p 态有 3 个不同取向的轨道，统称为 p 轨道。

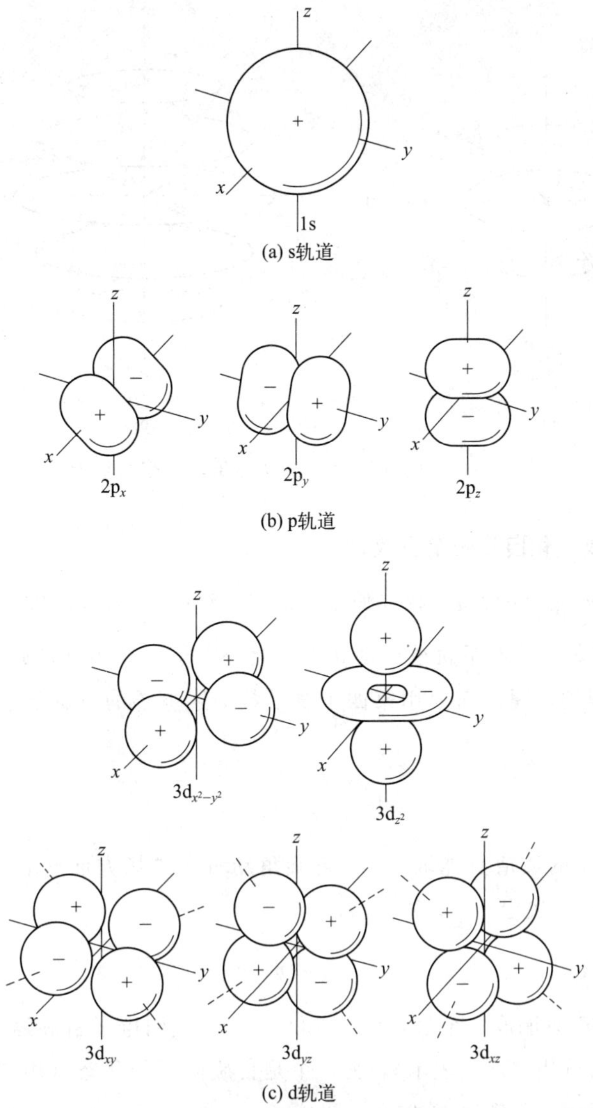

图 1-6　s、p、d 原子轨道三维图形

p 轨道为哑铃形，在直角坐标系中，沿 x 轴方向伸展的称为 p_x 轨道，沿 y 轴方向伸展的称为 p_y 轨道，沿 z 轴方向伸展的称为 p_z 轨道，见图 1-6（b）。d 态的 $l=2$，磁量子数 m_l 取 0、±1、±2 共 5 个值，相应地有 5 个不同取向的轨道，统称为 d 轨道，见图 1-6（c）。

n、l 相同，仅 m_l 不同的（$2l+1$）个状态波函数 Ψ_{n,l,m_l}（轨道）在无外磁场时，对应同一个能级 $E_{n,l}$，即这（$2l+1$）个原子轨道是简并的。凡是几个轨道对应同一能量，则称为简并轨道或等价轨道，简并轨道的数目即为简并度。例如 3 个原子轨道 $2p_x$、$2p_y$ 和 $2p_z$ 对应同一个能级 E_{2p}，可见 $2p_x$、$2p_y$ 和 $2p_z$ 是简并轨道，简并度为 3。当有外磁场时，由于原子轨道与外磁场取向不同，具有的能量不同，原来无磁场时各 m_l 对应的同一个能级发生分裂，轨道简并状态消失。

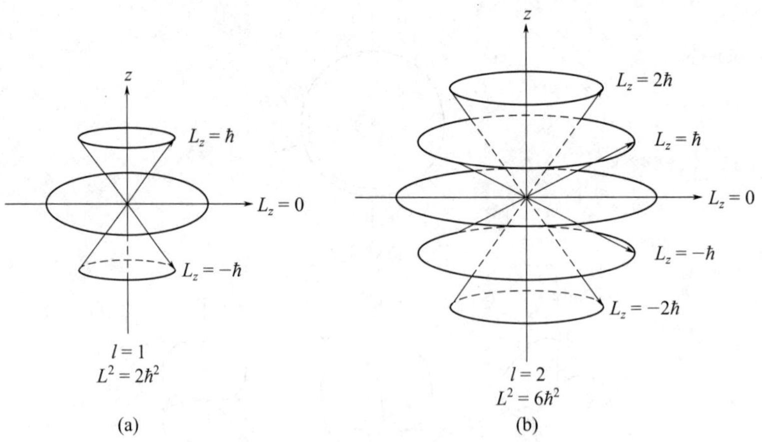

图 1-7　$l=1$ 和 $l=2$ 时的轨道角动量空间量子化

（4）自旋量子数 s 和自旋磁量子数 m_s

上面用波函数 $\Psi_{n,l,m_l}(r,\theta,\varphi)$ 描述原子中电子的绕核运动，习惯上称为轨道运动，用 n、l、m_l 三个量子数就确定了电子轨道运动状态。此外电子自身还有自旋运动，它是电子独立于空间运动之外的属性，因此需要用第四个量子数描述电子的自旋状态。自旋角动量 $\boldsymbol{L}_s$ 大小为

$$L_s=\sqrt{s(s+1)}\hbar \tag{1-118}$$

s 称为自旋量子数，s 的数值只能取 1/2。自旋角动量在磁场方向（取为 z 轴方向）的分量 L_{s_z} 由自旋磁量子数 m_s 决定

$$L_{s_z}=m_s\hbar \tag{1-119}$$

自旋磁量子数 m_s 只能取 2 个值，+1/2 和 −1/2。表明电子自旋运动状态只有两种：一个是自旋向上的状态（用“↑”表示），另一个是自旋向下的状态（用“↓”表示）。这样电子自旋运动状态可用磁量子数来描述。

因此，要确定原子核外电子的运动状态，必须用 4 个量子数，n、l、m_l、m_s，n、l、m_l 描述电子的轨道运动状态，m_s 描述电子的自旋运动状态。

综上所述，n、l、m_l、m_s 四个量子数可以确定电子的一种运动状态，n、l、m_l 三个量子数可确定电子的 1 个原子轨道，n、l 两个量子数确定了电子能级，一个量子数 n 则确定电子壳层。通常把主量子数相同的电子，称为同一壳层的电子；n 和 l 相同的电子，称为同一能级的电子；n、l 和 m_l 相同的电子，称为同一原子轨道内的电子。根据泡利（Pauli）不相容原理，同一原子轨道上最多可容纳自旋方向相反的 2 个电子，这样就没有 2 个电子的 4 个量子数（n、l、m_l 和 m_s）是完全相同的，即没有 2 个电子处于同一运动状态。

1.6.3　波函数和电子云的图形表示

波函数描述了原子中的电子绕核运动状态，$|\Psi_{n,l,m_l}(r,\theta,\varphi)|^2$ 表示处在 n、l、m_l 态

的电子在空间（r,θ,φ）处出现的概率密度（$|\Psi|^2$在空间的分布称为电子云）。将它们用图形表示出来，使抽象的数学式成为具体的直观图像，对于了解原子的结构和性质，了解原子化合为分子乃至结合成晶体的过程，都具有重要意义。然而 Ψ 和 $|\Psi|^2$ 是空间坐标（r,θ,φ）的函数，要表达它们与 r、θ、φ 的关系，需要四维坐标，难以用一种图形就反映出它们的全部性质。从不同角度来考察 Ψ 和 $|\Psi|^2$ 的性质，会得到不同的图形，将这些不同的图形综合起来考虑，就可以了解有关 Ψ 和 $|\Psi|^2$ 性质的全貌。

（1）径向分布图

径向分布图描述了电子离核远近的概率分布情况。在球坐标系中，空间某点（r,θ,φ）附近体积元 $d\tau=r^2\sin\theta dr d\theta d\varphi$）内发现电子的概率为

$$|\Psi(r,\theta,\varphi)|^2 d\tau=|R(r)\Theta(\theta)\Phi(\varphi)|^2 r^2\sin\theta dr d\theta d\varphi$$

当只考虑概率随 r 的变化时，将上式对 θ 和 φ 的全部区域积分，就得到离核距离为 r 处厚度为 dr 的球壳内找到电子的概率 dW［见图 1-8（a）］。

$$\begin{aligned}
dW &= \int_0^{2\pi}\int_0^{\pi} |R(r)\Theta(\theta)\Phi(\varphi)|^2 r^2\sin\theta dr d\theta d\varphi \\
&= [R(r)]^2 r^2 dr\int_0^{2\pi} |\Phi(\varphi)|^2 d\varphi\int_0^{\pi} |\Theta(\theta)|^2 \sin\theta d\theta \\
&= [R(r)]^2 r^2 dr \\
&= D(r) dr
\end{aligned} \tag{1-120}$$

其中，Θ 和 Φ 是归一化的，即

$$\int_0^{2\pi} |\Phi(\varphi)|^2 d\varphi=1$$

$$\int_0^{\pi} |\Theta(\theta)|^2 \sin\theta d\theta=1$$

$D(r)=\dfrac{dW}{dr}=[R(r)]^2 r^2$ 为径向分布函数，它表示在半径 r 处、单位厚度的球壳内找到电子的概率。将 $D(r)$ 对 r 作图称为径向分布图。图 1-8（b）给出了氢原子基态 1s 的径向分布图，其中 a_0 为玻尔（N. Bohr）半径。图中极大值在 $r=a_0$ 处，与玻尔半径正好吻合，表明在 $r=a_0$ 附近的薄球壳内发现电子的概率最大。在这个意义上，玻尔轨道是氢原子结构的粗略近似，所以才借用“原子轨道”这一词来描述核外电子的运动情况。

图 1-9 给出氢原子各种状态的径向分布图。由图可以发现主量子数为 n、角量子数为 l 的状态，有（$n-1$）个极大值峰和（$n-l-1$）个节面（电子出现的概率密度为零的面）。主量子数 n 不同而角量子数 l 相同的状态（如 1s、2s、3s 或 2p、3p、4p 等），其主峰随主量子数增大而离核愈远。主峰的位置可以用来度量电子与核的平均距离的大小，这说明主量子数小的电子，在靠近原子核的内层，能量较低；主量子数大的电子，在离核较远的外层，能量较高。主量子数相同的状态，主峰的位置比较靠近，例如 4s、4p、4d 和 4f 离核的平均距离是接近的，所以可以认为主量数相同的电子分布在同一个壳层上。

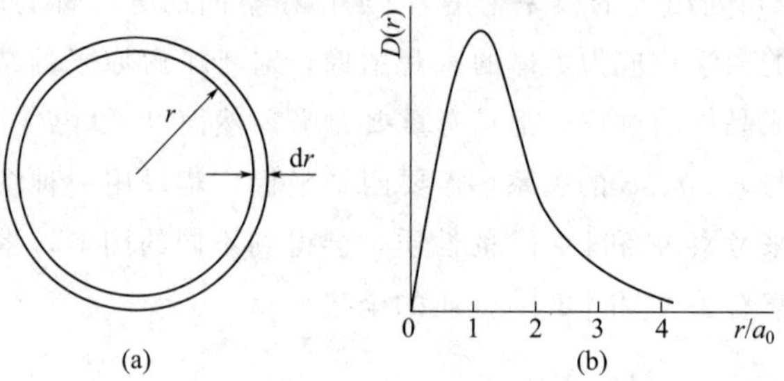

图 1-8　距离为 r 的薄球壳（a）和氢原子 1s 的径向分布（b）

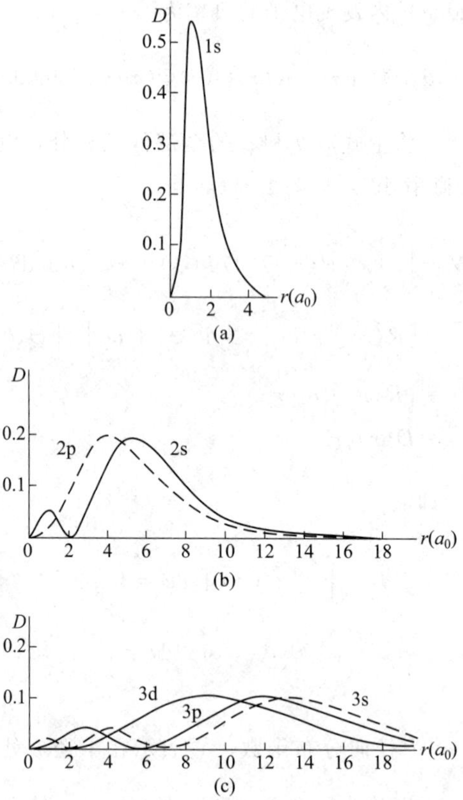

图 1-9　氢原子各种状态的径向分布

从径向分布来看，核外电子是按能量高低顺序分层排布的。这与玻尔理论有相似之处，但有质的差别。玻尔理论认为 n 值大的电子轨道绝对在外，n 值小的电子轨道绝对在内。从量子理论来看，由于电子具有波动性，电子的活动范围并不限在主峰上，主量子数大的电子有一定概率钻到离核很近的内层。图 1-9 中 4s 轨道的第一峰已深入内层 3d 之内，这表明 4s 轨道上的电子较 3d 电子钻得更深，这就是所谓的“钻穿效应”。

（2）角度分布图

波函数 $\Psi_{n,l,m_l}(r,\theta,\varphi)=R_{n,l}(r)Y_{l,m_l}(\theta,\varphi)$ 中的角度部分 $Y_{l,m_l}(\theta,\varphi)$ 决定着原子轨道和电子云的形状和方向，在讨论化学键的形成和分子几何构型时是非常重要的。绘制角度分布

图要用球坐标，图形的作法是：选原子核为原点，定出 z 轴，从原点引出方向为（θ,φ）的线段，长度等于 $|Y|$，所有这些线段的端点在空间构成一个曲面，在曲面内根据 Y 的正负标记“+、−”号，就得到了波函数（原子轨道）的角度分布图。图 1-10 给出了 $2p_z$ 态的角度分布过 z 轴的一个剖面图。由于 Y_{l,m_l} 与主量子数 n 无关，所以量子数 l、m_l 相同的状态，它们的原子轨道角度分布是相同的。例如 $2p_x$、$3p_x$、$4p_x$ 的角度分布相同，统称为 p_x 轨道的角度分布。

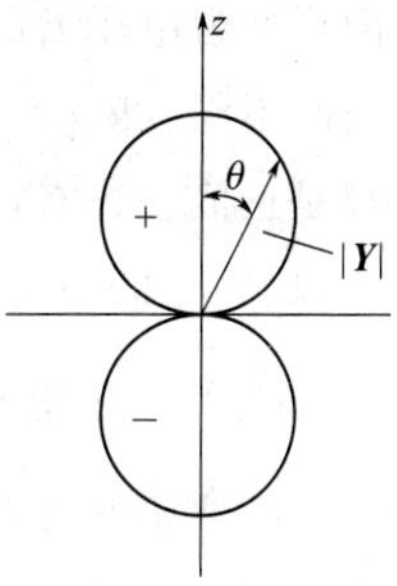

图 1-10　$2p_z$ 态的角度分布

图 1-11 是 s、p、d 原子轨道的角度分布图。应当强调的是：这些图形并不是波函数在空间的直观图形，更不能误解为电子按所示的图形作轨道运动。它们只表示在不同的（θ,φ）方向上 Y 的相对大小及符号正负，反映了电子在空间不同方向出现的概率大小。s 轨道的角度分布是球对称的，或说处于 s 轨道上的电子在空间各方向出现是等概率的。p_y 轨道的角度分布是以 y 轴为对称轴，在 y 方向有极大值，也即在 y 方向上出现概率最大。在 xz 平面上 $Y=0$，形成的节面称为角向节面。这表明处于 p_y 轨道上的电子，在 xz 平面上出现概率为 0，p_y 轨道呈 2 个异号球分布在节面 xz 平面的上下，2 球的球心在 y 轴上。p_x、p_z 和 p_y 相似，只是分别以 x 轴和 z 轴为对称轴，节面则分别是 yz 平面和 xy 平面。5 个 d 轨道的角度分布都比较复杂，分别有 4 个极大值和 2 个节面。

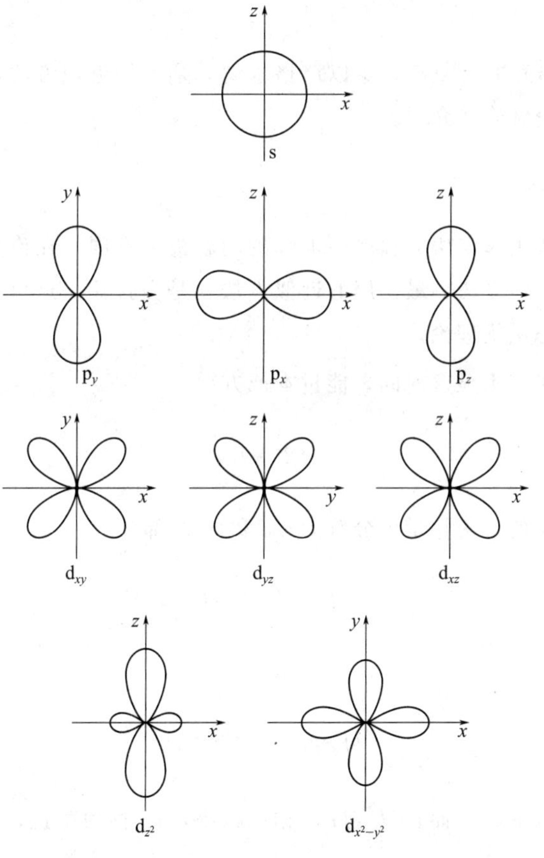

图 1-11　s、p、d 原子轨道的角度分布

如果 (θ,φ) 方向上取长度为$|Y|^2$ 的线段，所有线段端点在空间形成一个曲面，这样的图形称为电子云的角度分布图。它与原子轨道的角度分布图相似，只是表示概率密度$|Y|^2$在空间不同 (θ,φ) 方向上的分布。此外，原子轨道角度分布有正、负之分，而电子云角度分布都是正值。再有，电子云角度分布图形比原子轨道图形“瘦”些，这是因为$|Y|$总是小于 1，所以$|Y|^2$ 的值更小。

（3）原子轨道轮廓图

把波函数 $\Psi(r,\theta,\varphi)$ 的大小和正负的轮廓图像在三维空间中表示出来，反映 $\Psi(r,\theta,\varphi)$ 在空间分布的立体图像称为原子轨道轮廓图或简称原子轨道图。图 1-6 给出了 s、p、d 各种状态的原子轨道轮廓图。这种图形虽反映了波函数的大小和正负，但只有定性的意义。然而由于它简洁明了，为了解分子内原子间轨道相互作用和价键的方向性提供了直观的图像，所以在化学键理论中广为应用。

1.7 氢分子

全同粒子体系的波函数要具有一定的对称性，作为一个例子本节介绍氢分子，氢分子中的两个电子组成全同的费米子体系，氢分子问题的重要性还在于它是现代化学键理论和铁磁性理论的基础。

氢分子的薛定谔方程非常复杂，难以严格求解，须采用近似方法，常用的近似方法是微扰法，下面对微扰理论做简单介绍。

1.7.1 微扰理论简介

在量子力学中，能用薛定谔方程严格求解的问题极为有限，在许多实际问题中往往不能精确求解，只能采用近似方法，最常用的近似方法就是微扰法。这里介绍的是体系哈密顿量不是时间显函数的定态微扰理论。

设体系的哈密顿量$\hat{H}$不显含时间，能量本征方程

$$\hat{H}\Psi=E\Psi \tag{1-121}$$

无法严格求解。若体系的哈密顿量可分解为$\hat{H}_0$和$\hat{H}'$两部分

$$\hat{H}=\hat{H}_0+\hat{H}' \tag{1-122}$$

其中$\hat{H}_0$ 的本征方程

$$\hat{H}_0\Psi^{(0)}=E^{(0)}\Psi^{(0)} \tag{1-123}$$

可严格求解或已有现成的解，而且$\hat{H}'$与$\hat{H}_0$ 相比很小，$\hat{H}'$称为微扰，此时可用微扰法求解方程式（1-121）。因此，微扰法是从式（1-123）的已知解 $E^{(0)}$ 和 $\Psi^{(0)}$ 出发，考虑微扰项$\hat{H}'$ 的

影响，求出复杂问题式（1-121）近似解 E_n 和 Ψ_n 的方法。

假设式（1-123）已解出，其解有一系列能量本征值 $E_n^{(0)}$ 和本征函数 $\Psi_n^{(0)}$。先考虑 $E_n^{(0)}$ 是非简并的，即一个 $E_n^{(0)}$ 对应一个波函数 $\Psi_n^{(0)}$。考虑所研究问题的哈密顿量 $\hat{H}=\hat{H}_0+\hat{H}'$，$\hat{H}$ 的本征值与本征函数和 $\hat{H}_0$ 的应不同，要受到微扰的影响，但由于 $\hat{H}'$ 远小于 $\hat{H}_0$，可以认为 $\hat{H}$ 和 $\hat{H}_0$ 的本征值和本征函数相差不大，因此可把 $\hat{H}$ 的本征值 E_n 和本征函数 Ψ_n 展成如下形式

$$E_n=E_n^{(0)}+E_n^{(1)}(\hat{H}')+E_n^{(2)}(\hat{H}')+\cdots \tag{1-124}$$

$$\Psi_n=\Psi_n^{(0)}+\Psi_n^{(1)}(\hat{H}')+\Psi_n^{(2)}(\hat{H}')+\cdots \tag{1-125}$$

式中，$E_n^{(0)}$ 和 $\Psi_n^{(0)}$ 是方程式（1-123）的解，是体系未受微扰时的能量和波函数，称为零级近似能量和波函数；$E_n^{(i)}$ 和 $\Psi_n^{(i)}$ 称为 i 级近似能量和波函数（或称为能量和波函数的第 i 级修正）。一般后面的项远小于前面的项，使级数很快收敛。

若已知零级近似，用微扰法可求出各级修正。算出的级数越高，得到的结果越精确，但级数越高，计算也越麻烦。一般实际问题只需求到能量二级修正和波函数一级修正。下面给出有关公式。能量一级修正

$$E_n^{(1)}=\int\Psi_n^{(0)*}\ \hat{H}'\Psi_n^{(0)}\mathrm{d}\tau=H'_{nn} \tag{1-126}$$

能量二级修正

$$E_n^{(2)}=\sum_{m\neq n}\frac{|H'_{nm}|^2}{E_n^{(0)}-E_m^{(0)}} \tag{1-127}$$

式中，$H'_{nm}=\int\Psi_n^{(0)*}\ \hat{H}'\Psi_m^{(0)}\mathrm{d}\tau$。$H'_{nn}$ 和 H'_{nm} 都称为微扰矩阵元。波函数一级修正

$$\Psi_n^{(1)}=\sum_{m\neq n}\frac{H'_{nm}}{E_n^{(0)}-E_m^{(0)}}\Psi_m^{(0)} \tag{1-128}$$

当能量本征值存在简并时，如 $\Psi_n^{(0)}$ 态和 $\Psi_m^{(0)}$ 态能量相等，即 $E_n^{(0)}-E_m^{(0)}$，式（1-127）和（1-128）中分母为零，能量和波函数的修正不是很小，而是无穷大，上述非简并态微扰法不再适用，而要采用简并态微扰法。

简并态微扰法的首要问题是零级近似波函数如何选择。若能量本征值 $E_n^{(0)}$ 是 s 度简并的，则有 s 个本征函数 $\Psi_{ni}^{(0)}$（$i=1，2，3，\cdots，s$）属于同一个本征值 $E_n^{(0)}$，无法知道在这个本征函数中究竟选哪一个作零级近似波函数才合适，一般选取这 s 个本征函数的线性组合作为零级近似波函数

$$\Psi_n^{(0)}=c_1\Psi_{n1}^{(0)}+c_2\Psi_{n2}^{(0)}+\cdots+c_s\Psi_{ns}^{(0)}=\sum c_i\Psi_{ni}^{(0)} \tag{1-129}$$

各组合系数 c_i 可以通过运算求出，这样零级近似波函数 $\Psi_n^{(0)}$ 的具体表达形式可知。

1.7.2 氢分子的薛定谔方程

（1）求解氢分子的薛定谔方程

设两个氢原子的原子核分别位于 a、b 两点不动，相距为 R（见图 1-12）。忽略与自旋有

关的相互作用，则这两个电子费米子体系的哈密顿算符

$$\hat{H}=-\frac{\hbar^2}{2m}\nabla_1^2-\frac{\hbar^2}{2m}\nabla_2^2-\frac{e^2}{4\pi\varepsilon_0 r_{1a}}-\frac{e^2}{4\pi\varepsilon_0 r_{2b}}-\frac{e^2}{4\pi\varepsilon_0 r_{1b}}-\frac{e^2}{4\pi\varepsilon_0 r_{2a}}+\frac{e^2}{4\pi\varepsilon_0 r_{12}}+\frac{e^2}{4\pi\varepsilon_0 R} \tag{1-130}$$

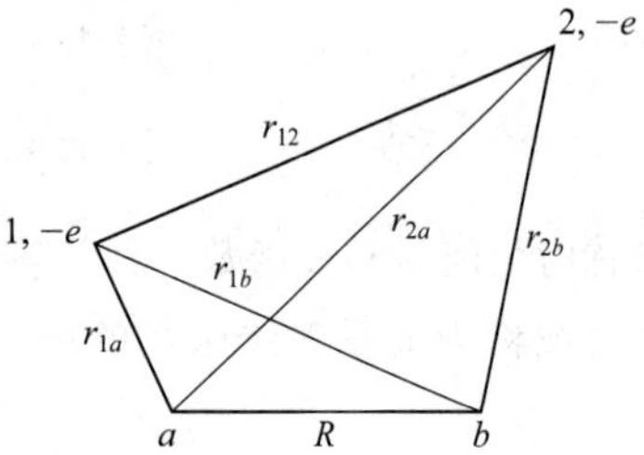

图 1-12　氢分子中核和电子的坐标

式中，第一、第二两项分别是电子 1 和电子 2 的动能；后面各项依次是电子与核、电子与电子以及核与核之间的相互作用势能；r_{1a} 和 r_{1b} 分别是电子 1 到核 a 和核 b 的距离；r_{2a} 和 r_{2b} 分别是电子 2 到核 a 和核 b 的距离；r_{12} 是两电子之间的距离（见图 1-12）。

体系的波函数为

$$\Psi=\Psi(\boldsymbol{r}_{1a},\boldsymbol{r}_{2b},S_{z1},S_{z2}) \tag{1-131}$$

体系的薛定谔方程可写成

$$\hat{H}\,\Psi(\boldsymbol{r}_{1a},\boldsymbol{r}_{2b},S_{z1},S_{z2})=E\Psi(\boldsymbol{r}_{1a},\boldsymbol{r}_{2b},S_{z1},S_{z2}) \tag{1-132}$$

由于 $\hat{H}$ 中不含与 S 有关的相互作用能量，即 $\hat{H}$ 与 S_z 无关，故 Ψ 可分离变量，分成空间波函数 Φ 与自旋波函数 χ 两者乘积

$$\Psi(\boldsymbol{r}_{1a},\boldsymbol{r}_{2b},S_{z1},S_{z2})=\Phi(\boldsymbol{r}_{1a},\boldsymbol{r}_{2b})\chi(S_{z1},S_{z2}) \tag{1-133}$$

把式（1-133）代入式（1-132），可得

$$\hat{H}\Phi\chi=E\Phi\chi$$

$$\chi\,\hat{H}\Phi=\chi E\Phi$$

有

$$\hat{H}\Phi=E\Phi \tag{1-134}$$

求解方程式（1-134），可得到 E 和 Φ，这将在下面讨论，先求 χ。

（2）自旋波函数 χ（S_{z1}, S_{z2}）

因忽略两个电子自旋磁矩之间的相互作用，故两个自旋态是相互独立的，可进一步分离变量，即令

$$\chi(S_{z1},S_{z2})=\chi_{m_{s1}}(S_{z1})\chi_{m_{s2}}(S_{z2}) \tag{1-135}$$

由于自旋本征函数只有两个

$$\chi_{m_s}(S_z)=\begin{cases}\chi_{\frac{1}{2}}(S_z) & \uparrow\\ \chi_{-\frac{1}{2}}(S_z) & \downarrow\end{cases} \tag{1-136}$$

$\chi_{m_{s1}}(S_{z1})\chi_{m_{s2}}(S_{z2})$ 有四种组合形式：

$$\uparrow\uparrow:\chi_{\frac{1}{2}}(S_{z1})\chi_{\frac{1}{2}}(S_{z2})$$

$$\uparrow\downarrow:\chi_{\frac{1}{2}}(S_{z1})\chi_{-\frac{1}{2}}(S_{z2})$$

$$\downarrow\uparrow:\chi_{-\frac{1}{2}}(S_{z1})\chi_{\frac{1}{2}}(S_{z2})$$

$$\downarrow\downarrow:\chi_{-\frac{1}{2}}(S_{z1})\chi_{-\frac{1}{2}}(S_{z2}) \tag{1-137}$$

由于全同粒子的波函数必须满足对称或反对称的要求，故需要考察上面四式的对称性。S_{z1} 和 S_{z2} 互换以后，式（1-137）中第一、第四两个波函数与原来相同，是对称波函数；第二、第三两个在 S_{z1} 和 S_{z2} 互换以后，既不与原来相同，也不差一个负号，因此既不对称，也不反对称。但可利用态的叠加原理，把第二、第三两个波函数线性叠加，构成一个对称波函数和一个反对称波函数。这样两电子体系可得下面三个对称波函数和一个反对称波函数

$$\chi_{s1}(S_{z1},S_{z2})=\chi_{\frac{1}{2}}(S_{z1})\chi_{\frac{1}{2}}(S_{z2})$$

$$\chi_{s2}(S_{z1},S_{z2})=\chi_{-\frac{1}{2}}(S_{z1})\chi_{-\frac{1}{2}}(S_{z2})$$

$$\chi_{s3}(S_{z1},S_{z2})=\frac{1}{\sqrt{2}}[\chi_{\frac{1}{2}}(S_{z1})\chi_{-\frac{1}{2}}(S_{z2})+\chi_{-\frac{1}{2}}(S_{z1})\chi_{\frac{1}{2}}(S_{z2})]$$

$$\chi_{s3}(S_{z1},S_{z2})=\frac{1}{\sqrt{2}}[\chi_{\frac{1}{2}}(S_{z1})\chi_{-\frac{1}{2}}(S_{z2})-\chi_{-\frac{1}{2}}(S_{z1})\chi_{\frac{1}{2}}(S_{z2})] \tag{1-138}$$

其中，第三、第四两式中系数$\frac{1}{\sqrt{2}}$为归一化常数。

下面分析处于式（1-138）给出的四个状态时，两个电子的自旋取向。

取两个电子的自旋角动量算符分别为$\hat{\boldsymbol{S}}_1$ 和$\hat{\boldsymbol{S}}_2$，相应的自旋量子数各为 $s_1=\frac{1}{2}$和 $s_2=\frac{1}{2}$，自旋磁量子数为 $m_{s1}=\pm\frac{\hbar}{2}$和 $m_{s2}=\pm\frac{\hbar}{2}$。两电子体系的总角动量算符为两个电子角动量矢量和

$$\boldsymbol{S}=\boldsymbol{S}_1+\boldsymbol{S}_2$$

相应的总自旋角动量算符有

$$\hat{\boldsymbol{S}}=\hat{\boldsymbol{S}}_1+\hat{\boldsymbol{S}}_2 \tag{1-139}$$

总自旋量子数和总自旋磁量子数分别记为 s 和 m_s。

可以证明：当两电子处在对称自旋波函数 χ_{si}（$i=1$，2，3）的状态时，$\hat{\boldsymbol{S}}^2$ 的本征值为 $2\hbar^2$；当处在反对称自旋波函数 χ_A 的状态时，$\hat{\boldsymbol{S}}^2$ 的本征值为 0，即

$$\hat{\boldsymbol{S}}^2\chi_{si}(S_{z1},S_{z2})=2\hbar^2\chi_{si}(S_{z1},S_{z2}) \qquad (i=1,2,3) \tag{1-140}$$

$$\hat{\boldsymbol{S}}^2\chi_A(S_{z1},S_{z2})=0 \tag{1-141}$$

根据式（1-55），利用式（1-140）可得到

$$s(s+1)\hbar^2=2\hbar^2$$

即 $s(s+1)=2$

从而得出总自旋量子数 $s=1$。由于

$$s=1=\frac{1}{2}+\frac{1}{2}=s_1+s_2$$

表明处在对称自旋波函数 χ_{si} 态时，两个电子自旋是平行的。而对于 $s=1$，总自旋磁量子数可取值 $m_s=s=1$、$m_s=s-1=0$、$m_s=-s=-1$，分别对应于 χ_{s1}、χ_{s3}、χ_{s2} 三个状态。由于对应 $\hat{\boldsymbol{S}}^2$ 的本征值 $2\hbar^2$ 有三个自旋对称波函数 χ_{s1}、χ_{s2}、χ_{s3}，故称它们为自旋平行三重态。

同样利用式（1-141）有

$$s(s+1)=0$$

得出总自旋量子数 $s=0$，总自旋磁量子数 $m_s=0$。由 $s=0=s_1-s_2$ 可知，处在反对称自旋波函数 χ_A 的态时，两个电子自旋是反平行的。由于对应 $\hat{\boldsymbol{S}}^2$ 的本征值 0 只有一个反对称波函数 χ_A，称 χ_A 为自旋反平行单态。

（3）空间波函数 $\Phi(\boldsymbol{r}_{1a},\boldsymbol{r}_{2b})$

由式（1-134）写出 Φ 的薛定谔方程

$$\hat{H}\Phi(\boldsymbol{r}_{1a},\boldsymbol{r}_{2b})=E\Phi(\boldsymbol{r}_{1a},\boldsymbol{r}_{2b}) \tag{1-142}$$

其中哈密顿算符

$$\hat{H}=-\frac{\hbar^2}{2m}\nabla_1^2-\frac{\hbar^2}{2m}\nabla_2^2-\frac{e^2}{4\pi\varepsilon_0 r_{1a}}-\frac{e^2}{4\pi\varepsilon_0 r_{2b}}+\frac{e^2}{4\pi\varepsilon_0}\left(\frac{1}{R}+\frac{1}{r_{12}}-\frac{1}{r_{1b}}-\frac{1}{r_{2a}}\right) \tag{1-143}$$

由于方程式（1-142）无法严格求解，下面用微扰近似法解这个方程。体系的哈密顿算符分成两部分

$$\hat{H}=\hat{H}_0+\hat{H}'$$

其中

$$\hat{H}_0=\left(-\frac{\hbar^2}{2m}\nabla_1^2-\frac{e^2}{4\pi\varepsilon_0 r_{1a}}\right)+\left(-\frac{\hbar^2}{2m}\nabla_2^2-\frac{e^2}{4\pi\varepsilon_0 r_{2b}}\right)=\hat{H}_{01}+\hat{H}_{02} \tag{1-144}$$

$$\hat{H}'=\frac{e^2}{4\pi\varepsilon_0}\left(\frac{1}{R}+\frac{1}{r_{12}}-\frac{1}{r_{1b}}-\frac{1}{r_{2a}}\right) \tag{1-145}$$

按照微扰理论，方程式（1-142）的解为

$$\left.\begin{aligned}E&=E^{(0)}+E^{(1)}+E^{(2)}+\cdots\\ \Phi&=\Phi^{(0)}+\Phi^{(1)}+\Phi^{(2)}+\cdots\end{aligned}\right\} \tag{1-146}$$

其中，$E^{(0)}$ 和 $\Phi^{(0)}$ 为 $\hat{H}_0$ 本征方程的解。再求出能量各级修正 $E^{(1)}$，$E^{(2)}$，…和波函数各级修正 $\Phi^{(1)}$，$\Phi^{(2)}$，…代入式（1-146）就可以得到方程（1-142）的解了。下面只求出 $E^{(0)}$、$E^{(1)}$ 和 $\Phi^{(0)}$，因为只要有这些结果，就可以解释共价键和铁磁性的来源了。

$\hat{H}_0$ 的本征方程

$$\hat{H}_0\Phi^{(0)}(\boldsymbol{r}_{1a},\boldsymbol{r}_{2b})=E^{(0)}\Phi^{(0)}(\boldsymbol{r}_{1a},\boldsymbol{r}_{2b}) \tag{1-147}$$

由式（1-144）$\hat{H}_0=\hat{H}_{01}+\hat{H}_{02}$，其中$\hat{H}_{01}$ 和$\hat{H}_{02}$ 分别为两个孤立氢原子的哈密顿算符，方程式（1-147）还可以进一步分离变量，

令

$$\left.\begin{aligned}&\Phi^{(0)}(\boldsymbol{r}_{1a},\boldsymbol{r}_{2b})=\varphi_a(\boldsymbol{r}_{1a})\varphi_b(\boldsymbol{r}_{2b})\\&E^{(0)}=\varepsilon_a+\varepsilon_b\end{aligned}\right\} \tag{1-148}$$

代入方程式（1-147），可得到两个方程

$$\left.\begin{aligned}&\hat{H}_{01}\varphi_a(\boldsymbol{r}_{1a})=\varepsilon_a\varphi_a(\boldsymbol{r}_{1a})\\&\hat{H}_{02}\varphi_b(\boldsymbol{r}_{1b})=\varepsilon_b\varphi_b(\boldsymbol{r}_{1b})\end{aligned}\right\} \tag{1-149}$$

式（1-149）是两个孤立氢原子的薛定谔方程，方程的解在上一节已求出。ε_a、ε_b 就是氢原子中电子的能量 E_n，φ_a、φ_b 就是氢原子中电子的波函数 φ_{n,l,m_l}。

为简便，只考虑氢分子基态，这时相应的两个孤立氢原子也处于基态，基态能量记为 E_{H}，基态波函数为 φ_{100}，即

$$\left.\begin{aligned}&\varepsilon_a=\varepsilon_b=E_{\mathrm{H}}\\&\varphi_a(\boldsymbol{r}_{1a})=\varphi_{100}(\boldsymbol{r}_{1a})=\frac{1}{\sqrt{\pi a_0^3}}e^{-\frac{r_{1a}}{a_0}}\\&\varphi_b(\boldsymbol{r}_{1b})=\varphi_{100}(\boldsymbol{r}_{2b})=\frac{1}{\sqrt{\pi a_0^3}}e^{-\frac{r_{2b}}{a_0}}\end{aligned}\right\} \tag{1-150}$$

式中，a_0 为玻尔第一轨道半径。方程式（1-147）的解为

$$E^{(0)}=\varepsilon_a+\varepsilon_b=2E_{\mathrm{H}} \tag{1-151}$$

$$\Phi^{(0)}(\boldsymbol{r}_{1a},\boldsymbol{r}_{2b})=\varphi_a(\boldsymbol{r}_{1a})\varphi_b(\boldsymbol{r}_{2b})=\frac{1}{\pi a_0^3}-\frac{r_{1a}+r_{2b}}{a_0} \tag{1-152}$$

把电子 1、2 的空间位置互换，式（1-152）变为

$$\Phi^{(0)\prime}(\boldsymbol{r}_{2a},\boldsymbol{r}_{1b})=\varphi_a(\boldsymbol{r}_{2a})\varphi_b(\boldsymbol{r}_{1b})=\frac{1}{\pi a_0^3}-\frac{r_{2a}+r_{1b}}{a_0} \tag{1-153}$$

$\Phi^{(0)\prime}$对应的能量仍为 $E^{(0)}=2E_{\mathrm{H}}$。可是 $\Phi^{(0)}$ 和 $\Phi^{(0)\prime}$ 既不对称，也不反对称，不满足全同粒子波函数的条件。把 $\Phi^{(0)}$ 和 $\Phi^{(0)\prime}$ 线性叠加，经归一化得到满足对称或反对称要求的两个空间波函数。

对称：$\Phi_{\mathrm{s}}^{(0)}=\frac{1}{\sqrt{2}}[\varphi_a(\boldsymbol{r}_{1a})\varphi_b(\boldsymbol{r}_{2b})+\varphi_a(\boldsymbol{r}_{2a})\varphi_b(\boldsymbol{r}_{1b})]$ (1-154)

反对称：$\Phi_{\mathrm{A}}^{(0)}=\frac{1}{\sqrt{2}}[\varphi_a(\boldsymbol{r}_{1a})\varphi_b(\boldsymbol{r}_{2b})-\varphi_a(\boldsymbol{r}_{2a})\varphi_b(\boldsymbol{r}_{1b})]$ (1-155)

费米子体系的波函数 ψ 必须是反对称波函数，而

$$\psi=\Phi^{(0)}\chi$$

$\Phi^{(0)}$和χ的乘积必须保证ψ是反对称的。如果空间波函数取对称的$\Phi_s^{(0)}$，则自旋波函数必须为反对称的χ_A；如果空间波函数为反对称的$\Phi_A^{(0)}$，则自旋波函数必须为对称的χ_S。于是得到总的反对称波函数为

$$\psi_A=\Phi_s^{(0)}\chi_A \text{ 或 } \psi_A=\Phi_A^{(0)}\chi_S \tag{1-156}$$

(4) 能量的一级修正

根据微扰理论，能量一级修正利用式（1-156）求出。其中$\Phi_n^{(0)}$就是$\Phi_s^{(0)}$或$\Phi_A^{(0)}$，而

$$\hat{H}'=\frac{e^2}{4\pi\varepsilon_0}\left(\frac{1}{R}+\frac{1}{r_{12}}-\frac{1}{r_{1b}}-\frac{1}{r_{2a}}\right)$$

能量一级修正为

$$E^{(1)}=\int\Phi^{(0)*}\ \hat{H}'\Phi^{(0)}\mathrm{d}\tau \tag{1-157}$$

式中，$\mathrm{d}\tau=\mathrm{d}\tau_1\,\mathrm{d}\tau_2$，$\tau_1$和$\tau_2$分别是电子1、2运动的整个空间。

把$\Phi_S^{(0)}$和$\Phi_A^{(0)}$分别代入式（1-157）得到两个一级修正$E^{(1)}$，即

$$\Phi_S^{(0)}:E_S^{(1)}=\frac{K+J}{1+\Delta^2} \tag{1-158}$$

$$\Phi_A^{(0)}:E_A^{(1)}=\frac{K-J}{1-\Delta^2} \tag{1-159}$$

其中

$$K=\frac{e^2}{4\pi\varepsilon_0}\int\left(\frac{1}{R}+\frac{1}{r_{12}}-\frac{1}{r_{1b}}-\frac{1}{r_{2a}}\right)\varphi_a^2(\boldsymbol{r}_{1a})\varphi_b^2(\boldsymbol{r}_{2b})\mathrm{d}\tau_1\mathrm{d}\tau_2 \tag{1-160}$$

$$J=\frac{e^2}{4\pi\varepsilon_0}\int\left(\frac{1}{R}+\frac{1}{r_{12}}-\frac{1}{r_{1b}}-\frac{1}{r_{2a}}\right)\varphi_a(\boldsymbol{r}_{1a})\varphi_b(\boldsymbol{r}_{1b})\varphi_a(\boldsymbol{r}_{2a})\varphi_b(\boldsymbol{r}_{2b})\mathrm{d}\tau_1\mathrm{d}\tau_2 \tag{1-161}$$

$$\Delta=\int\varphi_a(\boldsymbol{r}_{1a})\varphi_b(\boldsymbol{r}_{1b})\mathrm{d}\tau_1=\int\varphi_a(\boldsymbol{r}_{2a})\varphi_b(\boldsymbol{r}_{2b})\mathrm{d}\tau_2 \tag{1-162}$$

上列积分运算很烦琐，不予讨论，着重指出各个量的物理意义。K称为两个氢分子之间的库仑相互作用能，包括两个核间、两个电子间库仑作用以及a原子中电子1与b核作用、b原子中电子2与a核作用。Δ称为重叠积分，它反映了a原子波函数φ_a和b原子波函数φ_b在空间重叠的程度。当$R\to\infty$，φ_a与φ_b完全不重叠，则$\Delta=0$；当R逐渐减小，φ_a与φ_b部分重叠，有$0<\Delta<1$；当$R=0$，φ_a与φ_b完全重叠，$\Delta=1$。J称为交换能，因为J的被积分函数中有两个互换空间坐标而出现的波函数，这个积分出现是由于粒子全因性而产生的量子力学效应，没有经典对应。最后可写出氢分子基态能量的一级近似值为

$$E=E^{(0)}+E^{(1)} \tag{1-163}$$

对$\Phi_S^{(0)}$和$\Phi_A^{(0)}$两种情况，由式（1-151）、式（1-158）和式（1-159）能量分别为

$$\Phi_S^{(0)}: E_S = 2E_H + \frac{K+J}{1+\Delta^2} \tag{1-164}$$

$$\Phi_A^{(0)}: E_A = 2E_H + \frac{K-J}{1-\Delta^2} \tag{1-165}$$

1.7.3 氢分子理论的应用

(1) 共价键

量子力学问世之前，人们一直无法理解共价键的成因，氢分子模型揭示了共价键的物理本质。

由式（1-164）和式（1-165）可绘出氢分子能量 $E=\frac{R}{a_0}$ 的关系曲线图 1-13。对 $E_A=\frac{R}{a_0}$ 曲线，设想两个氢原子从无限远处相互接近，随着核间距 R 的缩小，E_A 单调增加，说明两个氢原子间始终存在相互排斥力，不可能形成氢分子。E_A 对应于空间波函数 $\Phi_A^{(0)}$，自旋波函数 χ_S。前面已指出，处在 χ_S 的态时，两个电子自旋是平行的。所以，当两个氢原子电子自旋互相平行时，不可能结合成稳定的氢分子。作出 $\Phi_A^{(0)}$ 态的电子云分布等密度线，如图 1-14（a）所示。显示了两个原子核间电子云密度稀疏，核间斥力大于核对电子引力，无法形成分子。

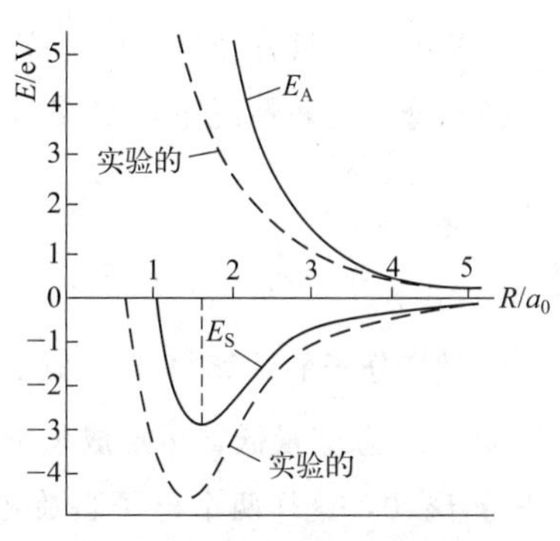

图 1-13　氢分子的能量曲线

对 $E_S=\frac{R}{a_0}$ 曲线，随着核间距 R 的缩小，E_S 先减小后增大，在 R_0 处出现极小值，表明在 $R=R_0$ 处，斥力和引力相平衡；若 $R<R_0$，斥力使两氢原子分开；若 $R>R_0$，引力则使两氢原子靠近。故这是一种稳定结构。E_S 对应的氢分子零级近似波函数为 $\varphi_A=\Phi_S^{(0)}\chi_A$，处于 χ_A 的两个电子是自旋是反平行的。$\Phi_S^{(0)}$ 态的电子空间分布情况如图 1-14（b）所示，电子云在两核间浓集，核对电子的吸引力超过核间斥力，可结合成稳定的氢分子。

综上所述，共价键是由自旋反平行的两个电子在相邻两个原子之间作共有化运动而形成的。

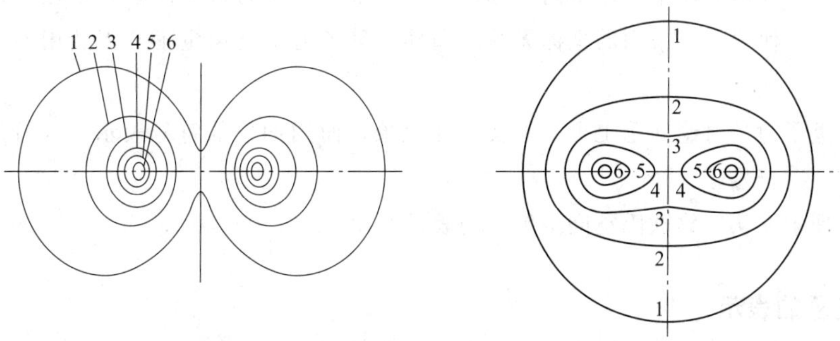

(a) $\Phi_A^{(0)}$态　(b) $\Phi_S^{(0)}$态

图 1-14　H_2 的两种状态的电子云分布的等密度线

(2) 铁磁性

铁磁性物质的一个重要特点是，在没有外磁场时，其内部的原子磁矩自发地相互平行排列，即所谓的自发磁化现象。自发磁化的缘由曾使人们长期困惑不解，直到量子力学建立以后，才认识到相邻原子的电子间交换作用是产生自发磁化的根源。

前面已导出氢分子有两种可能状态，分别对应两种不同能量：

$$\Phi_S^{(0)}：E_S=2E_H+\frac{K+J}{1+\Delta^2}$$

$$\Phi_A^{(0)}：E_A=2E_H+\frac{K-J}{1-\Delta^2} \tag{1-166}$$

其中，J 没有经典对应，完全是量子力学效应。J 称为交换能，或交换作用能，也称为交换积分。一般情况下，$\Delta^2\ll1$，则式（1-166）改写为

$$\begin{aligned}\Phi_S^{(0)}&：E_S=2E_H+K+J\\ \Phi_A^{(0)}&：E_A=2E_H+K-J\end{aligned} \tag{1-167}$$

对氢分子的计算得到 $J<0$，由式（1-167）可知对这种情况有 $E_S<E_A$，也就是氢分子处于 $\Phi_S^{(0)}\chi_A$ 态能量低，可形成氢分子，而处于 χ_A 态的两电子自旋平行。故得出结论，如交换积分 $J<0$，这样两个电子自旋必反平行，这样两个原子才可结合成稳定的分子。相反，如 $J>0$，应有 $E_A<E_S$，即体系处于 $\Phi_A^{(0)}\chi_S$ 能量低，而 χ_S 态的两个电子自旋平行排列。这使人们认识到，产生自发磁化就在于相邻原子间电子的交换积分是正的，此时交换作用使不同原子的电子自旋排在同一方向上，从而表现出铁磁性。

1.8 表象和狄拉克符号

在量子力学中态和力学量的具体表示方法叫表象。前面采用的是坐标表象，态用波函数 $\psi=\psi(\boldsymbol{r})$ 描述，力学量用算符 $\hat{F}(\hat{\boldsymbol{r}},\hat{\boldsymbol{p}})=\hat{F}(\hat{\boldsymbol{r}},\frac{\hbar}{i}\nabla)$ 表示。量子力学中还有其他表象，正如解析几何为了计算方便常采用不同坐标系一样，量子力学为讨论问题方便也要选用不同的表象。当然，几何规律与采用的坐标无关。同样，量子力学规律也不会因选用不同的表象而有差异。

此外，量子力学讨论问题也可不涉及具体表象，而用抽象的符号表示，这就是文献中广泛采用的狄拉克符号。

为易于理解，从三维欧氏空间中矢量的表示开始。

1.8.1 矢量的表示

要表示三维矢量 $\boldsymbol{A}$，必先建立三维空间坐标系 x_1、x_2、x_3，确定坐标的三个基矢 $\boldsymbol{i}$、$\boldsymbol{j}$、$\boldsymbol{k}$，基矢间是正交归一的，即

$$\left.\begin{aligned}\boldsymbol{i}\cdot\boldsymbol{j}=\boldsymbol{j}\cdot\boldsymbol{k}=\boldsymbol{k}\cdot\boldsymbol{i}=0\\ \boldsymbol{i}\cdot\boldsymbol{i}=\boldsymbol{j}\cdot\boldsymbol{j}=\boldsymbol{k}\cdot\boldsymbol{k}=1\end{aligned}\right\} \tag{1-168}$$

为更具普遍性，以 $\boldsymbol{e}_1$、$\boldsymbol{e}_2$、$\boldsymbol{e}_3$ 代替 $\boldsymbol{i}$、$\boldsymbol{j}$、$\boldsymbol{k}$，式（1-168）可写成

$$\boldsymbol{e}_i\cdot\boldsymbol{e}_j=\delta_{ij}\qquad(i,j=1,2,3) \tag{1-169}$$

$\boldsymbol{e}_1$、$\boldsymbol{e}_2$、$\boldsymbol{e}_3$ 是完备的，即空间任一矢量 $\boldsymbol{A}$，均可用它们来展开

$$\boldsymbol{A}=A_1\boldsymbol{e}_1+A_2\boldsymbol{e}_2+A_3\boldsymbol{e}_3=\sum_i A_i\boldsymbol{e}_i \tag{1-170}$$

式中，A_i 为矢量 $\boldsymbol{A}$ 在坐标轴 x_i 上的投影分量，见图 1-15。(A_1,A_2,A_3) 确定了，就完全确定了空间中的一个矢量 $\boldsymbol{A}$。因此，矢量 $\boldsymbol{A}$ 可写成式（1-170）的形式，也可以写成一个列矩阵

$$\boldsymbol{A}=\begin{pmatrix}A_1\\A_2\\A_3\end{pmatrix} \tag{1-171}$$

称矩阵 $\begin{pmatrix}A_1\\A_2\\A_3\end{pmatrix}$ 为矢量 $\boldsymbol{A}$ 在以 $\boldsymbol{e}_1$、$\boldsymbol{e}_2$、$\boldsymbol{e}_3$ 为基矢的空间中的表示，或称为矢量 $\boldsymbol{A}$ 在坐标系 x_1、x_2、x_3 中的表示。

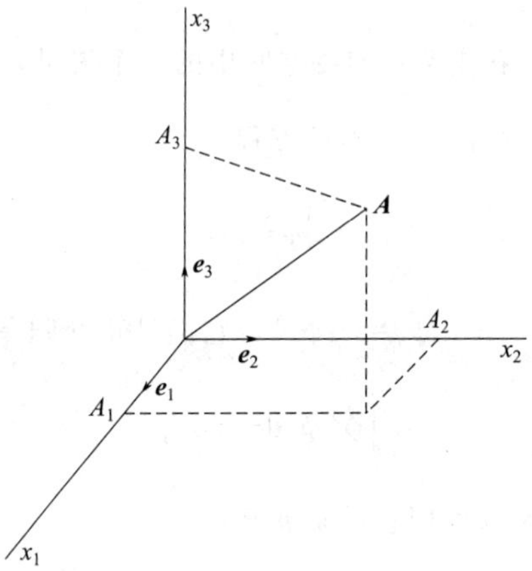

图 1-15　三维直角坐标系

对一个坐标系，基矢是确定的，矢量 $\boldsymbol{A}$ 的各个分量由基矢定出，先定义两个矢量的内积，有矢量 $\boldsymbol{A}=A_1\boldsymbol{e}_1+A_2\boldsymbol{e}_2+A_3\boldsymbol{e}_3$ 和 $\boldsymbol{A}=B_1\boldsymbol{e}_1+B_2\boldsymbol{e}_2+B_3\boldsymbol{e}_3$，定义 $\boldsymbol{A}$ 和 $\boldsymbol{B}$ 的内积为

$$(\boldsymbol{A},\boldsymbol{B})=A_1B_1+A_2B_2+A_3B_3=\boldsymbol{A}\cdot\boldsymbol{B} \tag{1-172}$$

对 N 维空间，两矢量的内积为

$$(\boldsymbol{A},\boldsymbol{B})=A_1B_1+A_2B_2+\cdots+A_NB_N=\sum_i^N A_iB_i=\boldsymbol{A}\cdot\boldsymbol{B} \tag{1-173}$$

根据基矢的正交归一性，式（1-169）可写成

$$(\boldsymbol{e}_i, \boldsymbol{e}_j) = \delta_{ij} \tag{1-174}$$

由此可得出

$$A_1 = (\boldsymbol{e}_1, \boldsymbol{A}), A_2 = (\boldsymbol{e}_2, \boldsymbol{A}), A_3 = (\boldsymbol{e}_3, \boldsymbol{A}) \tag{1-175}$$

于是，矢量 $\boldsymbol{A}$ 在以 $\boldsymbol{e}_1$、$\boldsymbol{e}_2$、$\boldsymbol{e}_3$ 为基矢的空间中的矩阵表示可记为

$$\boldsymbol{A} = \begin{pmatrix} A_1 \\ A_2 \\ A_3 \end{pmatrix} = \begin{bmatrix} (\boldsymbol{e}_1, \boldsymbol{A}) \\ (\boldsymbol{e}_2, \boldsymbol{A}) \\ (\boldsymbol{e}_3, \boldsymbol{A}) \end{bmatrix} \tag{1-176}$$

以上涉及的具体数字在实数范围，相应的空间称为欧几里得空间，按空间的维数分别称为三维欧氏空间、N 维欧氏空间。如涉及的数在复数范围，这样的空间称为希尔伯特（Hilbert）空间。希尔伯特空间中的内积（以 N 维为例）写成

$$(\boldsymbol{A}, \boldsymbol{B}) = A_1^* B_1 + A_2^* B_2 + \cdots + A_N^* B_N = \sum_i^N A_i^* B_i \tag{1-177}$$

式中，A_i^* 是 A_i 的复数共轭。

1.8.2 态和力学量的矩阵表示

（1）态的矩阵表示

在量子力学中，把状态 $\boldsymbol{\psi}$ 看成希尔伯特空间中的一个矢量，称为态矢（量）。

对一个力学量 Q，可由其算符 $\hat{Q}$ 的本征方程

$$\hat{Q}\boldsymbol{\phi} = \lambda\boldsymbol{\phi} \tag{1-178}$$

求出 $\hat{Q}$ 的本征函数系 $\boldsymbol{\phi}_1$，$\boldsymbol{\phi}_2$，…，$\boldsymbol{\phi}_n=\{\boldsymbol{\phi}_n\}$，它们是正交归一的

$$\int \boldsymbol{\phi}_m^* \boldsymbol{\phi}_n \mathrm{d}\tau = \delta_{mn} \tag{1-179}$$

并具有完备性，即任一函数 $\boldsymbol{\psi}$ 都可用它们来展开

$$\boldsymbol{\psi} = c_1\boldsymbol{\phi}_1 + c_2\boldsymbol{\phi}_2 + \cdots = \sum_n c_n \boldsymbol{\phi}_n \tag{1-180}$$

前面用正交归一的完备的 $\boldsymbol{e}_1$、$\boldsymbol{e}_2$、$\boldsymbol{e}_3$ 为基矢可构成一个三维空间坐标系，那么这里用正交归一的完备的本征函数系 $\boldsymbol{\phi}_1$、$\boldsymbol{\phi}_2$、…、$\boldsymbol{\phi}_n$、…为基矢也可构成一个 N 维空间坐标系，这就是 Q 表象。但与前者也有不同，其一，这里的基矢 $\boldsymbol{\phi}_1$、$\boldsymbol{\phi}_2$、…是复函数；其二，本征函数 $\boldsymbol{\phi}_1$、$\boldsymbol{\phi}_2$、…往往有无限多个，甚至有时是不可数的，于是相应的空间维数 N 是无穷的，甚至是连续的。因此，这是一个无限维的希尔伯特空间。其基矢的内积记为

$$(\boldsymbol{\phi}_m, \boldsymbol{\phi}_n) = \int \boldsymbol{\phi}_m^* \boldsymbol{\phi}_n \mathrm{d}\tau = \delta_{mn} \tag{1-181}$$

展开式（1-180）中的系数

$$c_n=(\boldsymbol{\phi}_n,\boldsymbol{\psi})=\int\boldsymbol{\phi}_n^*\boldsymbol{\psi}\,\mathrm{d}\tau \tag{1-182}$$

与三维欧氏空间的矢量 $\boldsymbol{A}$ 类似，态矢 $\boldsymbol{\psi}$ 可记为

$$\boldsymbol{\psi}=\begin{pmatrix}c_1\\c_2\\\vdots\\c_n\\\vdots\end{pmatrix}=\begin{bmatrix}(\boldsymbol{\phi}_1,\boldsymbol{\psi})\\(\boldsymbol{\phi}_2,\boldsymbol{\psi})\\\vdots\\(\boldsymbol{\phi}_n,\boldsymbol{\psi})\\\vdots\end{bmatrix} \tag{1-183}$$

称式（1-183）的矩阵为态 $\boldsymbol{\psi}$ 在以 $\boldsymbol{\phi}_1$、$\boldsymbol{\phi}_2$、…、$\boldsymbol{\phi}_n$、…为基矢的空间中的表示，或态 $\boldsymbol{\psi}$ 在 Q 表象中的矩阵表示。

$\boldsymbol{\psi}$ 的共轭矩阵是一个行矩阵，记为 $\boldsymbol{\psi}^+$

$$\boldsymbol{\psi}^+=(c_1^+,c_2^+,\cdots,c_n^+,\cdots) \tag{1-184}$$

这里 $\boldsymbol{\psi}^+=(\widetilde{\boldsymbol{\psi}})^*$，$\widetilde{\boldsymbol{\psi}}$ 为 $\boldsymbol{\psi}$ 的转置矩阵。$\boldsymbol{\psi}$ 的归一化可表示为

$$\begin{aligned}\boldsymbol{\psi}^+\boldsymbol{\psi}&=(c_1^*,c_2^*,\cdots,c_n^*,\cdots)\begin{pmatrix}c_1\\c_2\\\vdots\\c_n\\\vdots\end{pmatrix}\\&=|c_1|^2+|c_2|^2+\cdots+|c_n|^2+\cdots\\&=\sum_n|c_n|^2=1\end{aligned} \tag{1-185}$$

（2）力学量的矩阵表示

算符 $\hat{F}$ 作用在函数 $\boldsymbol{\psi}$ 上，一般会变成另一个函数 $\boldsymbol{\Phi}$，用式子表示

$$\boldsymbol{\Phi}=\hat{F}\boldsymbol{\psi} \tag{1-186}$$

用算符 $\hat{Q}$ 的正交归一完备的本征函数系 $\{\boldsymbol{\phi}_n\}$ 为基矢，函数 $\boldsymbol{\psi}$ 和 Φ 分别展为

$$\left.\begin{aligned}\boldsymbol{\psi}&=a_1\boldsymbol{\phi}_1+a_2\boldsymbol{\phi}_2+\cdots+a_l\boldsymbol{\phi}_l+\cdots=\sum_l a_l\boldsymbol{\phi}_l\\\boldsymbol{\Phi}&=b_1\boldsymbol{\phi}_1+b_2\boldsymbol{\phi}_2+\cdots+b_m\boldsymbol{\phi}_m+\cdots=\sum_m b_m\boldsymbol{\phi}_m\end{aligned}\right\} \tag{1-187}$$

在以｛$\boldsymbol{\phi}_n$｝为基矢的 Q 表象中，它们可以表示为

$$\boldsymbol{\psi}=\begin{pmatrix}\mathrm{a}_1\\\mathrm{a}_2\\\vdots\\\mathrm{a}_l\\\vdots\end{pmatrix}\qquad\qquad\boldsymbol{\Phi}=\begin{pmatrix}b_1\\b_2\\\vdots\\b_m\\\vdots\end{pmatrix} \tag{1-188}$$

现在要求出算符$\hat{F}$在 Q 表象中如何表示。

把式（1-187）代入式（1-186），得

$$\sum_m b_m \boldsymbol{\phi}_m = \hat{F}\sum_l a_l \boldsymbol{\phi}_l = \sum_l a_l \hat{F} \boldsymbol{\phi}_l \tag{1-189}$$

其中，认为 $a_l = (\boldsymbol{\phi}_l, \boldsymbol{\psi})$ 是一个具体数，因此算符$\hat{F}$对 a_l 无作用。把式（1-189）两边左乘 $\boldsymbol{\phi}_k^*$，取标积，可得

$$(\boldsymbol{\phi}_k, \sum_m b_m \boldsymbol{\phi}_m) = (\boldsymbol{\phi}_k, \sum_l a_l \hat{F} \boldsymbol{\phi}_l) \tag{1-190}$$

其中

$$左边 = \sum_m b_m (\boldsymbol{\phi}_k, \boldsymbol{\phi}_m) = \sum_m b_m \delta_{km} = b_k$$

$$右边 = \sum_l (\boldsymbol{\phi}_k, \hat{F} \boldsymbol{\phi}_l) a_l = \sum_l F_{kl} a_l$$

这里定义 $F_{kl}(\boldsymbol{\phi}_k, \hat{F} \boldsymbol{\phi}_l) = \int \boldsymbol{\phi}_k^* \hat{F} \boldsymbol{\phi}_l \mathrm{d}\tau$，于是式（1-190）改写成

$$b_k = \sum_l F_{kl} a_l, (k = 1, 2, \cdots) \tag{1-191}$$

把式（1-191）改写成矩阵形式

$$\begin{pmatrix} b_1 \\ b_2 \\ \vdots \\ b_m \\ \vdots \end{pmatrix} = \begin{pmatrix} F_{11} & F_{12} & \cdots \\ F_{21} & F_{22} & \cdots \\ \vdots & \vdots & \cdots \\ F_{k1} & F_{kk} & \cdots \\ \vdots & \vdots & \vdots \end{pmatrix} \begin{pmatrix} a_1 \\ a_2 \\ \vdots \\ a_k \\ \vdots \end{pmatrix} \tag{1-192}$$

若定义矩阵

$$\boldsymbol{F} = \begin{pmatrix} F_{11} & F_{12} & \cdots \\ F_{21} & F_{22} & \cdots \\ \vdots & \vdots & \cdots \\ F_{k1} & F_{kk} & \cdots \\ \vdots & \vdots & \vdots \end{pmatrix} \tag{1-193}$$

式（1-192）就写成

$$\boldsymbol{\Phi} = \boldsymbol{F}\boldsymbol{\psi} \tag{1-194}$$

其中，$\boldsymbol{F}$ 称为算符$\hat{F}$在以 $\boldsymbol{\phi}_1$、$\boldsymbol{\phi}_2$、…、$\boldsymbol{\phi}_n$、…为基矢的空间中表示，或算符$\hat{F}$在表象 Q 中的矩阵表示。

可以证明 $\boldsymbol{F}$ 是厄米矩阵，即

$$\boldsymbol{F}_{ij}^* = \boldsymbol{F}_{ji} \text{ 或 } \boldsymbol{F}^+ = \boldsymbol{F} \tag{1-195}$$

这里 $\boldsymbol{F}^+ = (\widetilde{\boldsymbol{F}})^*$。还可以证明，力学量算符$\hat{F}$在自身表象（即 F 表象）中的表示是一个对角

矩阵，且其对角元素就是$\hat{F}$的各个本征值。

1.8.3 狄拉克（Dirac）符号

（1）刃矢、刁矢及标积

微观体系的状态可以用矢量来表示，它的符号是 $|\ \rangle$，称为刃矢，或称为右矢，简称为刃。若要标志某一特定的态 ψ，可以用符号 $|\psi\rangle$。对于本征态，常用本征值或相对应的量子数标在刃矢内来表示。例如$\hat{H}$算符属于本征值 E_n 的本征态可表示为 $|E_n\rangle$ 或 $|n\rangle$，$|x'\rangle$ 表示坐标的本征态（本征值 x'），$|p'\rangle$ 表示动量的本征态（本征值 p'）。

与刃矢相共轭的矢量称为刁矢，或称左矢，简称刁，其符号为 $\langle\ |$。例如 $\langle\psi|$ 是 $|\psi\rangle$ 的复共轭，$\langle x'|$ 是 $|x'\rangle$ 的复共轭等。刃和刁是两种性质不同的矢量，两者不能相加。矢量 $|\psi\rangle$ 和 $|\Phi\rangle$ 的标积用 $\langle\Phi|\psi\rangle$ 表示，而 $\langle\Phi|\psi\rangle$ 和 $\langle\psi|\Phi\rangle$ 互为共轭复数，即

$$\langle\Phi|\psi\rangle=\langle\psi|\Phi\rangle^* \tag{1-196}$$

（2）态矢在具体表象中的表示

力学量 Q 算符 $\hat{Q}$ 的本征态 φ_1、φ_2、…、φ_n、…记为 $|1\rangle$、$|2\rangle$、…、$|n\rangle$、…，以它们为基矢的表象称为 Q 表象。这个表象基矢的正交归一性可表示成

$$\langle m|n\rangle=\delta_{mn} \tag{1-197}$$

任一态矢 $|\psi\rangle$ 可用 $|n\rangle$ 来展开

$$|\psi\rangle=\sum_n a_n|n\rangle \tag{1-198}$$

展开式系数

$$a_n=\langle n|\psi\rangle \tag{1-199}$$

把式（1-199）代入式（1-198）得

$$|\psi\rangle=\sum_n\langle n|\psi\rangle|n\rangle=\sum_n|n\rangle\langle n|\psi\rangle \tag{1-200}$$

在式（1-200）中的 $|\psi\rangle$ 是任意的，因此

$$\sum_n|n\rangle\langle n|=1 \tag{1-201}$$

由算符 $\hat{Q}$ 称为单位算符，式（1-201）所表示的性质称为本征矢 $|n\rangle$ 的封闭性。利用单位算符就可把态矢在具体表象中表示出来，例如态 $|\Phi\rangle$ 在 Q 表象中的表示为

$$|\Phi\rangle=\sum_n|n\rangle\langle n|\Phi\rangle=\sum_n b_n|n\rangle \tag{1-202}$$

其中

$$b_n=\langle n|\Phi\rangle \tag{1-203}$$

式中，a_n 和 b_n 分别为态矢 $|\psi\rangle$ 和 $|\Phi\rangle$ 在 Q 表象中的矩阵元；$\langle n|\psi\rangle$ 及 $\langle n|\Phi\rangle$ 分别为 $|\psi\rangle$ 和 $|\Phi\rangle$ 在 Q 表象中的矩阵表示。

$|\Phi\rangle$ 的共轭矢量

$$\langle\Phi| = \sum_n b_n^* \langle n| \tag{1-204}$$

$|\psi\rangle$ 和 $|\Phi\rangle$ 的标积为

$$\langle\Phi|\psi\rangle = \sum_{m,n} b_m^* \langle m|n\rangle a_n = \sum_{m,n} \delta_{m,n} a_n = \sum_n b_n^* a_n \tag{1-205}$$

(3) 算符在具体表象中的表示

设算符 $\hat{F}$ 作用在刃矢 $|\psi\rangle$ 上，得到刃矢 $|\Phi\rangle$，可写为

$$|\Phi\rangle = \hat{F}|\psi\rangle \tag{1-206}$$

算符 $\hat{Q}$ 的本征矢 $|n\rangle$ 是正交归一的，并且是完备的，以 $|n\rangle$ 为基矢展开 $|\psi\rangle$ 和 $|\Phi\rangle$，

$$\left.\begin{aligned} |\psi\rangle &= \sum_n |n\rangle\langle n|\psi\rangle \\ |\Phi\rangle &= \sum_n |n\rangle\langle n|\Phi\rangle \end{aligned}\right\} \tag{1-207}$$

其中利用了式（1-201），将式（1-207）代入式（1-206），得

$$\sum_n |n\rangle\langle n|\Phi\rangle = \sum_n \hat{F}|n\rangle\langle n|\psi\rangle \tag{1-208}$$

以刁基矢 $\langle m|$ 左乘式（1-208）两边，并利用 $\langle m|n\rangle = \delta_{mn}$，得

$$\langle m|\Phi\rangle = \sum_n \langle m|\hat{F}|n\rangle\langle n|\psi\rangle \tag{1-209}$$

利用式（1-199）和式（1-203）得

$$b_m = \sum_n F_{mn} a_n \tag{1-210}$$

其中

$$F_{mn} = \langle m|\hat{F}|n\rangle \tag{1-211}$$

式中，$F_{mn} = \langle m|\hat{F}|n\rangle$ 是算符 $\hat{F}$ 在 Q 表象中的矩阵元。正如上面把 $\langle m|\psi\rangle$ 和 $\langle m|\Phi\rangle$ 称为态矢 $|\psi\rangle$ 和 $|\Phi\rangle$ 在 Q 表象中的矩阵表示一样，$F_{mn} = \langle m|\hat{F}|n\rangle$ 则是算符 $\hat{F}$ 在 Q 表象中的矩阵表示。

1.9 统计物理学概要

统计物理学从物质的微观运动出发，采用统计的方法来揭示物质系统的宏观性质。它不

考虑微观个体的具体行为，只是用统计方法处理包括大量个体的集体行为，认为物质的宏观量是相应的微观量的统计平均。

1.9.1 相空间和相格的概念

我们看看统计物理是如何描述一个系统的微观运动状态的。在经典力学中，一个自由度为 r 的粒子，其状态由 r 个广义坐标和 r 个广义动量描述

$$\left.\begin{array}{l} q_1, q_1, \cdots, q_r \\ p_1, p_1, \cdots, p_r \end{array}\right\} \tag{1-212}$$

为了用几何的方法来形象地描述粒子运动状态，引入一个抽象的 $2r$ 维空间，它以 r 个广义坐标和 r 个广义动量作为坐标轴构成一个直角坐标系，这个 $2r$ 维的空间称为粒子相空间。比如，自由粒子有三个自由度，它的运动状态可以由坐标 x、y、z 和动量 p_x、p_y、p_z 来描述，它的相空间是六维的。显然相空间中的一个点对应一组数值（q_1，q_2，…，q_r，p_1，p_2，…，p_r），即对应粒子的一种运动状态，因而粒子的运动状态可用相空间的点来描述。相空间的点称为粒子的代表点，当粒子的运动状态变化时，它的代表点在相空间的位置也发生变化；当粒子不停地运动时，它的代表点便在相空间画出一条轨道，称为相轨道。

为了便于研究，通常把相空间分成许多微小的体积元，称为相格。

从量子力学的观点上看，相空间中无限小的“点”意味着位置和动量可同时有确定值，这违背测不准关系。考虑到测不准关系的限制，量子统计确定：对于一个具有 r 个自由度的粒子，在相体积 h^r 中只能有一个状态代表点。因此，说到粒子状态在相空间的位置，应理解为处于以（$q_1, q_2, \cdots, q_r, p_1, p_2, \cdots, p_r$）为中心、体积为 h^r 的一个小区域内。同样在量子统计中，选取相格不能像经典统计那样任意小，而是有一个最小限度 h^r。比如，在量子统计中，自由粒子的每个状态对应于相空间中大小为 h^3 的体积元。

1.9.2 三种统计分布

统计物理的平衡态统计理论给出了三种统计分布：麦克斯韦-玻尔兹曼分布（M-B 分布）、费米-狄拉克分布（F-D 分布）、玻色-爱因斯坦分布（B-E 分布）。三种统计适用于系统中粒子相互作用可忽略不计的所谓近独立体系，只是由于系统中的粒子属性不同，因此三种分布的表达形式不同，下面给出了这三种分布函数。分布函数是指在能量为 E_i 的相格中，平均每个相格中的粒子数，或粒子占有能量为 E_i 状态的概率。

① M-B 分布适用于经典粒子组成的体系，认为这些粒子是彼此相距很远，足以辨认的全同粒子。其分布

$$f(E_i)=\frac{1}{A\mathrm{e}^{E_i/k_\mathrm{B}T}} \tag{1-213}$$

式中，A 为常数；k_B 为玻尔兹曼常数；T 是热力学温度。

② F-D 分布适用于服从泡利不相容原理的不可分辨的全同粒子，如电子、质子、中子等，这类粒子称为费米子。其分布

$$f(E_i)=\frac{1}{A\mathrm{e}^{E_i/k_\mathrm{B}T}+1} \tag{1-214}$$

式中，$A=e^{-\frac{\mu}{k_B T}}$，μ 是化学势或称为费米能级。

③ B-E 分布适用于不受泡利不相容原理限制的不可分辨的全同粒子，如光子、声子等，这类粒子称为玻色子。其分布

$$f(E_i)=\frac{1}{A e^{E_i/k_B T}-1} \tag{1-215}$$

式中，$A=e^{-\frac{\mu}{k_B T}}$，μ 为化学势。

M-B 分布属于经典统计，F-D 分布和 B-E 分布属于量子统计。当 F-D 分布和 B-E 分布中常数 $A \gg 1$ 时，式（1-214）和式（1-215）分母中 ± 1 可略去，这样量子统计都化为经典统计的 M-B 分布，这就是所谓的经典近似。

习题

1. 写出德布罗意关系式，说明该关系式是如何反映波粒二象性的，为什么物质波长期未被人们发现？

2. 为什么说波函数完全地描述了微观粒子的状态？波函数满足什么条件才能描述微观粒子的状态？

3. 写出薛定谔方程，并导出定态薛定谔方程。为何称为“定态”？处于定态时，粒子的概率分布有何特点？

4. 验证 $\psi(\boldsymbol{r},t)=A\cos(\boldsymbol{k}\cdot\boldsymbol{r}-\omega t)$ 或 $\psi(\boldsymbol{r},t)=A\sin(\boldsymbol{k}\cdot\boldsymbol{r}-\omega t)$ 不是薛定谔方程的解，而 $\psi(\boldsymbol{r},t)=A e^{i(\boldsymbol{k}\cdot\boldsymbol{r}-\omega t)}$ 是方程解，并据此说明波函数应是复函数。

5. 判断下列算符

（1）哪些是线性算符：$\frac{d}{dx}$，$\sqrt{\ }$，x，ln。

（2）哪些是厄米算符：$\frac{d}{dx}$，$i\frac{d}{dx}$，$\frac{d^2}{dx^2}$，$i\frac{d^2}{dx^2}$。

6. 证明

（1）$[x,y]=[y,z]=[z,x]=0$ 。

（2）$[\hat{p}_x,\hat{p}_y]=[\hat{p}_y,\hat{p}_z]=[\hat{p}_z,\hat{p}_x]=0$。

（3）$[x_i,\hat{p}_j]=i\hbar\delta_{ij}$，其中 $x_i(i=1,2,3)\equiv(x,y,z)$，$\hat{\boldsymbol{p}}_j(j=1,2,3)\equiv(\hat{\boldsymbol{p}}_x,\hat{\boldsymbol{p}}_y,\hat{\boldsymbol{p}}_z)$。

7. 下列函数属于$\frac{d^2}{dx^2}$的本征函数的是

（1）e^x　（2）x^2　（3）$\sin x$　（4）$3\cos x$　（5）$\sin x+\cos x$

8.（1）给出角动量算符的普通意义、对易关系、$\hat{\boldsymbol{J}}^2$ 和 $\hat{\boldsymbol{J}}_Z$ 的本征值以及量子数。（2）已知轨道角动量$\hat{\boldsymbol{L}}=\boldsymbol{r}\times\boldsymbol{p}$，验证$\hat{\boldsymbol{L}}\times\hat{\boldsymbol{L}}=i\hbar\hat{\boldsymbol{L}}$成立。

9. 自旋角动量 $\boldsymbol{S}$ 与 $\boldsymbol{r}$ 无关，如何定义$\hat{\boldsymbol{S}}$？为什么自旋量子数只能取$\frac{1}{2}$，而自旋磁量子数

m_s 只有$\pm\frac{1}{2}$两个值？

10. 完整地描述一个电子运动状态的波函数如何表示？已有 x、y、z 三个变量，为何还要引入第四个变量 S_z？此时 ψ 如何归一化？

11. 证明：由无相互作用的全同粒子组成的体系的哈密顿算符可表示为各单个粒子的哈密顿算符之和。据此可以把多粒子体系的薛定谔方程化为单粒子的薛定谔方程。·

12.（1）写出 $E_n^{(1)}$、$E_n^{(2)}$ 和 $\psi_n^{(1)}$ 的表达式。

（2）若$\hat{\boldsymbol{H}}_0$ 的零级近似波函数 $\psi_n^{(0)}$ 是 s 度简并的，$\hat{\boldsymbol{H}}$零级波函数如何选取？

13. 根据费米-狄拉克分布函数，推导电子气的速率分布式。

14. 固体中某种准粒子遵从玻色分布，满足关系 $\omega=Ak^2$。试证明在低温范围内，这种准粒子的激发所导致的热容与 $T^{3/2}$ 成比例（铁磁体中的自旋波具有这种性质）。

思政阅读

科学路上无捷径，专一不懈见成功

美籍意大利裔著名物理学家恩利克·费米（Enrico Feimi，1901—1954 年）首创β衰变的定量理论，设计并建造了世界上第一座可控核反应堆，对理论物理和实验物理均做出了巨大贡献，是 1938 年诺贝尔物理学奖获得者，被称为现代物理学的最后一位通才。费米子、费米面、费米-狄拉克方程、费米-狄拉克统计、费米悖论……还有第 100 号化学元素镄、原子核物理学所使用的“费米单位”、美国芝加哥著名的费米实验室、芝加哥大学的费米研究院等，都是为纪念费米而命名的。

费米是家中最小的孩子，童年的费米身材瘦小，不爱说话，看上去缺乏想象力，似乎不够聪明。实际上，费米应了中国人那句老话：大智若愚。小时候的费米喜欢读科学方面的书籍，在对物理学、数学的理论进行学习的同时还会动手开展一些物理实验，并喜欢思考实验背后的原理。

18 岁时，费米因为一篇《声音的特性》的论文引起了物理学界权威们的关注；1926 年，费米和狄拉克各自独立地发表了有关量子统计规律的学术论文。两位科学家都比较低调和谦虚，狄拉克称此项研究是费米完成的，他将其称为“费米统计”，并将对应的粒子称为“费米子”。1929 年，未满 30 岁的费米成为意大利最年轻的科学院院士。费米因利用慢中子轰击原子核引起有关核反应和利用中子辐射发现新的放射性元素，获得了 1938 年诺贝尔物理学奖。

诺贝尔奖颁发后，德国化学家哈恩发表了自己重复费米实验的实验结果，他的研究表明铀在中子轰击后分裂为钡等原子序数更小的元素，与费米认为的中子轰击得到原子序数更大的 93 号元素的判断不符。对此，费米进行了实验验证，得到了和哈恩相同的结果。实验结果被推翻并没有使费米一蹶不振，他坦率地承认了自己的错误，尊重真理，继续开展科学研究，最终在裂变理论的基础上提出了链式反应理论。

之后，费米与一些科学家在进行核裂变的链式反应研究时，预见到制造原子武器的危险。

但当时德国的核裂变也已实验成功，于是，费米等科学家一起找到了爱因斯坦，希望借助他的威望上书美国总统罗斯福，建议要尽一切力量赶在德国之前造出原子弹。1942年，在爱因斯坦等人的提议下，美国政府决定启动名为“曼哈顿”的原子弹研制计划，费米成为主要的参与者之一，他指挥建造了世界上第一座“人工核反应堆”，并参与制成了世界上第一颗原子弹——“三位一体”的钚弹，并成功引爆。

费米在原子物理、光学、高能物理等方面都有杰出的贡献，在理论物理和实验物理领域都是世界顶尖的科学家。这些过人成就的背后，是费米对科学的专注与执着，他说：“说实在的，我并不比你聪明。科学上有许多尚未解决的问题，凡是把全部精力放在这些问题上的人，都可以解决这些问题”。

是啊，科学路上哪有平坦的大道呢？向真理迈进的路上，往往需要披荆斩棘。只有勇于扛起历史赋予的重任，将名誉、得失抛诸脑后，用打破砂锅问到底的精神和锲而不舍的态度长期研究，不断思考，才能终有所获，为现代更加庞大复杂的研究体系做出自己的贡献。这也许就是费米为我们指出的成功之道。

第 2 章

金属电子论

在一百多种化学元素中，金属元素大约占四分之三。金属具有良好的导电性，例如室温下，金属材料的电阻率约为 $10^{-8}\Omega \cdot m$，而绝缘材料的电阻率高达 $10^{14} \sim 10^{20}\Omega \cdot m$。20 世纪初，德鲁德（Drude）最先提出自由电子模型用来解释金属的导电现象，他认为，当原子结合成金属晶体的时候，原来孤立原子封闭壳层内的电子仍被原子核束缚着，它们与核一起组成带正电的离子，称为离子实，离子实在晶体中构成点阵；而外壳层上的价电子则离开原来的原子，在整个金属晶体中自由运动，其行为宛如理想气体分子在空间自由运动，故称为自由电子或电子气，带负电的电子气与浸在电子气中带正电的离子之间的库仑力形成金属键。此后，洛伦兹又假设电子气服从经典的麦克斯韦-玻尔兹曼（Maxwell-Boltzmann）统计分布。

在这个模型中，电子-电子之间以及电子-离子之间的相互作用均被忽略，这显然过于粗糙，但它却以简单的图像解释了金属的许多性质。例如，当金属中存在外电场（或温度梯度场）时，自由电子在外电场（或温度梯度场）作用下，很容易在金属内部从一部分运动到另一部分，从而把电荷（或热能）从一处传到另一处，因此金属具有高的导电性（或导热性）。又如金属中离子实可以近似看作等径的圆球堆积，在外力作用下，离子间易滑动，自由电子受离子实吸引也随之移动，把离子实牢固地联系在一起，使结构保持不变，这样，金属在受力过程中，原子层间只发生滑动，金属并未被破坏，因此金属表现出良好的延展性和可塑性。从这个模型出发，还可以导出欧姆定律和维德曼-弗兰兹（Wiedemann-Franz）定律。维德曼-弗兰兹定律指出，所有金属在一定温度下的热导率 K 和电导率 σ 的比是相同的，即

$$\frac{K}{\sigma}=\frac{\pi^2}{3}\left(\frac{k_B}{e}\right)^2 T$$

式中，k_B 为玻尔兹曼常数；e 为电子电量；T 为热力学温度。

这些成果使金属自由电子理论成为量子理论问世前固体领域最成功的理论之一。然而在一些问题上，例如电子热容问题，这个理论遇到了不可克服的困难。按照经典理论，在 $T>0K$ 时，每个自由电子平均具有能量 $\frac{3}{2}k_B T$，N 个电子体系具有能量

$$E=\frac{3}{2}Nk_B T$$

这 N 个电子对热容的贡献

$$C_V=\left(\frac{\partial E}{\partial T}\right)_V=\frac{3}{2}Nk_B$$

但实验值只是这个理论值的百分之一左右。

量子力学的出现，使人们认识到像电子这样的微观粒子一般不能用经典理论来处理。1928年，索末菲（Sommerfeld）基于费米-狄拉克（Fermi-Dirac）量子统计，建立了量子自由电子理论。随后，布洛赫（Bloch）和布里渊（Brillouin）等人研究了周期势场中的电子行为，奠定了能带理论基础。

电子理论最初是为了解释固态金属良好的导电性而提出的，随后的发展已远远超出了这个范围，现在已经成了固态和液态等凝聚态物理学的理论基础。

本章先介绍金属量子自由电子理论，第3章在给出周期场中电子运动特征的基础上，着重讲述能带理论的一些基本结果。

2.1 量子自由电子理论

本节在量子理论基础上讨论电子气性质。

2.1.1 晶体中电子的薛定谔方程

根据量子力学原理，如果一个体系的哈密顿算符$\hat{H}$可以写出，则可通过求解薛定谔方程

$$\hat{H}\,\psi=E\psi \tag{2-1}$$

得出体系的波函数ψ和能量E，从而可以预言体系的各种力学量的可能取值及统计分布，这可以使我们了解体系的许多物理性质。

晶体由大量原子组成，每个原子又包含原子核和若干个电子。考虑到原子结合成晶体时，内层电子的状态一般几乎不变，但外层价电子的状态变化却很大，而晶体的许多物理、化学性质通常仅与价电子有关，因此可以把晶体看成由价电子和离子实组成的系统。在这个系统中，电子在运动，离子在振动，同时，电子-电子之间、电子-离子之间以及离子-离子之间存在着相互作用，这是一个复杂的多粒子体系。设这个体系中有N个价电子，则体系的哈密顿算符

$$\hat{H}=\sum_i^N\left(-\frac{\hbar^2}{2m}\nabla_i^2\right)+\sum_i^N v_i(\boldsymbol{r}_i)+\frac{1}{2}\sum_{i\neq j}\sum v_{ij}+\hat{H}_{离子} \tag{2-2}$$

式中，第一项代表N个电子的动能总和，m是电子质量，$\hbar=\dfrac{h}{2\pi}$，h是普朗克常数，$-\dfrac{\hbar^2}{2m}\nabla_i^2$代表第$i$个电子的动能，$\nabla_i^2=\dfrac{\partial^2}{\partial x_i^2}+\dfrac{\partial^2}{\partial y_i^2}+\dfrac{\partial^2}{\partial z_i^2}$；第二项代表电子-离子间相互作用势能

$$v_i(\boldsymbol{r}_i)=\sum_\alpha\left(-\frac{Z_\alpha e^2}{4\pi\varepsilon_0\varepsilon r_{i\alpha}}\right) \tag{2-3}$$

是第i个电子与全体离子作用势能，ε_0和ε分别为真空介电常数和晶体的相对介电常数，Z_α为第α个离子的有效电荷数，$r_{i\alpha}=|\boldsymbol{r}_i-\boldsymbol{R}_\alpha|$，是第$i$个电子与第$\alpha$个离子的距离；第三项代

表电子-电子间相互作用势能

$$v_{ij}=\frac{e^2}{4\pi\varepsilon_0\varepsilon r_{ij}} \tag{2-4}$$

是第 i 个电子与第 j 个电子相互作用势能，$r_{ij}=|\boldsymbol{r}_i-\boldsymbol{r}_j|$，是第 i 个电子与第 j 个电子的距离；第四项代表离子的能量。

这是一个多体系问题，用薛定谔方程无法严格求解。能带理论采用一些近似处理，把复杂的多体系问题简化为周期场中的单电子问题。

① 第一步是绝热近似。由于电子的质量远小于离子的质量，故离子的运动速度远小于电子的运动速度，在研究电子的问题时，可近似地认为离子静止在平衡位置上。这样就能把电子运动和离子运动分开来考虑，在式（2-2）中可消去$\hat{H}_{离子}$项，这时多体系问题简化为多电子问题。

② 第二步是自洽场近似。严格地讲，一个电子在空间某点所受到的其他电子的作用不是一个常数，而是随着其他电子的运动瞬息变化。忽略电子间瞬时相互作用，认为任一个电子 i 是在其他$(N-1)$个电子的平均势场$\bar{u}_i$ 中独立地运动，这就把有相互作用的系统转化为无相互作用的系统。$\bar{u}_i$ 可用自洽场方法求出，而且$\bar{u}_i$ 仅是电子 i 坐标 $\boldsymbol{r}_i$ 的函数，$\bar{u}_i=\bar{u}_i(\boldsymbol{r}_i)$。电子间的相互作用势能可表示为

$$\frac{1}{2}\sum_{i\neq j}\sum v_{ij}\rightarrow\sum_i \bar{u}_i(\boldsymbol{r}_i)$$

这样，多电子体系的哈密顿算符可写为

$$\hat{H}=\sum_i^N \hat{H}_i \tag{2-5}$$

其中

$$\hat{H}_i=-\frac{\hbar^2}{2m}\nabla_i^2+v_i(\boldsymbol{r}_i)+\bar{u}_i(\boldsymbol{r}_i)$$

可见，引入$\bar{u}_i(\boldsymbol{r}_i)$ 就能把多电子体系的哈密顿算符$\hat{H}$写成各个单电子的哈密顿算符$\hat{H}_i$ 的和式。这样，对多电子体系的薛定谔方程

$$\hat{H}\ \psi(\boldsymbol{r}_1,\boldsymbol{r}_2,\cdots,\boldsymbol{r}_N)=E\psi(\boldsymbol{r}_1,\boldsymbol{r}_2,\cdots,\boldsymbol{r}_N) \tag{2-6}$$

可用分离变量法处理，令

$$\psi(\boldsymbol{r}_1,\boldsymbol{r}_2,\cdots,\boldsymbol{r}_N)=\psi_1(\boldsymbol{r}_1)\psi_2(\boldsymbol{r}_2)\cdots\psi_N(\boldsymbol{r}_N)=\prod_i^N\psi_i(\boldsymbol{r}_i)$$

$$E=E_1+E_2+\cdots+E_N=\sum_i^N E_i$$

代入式（2-6），分离成 N 个单电子薛定谔方程，其中第 i 个电子的薛定谔方程为

$$\hat{H}\ \psi_i(\boldsymbol{r}_i)=E_i\psi_i(\boldsymbol{r}_i)$$

这样多电子问题就转化为单电子问题，故称为单电子近似。去掉脚标 i

$$\hat{H}\ \psi(\boldsymbol{r})=E\psi(\boldsymbol{r}) \tag{2-7}$$

这是晶体中任意一个单电子的薛定谔方程，其中

$$\hat{H}=-\frac{\hbar^2}{2m}\nabla^2+v(\boldsymbol{r})+\bar{u}(\boldsymbol{r})$$

它表明晶体中的电子都是在所有离子的势场 $v(\boldsymbol{r})$ 和其他电子的平均势场 $\bar{u}(\boldsymbol{r})$ 中运动的总势能为

$$V(\boldsymbol{r})=v(\boldsymbol{r})+\bar{u}(\boldsymbol{r})$$

③ 第三步是认为晶体中电子的势能 $V(\boldsymbol{r})$ 具有晶格的周期性。因为离子在空间是规则周期排列的，它们所产生的势场应是周期场，即 $v(\boldsymbol{r})$ 具有晶格周期性，而 $\bar{u}(\boldsymbol{r})$ 代表某种平均势能，因此认为在晶体中运动的电子势能 $V(\boldsymbol{r})$ 仍保持有晶格周期性是合理的，即

$$V(\boldsymbol{r})=V(\boldsymbol{r}+\boldsymbol{R}_n) \tag{2-8}$$

式中，$\boldsymbol{R}_n$ 为正格矢。经过上述 3 个近似处理，得到在周期场中运动的单电子薛定谔方程

$$\left[-\frac{\hbar^2}{2m}\nabla+V(\boldsymbol{r})\right]\psi(\boldsymbol{r})=E\psi(\boldsymbol{r}) \tag{2-9}$$

求解方程式（2-9），得到晶体中电子的能量 E 和波函数 $\psi(\boldsymbol{r})$，据此讨论晶体中电子的属性，这就是能带理论。

如果假定在晶体中势场 $V(\boldsymbol{r})$ 处处相等，即 $V(\boldsymbol{r})$ =常数，还可使薛定谔方程进一步简化。在这种情况下，电子在均匀恒定的势场中运动，就好像自由电子一样，故这种近似称为自由电子近似。选择势能零点，使 $V(\boldsymbol{r})=0$，方程变为

$$-\frac{\hbar^2}{2m}\nabla^2\psi(\boldsymbol{r})=E\psi(\boldsymbol{r}) \tag{2-10}$$

方程式（2-10）是下面将要讨论的量子自由电子理论的基础。

2.1.2 自由电子的能量和波函数

索末菲认为，金属中的价电子好像理想气体分子一样，彼此之间无相互作用，各自独立地在恒定势场中运动。在金属内部，价电子可以自由地运动，被称为自由电子，由于它们对金属导电有贡献，所以又被称为传导电子。但要使电子逸出金属，就必须对它做相当大的功。

由于这个模型忽略了电子间的相互作用，因此金属中电子气的多电子问题就转化为单电子问题。每一个电子的运动由一个独立的薛定谔方程来描述，即

$$\left[-\frac{\hbar^2}{2m}\nabla^2+V(\boldsymbol{r})\right]\psi(\boldsymbol{r})=E\psi(\boldsymbol{r}) \tag{2-11}$$

式中，$\psi(\boldsymbol{r})$ 为电子的波函数；E 为电子的能量；$-\frac{\hbar^2}{2m}\nabla^2$ 为电子的动能，其中 m 为电子质量，$\hbar=\frac{h}{2\pi}$，h 为普朗克常数，在直角坐标系中，拉普拉斯算符 $\nabla^2=\frac{\partial^2}{\partial x^2}+\frac{\partial^2}{\partial y^2}+\frac{\partial^2}{\partial z^2}$；$V(\boldsymbol{r})$ 为电子的势能。

由于电子在一个均匀恒定的势场中运动，所以 $V(\boldsymbol{r})$ 是一个常量，可取为零。这样，金属中自由电子的薛定谔方程为

$$-\frac{\hbar^2}{2m}\nabla^2\psi(\boldsymbol{r})=E\psi(\boldsymbol{r}) \tag{2-12}$$

在三维直角坐标系中，$\boldsymbol{r}=x\boldsymbol{i}+y\boldsymbol{j}+z\boldsymbol{k}$，则式（2-12）可写成

$$-\frac{\hbar^2}{2m}\left(\frac{\partial^2}{\partial x^2}+\frac{\partial^2}{\partial y^2}+\frac{\partial^2}{\partial z^2}\right)\psi(x,y,z)=E\psi(x,y,z) \tag{2-13}$$

可用分离变量法求解式（2-13）。令

$$\psi(x,y,z)=\varphi_1(x)\varphi_2(y)\varphi_3(z)$$

式中，φ_1、φ_2、φ_3 分别为 x、y、z 的函数。再令

$$E=\frac{\hbar^2k^2}{2m}=\frac{\hbar^2(k_x^2+k_y^2+k_z^2)}{2m}$$

其中 $\boldsymbol{k}=k_x\boldsymbol{i}+k_y\boldsymbol{j}+k_z\boldsymbol{k}$，而 $|\boldsymbol{k}|=k=\sqrt{k_x^2+k_y^2+k_z^2}$。把波函数 $\psi(x,y,z)$ 和能量 E 的表达式代入式（2-13），式（2-13）分离为三个方程，有

$$\frac{\mathrm{d}^2\varphi_1(x)}{\mathrm{d}x^2}+k_x^2\varphi_1(x)=0$$

$$\frac{\mathrm{d}^2\varphi_2(y)}{\mathrm{d}y^2}+k_y^2\varphi_2(y)=0$$

$$\frac{\mathrm{d}^2\varphi_3(z)}{\mathrm{d}z^2}+k_z^2\varphi_3(z)=0$$

它们的解可写成

$$\varphi_1(x)=A_1\mathrm{e}^{\mathrm{i}k_xx}$$

$$\varphi_2(y)=A_2\mathrm{e}^{\mathrm{i}k_yy}$$

$$\varphi_3(z)=A_3\mathrm{e}^{\mathrm{i}k_zz}$$

式中，A_1、A_2、A_3 为积分常数。这样，自由电子的波函数为

$$\psi(x,y,z)=A\mathrm{e}^{\mathrm{i}(k_xx+k_yy+k_zz)}=A\mathrm{e}^{\mathrm{i}\boldsymbol{k}\cdot\boldsymbol{r}} \tag{2-14}$$

式中，$A=A_1A_2A_3$，由波函数的归一化条件来确定，

$$\int_{V_c}\psi^*(\boldsymbol{r})\psi(\boldsymbol{r})\mathrm{d}\tau=1$$

式中，积分区域 V_c 是金属的体积，为了计算简便，假设金属是边长为 L 的立方体，即 $V_c=L^3$。将式（2-14）代入上式，得到

$$A=\frac{1}{L^{\frac{2}{3}}}=\frac{1}{\sqrt{V_c}}$$

归一化的自由电子波函数可写成

$$\psi(\boldsymbol{r})=\frac{1}{\sqrt{V_c}}e^{i\boldsymbol{k}\cdot\boldsymbol{r}} \tag{2-15}$$

相应的自由电子能量为

$$E=\frac{\hbar^2k^2}{2m} \tag{2-16}$$

已取金属中自由电子的势能 $V(\boldsymbol{r})=0$，所以式（2-16）给定的能量即是自由电子的动能

$$E=\frac{\hbar^2k^2}{2m}=\frac{p^2}{2m}$$

可知自由电子的动量

$$\boldsymbol{p}=\hbar\boldsymbol{k}$$

对照量子力学的德布罗意关系 $\boldsymbol{p}=\hbar\boldsymbol{k}$，即可看出 $\boldsymbol{k}$ 的物理意义为电子波的波矢。$\boldsymbol{k}$ 的方向为电子波的传播方向，$\boldsymbol{k}$ 的大小与电子波的波长 λ 的关系为

$$|\boldsymbol{k}|=k=\frac{2\pi}{\lambda}$$

波矢 $\boldsymbol{k}$ 的取值由边界条件确定。根据索末菲模型，边界条件要反映出电子被限制在一个有限大小的金属中。对于一般样品，表面层在总体积中所占的比例甚小，实际材料的体积性质受表面影响很小，可以忽略表面效应。因此，边界条件只要能满足电子被限制在金属内的要求，在数学形式上，应尽可能地简单，便于计算。一种常为人们采用的边界条件是玻恩-冯卡门（Born-von Karman）周期性边界条件，其解析形式为

$$\psi(x,y,z)=\psi(x+L,y,z)=\psi(x,y+L,z)=\psi(x,y,z+L) \tag{2-17}$$

把式（2-15）的解代入边界条件式（2-17），得到

$$e^{ik_xL}=e^{ik_yL}=e^{ik_zL}=1$$

由此得到波矢的三个分量为

$$k_x=\frac{2\pi l_x}{L},k_y=\frac{2\pi l_y}{L},k_z=\frac{2\pi l_z}{L} \tag{2-18}$$

式中，l_x、l_y、l_z 取 0，±1，±2，…自由电子的波函数

$$\psi(\boldsymbol{r})=\frac{1}{\sqrt{V_c}}e^{i\boldsymbol{k}\cdot\boldsymbol{r}}=\frac{1}{\sqrt{V_c}}e^{i\frac{2\pi}{L}(l_x+l_y+l_z)} \tag{2-19}$$

自由电子的能量

$$E=\frac{\hbar^2k^2}{2m}=\frac{h^2}{2mL^2}(l_x^2+l_y^2+l_z^2) \tag{2-20}$$

式（2-19）和式（2-20）表明，金属中自由电子的能量 E 和波函数 ψ 只能取分立值，即是量

子化的，量子数 l_x、l_y、l_z 只能取整数，这是边界条件式（2-17）限制的结果。可以用一组量子数 l_x、l_y、l_z 表示电子的一种允许能量状态，对应电子的一种能量取值 $E=E(l_x,l_y,l_z)$ 和一种状态波函数 $\psi=\psi(l_x,l_y,l_z)$。由式（2-18）确定的每个允许的波矢 $\boldsymbol{k}=(k_x,k_y,k_z)$ 对应着电子一种允许的能量取值 $E=\dfrac{h^2k^2}{2m}$ 及一种允许状态函数 $\psi(\boldsymbol{r})=\dfrac{1}{\sqrt{V_c}}e^{i\boldsymbol{k}\cdot\boldsymbol{r}}$。因此也可用（$k_x$、$k_y$、$k_z$）作为量子数来表示电子状态，方便以 $\boldsymbol{k}$ 来表示电子状态，记为 $E=E(\boldsymbol{k})=E_k$ 及 $\psi=\psi(\boldsymbol{k})=\psi_k$。由于电子的能级间隔非常小，可以认为 E 和 k 都是准连续变化的。由式（2-20）决定的自由电子 E-k 关系是如图 2-1 所示的一条抛物线。由于 l_x、l_y、l_z 的取值范围是 $0\sim\pm\infty$ 的整数，因此自由电子的能级是在 $0\sim\infty$ 范围内准连续分布的。

当电子处于式（2-19）表示的状态时，在金属内各点找到电子的概率密度为

$$|\psi(\boldsymbol{r})|^2=\frac{1}{\sqrt{V_c}}e^{-i\boldsymbol{k}\cdot\boldsymbol{r}}\times\frac{1}{\sqrt{V_c}}e^{i\boldsymbol{k}\cdot\boldsymbol{r}}=\frac{1}{V_c}=\text{常数} \tag{2-21}$$

式（2-21）表明，自由电子在金属内是均匀分布的。

状态用波矢 $\boldsymbol{k}$ 描述，可用 $\boldsymbol{k}$ 空间形象地表示出来。所谓 $\boldsymbol{k}$ 空间，是以 k_x、k_y、k_z 为坐标轴构成的空间，因为 $\boldsymbol{k}$ 是波矢，所以称为波矢空间，如图 2-2 所示。对每一组量子数（l_x,l_y，l_z），由式（2-18）在 $\boldsymbol{k}$ 空间可确定一个点（k_x,k_y,k_z），该点代表电子的一种许可能量状态，称为代表点。

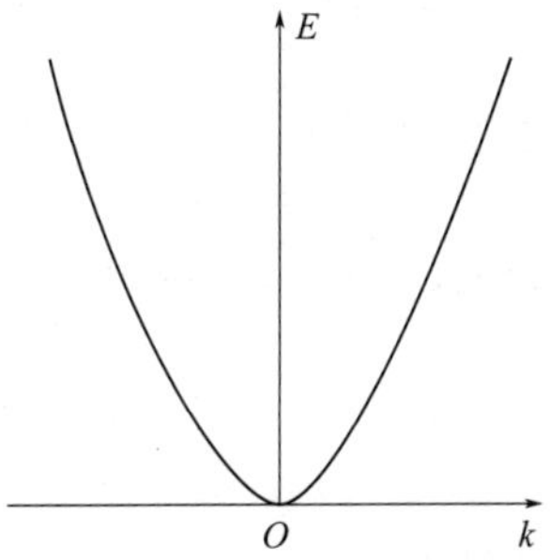

图 2-1　自由电子的 E-k 曲线

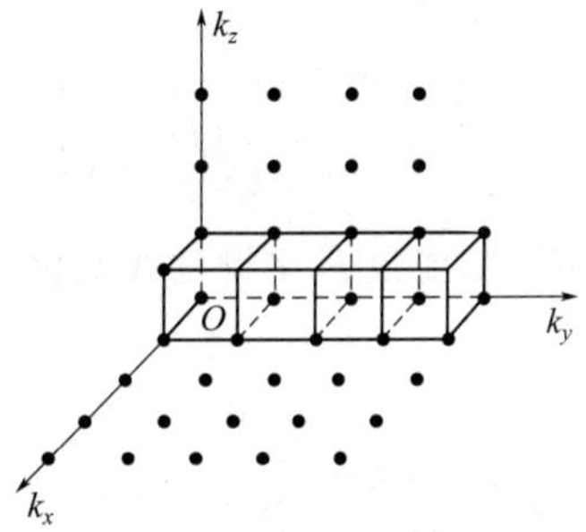

图 2-2　$\boldsymbol{k}$ 空间中的状态分布

沿 k_x 轴，两相邻代表点间距为 $\dfrac{2\pi}{L}$；沿 k_y 和 k_z 轴，相邻代表点的间距也都为 $\dfrac{2\pi}{L}$。因此代表点在 $\boldsymbol{k}$ 空间是均匀分布的，每个代表点在 $\boldsymbol{k}$ 空间中占有体积

$$\left(\frac{2\pi}{L}\right)^3=\frac{(2\pi)^3}{L^3}=\frac{(2\pi)^3}{V_c}。$$

在 $\boldsymbol{k}$ 空间单位体积中，状态代表点的数目等于

$$\frac{1}{\dfrac{(2\pi)^3}{V_c}}=\frac{V_c}{(2\pi)^3}$$

由于自由电子的能量

$$E=\frac{\hbar^2k^2}{2m}$$

因而波矢大小（$|\boldsymbol{k}|=k=\frac{\sqrt{2mE}}{\hbar}$）相同的状态，无论波矢方向如何，都有相同的能量。在 $\boldsymbol{k}$ 空间中，$\boldsymbol{k}=\sqrt{k_x^2+k_y^2+k_z^2}$ 表示代表点（k_x,k_y,k_z）到原点的距离，所以到原点距离相同代表有相等的能量，就是说，能量 E 相等的代表点分布在以原点为球心，以 $k=\frac{\sqrt{2mE}}{\hbar}$ 为半径的球面上，这个球面称为自由电子的等能面。在 $\boldsymbol{k}$ 空间中，能量 $E\sim E+\mathrm{d}E$ 的区域是半径 $k\sim k+\mathrm{d}k$ 的两个等能球面之间的球壳层，如图 2-3 所示。其体积为 $4\pi k^2\mathrm{d}k$，其中包含的代表点的数目为 $\frac{V_c}{(2\pi)^3}4\pi k^2\mathrm{d}k$。考虑一个代表点可容纳自旋相反的两个电子，故上述球壳层中可容纳的电子状态数目

$$\mathrm{d}Z=2\,\frac{V_c}{(2\pi)^3}4\pi k^2\mathrm{d}k$$

利用 $k=\frac{\sqrt{2mE}}{\hbar}$，得到 $\mathrm{d}k=\frac{\sqrt{2m}}{\hbar}\times\frac{\mathrm{d}E}{2\sqrt{E}}$，上式可写成

$$\mathrm{d}Z=4\pi V_c\left(\frac{2m}{h^2}\right)^{\frac{3}{2}}E^{\frac{1}{2}}\mathrm{d}E=CE^{\frac{1}{2}}\mathrm{d}E$$

式中，$C=4\pi V_c\left(\frac{2m}{h^2}\right)^{\frac{3}{2}}$。单位能量间隔中的电子状态数称为状态密度。自由电子的状态密度

$$N(E)=\frac{\mathrm{d}Z}{\mathrm{d}E}=4\pi V_c\left(\frac{2m}{h^2}\right)^{\frac{3}{2}}E^{\frac{1}{2}}=CE^{\frac{1}{2}} \tag{2-22}$$

状态密度 $N(E)$ 随能量 E 呈抛物线变化（图 2-4），E 越大，$N(E)$ 也越大。

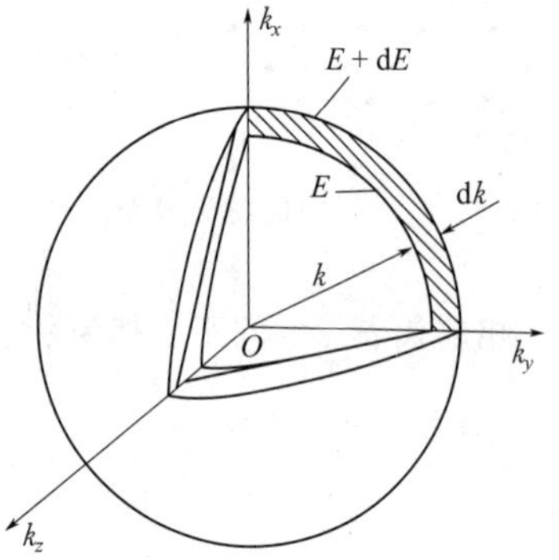

图 2-3　$\boldsymbol{k}$ 空间能量 $E\sim E+\mathrm{d}E$ 之间的球壳层

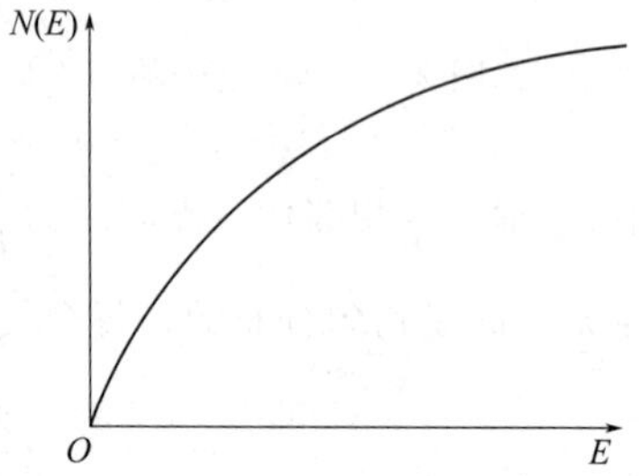

图 2-4　自由电子的 $N(E)$-E 关系曲线

2.2 费米分布和费米能

2.2.1 费米分布

电子是受泡利不相容原理限制的不可分辨的全同粒子，大量电子组成的体系服从费米-狄

拉克统计分布规律。在热平衡时，电子处在能量为 E 状态的概率是

$$f(E)=\frac{1}{e^{\frac{E-\mu}{k_B T}}+1} \tag{2-23}$$

式中，$f(E)$为费米分布函数；μ 为电子气系统的化学势，其意义是在体积不变的条件下，系统每增加一个电子所需要的自由能；k_B 为玻尔兹曼常数；T 为热力学温度。

费米分布具有以下性质。

① $T=0$K 时，化学势 $\mu(0)$ 也称费米能 E_F。当 $E>E_F$ 时，$e^{\frac{E-E_F}{k_B T}}=e^{\infty}=\infty$，$f(E)=0$；当 $E<E_F$ 时，$e^{\frac{E-E_F}{k_B T}}=e^{-\infty}=0$，$f(E)=1$。即凡是能量高于 E_F 的状态全空着，没有电子占有；凡是能量低于 E_F 的状态，全为电子填满。E_F 是热力学温度零度时，电子具有的最高能量（图 2-5）。

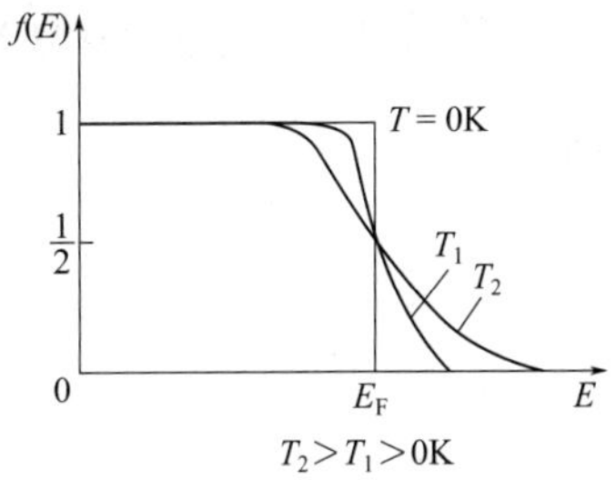

图 2-5　费米分布函数

② $T>0$K 时。当 $E=\mu$ 时，$f(E)=\frac{1}{2}$，即能量等于 μ 的状态被电子占有的概率和不占有的概率相等；当 $E>\mu$ 时，$f(E)<\frac{1}{2}$，即能量高于 μ 的状态，少部分为电子占据；当 $E<\mu$ 时，$f(E)>\frac{1}{2}$，能量低于 μ 的状态，大部分为电子占据（图 2-5）。

③ 分布函数受温度的影响。当 $T=0$K 时，在 $E=E_F$ 处，$f(E)$ 发生陡直的变化。当 $T>0$K 时，$f(E)$ 从 $E\ll\mu$ 时接近 1 的数值，下降到 $E\gg\mu$ 时接近 0 的数值，在 $E=\mu$ 附近发生很大的变化。随着温度升高，分布函数 $f(E)$ 变得较平滑，$f(E)$ 发生大变化的能量范围变宽，但在任何情况下，此能量范围大致为 $(\mu-k_B T)\sim(\mu+k_B T)$，如图 2-5 所示。

当温度高于 0K 时，分布函数发生的变化是晶体中电子受热激发的结果，下面对此做一个定性说明。根据泡利不相容原理，每个能级仅可容纳自旋相反的 2 个电子，最低能级填满后，逐级往上填充，直到把全部电子安排完。当温度等于 0K 时，最后充填的最高能级是 E_F。图 2-6 示意地表示了这个结果，竖直方向自下而上代表能量由低到高，各能级以横线代表，黑点代表电子，同时把 $f(E)$-E 曲线画在旁边作为比较。可见，即使在 0K 时，也不可能所有的电子都填在最低能级上，自由电子系统仍有相当大的能量（动能），如图 2-6（a）所示。当温度升高，$T>0$K 时，一个电子若受热激发，能得到 $k_B T$ 数量级的能量。对于能量 $E\ll E_F$ 那些能级上的电子，若吸收 $k_B T$ 大小的能量，就要跃迁到 $E+k_B T$ 的能级上，但 $E+k_B T$ 的能级已为电子填满，因此不会发生这种跃迁，即低能级上的电子没有机会受热而激发；而对于能量 E 稍低于 E_F 那些能级上的电子，就可能吸收 $k_B T$ 大小的能量，跃迁到 E_F 以上的空能级。这使得能量高于 E_F 的能级有部分被电子占据，同时，能量稍低于 E_F 的能级部分空出来，如图 2-6（b）所示。这说明金属中虽然有大量的自由电子，但只有能量在 E_F 附近约 $k_B T$ 范围内的少数电子因受热激发才跃迁到较高的能级上，对电子热容有贡献，而能量远低于 E_F 的能级上电子的状态不会受温度变化的影响。基于这个模型，可定性地估计出受热激发的电子比例，有

$$\frac{\text{受热激发的电子数}}{\text{自由电子总数}} \approx \frac{k_B T}{E_F}$$

例如，铜的 $E_F = 7.1\text{eV}$，可估算出，在室温下，约 1%的电子受热激发，对热容有贡献。经典自由电子理论认为，全体自由电子都受热激发，每个电子吸收大小为 $k_B T$ 数量级的能量，对热容都有贡献，由此求出的热容理论值约为实验值的 100 倍。而根据上面量子理论的估算，仅约 1%的电子对热容有贡献，可见，量子理论的结果与实验结果相吻合。

由于 $T > 0\text{K}$ 的分布函数曲线在 $\mu \pm k_B T$ 范围内发生急剧的变化，而 $k_B T \ll \mu$，所以这个变化 $\left(\frac{\partial f}{\partial E}\right)$ 只在 μ 附近才有显著的值，如图 2-7 所示。函数 $\left(-\frac{\partial f}{\partial E}\right)$ 在 $E = \mu$ 处的行为近似于 δ 函数，即

$$-\frac{\partial f}{\partial E} = \delta(E - \mu) = \begin{cases} 0, E \neq \mu \\ \infty, E = \mu \end{cases} \tag{2-24}$$

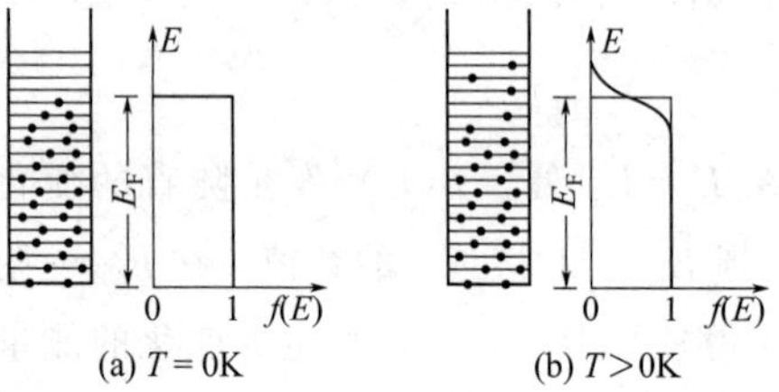

图 2-6　$T = 0\text{K}$ 和 $T > 0\text{K}$ 能级被电子占据情况

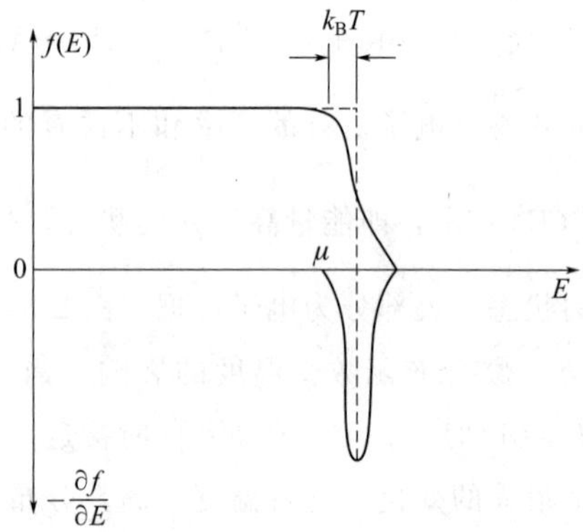

图 2-7　函数 $\left(-\frac{\partial f}{\partial E}\right)$ 的特点

2.2.2　费米能

下面求 E_F 的表达式。自由电子系统中能量在 $E \sim E + \mathrm{d}E$ 间的可能电子状态数为

$$\mathrm{d}Z = CE^{\frac{1}{2}}\mathrm{d}E$$

式中，C 为常数。

而能量为 E 的状态被电子占有的概率为 $f(E)$，故 $E \sim E + \mathrm{d}E$ 间的电子数

$$\mathrm{d}N = f(E)\mathrm{d}Z = Cf(E)E^{\frac{1}{2}}\mathrm{d}E \tag{2-25}$$

在 0K 时，电子全部填充在 E_F 以下的能级上，而且这些能级上电子占有概率 $f(E) = 1$，则系统中总电子数

$$N = \int_0^{E_F} \mathrm{d}N = \int_0^{E_F} Cf(E)E^{\frac{1}{2}}\mathrm{d}E = \frac{2}{3}C(E_F)^{\frac{3}{2}} = \frac{8\pi V_c}{3h^3}(2mE_F)^{\frac{3}{2}} \tag{2-26}$$

令 $n = \frac{N}{V_c}$，代表系统中电子数密度，则有

$$E_F = \frac{h^2}{2m}\left(\frac{3n}{8\pi}\right)^{\frac{2}{3}} \tag{2-27}$$

在 0K 时，自由电子系统每个电子的平均能量（平均动能）为

$$\overline{E}_0 = \frac{\int_0^{E_F} E\mathrm{d}N}{N} = \frac{C}{N}\int_0^{E_F} E^{\frac{2}{3}}\mathrm{d}E = \frac{3}{5}E_F \tag{2-28}$$

由式（2-28）可知，在 0K 时，电子仍有相当大的平均动能，这是由于电子必须满足泡利不相容原理。考虑金属的费米能为几到十几电子伏特，计算表明，0K 时，自由电子的平均速度数量级高达 10^6 m/s。

下面讨论 $T>0$K 时的情况。如图 2-6 所示，能量高于 μ 的能级上可能被电子占有，能量低于 μ 的能级可能未被电子占满，此时，$f(E)$ 不再是常数，系统的总电子数 N 等于能量从零到无限大范围内各个能级上电子数之和，即

$$N = \int_0^{\infty}\mathrm{d}N = \int_0^{\infty} Cf(E)E^{\frac{1}{2}}\mathrm{d}E$$

经过分部积分后，得

$$N = \frac{2}{3}Cf(E)E^{\frac{2}{3}}\Big|_0^{\infty} - \int_0^{\infty}\frac{2}{3}CE^{\frac{3}{2}}\frac{\partial f}{\partial E}\mathrm{d}E$$

由于上式右端第一项在积分上下限时均为零，故其积分等于零，所以

$$N = -\int_0^{\infty}\frac{2}{3}CE^{\frac{3}{2}}\frac{\partial f}{\partial E}\mathrm{d}E \tag{2-29}$$

先计算

$$I = -\int_0^{\infty} g(E)\frac{\partial f}{\partial E}\mathrm{d}E \tag{2-30}$$

式中，$g(E)$ 是 E 的任意函数；$f(E)$ 是费米分布函数。由于 $-\frac{\partial f}{\partial E}\approx\delta(E-\mu)$，即 $-\frac{\partial f}{\partial E}$ 在 $E=\mu$ 附近才有较大的值，故把 $g(E)$ 在 $E=\mu$ 附近用泰勒级数展开

$$g(E) = g(\mu) + (E-\mu)g'(\mu) + \frac{(E-\mu)^2 g''(\mu)}{2} + \cdots$$

由于是在 $E=\mu$ 附近展开，则 $E-\mu\approx 0$，因而略去高次项。积分 I 写成

$$I = I_0 g(\mu) + I_1 g'(\mu) + I_2 g''(\mu)$$

$$I_0 = -\int_0^{\infty}\frac{\partial f}{\partial E}\mathrm{d}E$$

$$I_1 = -\int_0^{\infty}(E-\mu)\frac{\partial f}{\partial E}\mathrm{d}E$$

$$I_2 = -\frac{1}{2!}\int_0^{\infty}(E-\mu)^2\frac{\partial f}{\partial E}\mathrm{d}E$$

因为$\frac{\partial f}{\partial E}$在$E=\mu$附近才不为零，即被积函数在$E=\mu$附近才不为零，所以上列积分的积分下限从零改为$-\infty$不会影响积分结果。

容易计算

$$I_0=-\int_{-\infty}^{\infty}\mathrm{d}f=-f(\infty)+f(-\infty)=1$$

如令$\frac{E-\mu}{k_B T}=\eta$，得

$$\frac{\partial f}{\partial E}=\frac{\partial f}{\partial \eta}\times\frac{\partial \eta}{\partial E}=-\frac{1}{k_B T}\times\frac{e^{\eta}}{(e^{\eta}+1)^2}$$

因此有

$$I_1=k_B T\int_{-\infty}^{\infty}\frac{\eta e^{\eta}}{(e^{\eta}+1)^2}\mathrm{d}\eta=k_B T\int_{-\infty}^{\infty}\frac{\eta}{(e^{\frac{\eta}{2}}+e^{-\frac{\eta}{2}})^2}\mathrm{d}\eta$$

由于被积函数为η的奇函数，所以$I_1=0$。作如上代换后，积分

$$\begin{aligned}I_2&=\frac{(k_B T)^2}{2}\int_{-\infty}^{\infty}\frac{\eta e^{\eta}}{(e^{\eta}+1)^2}\mathrm{d}\eta=(k_B T)^2\int_0^{\infty}\frac{\eta^2 e^{-\eta}}{(1+e^{-\eta})^2}\mathrm{d}\eta\\&=(k_B T)^2\int_0^{\infty}\eta^2(e^{-\eta}-2e^{-2\eta}+3e^{-3\eta}-\cdots)\mathrm{d}\eta\\&=(k_B T)^2\int_0^{\infty}\eta^2 e^{-\eta}\mathrm{d}\eta\left(1-\frac{1}{2^2}+\frac{1}{3^2}-\frac{1}{4^2}+\cdots\right)\\&=(k_B T)^2\times 2\times\frac{\pi^2}{12}\\&=\frac{\pi^2}{6}(k_B T)^2\end{aligned}$$

所以式（2-30）写成

$$I=g(\mu)+\frac{\pi^2}{6}(k_B T)^2 g''(\mu) \tag{2-31}$$

对比式（2-29）和式（2-30），可用$g(E)=\frac{2}{3}CE^{\frac{3}{2}}$代入式（2-31），得到

$$N=\frac{2}{3}C\mu^{\frac{3}{2}}\left[1+\frac{\pi^2}{8}\left(\frac{k_B T}{\mu}\right)^2\right]$$

由式（2-26）知，系统的电子数$N=\frac{2}{3}C(E_F)^{\frac{3}{2}}$，故有

$$\mu^{\frac{3}{2}}\left[1+\frac{\pi^2}{8}\left(\frac{k_B T}{\mu}\right)^2\right]=(E_F)^{\frac{3}{2}}$$

利用$k_B T\ll E_F$，最后得到

$$\mu = E_F \left[1 - \frac{\pi^2}{12} \left(\frac{k_B T}{E_F} \right)^2 \right] \tag{2-32}$$

可以看出，μ 是电子数密度 n 和温度 T 的函数。由于一般温度下，$k_B T \ll E_F$，故当温度升高时，μ 比 E_F 略有下降。定义费米温度 $T_F = \frac{E_F}{k_B}$，对于一般金属，T_F 为 $10^4 \sim 10^5$K。

对于自由电子来说，等能面是球面，其中特别有意义的是 $E = E_F$ 的等能面，称为费米面。它是 $\boldsymbol{k}$ 空间的球面，其半径大小为 $k_F = \frac{\sqrt{2\mu E_F}}{\hbar}$，把 $\boldsymbol{k}_F$ 称为费米半径或费米波矢（图 2-8）。在 $T = 0$K 时，费米球面以内的状态都被电子占有，球外没有电子，所以，此时费米面是电子占有态和未占有态的分界面。在 $T > 0$K 时，费米半径比 0K 时的费米半径 k_F 略小，此时费米面以内能量距 E_F 约 $k_B T$ 范围的能级上的电子，被激发到 E_F 之上约 $k_B T$ 范围的能级上（图 2-9）。

费米面是近代金属理论的重要基本概念之一，因为金属的很多物理性质主要取决于费米面附近的电子。由上面的介绍可以看出，虽然金属中自由电子很多，但只有费米面附近的少数电子才会受热激发，跃迁到高能级上，对金属的热学性质有贡献。后面将看到，金属的导电性、磁性都与费米面附近的电子有关，因此，研究费米面附近电子的状况有着重要意义。为此，人们还引入了一些与费米面有关的物理概念，例如，状态处于费米面上的电子的动量 $\boldsymbol{p}_F = \hbar \boldsymbol{k}_F$ 称为费米动量；与之相应的速度 $\boldsymbol{v}_F = \frac{\boldsymbol{p}_F}{m} = \frac{\hbar \boldsymbol{k}_F}{m}$ 称为费米速度；而能量 $E_F = \frac{\hbar^2 k_F^2}{2m}$ 称为费米能量。

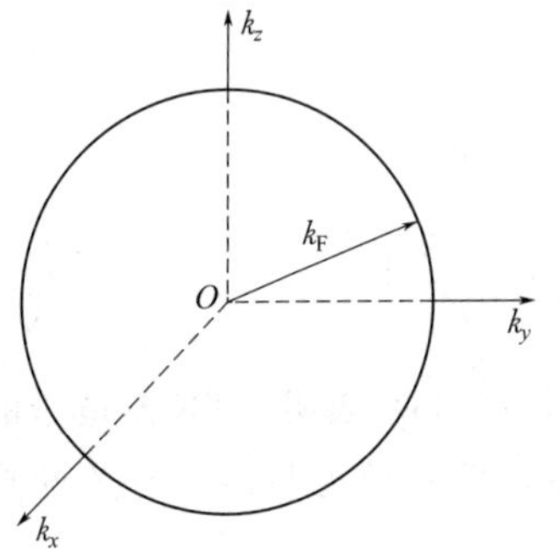

图 2-8　自由电子的费米面

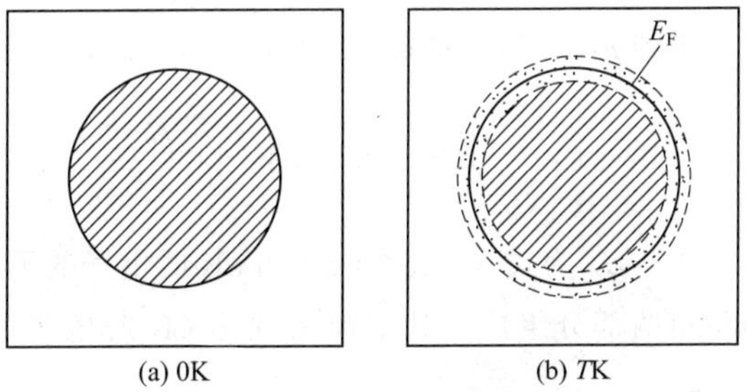

图 2-9　费米面与热激发

2.2.3 电子的热容

物质的热容 C 是根据使其温度升高 ΔT 所需要的能量 ΔE 来确定的，即

$$C = \frac{\Delta E}{\Delta T} \tag{2-33}$$

若物质的量为 1mol，则为摩尔热容，并定义为：1mol 的物质，温度升高 1K 时所需要的能量。

最常用的热容有等压过程的热容和等容过程的热容，分别称为定压热容 C_p 和定容热容 C_V。对于固体，C_p 较容易用实验测定，但是 C_V 较容易与固体的基本性能建立联系。下面讨论固体的定容热容，其定义为

$$C_V=\left(\frac{\partial \bar{E}}{\partial T}\right)_V \tag{2-34}$$

式中，$\bar{E}$为固体的平均内能，包括晶格振动的能量和电子运动的能量。

因此，固体热容主要由两部分组成，即

$$C_V=C_V^{\mathrm{a}}+C_V^{\mathrm{e}} \tag{2-35}$$

式中，C_V^{a} 来源于晶格热振动，称为晶格热容；C_V^{e} 来源于电子的热运动，称为电子热容。作为量子自由电子理论的实际应用，下面介绍电子热容的计算。

为了计算自由电子的热容，先要算出电子的平均能量$\bar{E}$。与0K时的情况类似，只是现在是 TK 时，E 的取值范围为 $0\sim\infty$，利用式（2-25），求得每个电子的平均能量

$$\bar{E}=\frac{\int_0^{\infty} E\,\mathrm{d}N}{N}=\frac{C}{N}\int_0^{\infty} f(E)E^{\frac{3}{2}}\,\mathrm{d}E$$

经过分部积分之后，可写成

$$\bar{E}=-\int_0^{\infty}\frac{2}{5}\times\frac{C}{N}E^{\frac{5}{2}}\frac{\partial f}{\partial E}\mathrm{d}E$$

取 $g(E)=\frac{2}{5}\times\frac{C}{N}E^{\frac{5}{2}}$，利用式（2-31），得到

$$\bar{E}=\frac{2}{5}\times\frac{C}{N}\mu^{\frac{5}{2}}\left[1+\frac{5}{8}\pi^2\left(\frac{k_{\mathrm{B}}T}{\mu}\right)^2\right]$$

考虑到 $k_{\mathrm{B}}T\ll\mu$，将式（2-26）和式（2-32）代入上式，最后得到

$$\bar{E}=\frac{3}{5}E_{\mathrm{F}}\left[1+\frac{5}{12}\pi^2\left(\frac{k_{\mathrm{B}}T}{E_{\mathrm{F}}}\right)^2\right]=E_0\left[1+\frac{5}{12}\pi^2\left(\frac{k_{\mathrm{B}}T}{E_{\mathrm{F}}}\right)^2\right] \tag{2-36}$$

其中，E_0 为式（2-28）给出的0K时电子的平均能量。式（2-36）表明，TK 时电子的平均能量由两部分组成，其中前一项为0K时电子的平均能量，后一项为与温度有关的热激发能。

为了同实验结果比较，现计算1mol金属中自由电子对热容的贡献。每摩尔物质中有 $N_{\mathrm{A}}=6.022\times10^{23}$ 个原子，每个原子有 Z 个价电子，则自由电子的总数 $N=N_{\mathrm{A}}Z$。根据热容定义，得到自由电子的摩尔热容

$$C_V^{\mathrm{e}}=N_{\mathrm{A}}Z\frac{\partial \bar{E}}{\partial T}=N_{\mathrm{A}}Z\frac{\pi^2}{2}\times\frac{k_{\mathrm{B}}^2T}{E_{\mathrm{F}}}=\frac{\pi^2N_{\mathrm{A}}Zk_{\mathrm{B}}^2T}{2E_{\mathrm{F}}}=\gamma T \tag{2-37}$$

式中，$\gamma=\frac{\pi^2N_{\mathrm{A}}Zk_{\mathrm{B}}^2}{2E_{\mathrm{F}}}$，称为金属的电子热容系数，其数量级约为 $10^{-3}\mathrm{J/(mol\cdot K^2)}$。由式（2-37）可以看到，电子热容 C_V^{e} 与温度 T 成正比。在常温下，晶格振动的摩尔热容 $C_V^{\mathrm{a}}\approx25\mathrm{J/(mol\cdot K)}$，所以电子对热容的贡献很小。很多金属的电子热容的量子理论计算值与实验值符合得很好，但过渡金属的偏差较大，问题在于自由电子模型过于简单。

2.3 玻尔兹曼方程

金属的电子系统由数目巨大的电子组成，因此不可能具体地研究个别电子的行为，而要借助统计方法，推求大量粒子的统计平均，这就需要知道系统的分布函数。分布函数给出的某一状态为电子占有概率，即电子在该状态的平均数目。已经知道，平衡态电子分布函数就是费米分布函数，用 $f_0(E)$ 表示为

$$f_0(E)=\frac{1}{e^{(E-\mu)/(k_B T)}+1} \tag{2-38}$$

在外场作用下，电子系统处于非平衡态，此时，统计分布要用非平衡态分布函数 f 来描述。它与平衡态分布函数 f_0 不同，而且对于非平衡态，不存在普遍适用的分布函数。如何求出 f 是动力学理论的中心。方法是：首先建立分布函数所满足的方程——玻尔兹曼（Boltzmann）方程，然后求解方程，就可得出分布函数。

为了同时描述电子的坐标 $\boldsymbol{r}$ 和状态 $\boldsymbol{k}$，采用以 $\boldsymbol{r}$ 和 $\boldsymbol{k}$ 为变量组成的 (x,y,z,k_x,k_y,k_z) 六维相空间。非平衡态分布函数 $f(\boldsymbol{r},\boldsymbol{k},t)$ 定义是：在 t 时刻，在相空间（$\boldsymbol{r},\boldsymbol{k}$）附近的相空间体积元 $\mathrm{d}\boldsymbol{r}\mathrm{d}\boldsymbol{k}$ 中，电子数目 $\mathrm{d}N$ 为（已令金属体积 $V=1$）

$$\mathrm{d}N=\frac{2}{(2\pi)^3}f(\boldsymbol{r},\boldsymbol{k},t)\mathrm{d}\boldsymbol{r}\mathrm{d}\boldsymbol{k} \tag{2-39}$$

玻尔兹曼方程是考虑分布函数随着时间变化而建立的，引起分布函数变化的物理原因主要有两个：①电子在外场作用下，产生定向漂移运动，使分布函数 $f(\boldsymbol{r},\boldsymbol{k},t)$ 发生变化，称为漂移变化，以 $\left(\frac{\partial f}{\partial t}\right)_d$ 表示；②电子受声子及各种缺陷的散射（碰撞），使其状态发生突变，即状态发生跃迁，这也使分布函数 $f(\boldsymbol{r},\boldsymbol{k},t)$ 发生变化，称为碰撞变化，以 $\left(\frac{\partial f}{\partial t}\right)_c$ 表示。这样，可以把分布函数随着时间的变化写成

$$\frac{\mathrm{d}f}{\mathrm{d}t}=\left(\frac{\partial f}{\partial t}\right)_d+\left(\frac{\partial f}{\partial t}\right)_c+\frac{\partial f}{\partial t}$$

其中，右端第一项称为漂移项；第二项称为碰撞项；第三项代表分布函数是时间显函数时的偏导数。在外场作用下，电子获得定向运动，漂移无休止地进行，使系统偏离平衡态；碰撞使电子失去定向运动，漂移受到遏止，最后系统达到稳定态。此时电子的分布不随时间变化，则 $\frac{\mathrm{d}f}{\mathrm{d}t}=0$，$f$ 也不显含 t，则 $\frac{\partial f}{\partial t}$ 也为零，因此，有

$$\left(\frac{\partial f}{\partial t}\right)_d+\left(\frac{\partial f}{\partial t}\right)_c=0 \tag{2-40}$$

显然，只要找出 $\left(\frac{\partial f}{\partial t}\right)_d$ 和 $\left(\frac{\partial f}{\partial t}\right)_c$ 的具体形式并代入式（2-40），就能建立确定 f 的方程。

首先分析漂移项$\left(\frac{\partial f}{\partial t}\right)_{d}$。在外场作用下，漂移运动在连续不断地进行。在相空间中，$t-\Delta t$ 时刻在（$\boldsymbol{r},\boldsymbol{k}$）附近单位相体积中的电子数是$\frac{2}{(2\pi)^3}f(\boldsymbol{r},\boldsymbol{k},t-\Delta t)$，在 t 时刻，这些电子全部离开该区域。t 时刻，该单位相体积中的电子是由 $t-\Delta t$ 时刻在（$\boldsymbol{r}-\frac{\mathrm{d}\boldsymbol{r}}{\mathrm{d}t}\Delta t$，$\boldsymbol{k}-\frac{\mathrm{d}\boldsymbol{k}}{\mathrm{d}t}\Delta t$，$t-\Delta t$）附近单位相体积中的电子漂移而来的。$\Delta t$ 很短，假如在 Δt 期间的漂移过程中无碰撞发生，那么 t 时刻在（$\boldsymbol{r},\boldsymbol{k}$）附近单位相体积中的电子数

$$\frac{2}{(2\pi)^3}f(\boldsymbol{r},\boldsymbol{k},t)=\frac{2}{(2\pi)^3}f\left(\boldsymbol{r}-\frac{\mathrm{d}\boldsymbol{r}}{\mathrm{d}t}\Delta t,\boldsymbol{k}-\frac{\mathrm{d}\boldsymbol{k}}{\mathrm{d}t}\Delta t,t-\Delta t\right)$$

或

$$f(\boldsymbol{r},\boldsymbol{k},t)=f\left(\boldsymbol{r}-\frac{\mathrm{d}\boldsymbol{r}}{\mathrm{d}t}\Delta t,\boldsymbol{k}-\frac{\mathrm{d}\boldsymbol{k}}{\mathrm{d}t}\Delta t,t-\Delta t\right)$$

Δt 期间，漂移引起的（$\boldsymbol{r},\boldsymbol{k}$）处分布函数的变化为

$$\begin{aligned}\Delta f&=f(\boldsymbol{r},\boldsymbol{k},t)-f(\boldsymbol{r},\boldsymbol{k},t-\Delta t)\\&=f\left(\boldsymbol{r}-\boldsymbol{v}\Delta t,\boldsymbol{k}-\frac{\mathrm{d}\boldsymbol{k}}{\mathrm{d}t}\Delta t,t-\Delta t\right)-f(\boldsymbol{r},\boldsymbol{k},t-\Delta t)\end{aligned}$$

所以

$$\begin{aligned}\left(\frac{\partial f}{\partial t}\right)_{d}&=\lim_{\Delta t\to 0}\frac{f\left(\boldsymbol{r}-\boldsymbol{v}\Delta t,\boldsymbol{k}-\frac{\mathrm{d}\boldsymbol{k}}{\mathrm{d}t}\Delta t,t-\Delta t\right)-f(\boldsymbol{r},\boldsymbol{k},t-\Delta t)}{\Delta t}\\&=-\boldsymbol{v}\nabla f-\frac{\mathrm{d}\boldsymbol{k}}{\mathrm{d}t}\nabla_{k}f\end{aligned}\tag{2-41}$$

其中

$$\nabla=\frac{\partial}{\partial x}\boldsymbol{i}+\frac{\partial}{\partial y}\boldsymbol{j}+\frac{\partial}{\partial z}\boldsymbol{k}$$

$$\nabla_{k}=\frac{\partial}{\partial k_x}\boldsymbol{i}+\frac{\partial}{\partial k_y}\boldsymbol{j}+\frac{\partial}{\partial k_z}\boldsymbol{k}$$

再看碰撞项，它可以写成

$$\left(\frac{\partial f}{\partial t}\right)_{c}=b-a\tag{2-42}$$

其中$\frac{2b}{(2\pi)^3}$代表单位时间内，由于碰撞而进入（$\boldsymbol{r},\boldsymbol{k}$）附近单位相体积的电子数；而$\frac{2a}{(2\pi)^3}$代表单位时间内，由于碰撞离开（$\boldsymbol{r},\boldsymbol{k}$）附近单位相体积的电子数。碰撞引起的 $f(\boldsymbol{r},\boldsymbol{k},t)$ 的变化，是由散射使电子状态发生跃迁造成的。需要指出，只考虑跃迁过程自旋不变的情况。为了描述从 $\boldsymbol{k}'$态到 $\boldsymbol{k}$ 态跃迁概率的大小，引入函数 $\Theta(\boldsymbol{k}',\boldsymbol{k})$，它表示单位时间内，从 $\boldsymbol{k}'$态跃迁到自旋相同的 $\boldsymbol{k}$ 态的概率。只有当（$\boldsymbol{r},\boldsymbol{k}'$）处的 $\boldsymbol{k}'$态有电子占据［概率为 $f(\boldsymbol{r},\boldsymbol{k}',t)$］，而在（$\boldsymbol{r},\boldsymbol{k}$）处的 $\boldsymbol{k}$ 态有空状态［概率为 $1-f(\boldsymbol{r},\ \boldsymbol{k},\ t)$］时，电子才能由 $\boldsymbol{k}'$态跃迁到 $\boldsymbol{k}$ 态。于是，单位时间内，从各种 $\boldsymbol{k}'$态跃迁到（$\boldsymbol{r},\boldsymbol{k}$）附近单位相体积中的概率为

$$
\begin{aligned}
b &= \sum_{k'} \Theta(\boldsymbol{k}',\boldsymbol{k}) f(\boldsymbol{r},\boldsymbol{k}',t)[1-f(\boldsymbol{r},\boldsymbol{k},t)] \\
&= \frac{1}{(2\pi)^3}\int \Theta(\boldsymbol{k}',\boldsymbol{k}) f(\boldsymbol{r},\boldsymbol{k}',t)[1-f(\boldsymbol{r},\boldsymbol{k},t)]\mathrm{d}\boldsymbol{k}'
\end{aligned} \tag{2-43}
$$

若 $\Theta(\boldsymbol{k},\boldsymbol{k}')$ 表示单位时间内，由 $\boldsymbol{k}$ 态跃迁到 $\boldsymbol{k}'$ 态的概率，与式（2-43）类似，可以写成

$$
\begin{aligned}
a &= \sum_{k'} \Theta(\boldsymbol{k},\boldsymbol{k}') f(\boldsymbol{r},\boldsymbol{k},t)[1-f(\boldsymbol{r},\boldsymbol{k},t)] \\
&= \frac{1}{(2\pi)^3}\int \Theta(\boldsymbol{k},\boldsymbol{k}') f(\boldsymbol{r},\boldsymbol{k},t)[1-f(\boldsymbol{r},\boldsymbol{k}',t)]\mathrm{d}\boldsymbol{k}'
\end{aligned} \tag{2-44}
$$

将式（2-41）～式（2-44）代入式（2-40），并假设稳定态 f 不显含 t，就得到玻尔兹曼方程

$$
v(\boldsymbol{k})\nabla f(\boldsymbol{r},\boldsymbol{k}) + \frac{\mathrm{d}k}{\mathrm{d}t}\nabla_k f = (2\pi)^{-3}\int \Theta(\boldsymbol{k}',\boldsymbol{k}) f(\boldsymbol{r},\boldsymbol{k}')[1-f(\boldsymbol{r},\boldsymbol{k})]\mathrm{d}\boldsymbol{k}' - (2\pi)^{-3}\int \Theta(\boldsymbol{k},\boldsymbol{k}') f(\boldsymbol{r},\boldsymbol{k})[1-f(\boldsymbol{r},\boldsymbol{k}')]\mathrm{d}\boldsymbol{k}' \tag{2-45}
$$

这是一个微分积分方程，一般情况下，得不到简单的解析解。为了求解方便，通常都采用近似方法，一个广泛应用的方法是弛豫时间近似。大量粒子组成的系统偏离平衡态时，有着回到平衡态的趋势，在无外场的情况下，从非平衡态过渡到平衡态的过程叫弛豫过程，这个过程需要的时间称为弛豫时间。设想开始时存在外场，漂移运动使电子分布偏离平衡态 f_0，在 $t=0$ 时刻撤去外场，碰撞使系统在 $t=\tau$ 时恢复到平衡态，电子分布也从非平衡态 f 恢复到平衡态 f_0，τ 就是这个过程的弛豫时间。期间碰撞所引起的分布函数的变化为

$$
\left(\frac{\partial f}{\partial t}\right)_c = -\frac{f-f_0}{\tau(\boldsymbol{k})} \tag{2-46}
$$

弛豫时间近似就是把碰撞项近似地用弛豫时间来表示，弛豫时间为 $\boldsymbol{k}$ 的函数 $\tau=\tau(\boldsymbol{k})$。

在有电场 $\boldsymbol{E}$ 和磁场 $\boldsymbol{B}$ 存在的情况下，有

$$
\frac{\mathrm{d}\boldsymbol{k}}{\mathrm{d}t} = -\frac{e}{h}(\boldsymbol{E}+\boldsymbol{v}\times\boldsymbol{B}) \tag{2-47}
$$

则玻尔兹曼方程可以写成

$$
\boldsymbol{v}\nabla f - \frac{e}{\hbar}(\boldsymbol{E}+\boldsymbol{v}\times\boldsymbol{B})\nabla_k f = -\frac{f-f_0}{\tau} \tag{2-48}
$$

这个方程是探讨金属中电磁效应的基础。

2.4 金属电导率

现在利用玻尔兹曼方程讨论仅存在电场情况下金属的电导。根据分布函数的定义，电流密度可表示为

$$j=\frac{-2e}{(2\pi)^3}\int v(k)f(r,k)\mathrm{d}k \tag{2-49}$$

显然，只要求出分布函数 f，代入式（2-49），就可以解决金属的电导问题。

假设是在恒温条件下测定匀质金属的电导率，在这种情况下，f 与坐标 $\boldsymbol{r}$ 无关，仅是 $\boldsymbol{k}$ 的函数，$f=f(\boldsymbol{k})$，则$\nabla f(\boldsymbol{k})=0$。$f_0$ 是无外场时，平衡态分布函数，它是能量 $E(\boldsymbol{k})$ 的函数，$f_0=f_0(E)=f_0(\boldsymbol{k})$。在仅有外加电场时，玻尔兹曼方程式（2-48）简化成

$$f(\boldsymbol{k})-f_0(\boldsymbol{k})=\frac{e\tau}{\hbar}\boldsymbol{E}\ \nabla_k f(\boldsymbol{k}) \tag{2-50}$$

由于外电场 $\boldsymbol{E}$ 一般总比原子内部电场小得多，可以认为，f 偏离平衡态分布 f_0 不大，但 f 应是 $\boldsymbol{E}$ 的函数，把 f 按 $\boldsymbol{E}$ 的幂级数展开

$$f=f_0+f_1+f_2+\cdots \tag{2-51}$$

$f_1,f_2,\cdots$分别代表包含 $\boldsymbol{E}$ 的一次幂项、二次幂项……而零级项实际表示 $\boldsymbol{E}=0$ 的 f 值，也就是平衡态下的费米分布函数 f_0。把式（2-51）代入式（2-50），得到

$$f_1+f_2+\cdots=\frac{e\tau}{\hbar}\boldsymbol{E}\ \nabla_k f_0+\frac{e\tau}{\hbar}\boldsymbol{E}\ \nabla_k f_1+\cdots$$

考虑等式两边 $\boldsymbol{E}$ 的同次幂项应该相等，得到

$$\left.\begin{aligned}f_1&=\frac{e\tau}{\hbar}\boldsymbol{E}\ \nabla_k f_0\\ f_2&=\frac{e\tau}{\hbar}\boldsymbol{E}\ \nabla_k f_1\\ &\vdots\end{aligned}\right\} \tag{2-52}$$

把式（2-52）的结果代入式（2-51），略去 $\boldsymbol{E}$ 的高次项，则有

$$f(\boldsymbol{k})=f_0+f_1=f_0(\boldsymbol{k})+\frac{e\tau}{\hbar}\boldsymbol{E}\ \nabla_k f_0(\boldsymbol{k}) \tag{2-53}$$

由泰勒定理，有

$$f_0\left(\boldsymbol{k}+\frac{e\tau}{\hbar}\boldsymbol{E}\right)=f_0(\boldsymbol{k})+\frac{e\tau}{\hbar}\boldsymbol{E}\ \nabla_k f_0(\boldsymbol{k}) \tag{2-54}$$

式（2-54）中已略去次高项，比较式（2-53）和式（2-54），有

$$f(\boldsymbol{k})=f_0\left(\boldsymbol{k}+\frac{e\tau}{\hbar}\boldsymbol{E}\right)=f_0\left(\boldsymbol{k}-\frac{e\tau}{\hbar}\boldsymbol{E}\right) \tag{2-55}$$

式（2-55）表明有外电场 $\boldsymbol{E}$ 存在时的非平衡态分布 f，相当于平衡态分布 f_0 沿电场相反方向刚性移动$-\frac{e\tau}{\hbar}\boldsymbol{E}$。这种分布可以形象地用 $\boldsymbol{k}$ 空间的费米球表示。无外场时，电子系统的分布是以原点为球心的费米球；当存在外电场 $\boldsymbol{E}$ 时，电子系统的分布用与电场反方向刚性移动$-\frac{e\tau}{\hbar}\boldsymbol{E}$ 的费米球描述，如图 2-10 所示。

利用

$$\nabla_k f_0 = \frac{\partial f_0}{\partial E}\nabla_k E = \hbar\frac{\partial f_0}{\partial E}\boldsymbol{v}$$

式（2-53）可以写成

$$f = f_0 + e\tau\frac{\partial f_0}{\partial E}(\boldsymbol{v}\cdot\boldsymbol{E}) \tag{2-56}$$

知道 f 表示式后，代入电流密度 $\boldsymbol{j}$ 的表达式（2-49），得到

$$\boldsymbol{j} = \frac{-2e}{(2\pi)^3}\int\boldsymbol{v}\left[f_0 + e\tau\frac{\partial f_0}{\partial E}(\boldsymbol{v}\cdot\boldsymbol{E})\right]\mathrm{d}\boldsymbol{k}$$

其中 $\int f_0\boldsymbol{v}\mathrm{d}\boldsymbol{k}=0$，相当于平衡态分布对电导无贡献，故为零。于是

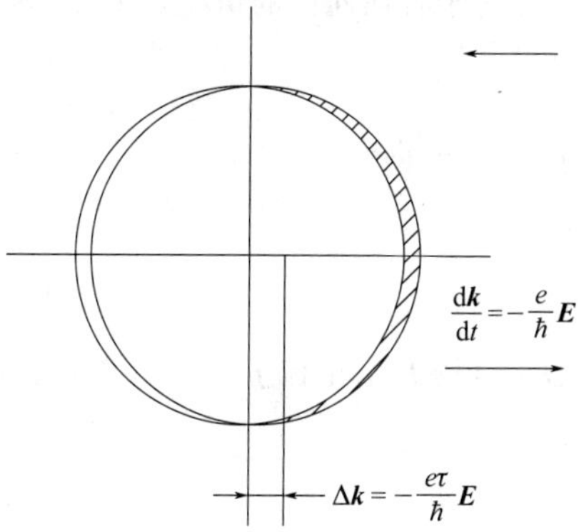

图 2-10　电场作用下费米球刚性移动

$$\boldsymbol{j} = -\frac{e^2}{4\pi^3}\int\tau\boldsymbol{v}(\boldsymbol{v}\cdot\boldsymbol{E})\frac{\partial f_0}{\partial E}\mathrm{d}\boldsymbol{k} = \left(-\frac{e^2}{4\pi^3}\int\tau\boldsymbol{v}\boldsymbol{v}\frac{\partial f_0}{\partial E}\mathrm{d}\boldsymbol{k}\right)\cdot\boldsymbol{E} \tag{2-57}$$

对比欧姆定律 $\boldsymbol{j}=\sigma\boldsymbol{E}$，可以看出，式（2-57）中 $\boldsymbol{E}$ 前面的系数即相当于电导率

$$\sigma = -\frac{e^2}{4\pi^3}\int\tau\boldsymbol{v}\boldsymbol{v}\frac{\partial f_0}{\partial E}\mathrm{d}\boldsymbol{k} \tag{2-58}$$

σ 为二阶对称张量，它的分量可以写成

$$\sigma_{\alpha\beta} = -\frac{e^2}{4\pi^3}\int\tau\boldsymbol{v}_\alpha\boldsymbol{v}_\beta\frac{\partial f_0}{\partial E}\mathrm{d}\boldsymbol{k} \tag{2-59}$$

将 $\boldsymbol{k}$ 空间体积元 $\mathrm{d}\boldsymbol{k}$ 做变换

$$\mathrm{d}\boldsymbol{k} = \mathrm{d}S\,\mathrm{d}k_\perp$$

其中，$\mathrm{d}k_\perp$ 为两个等能面之间的距离；$\mathrm{d}S$ 为等能面上的面积元。由于

$$\mathrm{d}E = |\nabla_k E|\,\mathrm{d}\boldsymbol{k}_\perp$$

所以 $\mathrm{d}\boldsymbol{k}$ 又可以写成

$$\mathrm{d}\boldsymbol{k} = \frac{\mathrm{d}S\,\mathrm{d}E}{|\nabla_k E|} \tag{2-60}$$

由费米分布函数 f_0 的特点，应有 $-\frac{\partial f_0}{\partial E}\approx\delta(E-E_\mathrm{F})$，则式（2-58）可以写成

$$\sigma = \int\left[-\frac{e^2}{4\pi^3}\int\tau\boldsymbol{v}\boldsymbol{v}\frac{\mathrm{d}S}{|\nabla_k E|}\right]\delta(E-E_\mathrm{F})\mathrm{d}E = -\frac{e^2}{4\pi^3\hbar}\int_{S_\mathrm{F}}\frac{\tau}{v}\boldsymbol{v}\boldsymbol{v}\,\mathrm{d}S \tag{2-61}$$

式中积分在费米面上进行，推导中利用了 $\nu(\boldsymbol{k})=\frac{1}{\hbar}\nabla_k E(\boldsymbol{k})$ 和 δ 函数的性质。式（2-61）表明，对金属电导有贡献的只是费米面附近的电子，它们可以在电场的作用下，进入能量较高的能级。由于能量比费米能低得多的电子附近的状态已被电子占据，没有可接受它的空状态，也不可能从电场中获得能量改变状态，所以这种电子不参与电导。

对于各向同性的情况，电导率张量约化为标量

$$\sigma=\sigma_{xx}=\sigma_{yy}=\sigma_{zz}$$

并有各向速度

$$v_x^2=\frac{1}{3}(v_x^2+v_y^2+v_z^2)=\frac{1}{3}v^2$$

假设电场 $\boldsymbol{E}$ 和电流 $\boldsymbol{j}$ 均沿 x 方向，有

$$\sigma=\sigma_{xx}=\frac{e^2}{4\pi^3\hbar}\int_{S_F}\frac{\tau(\boldsymbol{k})}{v}\nu_x^2\,\mathrm{d}S=\frac{e^2}{12\pi^3\hbar}\int_{S_F}\tau(\boldsymbol{k})v\,\mathrm{d}S \tag{2-62}$$

由于各向同性，τ 与 $\boldsymbol{k}$ 的方向无关，$\tau=\tau(k)=\tau(k)$。如假定导电电子可用单一的有效质量 m^* 描述

$$v(k_F)=\frac{\hbar k_F}{m^*}$$

式中，k_F 为费米半径。式（2-62）的费米面上积分可以采用极坐标（θ,ϕ）进行，则得到

$$\sigma=\frac{e^2\tau(k_F)}{3\pi^2 m^*}k_F^3=\frac{ne^2\tau(k_F)}{m^*} \tag{2-63}$$

这里利用了 $k_F{}^3=3\pi^2 n$，n 为电子密度。式（2-63）表明，金属的电导率与电子密度以及弛豫时间成正比，与有效质量成反比。其中只有费米面处的电子弛豫时间出现在公式中，这是因为仅费米面附近的电子对电导有贡献。

2.5 霍尔效应和磁阻效应

霍尔（Hall）效应是指所加磁场和电流互相垂直时，在与磁场和电流都垂直的方向上，产生电场或电动势的现象，称此电场为霍尔电场。如图 2-11 所示，磁场 $\boldsymbol{B}$ 在 z 方向，电流在 xy 平面沿 x 方向流过金属，则以速度 v 沿 $-x$ 方向漂移的电子受到的洛伦兹力为

$$\boldsymbol{F}=-e\boldsymbol{v}\times\boldsymbol{B}$$

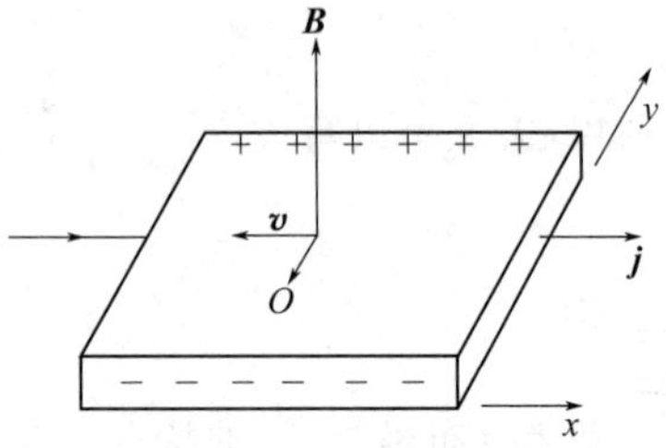

图 2-11　霍尔效应示意

方向沿 $-y$ 方向。这使电子增加一个沿 $-y$ 方向的运动，造成样品两侧的电荷积累，在样品中，建立起横向电场 $\boldsymbol{E}_y$，这就是霍尔电场。当霍尔电场力与洛伦兹力相平衡时，有

$$-e\boldsymbol{E}_y=-e(\boldsymbol{v}_x\boldsymbol{B}_z)$$

而电流密度为

$$\boldsymbol{j}_x=-en\boldsymbol{v}_x$$

式中，n 为电子密度。因而霍尔电场为

$$\boldsymbol{E}_y = -\frac{\boldsymbol{j}_x \boldsymbol{B}_z}{en} = R_H \boldsymbol{j}_x \boldsymbol{B}_z \tag{2-64}$$

式中，$R_H = -\frac{1}{en}$，为金属的霍尔系数。

金属的电阻在磁场中变化的现象称为磁阻效应。其中又把磁场和电流相互垂直时的磁阻称为横向磁阻，而把磁场和电流平行时的磁阻称为纵向磁阻。在磁场中，由于洛伦兹力的作用，一般来说，电子的运动将发生偏转，这是产生磁阻效应的原因。但根据等能面为球面的简单能带模型，则磁阻为零。因为对于磁场与电流平行的纵向情形，电子的漂移速度与磁场平行，磁场对电子没有作用力，因此，磁场的存在不改变电子的漂移运动，故纵向磁阻为零；对于磁场与电流相互垂直的横向情形，洛伦兹力与霍尔电场力相抵消，电子不会发生偏转，因此横向磁阻也为零。但是金属中电子的速度并不是全部都相同的，它们存在着统计分布，不同速度的电子受洛伦兹力的大小是不相同的。只是具有某个漂移速度的电子所受洛伦兹力和霍尔电场力相平衡，不会发生偏转；大于或小于此速度的电子所受合力分别指向相反方向，使电子的漂移运动分别向两边偏转，如图 2-12 所示。这将使电流减小，导致横向磁阻效应。此外，金属的费米面并非严格球形，能带结构一般都较为复杂，因而电子的速度和有效质量不是各向同性的。还有，有些金属的输运特性由几个未满能带决定，如 s 带和 d 带；有些金属，如半金属，除了电子，还有空穴参与导电，这样就有着不同速度、不同有效质量和不同电荷的载流子。由于这些因素的存在，实际金属不仅有横向磁阻，纵向磁阻也不为零，有时磁阻还相当大。

利用玻尔兹曼方程求出霍尔系数和磁阻，有助于从理论上理解这两种效应。

设想均匀的金属处于恒定温度下，同时施加电场 $\boldsymbol{E}$ 和磁场 $\boldsymbol{B}$，此时，由于分布函数 f 与坐标 $\boldsymbol{r}$ 无关，式（2-48）的玻尔兹曼方程中，∇f 项消失，可以写成

$$-\frac{e}{\hbar}(\boldsymbol{E}+\boldsymbol{v}\times\boldsymbol{B})\nabla_k f = -\frac{f-f_0}{\tau}$$

或

$$f-f_0 = \frac{e\tau}{\hbar}(\boldsymbol{E}+\boldsymbol{v}\times\boldsymbol{B})\nabla_k f \tag{2-65}$$

在电场及磁场都不是很强的情况下，通常假定电子非平衡分布函数 f 相对平衡分布函数 f_0 偏离很小，即将 f 写成

$$f = f_0 + f_1 \tag{2-66}$$

因此，可以认为 f_1 是个小量。将式（2-66）代入式（2-65），若把 $\boldsymbol{E}$ 和 $\boldsymbol{B}$ 也看作小量，则在精确到一级小量的情况下，可以得到

$$f_1(\boldsymbol{k}) = \frac{e\tau}{\hbar}(\boldsymbol{E}+\boldsymbol{v}\times\boldsymbol{B})\nabla_k f_0 = e\tau\frac{\partial f_0}{\partial E}\boldsymbol{v}\cdot(\boldsymbol{E}+\boldsymbol{v}\times\boldsymbol{B}) = e\tau\frac{\partial f_0}{\partial E}\boldsymbol{v}\cdot\boldsymbol{E} \tag{2-67}$$

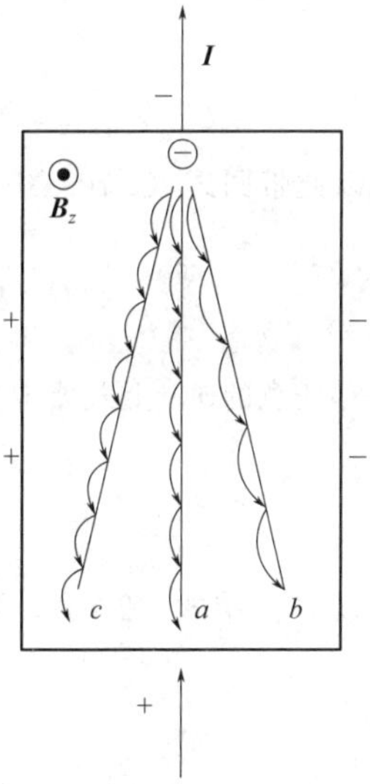

图 2-12　磁阻效应示意
a—具有零尔电场相平衡的速度的电子运动；b—速度较大电子的运动；c—速度较小电子的运动

由式（2-67）可见，在考虑一级小量的情况下，磁场对分布函数的改变没有影响，因此，为了考虑磁场的作用，必须计及二级小量。在对磁场计及二级小量的情况下，式（2-65）应为

$$f_1(\boldsymbol{k})=e\tau\frac{\partial f_0}{\partial E}\boldsymbol{v}\cdot\boldsymbol{E}+\frac{e\tau}{\hbar}(\boldsymbol{v}\times\boldsymbol{B})\nabla_k f_1(\boldsymbol{k}) \tag{2-68}$$

磁场的影响出现在式（2-68）右端第二项上，与二级小量有关，所以在电磁现象中，观察磁效应往往需要较强的磁场。

如同上面计算金属电导率的类似考虑，设式（2-68）的解为

$$f_1=\frac{e\tau}{\hbar}\boldsymbol{D}\,\nabla_k f_0=e\tau\frac{\partial f_0}{\partial E}\boldsymbol{v}\cdot\boldsymbol{D} \tag{2-69}$$

式中，$\boldsymbol{D}$ 为待定矢量，表示电场和磁场的综合作用。如不存在磁场，$\boldsymbol{D}$ 便可以化为式（2-56）中的 $\boldsymbol{E}$。把式（2-69）代入式（2-68），有

$$e\tau\frac{\partial f_0}{\partial E}\boldsymbol{D}\cdot\boldsymbol{v}=e\tau\frac{\partial f_0}{\partial E}\boldsymbol{E}\cdot\boldsymbol{v}+\frac{e^2\tau}{\hbar}(\boldsymbol{v}\times\boldsymbol{B})\nabla_k\left[\tau\frac{\partial f_0}{\partial E}\boldsymbol{v}\cdot\boldsymbol{D}\right] \tag{2-70}$$

式（2-70）右端第二项中，

$$\nabla_k\left[\tau(\boldsymbol{k})\frac{\partial f_0}{\partial E}(\boldsymbol{v}\cdot\boldsymbol{D})\right]=(\boldsymbol{v}\cdot\boldsymbol{D})\nabla_k(\tau\frac{\partial f_0}{\partial E})+\tau\frac{\partial f_0}{\partial E}\nabla_k(\boldsymbol{v}\cdot\boldsymbol{D})$$

其中前一项中$\nabla_k(\tau\frac{\partial f_0}{\partial E})$与（$\boldsymbol{v}\times\boldsymbol{B}$）的点积为零，在后一项中，利用

$$\boldsymbol{m}^*\boldsymbol{v}=\hbar\,\boldsymbol{k}$$

可以得到

$$\nabla_k(\boldsymbol{v}\cdot\boldsymbol{D})=\nabla_k\left(\frac{\hbar}{m^*}\boldsymbol{k}\cdot\boldsymbol{D}\right)=\frac{\hbar}{m^*}\boldsymbol{D}$$

以此带回式（2-70）中，消去两边相同因子，有

$$\boldsymbol{D}\cdot\boldsymbol{v}=\boldsymbol{E}\cdot\boldsymbol{v}+\frac{e\tau}{m^*}(\boldsymbol{v}\times\boldsymbol{B})\cdot\boldsymbol{D}=E\cdot\boldsymbol{v}+\frac{e\tau}{m^*}(\boldsymbol{B}\times\boldsymbol{D})\cdot\boldsymbol{v}$$

对任意的$\boldsymbol{v}$，上式要成立，应有

$$\boldsymbol{D}=\boldsymbol{E}+\frac{e\tau}{m^*}\boldsymbol{B}\times\boldsymbol{D} \tag{2-71}$$

以 $\boldsymbol{B}$ 点乘式（2-71），可得

$$\boldsymbol{B}\cdot\boldsymbol{D}=\boldsymbol{B}\cdot\boldsymbol{E}$$

故有

$$\begin{aligned}\boldsymbol{D}&=\boldsymbol{E}+\frac{e\tau}{m^*}\boldsymbol{B}\times(\boldsymbol{E}+\frac{e\tau}{m^*}\boldsymbol{B}\times\boldsymbol{D})\\&=\boldsymbol{E}+\frac{e\tau}{m^*}\boldsymbol{B}\times\boldsymbol{E}+(\frac{e\tau}{m^*})^2\boldsymbol{B}\times(\boldsymbol{B}\times\boldsymbol{D})\end{aligned}$$

$$=\boldsymbol{E}+\frac{e\tau}{m^*}\boldsymbol{B}\times\boldsymbol{E}+\left(\frac{e\tau}{m^*}\right)^2(\boldsymbol{B}\cdot\boldsymbol{D})\boldsymbol{B}-\left(\frac{e\tau}{m^*}\right)^2\boldsymbol{B}^2\boldsymbol{D}$$

所以

$$\boldsymbol{D}=\frac{1}{1+(\frac{e\tau}{m^*}\boldsymbol{B})^2}\left[\boldsymbol{E}+\frac{e\tau}{m^*}\boldsymbol{B}\times\boldsymbol{E}+\left(\frac{e\tau}{m^*}\right)^2(\boldsymbol{B}\cdot\boldsymbol{E})\boldsymbol{B}\right] \tag{2-72}$$

考虑磁场不太强时，有$\frac{e\tau}{m^*}\boldsymbol{B}\ll 1$，可以得到

$$\begin{aligned}\boldsymbol{D}&=\boldsymbol{E}+\frac{e\tau}{m^*}\boldsymbol{B}\times\boldsymbol{E}+\left(\frac{e\tau}{m^*}\right)^2(\boldsymbol{B}\cdot\boldsymbol{E})\boldsymbol{B}-\left(\frac{e\tau}{m^*}\right)^2\boldsymbol{B}^2\boldsymbol{E}\\&=\boldsymbol{E}+\mu\boldsymbol{B}\times\boldsymbol{E}+\mu^2\boldsymbol{B}\times(\boldsymbol{B}\times\boldsymbol{E})\end{aligned} \tag{2-73}$$

式中，$\mu=\frac{e\tau}{m^*}$，称为迁移率。将式（2-73）和式（2-69）代入式（2-66），得到 $\boldsymbol{E}$ 和 $\boldsymbol{B}$ 同时存在时的电子分布函数 f，再按式（2-49），可以写出电流密度为

$$\begin{aligned}\boldsymbol{j}&=-\frac{e}{4\pi^3}\int\boldsymbol{v}f\,\mathrm{d}\boldsymbol{k}=-\frac{e^2}{4\pi^3}\int\tau\,\boldsymbol{v}\boldsymbol{v}\boldsymbol{D}\,\frac{\partial f_0}{\partial E}\mathrm{d}\boldsymbol{k}\\&=\left[-\frac{e^2}{4\pi^3}\int\tau(\boldsymbol{k})\,\boldsymbol{v}\boldsymbol{v}\,\frac{\partial f_0}{\partial E}\mathrm{d}\boldsymbol{k}\right]\end{aligned} \tag{2-74}$$

与式（2-57）对比，可以写成

$$\boldsymbol{j}=\sigma_0\boldsymbol{D}=\sigma_0[\boldsymbol{E}+\mu\boldsymbol{B}\times\boldsymbol{E}+\mu^2\boldsymbol{B}\times(\boldsymbol{B}\times\boldsymbol{E})] \tag{2-75}$$

式中，$\sigma_0=\frac{ne^2\tau}{m^*}$，为无外场时的电导率，相应的电阻率 $\rho_0=\rho(0)=\frac{1}{\sigma_0}$

如果可以忽略磁场的二次方项，式（2-75）变为

$$\boldsymbol{j}=\sigma_0\boldsymbol{E}+\sigma_0\mu\boldsymbol{B}\times\boldsymbol{E} \tag{2-76}$$

设磁场 $\boldsymbol{B}$ 沿 z 方向，电流沿 x 方向，则有分量方程

$$\left.\begin{aligned}\boldsymbol{j}_x&=\sigma_0\boldsymbol{E}_x-\sigma_0\mu\boldsymbol{B}\times\boldsymbol{E}_y\\\boldsymbol{j}_y&=\sigma_0\boldsymbol{E}_y+\sigma_0\mu\boldsymbol{B}\times\boldsymbol{E}_x\end{aligned}\right\} \tag{2-77}$$

若样品在 y 方向是开路的，$\boldsymbol{j}_y=0$，由式（2-77）的第二式得

$$\boldsymbol{E}_x=-\frac{1}{\mu\boldsymbol{B}}\boldsymbol{E}_y$$

将上式代入式（2-77）的第一式，得到霍尔电场

$$\boldsymbol{E}_y=-\frac{\mu\boldsymbol{B}\rho_0}{1+\mu^2\boldsymbol{B}^2}\boldsymbol{j}_x\approx-\mu\rho_0\boldsymbol{B}\boldsymbol{j}_x \tag{2-78}$$

其中考虑 $\mu\boldsymbol{B}=\frac{e\boldsymbol{B}}{m^*}\tau\ll 1$。霍尔系数为

$$R_H=\frac{\boldsymbol{E}_y}{\boldsymbol{j}_x\boldsymbol{B}}=-\mu\rho_0=-\frac{e\tau}{m^*}\times\frac{m^*}{ne^2\tau}=-\frac{1}{ne} \tag{2-79}$$

为了导出磁阻的表达式，需要考虑磁场的二次方项。横向磁阻是在与电流垂直的方向上施加磁场后，沿外加电场方向电流减小的现象。为了简便，设外电场和电流沿 x 方向，磁场沿 z 方向。由式（2-75）可以得到

$$\boldsymbol{j}_x=\sigma_0(\boldsymbol{E}_x-\mu^2\boldsymbol{B}^2\boldsymbol{E}_x)=\sigma\boldsymbol{E}_x \tag{2-80}$$

式中，σ 为施加磁场 $\boldsymbol{B}$ 时的电导率。在这里

$$\sigma(\boldsymbol{B})=(1-\mu^2\boldsymbol{B}^2)\sigma_0$$

通常，磁阻用电阻率的相对变化来描述，即

$$\frac{\Delta\rho}{\rho_0}=\frac{\rho(\boldsymbol{B})-\rho(0)}{\rho(0)} \tag{2-81}$$

式中，$\rho(\boldsymbol{B})$ 和 $\rho(0)$ 分别是磁场为 $\boldsymbol{B}$ 和磁场为零时的电阻率。由此可以求得横向磁阻为

$$\frac{\Delta\rho}{\rho_0}=\frac{\frac{1}{\sigma}-\frac{1}{\sigma_0}}{\frac{1}{\sigma_0}}=-\frac{\sigma-\sigma_0}{\sigma}\approx-\frac{\sigma-\sigma_0}{\sigma_0}=\mu^2\boldsymbol{B}^2=\left(\frac{e\tau}{m^*}\right)^2\boldsymbol{B}^2 \tag{2-82}$$

式（2-82）表明，磁阻 $\frac{\Delta\rho}{\rho_0}$ 恒为正值，即磁场总是使电阻增加。由式（2-82）还可以看出，在低磁场下，磁阻与磁场的平方 $\boldsymbol{B}^2$ 成正比。人们还常引用磁阻系数来描述磁场引起的电阻变化，它定义为

$$\beta=\frac{\Delta\rho}{\rho_0\boldsymbol{B}^2}=\frac{\rho(\boldsymbol{B})-\rho(0)}{\rho(0)\boldsymbol{B}^2} \tag{2-83}$$

若磁场与外电场方向平行，由式（2-75）得到

$$\boldsymbol{j}=\sigma_0\boldsymbol{E}$$

这表明，纵向磁场不会使电流发生变化，即纵向磁阻为零。

已经指出，要严格计算金属的磁阻，必须考虑实际费米面的复杂结构，还需计及在各向异性的情况下，弛豫时间 τ 不是常数而是 $\boldsymbol{k}$ 的函数，有效质量 m^* 不是标量而是张量等，计算起来相当烦琐，在此不予讨论。

习题

1. 简述经典自由电子理论的内容，试举几例说明它的成功之处，并分析这一理论具有局限性的原因。

2. 采用什么样的近似处理，把晶体这样复杂的多体问题简化为周期场中的单电子问题，

乃至自由电子问题？这些近似方法合理吗？

3.什么是 $\boldsymbol{k}$ 空间？还可以称作什么空间？它与相空间是什么关系？为什么可用 $\boldsymbol{k}$ 空间描述电子的状态？

4.自由电子的等能面是如何定义的？0K 时最大等能面是什么？TK 时该最大等能面发生了什么变化？

5.“金属的很多物理性质主要取决于费米面附近的电子”，试举两例加以论证。

6.分布函数随时间的变化由哪些因素决定？在此基础上导出玻尔兹曼方程。

7.霍尔电场与洛仑兹力有何关系？霍尔电场与什么参量有关？霍尔系数取决于什么？

8.何谓磁阻、纵向磁阻和横向磁阻？试定性说明金属的纵向磁阻为零，而横向磁阻不为零。

9.均匀恒定的磁场或电场，哪一种场对电子分布函数影响大？

10.为什么在电磁现象中，观察磁效应需要较强的磁场？

11.Cu 为 fcc 晶格，点阵常数 $a=3.61\text{Å}$，电阻率 $\rho=1.56\times10^{-8}\Omega\cdot\text{m}$，并设 $m^*=m$，求：

(1) 金属 Cu 中电子密度 n。

(2) $T=0$K 时费米能 E_F 和费米速度 v_F。

(3) 电子在铜中运动的平均自由时间 τ 和平均自由程 λ。

思政阅读

锲而不舍勤耕耘，协同合作攀高峰

量子反常霍尔效应是一种不需要任何外加磁场、在零磁场中就可以实现量子霍尔态的现象。与产生过程需要非常强的磁场，所需仪器体积庞大、价格昂贵的量子霍尔效应相比较，量子反常霍尔效应更容易应用到人们日常所需的电子器件中。

科学的每一项巨大成就，都是以大胆的幻想为出发点的。2010 年，我国理论物理学家方忠、戴希等与张首晟教授合作，提出磁性掺杂的三维拓扑绝缘体有可能是实现量子反常霍尔效应的最佳体系。这个方案引起了国际学术界的广泛关注，沿着这个思路，德国、美国和日本等多个世界一流的研究组希望在实验上寻找量子反常霍尔效应，但一直没有取得突破。

中国科学院院士薛其坤领导的实验研究团队与清华大学、中国科学院物理研究所和斯坦福大学的研究者合作，对量子反常霍尔效应的实验实现进行攻关。虽然该科研团队的成员各自擅长的领域不大相同，且彼此相对独立，但由于目标一致，各成员间形成了广泛、深入、高效的合作。薛其坤团队废寝忘食、夜以继日，付出常人难以想象的努力，实验了上千个样品，先后克服了薄膜生长、磁性掺杂、门电压控制和低温输运测量等多道难关，逐步实现了对拓扑绝缘体的电子结构、长程铁磁序以及能带拓扑结构的精密调控。功夫不负有心人，经过整整四年的团结协作、攻坚克难，薛其坤团队终于找到了一种叫作磁性拓扑绝缘体薄膜的特殊材料，并从实验中观测到“量子反常霍尔效应”。

这一科学现象的发现震惊了整个科学界。2013 年 3 月 15 日，这个成果在线发表在《科学》（*Science*）期刊上。《科学》期刊的一位审稿人评价："这项工作毫无疑问地证实了与普通量子霍尔效应不同来源的单通道边缘态的存在。我认为这是凝聚态物理学一项非常重要的成就。"另一位审稿人表示："这篇文章结束了多年来对无朗道能级的量子霍尔效应的探寻。这是一篇里程碑式的文章。"诺贝尔奖获得者杨振宁评价其为"第一次从中国实验室里发表的诺贝尔奖级的物理学论文"。

薛其坤团队的成果为多种新奇量子现象的实现铺平了道路，可用于开发拓扑量子计算和新原理的低能耗电子学器件，从而解决电脑发热问题和摩尔定律的瓶颈问题，获得了国家自然科学一等奖。这不仅是中国人在物理和材料领域的重大突破，也是中国物理学工作者对人类科学知识宝库的一个重要贡献，标志着中国在拓扑量子物理实验研究方面位居世界的领先地位。

每每听到有人称赞量子反常霍尔效应的发现是多么了不起，薛其坤都会很认真地回答："这是我们团队精诚合作、联合攻关的共同成果，是中国科学家的集体荣誉"。在他看来，"团队协作、攻坚克难"的创新模式是拔得头筹的重要因素。正是有一批又一批像薛其坤一样在实验台上埋头耕耘的科学家们的通力合作、砥砺前行，才有了如今中国在科学领域中的成就。

青春逢盛世，奋斗正当时。新时代的奋斗者当秉承与时俱进的精神、革故鼎新的勇气，在科学研究中敢于创新，探索前沿的科研难题。在我国科技实力从点的突破迈向系统能力提升的过程中，当强化跨界融合思维，不仅要有协同的精神，还要具有合作的艺术，在增强科学自信和文化自信的同时，让拼搏精神和团队精神的火炬代代相传。

第 3 章

能带理论

自由电子模型忽略了电子和离子的相互作用，过于简单粗糙，在解释固体的许多物理性质时，遇到严重困难，更无法做定量计算。固体由大量原子组成，每个原子又包含原子核和若干个电子，考虑到原子结合成晶体时，内层电子的状态一般几乎不变，但外层价电子的状态变化却很大，而晶体的许多物理、化学性质通常仅与价电子有关，因此，可以把晶体看成由价电子和离子实组成的系统。离子（实）在空间周期性规则排列，因此在晶体中运动的电子的势能是周期性变化的。研究周期性势场中电子运动状态的量子力学理论称为能带理论。能带理论认为晶体中的电子是在整个晶体内运动的共有化电子，并且共有化电子的本征态波函数是布洛赫函数形式，能量是由准连续能级构成的许多能带。这一理论首先由布洛赫和布里渊在解决金属的导电性问题时提出。具体的能带计算方法有自由电子近似法、紧束缚近似法、正交化平面波法和原胞法等。能带理论是现代固体电子技术的理论基础，对于微电子技术的发展有着不可估量的作用。

3.1 晶体周期结构和周期场中电子

3.1.1 晶体的周期结构

（1）空间点阵

晶体是由原子（或分子、原子基团）在三维空间规则周期重复排列而成的。组成晶体的原子、分子、原子基团是在空间重复排列的基本结构单元，称为基元。有些晶体，如 Fe、Al、Cu 等，基元中只包括一个原子；有些晶体，如 NaCl、$FeCaF_2$、金刚石等，基元由一个分子或多个原子组成；有的晶体的基元甚至包括数百个以上的原子，如某些蛋白质晶体的基元是由上万个原子组成的原子基团所构成的。

如果不考虑基元的具体细节，把基元抽象成几何点，这些点在空间是规则的周期性无限分布的，这些点的总体叫空间点阵，或称点阵，而每个几何点称为空间点阵的阵点。实际晶体结构与点阵和基元的关系可概括地表达为

$$晶体结构=点阵+基元 \tag{3-1}$$

如果一个空间点阵中各阵点都是完全等价的，即：

① 各阵点都代表完全相同的基元；

② 各点周围的阵点分布情况完全相同。

这样的点阵叫布拉维（Bravais）点阵。

需要注意的是，即使阵点所代表的基元都相同，但若阵点周围的情况不完全相同，就不能称为布拉维点阵。例如在图 3-1 中，各阵点代表完全相同的基元，但由于左右两边的间距不等，A 和 B 周围情况不同，它们不等价，因此这不是布拉维点阵。类似情况的三维实例有金刚石结构、密排六方结构等。

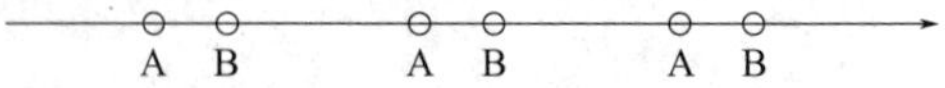

图 3-1 周围情况不同的两种阵点

通过点阵的阵点作平行的直线和平面，形成网络，称为格子或晶格［图 3-2（a）］，所以阵点也称为格点。布拉维点阵也叫布拉维格子。

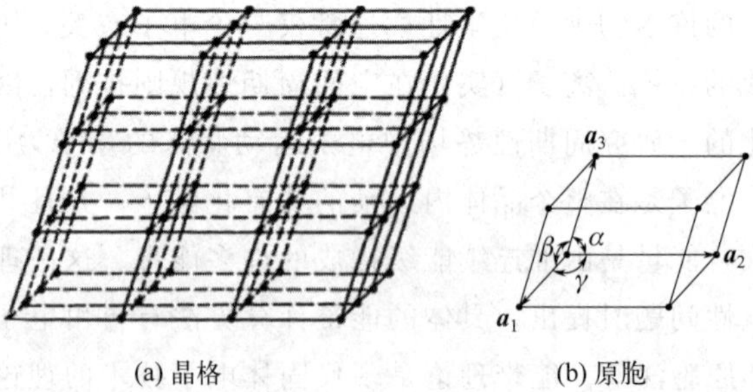

图 3-2 晶格和原胞

如果每个基元中只有一个原子，这样的晶体结构称为简单格子；如果基元中包含一个以上的原子，则称为复式格子。对于复式格子，每个基元中相应的同类原子各自构成与格点相同的网格，这些网络之间有相对的位移。简单格子也称为布拉维格子。

（2）原胞和晶胞

空间点阵是周期重复的，其最小周期重复单元称为原胞。原胞一般为平行六面体，代表原胞三个棱边的矢量 $\boldsymbol{a}_1$、$\boldsymbol{a}_2$、$\boldsymbol{a}_3$ 称为基矢［图 3-2（b）］。原胞的体积为

$$\Omega=\boldsymbol{a}_1\cdot(\boldsymbol{a}_2\times\boldsymbol{a}_3) \tag{3-2}$$

将原胞沿 $\boldsymbol{a}_1$、$\boldsymbol{a}_2$、$\boldsymbol{a}_3$ 的方向作周期重复，必能填满全部空间而无任何缺漏。

固体物理学只考虑点阵的周期性，选择体积最小的重复单元作为原胞，格点只位于原胞的平行六面体的角顶处，见图 3-2（b）。因此，一个原胞只包含一个格点，原胞的体积就等于一个格点所占的体积。

在晶格中，取一个格点 O 为原点，点 O 到晶格中其他任何一个格点 A 的位置矢量 $\overrightarrow{OA}=\boldsymbol{R}_l$ 称为格矢，

$$\boldsymbol{R}_l=l_1\boldsymbol{a}_1+l_2\boldsymbol{a}_2+l_3\boldsymbol{a}_3 \quad (l_1,l_2,l_3\in\text{整数}) \tag{3-3}$$

显然，只要知道基矢，就能作出原胞，而基矢沿 3 个不共面方向平移，就能得出空间点阵的

全部阵点。

晶体学除计及周期性，还考虑晶格的对称性，所以选取体积尽可能小的重复单元，这样的重复单元称为晶体学原胞（简称晶胞），也称单胞。晶胞中不仅角顶处有格点，在体心或面心也可能有格点。这样，晶胞包含一个格点或多个格点，晶胞的体积或与原胞相等，或为原胞的整数倍，这一整数正是晶胞中所包含的格点数。

把晶胞三个棱边的矢量作为晶胞基矢，记为 ***a***、***b***、***c***，基矢的长度称为晶格常数。按 ***a***、***b***、***c*** 的长度比及相对取向，晶胞分为 7 类，称为 7 个晶系。它们分别是三斜晶系、单斜晶系、正交晶系、四方晶系、六方晶系、三方晶系、立方晶系。有的晶系只有一种布拉维格子，有的晶系包含几种格子，共有 14 种布拉维格子的晶胞，分属七个晶系，如图 3-3 和表 3-1 所示。

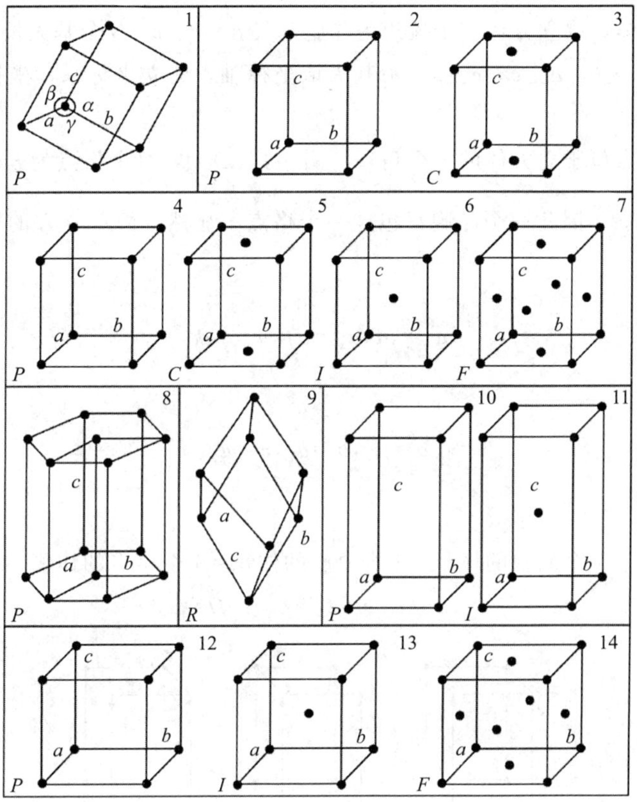

图 3-3　十四种布拉维格子的晶胞

表 3-1　7 大晶系、14 种布拉维格子的晶胞

序号	晶系	基矢长度与夹角关系	布拉维格子晶胞	符号
1	三斜	$a \neq b \neq c$，$\alpha \neq \beta \neq \gamma \neq 90°$	简单三斜（如图 3-3 中 1）	P
2	单斜	$a \neq b \neq c$，$\alpha = \gamma = 90°$，$\beta \neq 90°$	简单单斜（如图 3-3 中 2） 底心单斜（如图 3-3 中 3）	P C
3	正交	$a \neq b \neq c$，$\alpha = \beta = \gamma = 90°$	简单正交（如图 3-3 中 4） 底心正交（如图 3-3 中 5） 体心正交（如图 3-3 中 6） 面心正交（如图 3-3 中 7）	P C I F

续表

序号	晶系	基矢长度与夹角关系	布拉维格子晶胞	符号
4	四方	$a=b\neq c$，$\alpha=\beta=\gamma=90°$	简单四方（如图 3-3 中 10） 体心四方（如图 3-3 中 11）	P I
5	六方	$a=b\neq c$，$\alpha=\beta=90°$，$\gamma=120°$	简单六方（如图 3-3 中 8）	P
6	三方	$a=b=c$，$\alpha=\beta=\gamma\neq 90°$	简单菱形（如图 3-3 中 9）	R
7	立方	$a=b=c$，$\alpha=\beta=\gamma=90°$	简单立方（如图 3-3 中 12） 体心立方（如图 3-3 中 13） 面心立方（如图 3-3 中 14）	P I F

例如立方晶系包含三种布拉维格子：简单立方、体心立方和面心立方（图 3-4）。立方晶系的晶胞是个立方体，取立方体三个棱边为晶胞基矢 $\boldsymbol{a}$、$\boldsymbol{b}$、$\boldsymbol{c}$，3 个基矢长度相等，且互相垂直，即 $a=b=c$，$\boldsymbol{a}\perp\boldsymbol{b}$，$\boldsymbol{b}\perp\boldsymbol{c}$，$\boldsymbol{c}\perp\boldsymbol{a}$。沿基矢取坐标轴，建立坐标系，坐标系的单位矢量为 $\boldsymbol{i}$、$\boldsymbol{j}$、$\boldsymbol{k}$。

简单立方的格点位于立方体的 8 个角顶［图 3-4（a）］，每个格点为 8 个晶胞共有，对一个晶胞的贡献只有$\frac{1}{8}$，因此一个晶胞只包含一个格点。显然，简单立方的原胞和晶胞是一致的。原胞的基矢为

$$\boldsymbol{a}_1=a\boldsymbol{i}, \boldsymbol{a}_2=a\boldsymbol{j}, \boldsymbol{a}_3=a\boldsymbol{k} \tag{3-4}$$

晶胞的基矢为

$$\boldsymbol{a}=\boldsymbol{a}_1, \boldsymbol{b}=\boldsymbol{a}_2, \boldsymbol{c}=\boldsymbol{a}_3 \tag{3-5}$$

并且有

$$\begin{aligned}1\text{ 个晶胞的体积}&=1\text{ 个原胞的体积}=1\text{ 个格点的体积}\\&=\boldsymbol{a}_1\cdot(\boldsymbol{a}_2\times\boldsymbol{a}_3)=\Omega=a^3\end{aligned} \tag{3-6}$$

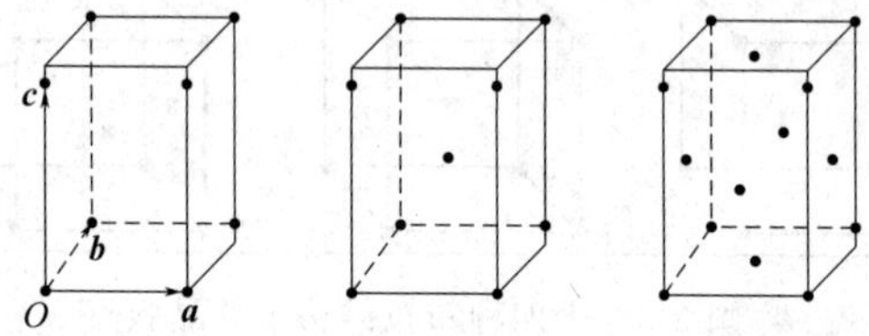

(a) 简单立方　(b) 体心立方　(c) 面心立方

图 3-4　立方晶系的晶胞

体心立方除角顶上有格点，立方体的中心还有一个格点［图 3-4（b）］。一个晶胞包含两个格点，而原胞只含一个格点，因此二者不同。需要指出，角顶和体心的格点的周围情况相同，它们是等价的。

简单立方的原胞按图 3-5（a）的方法选取。

体心立方的原胞按图 3-5（b）的方法选取。按此取法，原胞的基矢为

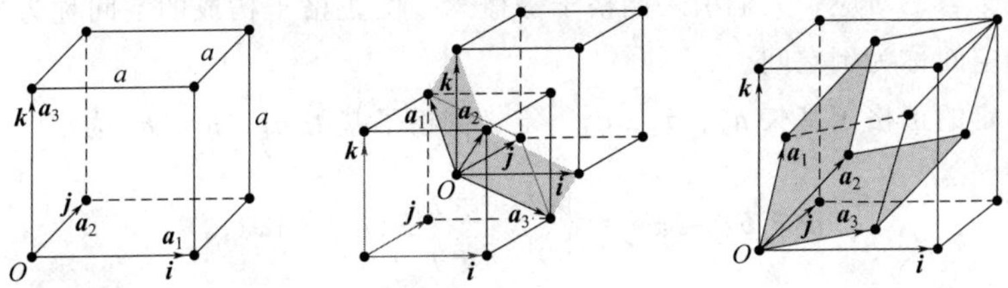

(a) 简单立方晶格　(b) 体心立方晶格　(c) 面心立方晶格

图 3-5　立方晶系固体物理学的原胞选取

$$\left.\begin{aligned} \boldsymbol{a}_1&=\frac{1}{2}(-\boldsymbol{a}+\boldsymbol{b}+\boldsymbol{c})=\frac{a}{2}(-\boldsymbol{i}+\boldsymbol{j}+\boldsymbol{k})\\ \boldsymbol{a}_2&=\frac{1}{2}(\boldsymbol{a}-\boldsymbol{b}+\boldsymbol{c})=\frac{a}{2}(\boldsymbol{i}-\boldsymbol{j}+\boldsymbol{k})\\ \boldsymbol{a}_3&=\frac{1}{2}(\boldsymbol{a}+\boldsymbol{b}-\boldsymbol{c})=\frac{a}{2}(\boldsymbol{i}+\boldsymbol{j}-\boldsymbol{k}) \end{aligned}\right\} \tag{3-7}$$

原胞的体积

$$\Omega=\boldsymbol{a}_1\cdot(\boldsymbol{a}_2\times\boldsymbol{a}_3)=\frac{a^3}{2} \tag{3-8}$$

为晶胞体积之半。

面心立方除角顶处有格点，在立方体 6 个面的中心处还有 6 个格点。面心处的格点和角顶处的格点周围情况相同，是等价格点。面心处的格点为两个相邻晶胞所共有，因此面心立方晶胞具有 4 个格点。

面心立方的原胞选法如图 3-5（c）所示，其基矢为

$$\left.\begin{aligned} \boldsymbol{a}_1&=\frac{1}{2}(\boldsymbol{b}+\boldsymbol{c})=\frac{a}{2}(\boldsymbol{j}+\boldsymbol{k})\\ \boldsymbol{a}_2&=\frac{1}{2}(\boldsymbol{c}+\boldsymbol{a})=\frac{a}{2}(\boldsymbol{k}+\boldsymbol{i})\\ \boldsymbol{a}_3&=\frac{1}{2}(\boldsymbol{a}+\boldsymbol{b})=\frac{a}{2}(\boldsymbol{i}+\boldsymbol{j}) \end{aligned}\right\} \tag{3-9}$$

原胞的体积

$$\Omega=\boldsymbol{a}_1\cdot(\boldsymbol{a}_2\times\boldsymbol{a}_3)=\frac{a^3}{4} \tag{3-10}$$

这是由于面心立方的晶胞包含 4 个格点，而原胞只含 1 个格点。

固体物理学中还采用另一种原胞，称为维格纳-塞茨（Wigner-Seitz）原胞，简称 WS 原胞。它以晶格中某一格点为中心，作其与所有近邻格点连线的垂直平分面，这些平面所围成以该点为中心的凸多面体即为 WS 原胞。WS 原胞既显示了点阵的对称性，又是体积最小的重复单元——只包含 1 个格点。

（3）倒格子

上面给出的晶体点阵或晶格通常称为正格子，相应的格点称为正格点，基矢 $\boldsymbol{a}_1$、$\boldsymbol{a}_2$、$\boldsymbol{a}_3$

为正格子基矢。与之对应，人们引入倒格子等概念。由正格子构成的空间称为坐标空间，由倒格子构成的空间称为倒空间。

对一组给定的正格子基矢 $\boldsymbol{a}_1$、$\boldsymbol{a}_2$、$\boldsymbol{a}_3$，定义倒格子基矢 $\boldsymbol{b}_1$、$\boldsymbol{b}_2$、$\boldsymbol{b}_3$ 为

$$\boldsymbol{a}_i \cdot \boldsymbol{b}_j = 2\pi\delta_{ij} = \begin{cases} 2\pi & i=j \\ 0 & i\neq j \end{cases} \quad (i,j=1,2,3) \tag{3-11}$$

正如正格子基矢在空间平移可构成正格子那样，倒格子基矢 $\boldsymbol{b}_1$、$\boldsymbol{b}_2$、$\boldsymbol{b}_3$ 在三个不共面方向平移，得到一系列格点，称为倒格点。倒格点的全体称为倒易点阵，或倒格子。正格子的格点是周期重复排列的，倒格点在倒格子中也是周期重复排列的，其周期重复的单元称为倒格子原胞，而 $\boldsymbol{b}_1$、$\boldsymbol{b}_2$、$\boldsymbol{b}_3$ 就是倒格子原胞的棱边矢量。倒格子原胞的体积为

$$\Omega^* = \boldsymbol{b}_1 \cdot (\boldsymbol{b}_2 \times \boldsymbol{b}_3) = \frac{(2\pi)^3}{\Omega} \tag{3-12}$$

式中，$\Omega = \boldsymbol{a}_1 \cdot (\boldsymbol{a}_2 \times \boldsymbol{a}_3)$，为正格子原胞的体积。

由式（3-11）可以导出如下关系式

$$\left.\begin{aligned} \boldsymbol{b}_1 &= \frac{2\pi(\boldsymbol{a}_2 \times \boldsymbol{a}_3)}{\Omega} \\ \boldsymbol{b}_2 &= \frac{2\pi(\boldsymbol{a}_3 \times \boldsymbol{a}_1)}{\Omega} \\ \boldsymbol{b}_3 &= \frac{2\pi(\boldsymbol{a}_1 \times \boldsymbol{a}_2)}{\Omega} \end{aligned}\right\} \tag{3-13}$$

每一种布拉维正格子都有一个与之相应的倒格子，每个倒格子都是倒空间里的布拉维格子，因为每个倒格点周围的情况都是相同的。对于 14 种布拉维正格子，利用式（3-13）可求出与之相应的倒格子基矢，从而确定出 14 种倒格子。

简单立方正格子基矢如式（3-4）所示，代入式（3-13），得到简单立方正格子的倒格子基矢为

$$\boldsymbol{b}_1 = \frac{2\pi}{a}\boldsymbol{i}, \boldsymbol{b}_2 = \frac{2\pi}{a}\boldsymbol{j}, \boldsymbol{b}_3 = \frac{2\pi}{a}\boldsymbol{k} \tag{3-14}$$

体心立方正格子基矢由式（3-7）给出，代入式（3-13），得到体心立方正格子的倒格子基矢为

$$\left.\begin{aligned} \boldsymbol{b}_1 &= \frac{2\pi}{a}(\boldsymbol{j}+\boldsymbol{k}) \\ \boldsymbol{b}_2 &= \frac{2\pi}{a}(\boldsymbol{k}+\boldsymbol{i}) \\ \boldsymbol{b}_3 &= \frac{2\pi}{a}(\boldsymbol{i}+\boldsymbol{j}) \end{aligned}\right\} \tag{3-15}$$

面心立方正格子基矢见式（3-9），代入式（3-13），得面心立方正格子的倒格子基矢为

$$
\left.\begin{aligned}
\boldsymbol{b}_1&=\frac{2\pi}{a}(-\boldsymbol{i}+\boldsymbol{j}+\boldsymbol{k})\\
\boldsymbol{b}_2&=\frac{2\pi}{a}(\boldsymbol{i}-\boldsymbol{j}+\boldsymbol{k})\\
\boldsymbol{b}_3&=\frac{2\pi}{a}(\boldsymbol{i}+\boldsymbol{j}-\boldsymbol{k})
\end{aligned}\right\} \tag{3-16}
$$

将式（3-14）～式（3-16）与式（3-4）、式（3-7）及式（3-9）相比较，可见简单立方的倒格子仍是简单立方，而体心立方的倒格子是面心立方，面心立方的倒格子是体心立方。

3.1.2 晶格振动

在上面的讨论中，把组成晶体的原子看成是固定在平衡位置上不动的，称为静止晶格模型。实际晶体中的原子并非如此，而是在平衡位置附近做微小的振动。由于晶体内原子间存在相互作用，所以原子的振动就不是孤立的，一个原子的振动要影响近邻原子，从而以波的形式在晶体内传播，形成所谓格波。因此，晶体可视为一个相互耦合的振动系统。原子热运动相互关联，导致整个系统的运动，称为晶格振动。

晶格振动是晶体中诸原子集体在振动，这是一种复杂的物理现象。通常认为固体中原子的振动很微弱，以至可以近似地认为原子的振动为简谐振动，这种近似称为简谐近似。

晶格振动存在着各种频率 ω_i，在简谐近似下可以证明：若三维晶格有 N 个原胞，每一个原胞中有 p 个原子，则这种晶体的晶格振动频率的数目为 $3pN$ 个。由于振动以格波形式在晶体中传播，一种振动频率对应一个格波，因此晶体中共有 $3pN$ 个格波。

由简谐近似可以导出：频率为 ω_i 的格波等价于一个频率为 ω_i 的谐振子。谐振子示意见图 3-6。将一个质量可忽略不计的弹簧左端固定，右端系一质量为 m 的物体，物体可在光滑的水平面上运动，平衡位置为 O。将物体从平衡位置向左或向右略加移动，然后放开，物体将在弹簧的弹性力作用下来回振动。由于摩擦损失忽略不计，物体将以一定频率 ω_i 一直运动下去。

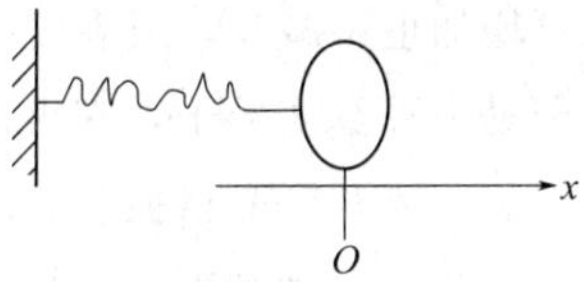

图 3-6 谐振子示意

物体的势能为

$$
V=\frac{1}{2}m\omega_i^2x^2 \tag{3-17}
$$

而动能为

$$
T=\frac{1}{2}mv^2=\frac{1}{2}m\left(\frac{\mathrm{d}x}{\mathrm{d}t}\right)^2=\frac{p^2}{2m} \tag{3-18}
$$

式中，动量 $p=m\dfrac{\mathrm{d}x}{\mathrm{d}t}$。谐振子的哈密顿量

$$
H=T+V=\frac{p^2}{2m}+\frac{1}{2}m\omega_i^2x^2 \tag{3-19}
$$

哈密顿算符

$$\hat{H}=-\frac{\hbar^2}{2m}\times\frac{\mathrm{d}^2}{\mathrm{d}x^2}+\frac{1}{2}m\omega_i^2x^2 \tag{3-20}$$

谐振子系统的薛定谔方程为

$$\left(-\frac{\hbar^2}{2m}\times\frac{\mathrm{d}^2}{\mathrm{d}x^2}+\frac{1}{2}m\omega_i^2x^2\right)\Psi(x)=E_i\Psi(x) \tag{3-21}$$

求解这个方程，得到能量本征值

$$E_i=\left(n_i+\frac{1}{2}\right)\hbar\omega_i \qquad (n_i=0,1,2,\cdots) \tag{3-22}$$

这是频率为 ω_i 的一个谐振子能量。既然频率为 ω_i 的格波等价于一个频率为 ω_i 的谐振子，而晶格中共有 $3pN$ 个格波，那么晶格振动总能量应为

$$E=\sum_i^{3pN}E_i=\sum_i^{3pN}(n_i+\frac{1}{2})\hbar\omega_i \tag{3-23}$$

式（3-23）表明晶格振动的能量是量子化的，其能量的量子称为声子。频率为 ω_i 的格波一个声子为$\hbar\omega_i$。声子可看作粒子，对频率为 ω、波矢为 $\boldsymbol{q}$ 的声子，其能量 E 和动量 $\boldsymbol{p}$ 为

$$\left.\begin{aligned}E&=\hbar\omega\\ \boldsymbol{p}&=\hbar\boldsymbol{q}\end{aligned}\right\} \tag{3-24}$$

声子是不可分辨的，但不受泡利不相容原理限制，因此声子属于玻色子。然而，必须注意声子不是真实的粒子，只是一种准粒子，它是晶格原子集体运动形成的格波的能量变化单元，可增加也可减少，或者说声子数不守恒，可随时产生也可随时湮灭。光子也是玻色子，但光子是一种真实粒子，它可以在真空中存在。但声子不能脱离固体单独存在，更不能跑到真空中去，离开了晶格振动系统，也就无所谓声子。

晶格振动和声子的概念在固体物理学中有着广泛的应用，但在下面讨论能带理论时，为使问题简单，仍采用静止晶格模型，即认为原子固定在平衡位置上不动。

3.1.3 周期势场中的电子

首先假定晶体是无限大的，内部没有晶界、杂质、缺陷等不完整结构，离子静止在格点上的所谓理想晶体。因为离子在空间是规则、周期排列的，因此，认为在晶体中运动的电子势能 $V(\boldsymbol{r})$ 仍保持晶格周期性是合理的，即

$$V(\boldsymbol{r})=V(\boldsymbol{r}+\boldsymbol{R}_l) \tag{3-25}$$

式中，$\boldsymbol{R}_l$ 为正格矢。对于一维晶体，势能的周期性可表示为

$$V(x)=V(x+na)\,(n\in\text{整数}) \tag{3-26}$$

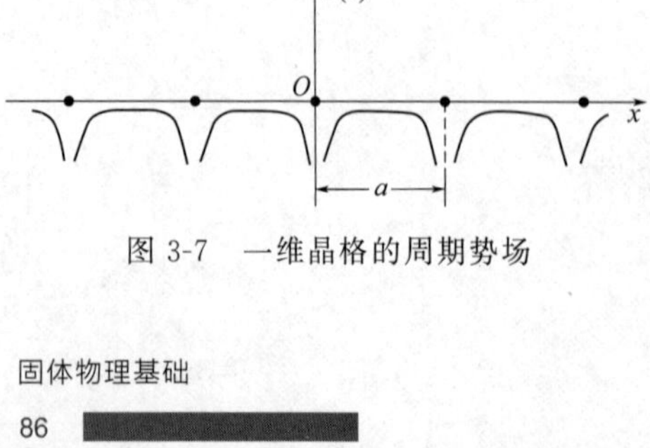

图 3-7　一维晶格的周期势场

式中，a 为离子间距。一维晶格的周期势场如图 3-7 所示。

孤立原子中的电子受原子核的束缚，绕核运动，故称为原子束缚态电子。通过求解原子的薛

定谔方程，得到孤立原子中的电子能量是一系列分立的能级。当原子组成晶体时，彼此靠得很近，波函数发生交叠，一个原子中的电子受相邻原子的作用，可以从一个原子转移到相邻原子上，从而可以在整个晶体上运动，这种运动被称为共有化运动。做共有化运动的电子不再束缚于某个原子，而为晶体中的原子所共有，称为共有化电子。显然，原子外层电子的波函数交叠较大，共有化较为显著。价电子在原子最外层，共有化最显著，同时价电子离核远，感受到核势场的周期起伏小，如果忽略周期起伏，认为价电子在恒定势场中运动，这就是自由电子近似，自由电子的能量是在 $0\sim+\infty$ 范围内准连续分布的。

晶体中的电子与原子束缚态电子不同，也和自由电子不同。它既具有从一个原子过渡到另一个原子的共有化运动的特点，也具有在一个原子附近运动的特点。晶体电子运动的这个特点必定要在其状态波函数上反映出来。布洛赫证明：在晶格周期性势场中运动的电子，其波函数必定是按晶格周期函数调幅的平面波，称为布洛赫定理。

就一维晶格而言，势能为式（3-26）的形式。在周期场 $V(x)$ 中运动的电子波函数形式为

$$\Psi_k(x)=u_k(x)\mathrm{e}^{\mathrm{i}kx} \tag{3-27}$$

式中，$u_k(x)$ 是一个具有晶格周期性的函数，有

$$u_k(x)=u_k(x+na) \tag{3-28}$$

由平面波 $\mathrm{e}^{\mathrm{i}kx}$ 与晶格周期函数 $u_k(x)$ 相乘的调幅平面波称为布洛赫波，形式如式（3-27）的函数称为布洛赫函数。布洛赫函数中 $u_k(x)$ 若为常数，那么便过渡到自由电子平面波形式的波函数，因此因子 $\mathrm{e}^{\mathrm{i}kx}$ 表明，晶体中电子如同自由电子一样，可以在整个晶体内做共有化运动，而不束缚于某个原子。$u_k(x)$ 是布洛赫波的振幅，它以晶格相同的周期随 x 周期性变化，所以晶体中的电子以一个被调幅的平面波在晶体中传播。因此，周期函数的因子 $u_k(x)$ 描述了电子绕原胞的运动。由于晶体在空间存在周期性，晶体中做共有化运动的电子从一个原胞运动到另一个原胞，其状态随之周期性变化。例如，在晶体中，各点找到电子的概率密度也具有晶格的周期性，即

$$|\Psi_k(x)|^2=|u_k(x)|^2=|u_k(x+na)|^2=|\Psi_k(x+na)|^2 \tag{3-29}$$

而由式（3-29）可知，在空间各点找到自由电子是等概率的，这是由于自由电子理论没有考虑周期性势场的影响。

三维布洛赫函数的形式为

$$\Psi_k(\boldsymbol{r})=u_k(\boldsymbol{r})\mathrm{e}^{\mathrm{i}\boldsymbol{k}\cdot\boldsymbol{r}} \tag{3-30}$$

其中

$$u_k(\boldsymbol{r})=u_k(\boldsymbol{r}+\boldsymbol{R}_l) \tag{3-31}$$

式中，$\boldsymbol{R}_l$ 为正格矢。显然，$u_k(\boldsymbol{r})$ 与式（3-25）表示的晶格势场 $V(\boldsymbol{r})$ 有相同的周期性。

晶体中电子的能量取值既不像原子束缚态电子那样形成分立的能级，也不像自由电子的能量在 $0\sim+\infty$ 内准连续分布，而是由在一定能量范围内准连续分布的能级组成的能带，两个相邻能带之间存在禁带，所以研究周期场中电子运动状态的理论称为能带理论。

布洛赫定理只给出了周期场中电子波函数的一般性质，然而，要得到晶体中电子的波函

数 $\Psi_k(\boldsymbol{r})$ 及能量 E 和波矢 $\boldsymbol{k}$ 的关系，进而阐明晶体的各种物理性质，就必须求解周期场中电子的薛定谔方程，这需要给出晶格势场 $V(\boldsymbol{r})$ 的具体形式，但这是非常困难的。能带理论常采用简化的模型势来代替晶格能 $V(\boldsymbol{r})$，进行能带近似计算。下面给出两种常用近似，即近自由电子近似和紧束缚近似，从中得到能带理论的重要基本概念和结论。

3.2 近自由电子近似

3.2.1 非简并情况

为了简单起见，讨论一维情况。设一维晶格有 N 个原胞，线度 $L=Na$，a 是晶格周期，即基矢的长度。晶格势场 V 的图像如图 3-7 所示。在周期势场 $V(x)$ 中运动的单电子薛定谔方程为

$$\left[-\frac{\hbar^2}{2m}\times\frac{\mathrm{d}^2}{\mathrm{d}x^2}+V(x)\right]\Psi(x)=E\Psi(x) \tag{3-32}$$

其中，电子势能是周期函数

$$V(x)=V(x+na)(n\in\text{整数}) \tag{3-33}$$

可用傅里叶级数展开

$$V(x)=V_0+\sum_n{}'V_n\mathrm{e}^{\mathrm{i}\frac{2\pi}{a}nx}=V_0+\Delta V \tag{3-34}$$

式中，$\sum\limits_n{}'$ 表示累加时不包括 $n=0$ 的项。傅里叶级数展开式的系数

$$\left.\begin{aligned}V_0&=\frac{1}{a}\int_{-\frac{a}{2}}^{\frac{a}{2}}V(x)\mathrm{d}(x)=\overline{V}\\V_n&=\frac{1}{a}\int_{-\frac{a}{2}}^{\frac{a}{2}}V(x)\mathrm{e}^{-\mathrm{i}\frac{2\pi}{a}nx}\mathrm{d}x\end{aligned}\right\} \tag{3-35}$$

这里，$V_0=\overline{V}$ 是势能的平均值，$\Delta V=\sum\limits_n{}'V_n\mathrm{e}^{\mathrm{i}\frac{2\pi}{a}nx}$ 是势能随坐标周期变化的部分。因势能 $V(x)$ 为实数，则有 $V_n^*=V_{-n}$。近自由电子模型认为，晶体电子基本上在一个恒定势场 V_0 中运动，势能的周期变化 ΔV 相对 V_0 很小，可以看作微扰，即

$$V_0\gg\Delta V$$

按照微扰理论，哈密顿算符写成

$$\hat{H}=-\frac{\hbar^2}{2m}\times\frac{\mathrm{d}^2}{\mathrm{d}x^2}+V_0+\Delta V=\hat{H}_0+\hat{H}' \tag{3-36}$$

式中，

$$\hat{H}_0=-\frac{\hbar^2}{2m}\times\frac{\mathrm{d}^2}{\mathrm{d}x^2}+V_0 \tag{3-37}$$

是零级哈密顿算符，而

$$\hat{H}' = \Delta V = \sum_n{}' V_n e^{i\frac{2\pi}{a}nx} \tag{3-38}$$

是微扰。零级方程

$$\left(-\frac{\hbar^2}{2m}\times\frac{d^2}{dx^2}+V_0\right)\Psi^{(0)}(x)=E^{(0)}\Psi^{(0)}(x)$$

就是在恒定势场 V_0 中运动的自由电子薛定谔方程。选取势能零点，使 $V_0=0$，在前文已讨论过方程

$$-\frac{\hbar^2}{2m}\times\frac{d^2}{dx^2}\Psi^{(0)}(x)=E^{(0)}\Psi^{(0)}(x) \tag{3-39}$$

已求出它的解。

$$\left.\begin{array}{ll}\text{电子的零级近似能量} & E_k^{(0)}=\dfrac{\hbar^2k^2}{2m}\\ \text{零级近似波函数} & \Psi_k^{(0)}=\dfrac{1}{\sqrt{L}}e^{ikx}\\ \text{其中,波失} & k=\dfrac{2\pi}{L}l(l\in\text{整数})\end{array}\right\} \tag{3-40}$$

晶体中电子的能量和波函数受微扰$\hat{H}'$的影响，由微扰理论，可分别写成

$$\left.\begin{array}{l}E_k=E_k^{(0)}+E_k^{(1)}+E_k^{(2)}+\cdots\\ \Psi_k=\Psi_k^{(0)}+\Psi_k^{(1)}+\Psi_k^{(2)}+\cdots\end{array}\right\} \tag{3-41}$$

下面用微扰方法来计算能量和波函数的修正值。首先计算能量的一级修正

$$\begin{aligned}E_k^{(1)}&=H'_{kk}=\langle k\mid\Delta V\mid k\rangle=\int_0^L\Psi_k^{(0)^*}(x)H'\Psi_k^{(0)}(x)dx\\ &=\sum_n{}'\frac{V_n}{L}\int_0^L e^{i\frac{2\pi}{a}nx}dx=0\end{aligned} \tag{3-42}$$

即能量的一级修正值为 0，故必须进一步计算能量的二级修正

$$E_k^{(2)}=\sum_k{}'\frac{|H'_{kk'}|^2}{E_k^0-E_{k'}^0}$$

其中求和号不包括 $k'=k$ 的项，而式中微扰矩阵元 $H'_{kk'}$ 可按式（3-43）计算

$$H'_{kk'}=\langle k\mid\Delta V\mid k'\rangle=\int_0^L\Psi_k^{(0)^*}\hat{H}'\Psi_{k'}^{(0)}dx=\frac{1}{L}\int_0^L\sum_n{}'V_n e^{i(k'-k+\frac{2\pi}{a}n)x}dx \tag{3-43}$$

可以证明

$$H'_{kk'}=\begin{cases}V_n, & k'=k-\dfrac{2\pi}{a}n\\ 0, & k'\neq k-\dfrac{2\pi}{a}n\end{cases} \tag{3-44}$$

因此，在周期势场的情况下，当计入能量的二级修正后，晶体中电子的能量本征值为

$$E_k=E_k^{(0)}+E_k^{(1)}+E_k^{(2)}=\frac{\hbar^2k^2}{2m}+\sum_n{}'\frac{|V_n|^2}{\dfrac{\hbar^2k^2}{2m}-\dfrac{\hbar^2}{2m}\left(k-\dfrac{2\pi}{a}n\right)^2} \tag{3-45}$$

据微扰理论，本征函数取一级修正

$$\Psi_k(x)=\Psi_k^{(0)}(x)+\Psi_k^{(1)}(x)=\Psi_k^{(0)}(x)+\sum_{k'}{}'\frac{H'_{kk'}}{E_k^{(0)}-E_{k'}^{(0)}}\Psi_{k'}^{(0)}(x)$$

其中 $$H'_{kk'}=\langle k\mid\Delta V\mid k'\rangle=\int_0^L\Psi_{k'}^{(0)*}\ \hat{H}'\Psi_k^{(0)}\mathrm{d}x=\int_0^L(\hat{H}'\Psi_{k'}^{(0)})^*\Psi_k^{(0)}\mathrm{d}x$$

$$=\frac{1}{L}\int_0^L\sum_n{}'V_n^*\,\mathrm{e}^{-\mathrm{i}(k'-k+\frac{2\pi}{a}n)x\,\mathrm{d}x}=V_n^*\quad\left(k'=k-\frac{2\pi}{a}n'\right)$$

于是电子波函数为

$$\Psi_k(x)=\frac{1}{\sqrt{L}}\mathrm{e}^{\mathrm{i}kx}\left[1+\sum_n{}'\frac{V_n^*\,\mathrm{e}^{-\mathrm{i}\frac{2\pi n}{a}x}}{\dfrac{\hbar^2k^2}{2m}-\dfrac{\hbar^2}{2m}\left(k-\dfrac{2\pi}{a}n\right)^2}\right]=\frac{1}{\sqrt{L}}\mathrm{e}^{\mathrm{i}kx}u(x) \tag{3-46}$$

据布洛赫定理，在周期势场中运动的单电子波函数应是调幅平面波，其振幅部分 $u(x)$ 是晶格的周期函数，在式（3-46）中，由于

$$u(x+ma)=1+\sum_n{}'\frac{V_n^*\,\mathrm{e}^{-\mathrm{i}\frac{2\pi n}{a}(x+ma)}}{\dfrac{\hbar^2k^2}{2m}-\dfrac{\hbar^2}{2m}\left(k-\dfrac{2\pi}{a}n\right)^2}=u(x) \tag{3-47}$$

$u(x)$ 确是晶格的周期函数，满足布洛赫定理，故由微扰法得到的近似波函数确为此周期场中的单电子波函数。这种波函数由两部分叠加而成，第一部分是波矢为 $\boldsymbol{k}$ 的平面波 $\frac{1}{\sqrt{L}}\mathrm{e}^{\mathrm{i}kx}$，第二部分是该平面波受到周期场作用而产生的散射波，各散射波的振幅为

$$\frac{V_n^*}{E_k^{(0)}-E_{k'}^{(0)}}=\frac{V_n^*}{\dfrac{\hbar^2k^2}{2m}-\dfrac{\hbar^2}{2m}\left(k-\dfrac{2\pi}{a}n\right)^2} \tag{3-48}$$

微扰理论要求修正项应远小于零级项，故式（3-48）应很小，这要求：

① V_n^* 很小，故只适用于弱周期场的情况；②能量差 $E_k^{(0)}-E_{k'}^{(0)}$ 应较大。此时，各原子所产生的散射波的相位之间没有什么关系，彼此相互削弱，故散射波中各成分的振幅较小，周期场对前进的平面波影响不大，这时晶体中电子的状态与自由电子很相似。由式（3-45）可以看出，此时晶体电子的能量 E_k 与自由电子的能量 $E_k^{(0)}$ 几乎无多大差别，能量 E_k 和波矢 $\boldsymbol{k}$ 的关系基本与自由电子的抛物线关系相同。

3.2.2 简并微扰的情况

上述微扰理论的要求并不总能满足，即使 V_n^* 很小，但如果 $E_k^{(0)}-E_{k'}^{(0)}$ 很小，特别当 $k=$

$n\pi/a$ 时，应有 $k'=-n\pi/a$，$E_k^{(0)}=E_{k'}^{(0)}$，会导致 Ψ_k 及 E_k 发散的结果，上述微扰计算就不再适用。从量子力学可知，此时一个能量对应两个状态，是简并态的情况，必须用简并微扰来处理。这时，零级近似波函数将不是 $\Psi_k^{(0)}$ 或 $\Psi_{k'}^{(0)}$，而是两者的线性组合。对于接近 $n\pi/a$ 的 k 态，可记为

$$k=\frac{n\pi}{a}(1+\Delta),\Delta\ll 1$$

而 k' 态则写成

$$k'=k-\frac{2\pi}{a}n=-\frac{n\pi}{a}(1-\Delta)$$

而应将零级波函数写成

$$\Psi^0=A\Psi_k^{(0)}+B\Psi_{k'}^{(0)}=A\ \frac{1}{\sqrt{L}}e^{ikx}+B\ \frac{1}{\sqrt{L}}e^{ik'x} \tag{3-49}$$

对比非简并微扰法，此时影响最大的 k' 状态已不再是微扰项，而被包括在零级波函数中，其他态的次要影响则忽略。式（3-49）中 A、B 为组合系数。

将式（3-49）代入薛定谔方程

$$\left[-\frac{\hbar^2}{2m}\times\frac{d^2}{dx^2}+V(x)\right]\Psi^{(0)}=E^{(0)}\Psi^{(0)} \tag{3-50}$$

利用式（3-49）得到

$$A(E_k^{(0)}-E+\Delta V)\Psi_k^{(0)}(x)+B(E_{k'}^{(0)}-E+\Delta V)\Psi_{k'}^{(0)}(x)=0 \tag{3-51}$$

分别从左边乘上 $\Psi_k^{(0)*}$ 或 $\Psi_{k'}^{(0)*}$，然后对 dx 积分，并考虑到

$$\langle k|\Delta V|k\rangle=\langle k'|\Delta V|k'\rangle=0 \tag{3-52}$$

$$\langle k'|\Delta V|k\rangle=\langle k|\Delta V|k'\rangle^*=V_n^* \tag{3-53}$$

得到两个线性代数方程式

$$\begin{cases}(E-E_k^{(0)})A-V_nB=0\\-V_n^*A+(E-E_{k'}^{(0)})B=0\end{cases} \tag{3-54}$$

要使 A 及 B 有非零解，必须满足条件

$$\begin{vmatrix}E-E_k^{(0)} & -V_n\\ -V_n^* & E-E_{k'}^{(0)}\end{vmatrix}=0 \tag{3-55}$$

即

$$(E-E_k^{(0)})(E-E_{k'}^{(0)})-|V_n|^2=0 \tag{3-56}$$

由此解出能量本征值为

$$E=\frac{1}{2}\left\{E_k^{(0)}+E_{k'}^{(0)}\pm\sqrt{(E_k^{(0)}-E_{k'}^{(0)})^2+4|V_n|^2}\right\}$$

$$=\frac{\hbar^2}{2m}\left(\frac{n\pi}{a}\right)^2(1+\Delta^2)\pm\sqrt{|V_n|^2+4\Delta^2\left[\frac{\hbar^2}{2m}\left(\frac{n\pi}{a}\right)^2\right]^2} \tag{3-57}$$

或

$$E=E_{\pm}=T_n(1+\Delta^2)\pm\sqrt{|V_n|^2+4\Delta^2 T_n^2} \tag{3-58}$$

式中，$T_n=\frac{\hbar^2}{2m}\left(\frac{n\pi}{a}\right)^2$，代表自由电子在 $k=\frac{n\pi}{a}$ 状态下的动能。

下面分别讨论两种情况。

（1） Δ= 0的情形

当 $\Delta=0$ 时，$k=\frac{n\pi}{a}$，$k'=-\frac{n\pi}{a}$，$E_k^{(0)}=E_{k'}^{(0)}=T_n$，式（3-58）变为

$$E_{\pm}=T_n\pm|V_n| \tag{3-59}$$

即原来能量都等于 T_n 的两个状态，$k=\frac{n\pi}{a}$ 以及 $k'=-\frac{n\pi}{a}$，由于波的相互作用很强，变成两个能量不同的状态，一个状态能量是 $E_-=T_n-|V_n|$，低于动能；另一个状态能量是 $E_+=T_n+|V_n|$，高于动能。两个能量的差为禁带宽度

$$E_g=2|V_n| \tag{3-60}$$

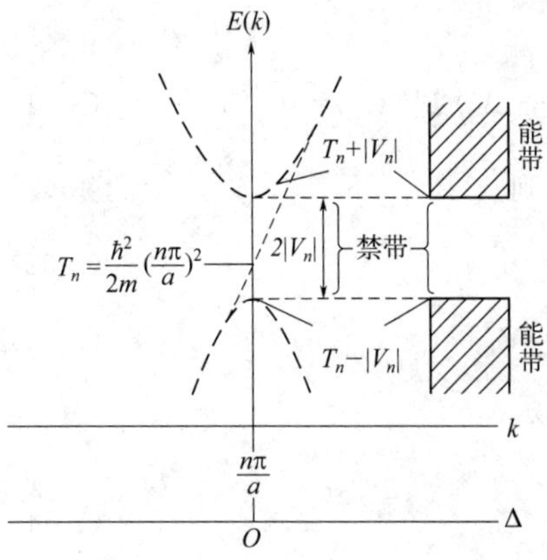

图 3-8 $k=\frac{n\pi}{a}$ 附近的 $E(k)$ 曲线

即禁带发生在波矢 $k=\frac{n\pi}{a}$ 及 $k'=-\frac{n\pi}{a}$ 处，且禁带宽度等于周期势能的展开式中，波矢为 $k_n=n\frac{2\pi}{a}$ 的傅里叶分量 V_n 的绝对值的两倍。这种断开使准连续的自由电子能谱出现能隙，在能隙范围内没有许可的电子态，自由电子准连续能级分隔成一系列的能带，如图 3-8 所示。

对于 E_+ 的能级，相应的波函数为

$$\Psi_+=\sqrt{\frac{2}{L}}\,\mathrm{i}\sin\frac{n\pi}{a}x \tag{3-61}$$

与能级 E_+ 相应的波函数为

$$\Psi_-=\sqrt{\frac{2}{L}}\,\mathrm{i}\cos\frac{n\pi}{a}x \tag{3-62}$$

显然，Ψ_+ 和 Ψ_- 都代表驻波。这是因为波矢 $k=\frac{n\pi}{a}$ 的电子波的波长

$$\lambda=\frac{2\pi}{k}=\frac{2a}{n}$$

正好满足布拉格（Bragg）反射条件

$$2a\sin\theta=n\lambda \tag{3-63}$$

在正入射（$\theta=90°$）的情况下，这种入射波在两个相邻原子上的散射波会有相同的相位，它们将互相加强。由于晶体内原子数目极大，各原子上的散射波叠加起来形成的反射波强度与入射波相当，并同入射波干涉，形成驻波。选取某个原子为坐标原点，图 3-9 给出了两个驻波 Ψ_+ 和 Ψ_- 以及行波 $\Psi_k^{(0)}$ 的电子概率密度分布。处于行波态 $\Psi_k^{(0)}$ 的自由电子，在晶体内各点是等概率出现的，对应能级 T_n。波函数 Ψ_- 的电子聚集在离子实附近，该处势能较低，Ψ_- 状态对应较低的能级 $E_-=T_n-|V_n|$；波函数 Ψ_+ 的电子聚集在离子实之间，即离开离子实，该处势能较高，Ψ_+ 状态对应较高的能级 $E_+=T_n+|V_n|$。因同一个 $k=\dfrac{n\pi}{a}$ 对应两个能级 E_- 和 E_+，故在 $E_-\sim E_+$ 区间，产生禁带。

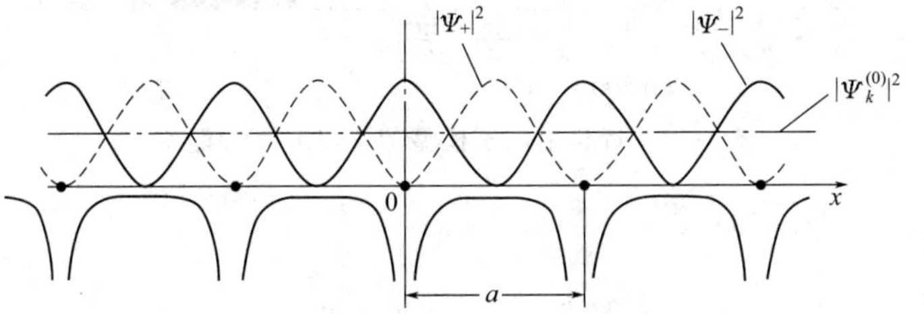

图 3-9　Ψ_+ 和 Ψ_- 以及行波 $\Psi_k^{(0)}$ 的电子概率密度分布

（2） $\Delta\neq0$ 的情形

认为 $\Delta\approx0$，是小量，假定 $T_n\Delta\ll|V_n|<T_n$，则式（3-58）中后一项

$$\left(|V_n|^2+4T_n^2\Delta^2\right]^{\frac{1}{2}}\approx|V_n|+\frac{2T_n^2}{|V_n|}\Delta^2$$

得到

$$E_k^+=(T_n+|V_n|)+T_n\left(1+\frac{2T_n}{|V_n|}\right)\Delta^2 \tag{3-64}$$

$$E_k^-=(T_n-|V_n|)-T_n\left(\frac{2T_n}{|V_n|}-1\right)\Delta^2 \tag{3-65}$$

式（3-64）说明，在禁带之上的一个能带底部，能量 E_k^+ 随相对波矢 Δ 的变化关系为向上开口的抛物线；式（3-65）表明，在禁带之下的一个能带顶部，能量 E_k^- 随相对波矢 Δ 的变化关系则是向下开口的抛物线，如图 3-8 所示。

综上所述，自由电子的 E-k 关系是抛物线形式（见图 2-1）。晶体中的电子受周期场的影响，在波矢

$$k=\pm\frac{\pi}{a},\pm\frac{2\pi}{a},\pm\frac{3\pi}{a},\cdots$$

外能量发生一个跃变，产生宽度依次为 $2|V_1|$、$2|V_2|$、$2|V_3|$、…的禁带。波矢接近上述点的电子，其 E-k 关曲线偏离了自由电子的抛物线关系；对于波矢离这些点较远的电子，其行为同自由电子相似，$E(k)$ 具有抛物线形式。图 3-10 定性地描述了上述结果。

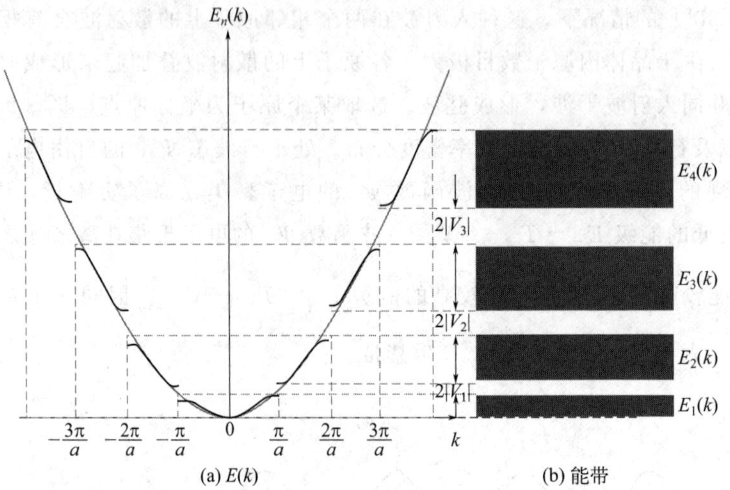

图 3-10　近自由电子模型的 $E(k)$ 图和能带

从图 3-10（a）可以看出，当

$$k=\frac{n\pi}{a}\quad (n=\pm 1,\pm 2,\cdots) \tag{3-66}$$

时，能量出现不连续。因此，能量不连续的点把 $\boldsymbol{k}$ 空间（一维就是 $\boldsymbol{k}$ 轴）分成许多区域，这些区域称为布里渊区，这些能量不连续的点构成布里渊区的边界，而式（3-66）就是布里渊区的边界方程。布里渊区边界位于 $k=\pm\frac{\pi}{a}$，$\pm\frac{2\pi}{a}$，$\pm\frac{3\pi}{a}$，…波矢介于 $-\frac{\pi}{a}\sim\frac{\pi}{a}$ 之间的区域称为第一布里渊区；波矢介于 $-\frac{2\pi}{a}\sim-\frac{\pi}{a}$ 以及 $\frac{\pi}{a}\sim\frac{2\pi}{a}$ 之间的区域称为第二布里渊区；余者类推。在同一个布里渊区内，电子的能级 $E(k)$ 随 k 准连续变化，在边界处发生突变。因此，属于同一个布里渊区内的电子能级构成一个能带。不同的布里渊区对应不同的能带，图 3-10（b）给出的 $E_1(k)$，$E_2(k)$，…，$E_n(k)$ 分别称为能带 1、能带 2、…、能带 n（n 是能带编号）。尽管各个布里渊区形状有差异，但它们在 $\boldsymbol{k}$ 空间占的线度都是 $\frac{2\pi}{a}$。每个波矢 $\boldsymbol{k}$ 在 $\boldsymbol{k}$ 空间占有的线度是 $\frac{2\pi}{L}=\frac{2\pi}{Na}$。因而每个布里渊区中含有 $\frac{\frac{2\pi}{a}}{\frac{2\pi}{Na}}=N$ 个波矢。每个布里渊区对应一个能带，每个波矢 $\boldsymbol{k}$ 对应一个能级，所以每个能带都包含 N 个能级。如果考虑自旋，每个能带可以容纳 $2N$ 个电子。这里，N 是晶格的原胞数。

一维布里渊区的许多性质可以直接推广到三维布里渊区，例如，布里渊区内能量准连续变化，边界上能量出现突变；尽管属于同一晶格的各布里渊区形状不同，但它们的体积都相同，都等于倒格子原胞体积；各布里渊区包含的波矢 $\boldsymbol{k}$ 数目都等于晶格中的原胞数，每个布里渊区对应一个能带，每个波矢 $\boldsymbol{k}$ 对应一个能级。

三维和一维情况有一个重要的区别，即有可能发生能带之间的交叠，不一定存在禁带。在一维布里渊区，$\boldsymbol{k}$ 只能沿 $\boldsymbol{k}$ 轴一个方向变化，因为布里渊区边界对应着能隙，所以两个能带之间一定存在禁带。在三维布里渊区，$\boldsymbol{k}$ 可以沿不同方向变化，如图 3-11（a）所示，$\boldsymbol{k}$ 分别沿 OA 和 OC 两个方向变化。但 $\boldsymbol{k}$ 沿不同方向趋向布里渊区边界时，相应的 $E(k)$ 曲线是不同的，如图 3-11（b）和（c）所示。这样，尽管在布里渊区边界上存在能隙，但在不同方向上能隙的间断范围不同，从而有可能发生能带交叠，在能带 1 和能带 2 之间不存在禁带，如图 3-11（d）所示。

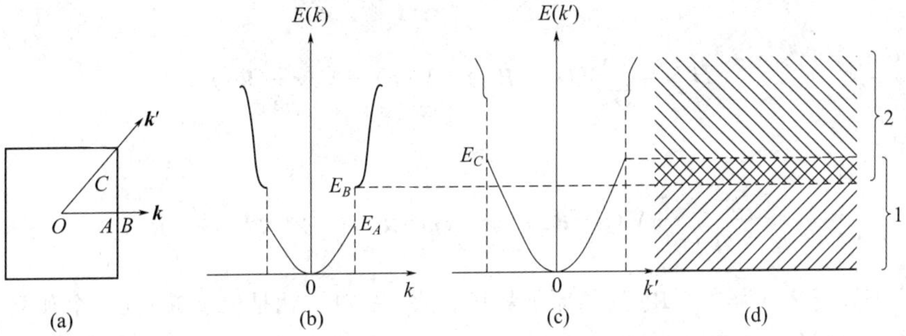

图 3-11　能带间的交叠

3.3 紧束缚近似

近自由电子近似认为晶格势场随着位置的周期起伏很小，电子基本上在一个恒定的势场中运动，行为类似于自由电子。这个模型适合于价电子是近似自由的情况，例如，碱金属和铜、银、金的 s 电子。对于绝缘体及过渡金属的 d 电子，原子间距较大或处于原子内层，晶格周期势场变化剧烈，近自由电子近似显然不合适，而采用紧束缚近似较为适宜。在紧束缚模型中，认为电子运动到某个离子实附近时，受到这个离子势场的强烈束缚，其他离子实对该电子的作用很小，可以看成微扰，这样，在离子实附近，晶体电子的行为与孤立原子中电子近似。

为了简便，设晶体由 N 个相同的原子组成，并构成简单晶格。晶体中位于 $\boldsymbol{r}$ 处的电子势能为 N 个离子作用势能总和

$$V(\boldsymbol{r})=\sum_{m}V(\boldsymbol{r}-\boldsymbol{R}_m)\tag{3-67}$$

式中，$\boldsymbol{R}_m$ 为正格矢；$V(\boldsymbol{r}-\boldsymbol{R}_m)$ 代表位于格点 $\boldsymbol{R}_m$ 处的离子实对 $\boldsymbol{r}$ 处电子的作用势能。当电子运动到位于格点 $\boldsymbol{R}_n$ 处的离子实附近时，按紧束缚模型，电子主要受到 $\boldsymbol{R}_n$ 处离子势场的作用，受其他离子的影响很小，可以看作微扰，即

$$V(\boldsymbol{r})=V(\boldsymbol{r}-\boldsymbol{R}_n)+\sum_{m\neq n}V(\boldsymbol{r}-\boldsymbol{R}_m)\tag{3-68}$$

晶体中电子的薛定谔方程为

$$\hat{H}\,\Psi(\boldsymbol{r})=E\Psi(\boldsymbol{r})\tag{3-69}$$

式中，晶体电子的哈密顿算符

$$\hat{H}=-\frac{\hbar^2}{2m}\nabla^2+V(\boldsymbol{r})=-\frac{\hbar^2}{2m}\nabla^2+V(\boldsymbol{r}-\boldsymbol{R}_n)+\sum_{m\neq n}V(\boldsymbol{r}-\boldsymbol{R}_m)=\hat{H}_0+\hat{H}' \tag{3-70}$$

其中，零级哈密顿算符

$$\hat{H}_0=-\frac{\hbar^2}{2m}\nabla^2+V(\boldsymbol{r}-\boldsymbol{R}_n)$$

微扰

$$\hat{H}'=\sum_{m\neq n}V(\boldsymbol{r}-\boldsymbol{R}_m)=V(\boldsymbol{r})-V(\boldsymbol{r}-\boldsymbol{R}_n)$$

而零级方程

$$\left[-\frac{\hbar^2}{2m}\nabla^2+V(\boldsymbol{r}-\boldsymbol{R}_n)\right]\Psi^{(0)}(\boldsymbol{r}-\boldsymbol{R}_n)=E^{(0)}\Psi^{(0)}(\boldsymbol{r}-\boldsymbol{R}_n) \tag{3-71}$$

式中，$V(\boldsymbol{r}-\boldsymbol{R}_n)$为格点$\boldsymbol{R}_n$处的原子势场。式（3-71）就是位于$\boldsymbol{R}_n$处一个孤立原子的薛定谔方程，在量子力学中已经求出其解。这样，由方程式（3-71）求出的零级近似波函数$\Psi^{(0)}(\boldsymbol{r}-\boldsymbol{R}_n)$就是孤立原子的原子轨道$\Psi_\alpha^{\mathrm{at}}(\boldsymbol{r})$，零级近似能量$E^{(0)}$就是对应于$\Psi_\alpha^{\mathrm{at}}(\boldsymbol{r})$的原子中的电子能级$E_\alpha$，其中$\alpha$代表量子数。因此，可以用微扰理论计算晶体电子的薛定谔方程式(3-69)。

对于由N个相同原子组成的晶体，环绕N个不同的格点，将有N个类似的波函数，它们具有相同的能量，也就是说是N重简并的。这种处理方法实际上是把原子间相互影响看作是微扰，微扰以后的状态是N个简并态的线性组合，即用原子轨道的线性组合来构成晶体中电子共有化运动的轨道，因而也称为原子轨道线性组合法（linear combination of atomic orbitals)，简写为LCAO。因此紧束缚近似的电子波函数Ψ可以写成原子轨道波函数的布洛赫和，即

$$\Psi(\boldsymbol{r})=\Psi_\alpha(\boldsymbol{k},\boldsymbol{r})=\frac{1}{\sqrt{N}}\sum_n \mathrm{e}^{\mathrm{i}\boldsymbol{k}\cdot\boldsymbol{R}_n}\Psi_\alpha^{\mathrm{at}}(\boldsymbol{r}-\boldsymbol{R}_n) \tag{3-72}$$

式（3-72）可以改写成

$$\Psi(\boldsymbol{r})=\frac{1}{\sqrt{N}}\mathrm{e}^{\mathrm{i}\boldsymbol{k}\cdot\boldsymbol{r}}\sum_n \mathrm{e}^{-\mathrm{i}\boldsymbol{k}\cdot\boldsymbol{r}\cdot(\boldsymbol{r}-\boldsymbol{R}_n)}\Psi_\alpha^{\mathrm{at}}(\boldsymbol{r}-\boldsymbol{R}_n)=\frac{1}{\sqrt{N}}\mathrm{e}^{\mathrm{i}\boldsymbol{k}\cdot\boldsymbol{r}}u_k(\boldsymbol{r}) \tag{3-73}$$

其中

$$u_k(\boldsymbol{r})=\mathrm{e}^{\mathrm{i}\boldsymbol{k}\cdot\boldsymbol{r}}\sum_n \mathrm{e}^{-\mathrm{i}\boldsymbol{k}\cdot(\boldsymbol{r}-\boldsymbol{R}_n)}\Psi_\alpha^{\mathrm{at}}(\boldsymbol{r}-\boldsymbol{R}_n) \tag{3-74}$$

可以证明$u_k(\boldsymbol{r})=u_k(\boldsymbol{r}+\boldsymbol{R}_l)$，故式（3-72）给出的波函数是布洛赫函数，满足晶体中电子波函数的要求。式中$\frac{1}{\sqrt{N}}$为归一化的函数。

将式（3-72）带入式（3-69）得到

$$\left[-\frac{\hbar^2}{2m}\nabla^2+V(\boldsymbol{r}-\boldsymbol{R}_n)+\sum_{m\neq n}V(\boldsymbol{r}-\boldsymbol{R}_m)\right]\left[\frac{1}{\sqrt{N}}\sum_N \mathrm{e}^{\mathrm{i}\boldsymbol{k}\cdot\boldsymbol{R}_n}\Psi_\alpha^{\mathrm{at}}(\boldsymbol{r}-\boldsymbol{R}_n)\right]$$

$$=E\left[\frac{1}{\sqrt{N}}\sum_{N}\mathrm{e}^{\mathrm{i}\boldsymbol{k}\cdot\boldsymbol{R}_n}\Psi_{\alpha}^{\mathrm{at}}(\boldsymbol{r}-\boldsymbol{R}_n)\right]$$

把上式的左边展开，利用式（3-71），经整理得

$$\sum_{n}\mathrm{e}^{\mathrm{i}\boldsymbol{k}\cdot\boldsymbol{R}_n}\left[\sum_{m\neq n}V(\boldsymbol{r}-\boldsymbol{R}_m)\right]\Psi_{\alpha}^{\mathrm{at}}(\boldsymbol{r}-\boldsymbol{R}_n)=(E-E_{\alpha})\sum_{n}\mathrm{e}^{\mathrm{i}\boldsymbol{k}\cdot\boldsymbol{R}_n}\Psi_{\alpha}^{\mathrm{at}}(\boldsymbol{r}-\boldsymbol{R}_n)\tag{3-75}$$

以 $\Psi_{\alpha}^{\mathrm{at}^*}(\boldsymbol{r}-\boldsymbol{R}_l)$ 左乘式（3-75），然后对整个空间积分

$$\begin{aligned}&\sum_{n}\mathrm{e}^{\mathrm{i}\boldsymbol{k}\cdot\boldsymbol{R}_n}\int\Psi_{\alpha}^{\mathrm{at}^*}(\boldsymbol{r}-\boldsymbol{R}_l)\left[\sum_{m\neq n}V(\boldsymbol{r}-\boldsymbol{R}_m)\right]\Psi_{\alpha}^{\mathrm{at}}(\boldsymbol{r}-\boldsymbol{R}_n)\mathrm{d}\tau\\&=(E-E_{\alpha})\sum_{n}\mathrm{e}^{\mathrm{i}\boldsymbol{k}\cdot\boldsymbol{R}_n}\int\Psi_{\alpha}^{\mathrm{at}^*}(\boldsymbol{r}-\boldsymbol{R}_l)\Psi_{\alpha}^{\mathrm{at}}(\boldsymbol{r}-\boldsymbol{R}_n)\mathrm{d}\tau\end{aligned}\tag{3-76}$$

考虑到紧束缚模型认为晶体中原子间距较大，不同原子的电子波函数交叠很少，故近似地取

$$\int\Psi_{\alpha}^{\mathrm{at}^*}(\boldsymbol{r}-\boldsymbol{R}_l)\Psi_{\alpha}^{\mathrm{at}}(\boldsymbol{r}-\boldsymbol{R}_n)\mathrm{d}\tau\approx\delta_{ln}\tag{3-77}$$

令

$$J_{ln}=-\int\Psi_{\alpha}^{\mathrm{at}^*}(\boldsymbol{r}-\boldsymbol{R}_l)\left[\sum_{m\neq n}V(\boldsymbol{r}-\boldsymbol{R}_m)\right]\Psi_{\alpha}^{\mathrm{at}}(\boldsymbol{r}-\boldsymbol{R}_n)\mathrm{d}\tau\tag{3-78}$$

图 3-12 就一维情形画出晶格势场 $V(x)$ 与第 n 个格点上原子势 $V(x-na)$ 以及彼此之差 $V(x)-V(x-na)=\sum_{m\neq n}V(x-ma)$。由图可以看出 $V(x)-V(x-na)$ 是负的，而$\Psi_{\alpha}^{\mathrm{at}^*}(\boldsymbol{r}-\boldsymbol{R}_l)\Psi_{\alpha}^{\mathrm{at}}(\boldsymbol{r}-\boldsymbol{R}_n)$ 是正的，因此，$J_{ln}>0$。按紧束缚近似，不同原子的波函数交叠很少，故仅当 n 是 l 本身，即 $n=l$，以及 n 为 l 的最近邻时 J_{ln} 的值才较大，其他情形 J_{ln} 很小，近似为 0，于是有

$$J_{ln}=\begin{cases}J_0 & （当 n=l 时）\\ J & （当 n 为 l 的最近邻时）\\ 0 & （当 n 为其他时）\end{cases}\tag{3-79}$$

式中，J_0 为库仑积分；J 为交叠积分，J_0 和 J 都为正值。

把式（3-77）和式（3-79）代入式（3-76）可得到

$$-J_0\mathrm{e}^{\mathrm{i}\boldsymbol{k}\cdot\boldsymbol{R}_l}-\sum_{n}^{l近邻}J\mathrm{e}^{\mathrm{i}\boldsymbol{k}\cdot\boldsymbol{R}_n}=(E-E_{\alpha})\mathrm{e}^{\mathrm{i}\boldsymbol{k}\cdot\boldsymbol{R}_l}\tag{3-80}$$

最后得出晶体中电子的能量为

$$E(\boldsymbol{k})=E_{\alpha}-J_0-\sum_{n}^{l近邻}J\mathrm{e}^{\mathrm{i}\boldsymbol{k}\cdot(\boldsymbol{R}_n-\boldsymbol{R}_l)}\tag{3-81}$$

式中，$\boldsymbol{R}_l$ 为参考格点的正格矢；$\sum_{n}^{l近邻}$ 为对参考格点 l 各近邻格点 n 求和；$\boldsymbol{R}_n-\boldsymbol{R}_l$ 为参考格点 l 到近邻格点的矢量；E_{α} 为孤立原子的能级；J_0 为库仑积分，为正值；J 为交叠积分，其大小主要取决于近邻原子波函数的相互交叠程度。

由式（3-81）可以看出，晶体电子的能量 E 为电子波矢 $\boldsymbol{k}$ 的函数，每一种 $\boldsymbol{k}$ 的取值对应

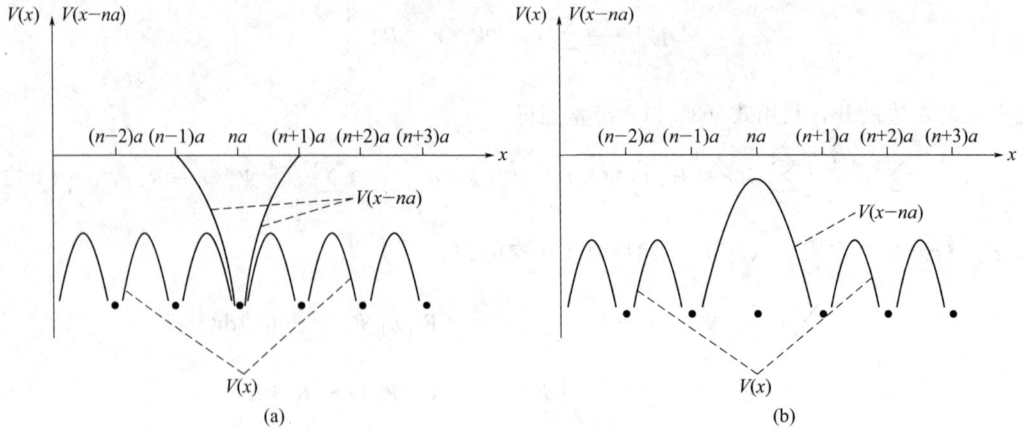

图 3-12　一维周期性势场（a）与孤立原子的势场（b）

晶体电子的一个能级 $E(\boldsymbol{k})$。对于有 N 个格点的晶格，波矢 $\boldsymbol{k}$ 共有 N 种取值，因此相应的电子能级 $E(\boldsymbol{k})$ 共有 N 个，这 N 个能级形成一个能带。于是，可由式（3-81）进一步看出，孤立原子的能级 E_α 与晶体的能带有对应关系，这种关系如图 3-13 所示。设想原子结合成晶体之前相距很远，彼此间无相互作用，此时每个原子的电子都处在原子的特有能级 E_α 上。当原子间距逐渐缩小到晶体的正常原子间距时，属于同一能级 E_α 的波函数发生交叠，原子间的相互作用使原子能级发生分裂。分裂后的能级数目与晶格中格点数相等，因为格点数目很大，晶体的能级很密集，所以原子的一个能级 E_α 分裂成一个准连续的能带。能级的分裂和波函数的交叠有关，波函数交叠得越多，能级分裂就越厉害，形成的能带就越宽。能级的分裂和能带的展宽首先从价电子开始，因为价电子位于原子的最外层；内层电子的能级只有在原子非常接近、内层电子波函数发生交叠后，才开始分裂。图 3-14 示意地表示了随着原子间距 r 的缩小，原子的能级分裂成能带的情况，其中，r_0 是晶体中原子的平衡间距。

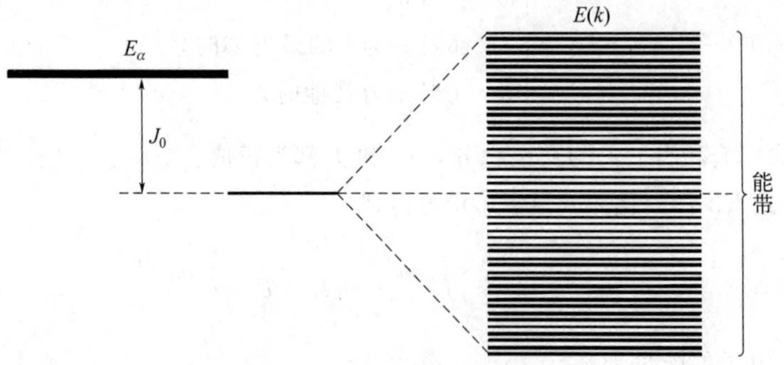

图 3-13　原子能级和晶体能带

下面利用紧束缚近似的结果［式（3-81）］，求出简单立方晶格 s 态电子的能带。简单立方晶格的每个格点有 6 个近邻格点，这样，式（3-81）中的求和共有 6 项。若取参考格点 l 为原点，l 格点到近邻 n 格点的矢量就是 n 格点的格矢 $\boldsymbol{R}_n-\boldsymbol{R}_l=\boldsymbol{R}_n$。这 6 个近邻格点的格矢可表示为 $a\boldsymbol{i}$，$-a\boldsymbol{i}$，$a\boldsymbol{j}$，$-a\boldsymbol{j}$，$a\boldsymbol{k}$，$-a\boldsymbol{k}$，其中 a 为晶格常数。

s 态原子轨道是球对称的，原子轨道在各个方向上的交叠程度都一样，因此，6 个交叠积分 J 都相等。式（3-81）可写成

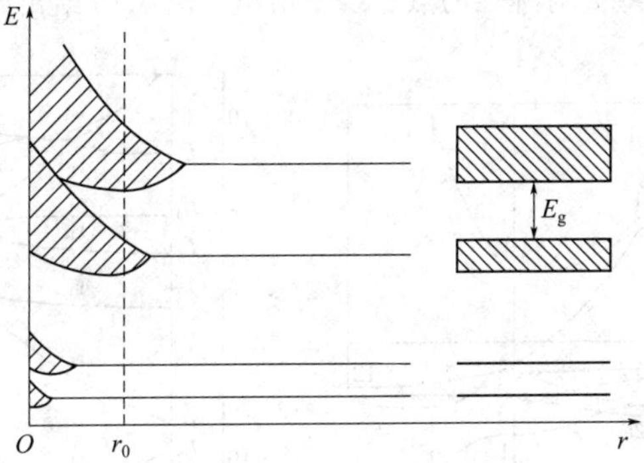

图 3-14　原子的能级分裂成能带

$$
\begin{aligned}
E_s(\boldsymbol{k}) &= E_s - J_0 - J\sum_n e^{i\boldsymbol{k}\cdot\boldsymbol{R}_n} \\
&= E_s - J_0 - J\left[e^{i\boldsymbol{k}\cdot a\boldsymbol{i}} + e^{i\boldsymbol{k}\cdot(-a\boldsymbol{i})} + e^{i\boldsymbol{k}\cdot a\boldsymbol{j}} + e^{i\boldsymbol{k}\cdot(-a\boldsymbol{j})} + e^{i\boldsymbol{k}\cdot a\boldsymbol{k}} + e^{i\boldsymbol{k}\cdot(-a\boldsymbol{k})}\right] \\
&= E_s - J_0 - 2J(\cos k_x a + \cos k_y a + \cos k_z a)
\end{aligned} \tag{3-82}
$$

式(3-82)就是简单立方晶格 s 能带的表达式。

由式(3-82)容易证明，晶体中电子的能量 $E(\boldsymbol{k})$ 是波矢 $\boldsymbol{k}$ 的周期函数，周期为倒格矢 $\boldsymbol{K}_m$，即

$$E_n(\boldsymbol{k}) = E_n(\boldsymbol{k} + \boldsymbol{K}_m) \tag{3-83}$$

式中，n 为能带编号；倒格矢 $\boldsymbol{K}_m = m_1\boldsymbol{b}_1 + m_2\boldsymbol{b}_2 + m_3\boldsymbol{b}_3$，其中 $\boldsymbol{b}_1$、$\boldsymbol{b}_2$、$\boldsymbol{b}_3$ 为倒格子基矢，m_1、m_2、m_3 取整数。

由式（3-82）还可以看出，晶体电子的能量 E 除具有式（3-83）的平移对称性（或周期性）$E_n(\boldsymbol{k}) = E_n(\boldsymbol{k} + \boldsymbol{K}_m)$ 之外，还具有反演对称性，即

$$E_n(\boldsymbol{k}) = E_n(-\boldsymbol{k}) \tag{3-84}$$

由式（3-82）得到最低能量点为 $\boldsymbol{k} = (0,0,0)$，最低能量 $E_{\min} = E_s - A - 6J$ 是能带底；最高能量点 $\boldsymbol{k} = (\pm\frac{\pi}{2}, \pm\frac{\pi}{2}, \pm\frac{\pi}{2})$，最高能量 $E_{\max} = E_s - A + 6J$ 是能带顶。能带宽度

$$\Delta E = E_{\max} - E_{\min} = 12J \tag{3-85}$$

可见，能带宽度与交叠积分 J 成正比。由于 J 的大小取决于近邻原子轨道之间的交叠，交叠越多，能带就越宽；反之，能带就越窄。

3.4 布里渊区和能带的图示法

3.4.1 布里渊区

布里渊区是能带理论中的一个重要概念，由前面的一维布里渊区性质已经知道，每个布里渊区对应一个能带，布里渊区中每个 $\boldsymbol{k}$ 对应一个能级；在布里渊区内能量是准连续变化的，在边界上能量发生突变。实际上，布里渊区的重要性还在于，能带计算的结果 $E(\boldsymbol{k})$，常以图

示的形式在布里渊区中一些高对称性的点、线上给出。图 3-15 给出两个示例。

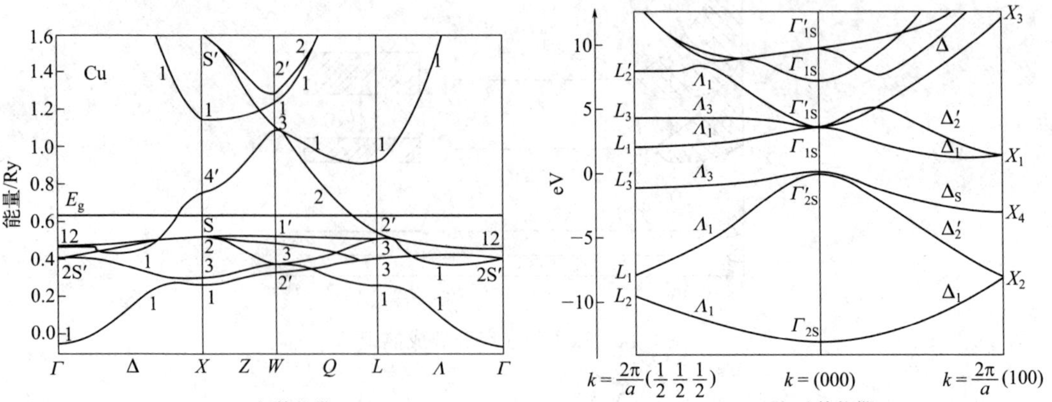

(a) 铜的能带　　(b) 硅的能带

图 3-15　铜（a）和硅（b）的能带

要确定布里渊区必须先定出其边界位置，下面从比较熟悉的一维情况开始。

对于晶格周期为 a 的一维晶格，正格子基矢 $\boldsymbol{ka}=a\boldsymbol{i}$。根据式（3-11）倒格子基矢的定义，一维倒格子基矢 $\boldsymbol{b}=\frac{2\pi}{a}\boldsymbol{i}$。倒格矢

$$\boldsymbol{K}_n=n\boldsymbol{b}=\frac{2n\pi}{a}\boldsymbol{i}\quad(n=\pm1,\pm2,\cdots)\tag{3-86}$$

与布里渊区边界方程式（3-66）相比较，可以得出布里渊区边界垂直平分倒格矢的结论。这一结论可以推广到二维晶格和三维晶格。通常，在倒格子中取一个倒格点作为原点，从原点向其他倒格点引一个个倒格矢，再作各倒格矢的垂直平分面，这样，围绕原点构成一层层多面体，其中最里面一个体积最小的多面体就称为第一布里渊区，第二层与第一布里渊区间的区域为第二布里渊区，如此等等。图 3-16 给出了二维正方晶格的第一（Ⅰ）、第二（Ⅱ）、第三（Ⅲ）等布里渊区，图中每个圆圈代表一个倒格点。

对于二维正方格子，其正格子原胞基矢为

$$\boldsymbol{a}_1=a\boldsymbol{i},\boldsymbol{a}_2=a\boldsymbol{j}\tag{3-87}$$

倒格子原胞基矢为

$$\boldsymbol{b}_1=\frac{2\pi}{a}\boldsymbol{i},\boldsymbol{b}_2=\frac{2\pi}{a}\boldsymbol{j}\tag{3-88}$$

倒格子空间离原点最近的倒格点有四个，相应的倒格矢为 $\pm\boldsymbol{b}_1$，$\pm\boldsymbol{b}_2$，它们的垂直平分线的方程式是

$$k_x=\pm\frac{\pi}{a},k_y=\pm\frac{\pi}{a}\tag{3-89}$$

这些垂直平分线围成的区域就是第一布里渊区。这个区域也是一个正方形，其中心常用符号 Γ 标记，区边界线的中点记为 X，角顶点用 M 表示，沿 Γ 到 X 的连线记为 Δ，沿 Γ 到 M 的

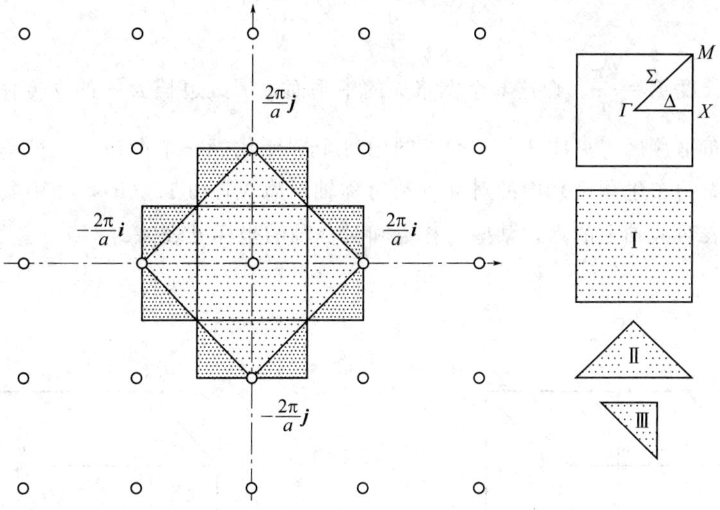

图 3-16　二维正方格子的布里渊区

连线记为Σ。

离 Γ 点次近邻的四个倒格点相应的倒格矢为$\pm(\boldsymbol{b}_1+\boldsymbol{b}_2)$，$\pm(\boldsymbol{b}_1-\boldsymbol{b}_2)$。它们的垂直平分线同第一布里渊区边界线围成的区域合起来成为第二布里渊区，这个区的各部分分别平移一个倒格矢可以同第一布里渊区重合。离 Γ 点更远的点的更高布里渊区可以用类似的方法求得。

布里渊区在图中看来好像被分割为不相连的若干小区，但是实际上能量是准连续的。属于一个布里渊区的能级构成一个能带，不同的布里渊区对应不同的能带。可以证明，每个布里渊区的体积（对二维是面积）是相等的，等于倒格子原胞的体积。在讨论固体的性质时，可以只考虑第一布里渊区。第一布里渊区又称为简约布里渊区。

三维的图形比较复杂，故只介绍立方晶系的第一布里渊区。

对于简单立方晶格，其正格子基矢和相应的倒格子基矢分别为

$$\begin{cases}\boldsymbol{a}_1=a\boldsymbol{i}\\ \boldsymbol{a}_2=a\boldsymbol{j}\\ \boldsymbol{a}_3=a\boldsymbol{k}\end{cases}\quad 或 \quad\begin{cases}\boldsymbol{a}_1=a(1,0,0)\\ \boldsymbol{a}_2=a(0,1,0)\\ \boldsymbol{a}_3=a(0,0,1)\end{cases}\tag{3-90}$$

$$\begin{cases}\boldsymbol{b}_1=\dfrac{2\pi}{a}\boldsymbol{i}\\ \boldsymbol{b}_2=\dfrac{2\pi}{a}\boldsymbol{j}\\ \boldsymbol{b}_3=\dfrac{2\pi}{a}\boldsymbol{k}\end{cases}\quad 或 \quad\begin{cases}\boldsymbol{b}_1=\dfrac{2\pi}{a}(1,0,0)\\ \boldsymbol{b}_2=\dfrac{2\pi}{a}(0,1,0)\\ \boldsymbol{b}_3=\dfrac{2\pi}{a}(0,0,1)\end{cases}\tag{3-91}$$

简单立方晶格的倒格子也是简单立方，离原点最近的有 6 个倒格点，它们的坐标为

$$\frac{2\pi}{\mathrm{a}}(100),\frac{2\pi}{a}(010),\frac{2\pi}{a}(001),$$

$$\frac{2\pi}{a}(\bar{1}00),\frac{2\pi}{a}(0\bar{1}0),\frac{2\pi}{a}(00\bar{1})$$

相应的倒格子长度 $K=\frac{2\pi}{a}$。作这 6 个倒格矢的中垂面，围成边长为$\frac{2\pi}{a}$的立方体，就是简单立方晶格的第一布里渊区，见图 3-17（a），图中每个圆圈代表一个倒格点。简单立方晶格的第一布里渊区（简约布里渊区）中的对称点和对称轴示意见图 3-17（b），图中实心圆代表对称点，空心圆代表对称轴上的点。某些对称点和对称轴的坐标见表 3-2。

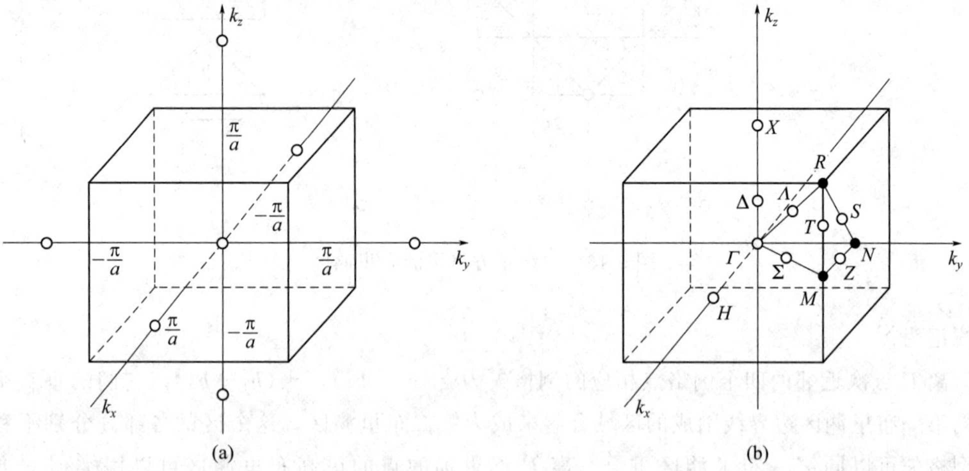

图 3-17　简单立方晶格的第一布里渊区

表 3-2　简单立方晶格第一布里渊区中对称点和对称轴的坐标

名称	Γ	Δ	X	Λ
坐标	$\frac{2\pi}{a}(0,0,0)$	$\frac{2\pi}{a}(0,0,\delta)$	$\frac{2\pi}{a}(0,0,\frac{1}{2})$	$\frac{2\pi}{a}(\lambda,\lambda,\lambda)$
名称	R	Σ	M	
坐标	$\frac{2\pi}{a}(\frac{1}{2},\frac{1}{2},\frac{1}{2})$	$\frac{2\pi}{a}(\sigma,\sigma,0)$	$\frac{2\pi}{a}(\frac{1}{2},\frac{1}{2},0)$	

注：$0<\delta<\frac{1}{2}$，$0<\lambda<\frac{1}{2}$，$0<\sigma<\frac{1}{2}$。

对于体心立方晶格，其正格子基矢为

$$\begin{cases}\boldsymbol{a}_1=\frac{a}{2}(-\boldsymbol{i}+\boldsymbol{j}+\boldsymbol{k})\\ \boldsymbol{a}_2=\frac{a}{2}(\boldsymbol{i}-\boldsymbol{j}+\boldsymbol{k})\\ \boldsymbol{a}_3=\frac{a}{2}(\boldsymbol{i}+\boldsymbol{j}-\boldsymbol{k})\end{cases}\quad 或\quad \begin{cases}\boldsymbol{a}_1=\frac{a}{2}(-1,1,1)\\ \boldsymbol{a}_2=\frac{a}{2}(1,-1,1)\\ \boldsymbol{a}_3=\frac{a}{2}(1,1,-1)\end{cases}\tag{3-92}$$

相应的倒格子基矢为

$$\begin{cases} \boldsymbol{b}_1 = \dfrac{a}{2}(\boldsymbol{j}+\boldsymbol{k}) \\ \boldsymbol{b}_2 = \dfrac{a}{2}(\boldsymbol{i}+\boldsymbol{k}) \\ \boldsymbol{b}_3 = \dfrac{a}{2}(\boldsymbol{i}+\boldsymbol{j}) \end{cases} \quad 或 \quad \begin{cases} \boldsymbol{b}_1 = \dfrac{2\pi}{a}(0,1,1) \\ \boldsymbol{b}_2 = \dfrac{2\pi}{a}(1,0,1) \\ \boldsymbol{b}_3 = \dfrac{2\pi}{a}(1,1,0) \end{cases} \tag{3-93}$$

倒格矢为

$$\begin{aligned} \boldsymbol{K}_n &= n_1\boldsymbol{b}_1 + n_2\boldsymbol{b}_2 + n_3\boldsymbol{b}_3 \\ &= \frac{2\pi}{a}\left[(n_2+n_3)\boldsymbol{i} + (n_1+n_3)\boldsymbol{j} + (n_1+n_2)\boldsymbol{k}\right] \end{aligned} \tag{3-94}$$

体心立方晶格的倒格子是面心立方，离原点最近的有 12 个倒格 m 点，在直角坐标系中它们的坐标是$\frac{2\pi}{a}(n_2+n_3, n_1+n_3, n_1+n_2)$。具体写出这 12 个倒格点的坐标为

$$\frac{2\pi}{a}(1,1,0), \frac{2\pi}{a}(1,\bar{1},0), \frac{2\pi}{a}(\bar{1},1,0), \frac{2\pi}{a}(\bar{1},\bar{1},0),$$

$$\frac{2\pi}{a}(1,0,1), \frac{2\pi}{a}(1,0,\bar{1}), \frac{2\pi}{a}(\bar{1},0,1), \frac{2\pi}{a}(\bar{1},0,\bar{1}),$$

$$\frac{2\pi}{a}(0,1,1), \frac{2\pi}{a}(0,\bar{1},1,), \frac{2\pi}{a}(0,1,\bar{1}), \frac{2\pi}{a}(0,\bar{1},\bar{1})$$

这 12 个倒格矢的中垂面围成菱形 12 面体，见图 3-18。可以证明这个菱形 12 面体的体积正好等于倒格子原胞体积，所以它就是第一布里渊区的大小。体心立方晶格的简约布里渊区中的若干对称点和对称轴的坐标见表 3-3。

表 3-3　体心立方晶格的简约布里渊区中对称点和对称轴的坐标

名称	Γ	Δ	H	Λ
坐标	$\frac{2\pi}{a}(0,0,0)$	$\frac{2\pi}{a}(\delta,0,0)$	$\frac{2\pi}{a}(1,0,0)$	$\frac{2\pi}{a}(\lambda,\lambda,\lambda)$
名称	P	Σ	N	
坐标	$\frac{2\pi}{a}(\frac{1}{2},\frac{1}{2},\frac{1}{2})$	$\frac{2\pi}{a}(\sigma,\sigma,0)$	$\frac{2\pi}{a}(\frac{1}{2},\frac{1}{2},0)$	

注：$0<\delta<1$，$0<\lambda<\frac{1}{2}$，$0<\sigma<\frac{1}{2}$。

相应的倒格矢的长度是

$$K_{(n_1,n_2,n_3)} = \frac{2\sqrt{2}}{a}\pi \tag{3-95}$$

对于面心立方晶格，其正格子基矢为

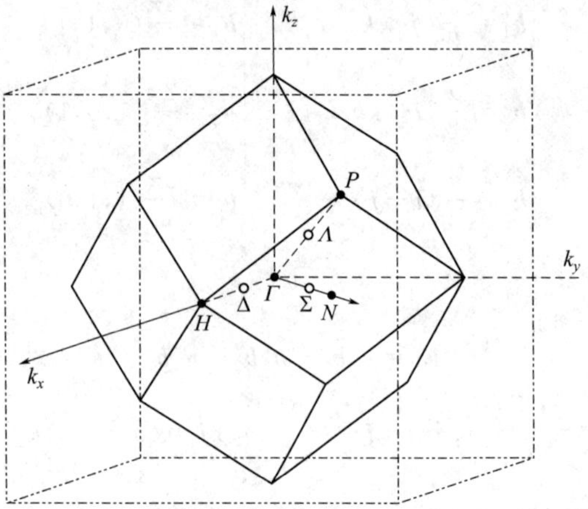

图 3-18　体心立方晶格的简约布里渊区

$$\begin{cases} \boldsymbol{a}_1=\dfrac{a}{2}(\boldsymbol{j}+\boldsymbol{k}) \\ \boldsymbol{a}_2=\dfrac{a}{2}(\boldsymbol{i}+\boldsymbol{k}) \\ \boldsymbol{a}_3=\dfrac{a}{2}(\boldsymbol{i}+\boldsymbol{j}) \end{cases} \quad 或 \quad \begin{cases} \boldsymbol{a}_1=\dfrac{a}{2}(0,1,1) \\ \boldsymbol{a}_2=\dfrac{a}{2}(1,0,1) \\ \boldsymbol{a}_3=\dfrac{a}{2}(1,1,0) \end{cases} \tag{3-96}$$

相应的倒格子基矢为

$$\begin{cases} \boldsymbol{b}_1=\dfrac{2\pi}{a}(-\boldsymbol{i}+\boldsymbol{j}+\boldsymbol{k}) \\ \boldsymbol{b}_2=\dfrac{2\pi}{a}(\boldsymbol{i}-\boldsymbol{j}+\boldsymbol{k}) \\ \boldsymbol{b}_3=\dfrac{2\pi}{a}(\boldsymbol{i}+\boldsymbol{j}-\boldsymbol{k}) \end{cases} \quad 或 \quad \begin{cases} \boldsymbol{b}_1=\dfrac{2\pi}{a}(-1,\ 1,\ 1) \\ \boldsymbol{b}_2=\dfrac{2\pi}{a}(1,\ -1,\ 1) \\ \boldsymbol{b}_3=\dfrac{2\pi}{a}(1,\ 1,\ -1) \end{cases} \tag{3-97}$$

倒格矢为

$$\begin{aligned} \boldsymbol{K}_n &= n_1\boldsymbol{b}_1+n_2\boldsymbol{b}_2+n_3\boldsymbol{b}_3 \\ &= \frac{2\pi}{a}[(-n_1+n_2+n_3)\boldsymbol{i}+(n_1-n_2+n_3)\boldsymbol{j}+(n_1+n_2-n_3)\boldsymbol{k}] \end{aligned} \tag{3-98}$$

面心立方晶格的倒格子是体心立方，离原点最近的有 8 个倒格点，在直角坐标系中它们的坐标是

$$\frac{2\pi}{a}(1,1,1),\frac{2\pi}{a}(1,1,\bar{1}),\frac{2\pi}{a}(1,\bar{1},1),\frac{2\pi}{a}(\bar{1},1,1),$$
$$\frac{2\pi}{a}(1,\bar{1},\bar{1}),\frac{2\pi}{a}(\bar{1},\bar{1},1),\frac{2\pi}{a}(\bar{1},1,\bar{1}),\frac{2\pi}{a}(\bar{1},\bar{1},\bar{1})$$

相应的倒格矢的长度是

$$K_{(n_1,n_2,n_3)}=\frac{2\sqrt{3}}{a}\pi \tag{3-99}$$

这 8 个倒格矢的中垂面围成一个正八面体，由于这 8 个中垂面离原点的距离为$\frac{\sqrt{3}}{a}\pi$，据此可以求得这个正八面体的体积为$\frac{9(2\pi)^2}{2a^3}$。考虑到这个正八面体的体积大于倒格子原胞的体积$4\frac{(2\pi)^2}{a^3}$，故必须再考虑次近邻的六个倒格点：

$$\frac{2\pi}{a}(\pm 2,0,0),\frac{2\pi}{a}(0,\pm 2,0),\frac{2\pi}{a}(0,0,\pm 2)$$

相应的倒格矢的长度是

$$K_{(n_1',n_2',n_3')}=\frac{4}{a}\pi \tag{3-100}$$

这 6 个倒格矢的中垂面将截去原正八面体的六个顶点，形成一个截角八面体（实际上它是一个 14 面体），原正八面体的体积减去截去部分的体积$\frac{(2\pi)^2}{2a^3}$，正好等于该倒格子原胞的体积（实际上它就是第一布里渊区的大小），见图 3-19。面心立方晶格的第一布里渊区中若干对称点和对称轴的坐标见表 3-4。

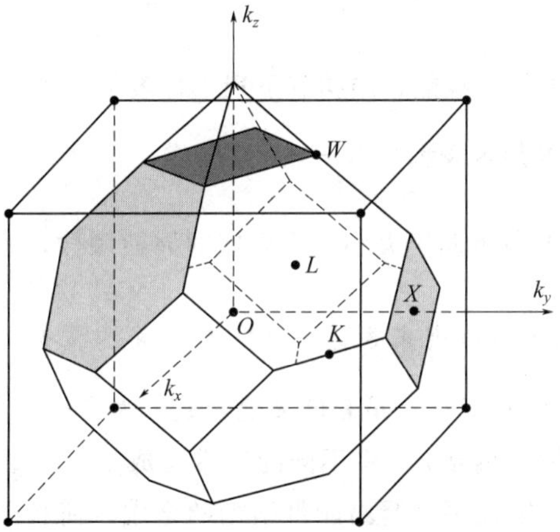

图 3-19　面心立方晶格的简约布里渊区

表 3-4　面心立方晶格的第一布里渊区中对称点和对称轴的坐标

名称	Γ	Δ	X	Λ
坐标	$\frac{2\pi}{a}(0,0,0)$	$\frac{2\pi}{a}(\delta,0,0)$	$\frac{2\pi}{a}(1,0,0)$	$\frac{2\pi}{a}(\lambda,\lambda,\lambda)$
名称	L	Σ	K	
坐标	$\frac{2\pi}{a}(\frac{1}{2},\frac{1}{2},\frac{1}{2})$	$\frac{2\pi}{a}(\sigma,\sigma,0)$	$\frac{2\pi}{a}(\frac{3}{4},\frac{3}{4},0)$	

注：$0<\delta<1$，$0<\lambda<\frac{1}{2}$，$0<\sigma<\frac{3}{4}$。

3.4.2 能带结构及图示

在第 2 章的自由电子近似中，电子能量 $E(k)$ 与 k 的关系曲线为抛物线，由于周期边界条件，k 取分立值，因而 $E(k)$ 是个准连续的抛物线。在近自由电子近似中，由于周期势场的微扰作用，$E(k)$ 曲线要做一些微小的修正（但仍是准连续变化），而在 $k=\frac{n\pi}{a}$（$n=\pm1$，±2，±3，…），即布里渊区边界，$E(k)$ 曲线断开，出现 $2|V_n|$ 的能量突变，如图 3-10 所示。在各能量断开的间隔不存在允许的电子能级，或者说，晶体中的电子不能具有这个能量间隔中的能量。这个能量间隔就叫作禁带。这样，由于周期势场的作用，原来准连续的电子能谱就变成一系列被禁带隔开的能带，晶体中的电子只允许取此能带中的能量，故又称为允带。晶体中电子的能谱由于受晶体周期性势场的影响而形成允带、禁带交替排列的结构，这就是晶体中的电子能谱被叫作能带理论的原因。

从上面的讨论已经知道，晶体中电子的能量 $E(\boldsymbol{k})$ 是波矢 $\boldsymbol{k}$ 的周期函数

$$E_n(\boldsymbol{k})=E_n(\boldsymbol{k}+\boldsymbol{K}_m)$$

式中，$\boldsymbol{K}_m$ 是倒格矢。这表明状态 $\boldsymbol{k}$ 和 $\boldsymbol{k}+\boldsymbol{K}_m$ 是等价的。对一维晶体，电子能量应该有

$$E_n(k)=E_n(k+\frac{2\pi}{a}m) \tag{3-101}$$

由于电子能带结构是周期函数，故能带结构有下列三种表示方式。

(1) E(k)-k 简约布里渊区表示方法——简约图像

由于 $E(k)$ 是以 $\frac{2\pi}{a}$（即布里渊区大小）为周期的周期函数，故可把能带约化到简约布里渊区，即 $[-\frac{\pi}{a},\frac{\pi}{a}]$ 的波矢范围内来表达。这样 $\boldsymbol{k}$ 为简约波矢，即被限制在第一布里渊区内，如图 3-20 (a) 所示。此时 $E(k)$ 是 k 的多值函数，为了使 k 和 $E(k)$ 一一对应，也为了区别不同的能带，引入能带的编号 n，将不同的能带写成 $E_n(k)$。这种表示的特点是在简约布里渊区表示出所有能带，因而可以看出能带结构的全貌，而且图形紧凑，是表示能带结构最常用的图示方法。

(2) $E_n(k)$-k 的扩展布里渊区表示方法——展延图像

将能量 $E_n(k)$ 看作 k 的单值函数，把 $\boldsymbol{k}$ 空间划分成第一、第二、第三……布里渊区，按布里渊区顺序从中心简约布里渊区开始，在 $E_n(k)$-k 图线中从每个区域分割出一部分，使得不同布里渊区中的这些线段的整体构成 $E_n(k)$ 的扩展布里渊区。这种能带图像称为展延图像，见图 3-20 (b)。由图可以看出，在相邻的两个布里渊区的交界处，能量出现间断，所以这种展延图像为研究不同的能带 $E_n(k)$ 的变化以及禁带附近 $E_n(k)$ 的情况提供了方便。

(3) $E_n(k)$-k 的周期性表示——重复图像

在简约布里渊区内，对每一个确定的 k 值，存在一系列独立的能级（以 $n=1$，2，3…标志能带编号）。对一个给定的 n，$E_n(k)$ 是连续的、可微的，它构成能带。为了更明显地表示

函数 $E_n(k)$ 的周期性，以倒格矢为重复周期将简约布里渊区内的 $E_n(k)$ 图像平移，就可以获得在整个 $\boldsymbol{k}$ 空间内 $E_n(k)$ 的周期性表示，见图 3-20（c）。在这种表示中，对指定的能带 n，电子的能量是倒格子中的周期函数，即

$$E_n(k)=E_n(k+K_m)$$

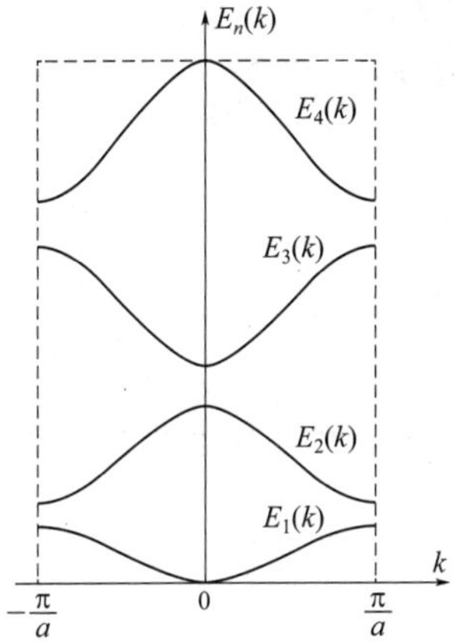

(a) 简约图像

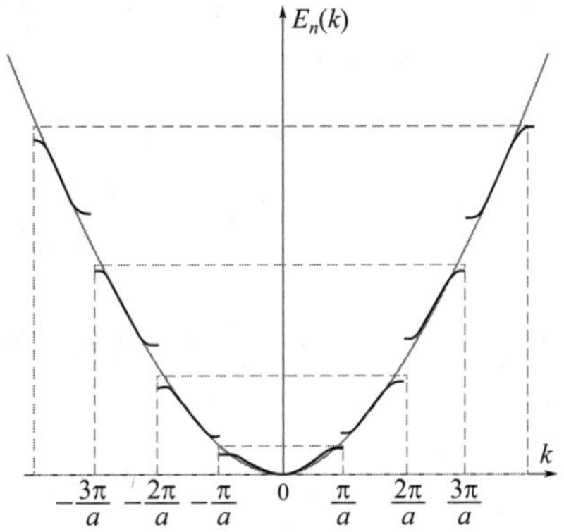

(b) 展延图像

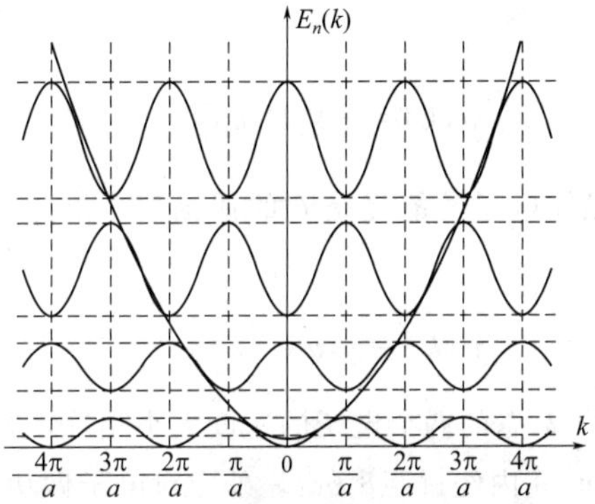

(c) 重复图像

图 3-20　一维能带结构的三种不同表示

绘出三维 $\boldsymbol{k}$ 空间中 $E_n(\boldsymbol{k})$ 的完整图形是不可能的，一般用图绘出沿布里渊区中某些对称轴的能量变化，通常称为能带图。图 3-15 给出了两个示例，它们是简约布里渊区表示。

3.5 布洛赫电子的准经典运动

电子的状态要用波函数来描述，在晶体周期性势场中运动的电子的波函数是布洛赫函数，故晶体中电子又称为布洛赫电子。

在研究晶体中电子在外加电场、磁场等作用下的运动规律时，若把电子近似当作经典粒子处理，赋予它速度、准动量和有效质量等概念，可使问题大为简化。

自由电子的能量即是其运动的动能

$$E(k)=\frac{\hbar^2k^2}{2m}=\frac{1}{2}mv^2 \tag{3-102}$$

式中，m 为自由电子的质量；$\boldsymbol{v}$ 为自由电子的速度

$$\boldsymbol{v}=\frac{\hbar}{m}\boldsymbol{k}=\frac{\hbar}{m}(k_x\boldsymbol{i}+k_y\boldsymbol{j}+k_z\boldsymbol{k})$$

而

$$\nabla_k E(\boldsymbol{k})=\nabla_k\left(\frac{\hbar^2k^2}{2m}\right)=\frac{\hbar^2}{m}(k_x\boldsymbol{i}+k_y\boldsymbol{j}+k_z\boldsymbol{k})$$

式中，$\nabla_k=\frac{\partial}{\partial k_x}\boldsymbol{i}+\frac{\partial}{\partial k_y}\boldsymbol{j}+\frac{\partial}{\partial k_z}\boldsymbol{k}$。比较上面两式，得到自由电子速度的表达式

$$\boldsymbol{v}(\boldsymbol{k})=\frac{1}{\hbar}\nabla_k E(\boldsymbol{k}) \tag{3-103}$$

对于晶体中电子，经过量子力学的严密推算，可以证明存在着类似于自由电子的速度关系式。晶体电子的速度一般可表示为

$$\boldsymbol{v}(\boldsymbol{k})=\frac{1}{\hbar}\nabla_k E(\boldsymbol{k}) \tag{3-104}$$

由式（3-84）可以看出，晶体电子的能量是 $\boldsymbol{k}$ 的偶函数，由此容易证明，晶体电子的速度是 $\boldsymbol{k}$ 的奇函数，即

$$\boldsymbol{v}(\boldsymbol{k})=-\boldsymbol{v}(-\boldsymbol{k}) \tag{3-105}$$

式（3-105）表明，处于 $\boldsymbol{k}$ 态和 $-\boldsymbol{k}$ 态的两个电子的速度大小相等，方向相反。

电子在外力 $\boldsymbol{F}$ 作用下，$\mathrm{d}t$ 时间内经过距离 $\boldsymbol{v}\mathrm{d}t$，外力对电子做功等于其能量增加，即

$$\mathrm{d}E=\boldsymbol{F}\cdot\boldsymbol{v}\,\mathrm{d}t \tag{3-106}$$

由于能量是 $\boldsymbol{k}$ 的函数，所以 E 随着时间变化，必然导致 $\boldsymbol{k}$ 随着时间变化，即在外力作用下，应有 $\boldsymbol{k}=\boldsymbol{k}(t)$。

$$\mathrm{d}E[\boldsymbol{k}(t)]=\nabla_k E\,\frac{\mathrm{d}\boldsymbol{k}}{\mathrm{d}t}\mathrm{d}t=\hbar\boldsymbol{v}\cdot\frac{\mathrm{d}\boldsymbol{k}}{\mathrm{d}t}\mathrm{d}t \tag{3-107}$$

式（3-107）的后一等式中利用了式（3-104），比较式（3-106）和式（3-107），得到电子在外力作用下的运动方程

$$\boldsymbol{F}=\frac{\mathrm{d}(\hbar\boldsymbol{k})}{\mathrm{d}t} \tag{3-108}$$

把这个关系式和牛顿第二定律 $\boldsymbol{F}=\frac{\mathrm{d}\boldsymbol{p}}{\mathrm{d}t}$ 相比得出，晶体中电子的 $\hbar\boldsymbol{k}$ 具有类似动量的性质，称

为晶体电子的准动量或晶格动量。

下面考虑晶体中电子在外力作用下速度的变化。为了简便，主要讨论一维情况，电子的加速度

$$a=\frac{\mathrm{d}v}{\mathrm{d}t}=\frac{\mathrm{d}}{\mathrm{d}t}\left(\frac{1}{\hbar}\times\frac{\mathrm{d}E}{\mathrm{d}k}\right)=\frac{1}{\hbar}\times\frac{\mathrm{d}}{\mathrm{d}k}\left(\frac{\mathrm{d}E}{\mathrm{d}t}\right)$$

其中，$v=\frac{1}{\hbar}\times\frac{\mathrm{d}E}{\mathrm{d}k}$是一维情况的电子速度，同样，式（3-106）的一维表达为 $\mathrm{d}E=Fv\mathrm{d}t$，所以电子的加速度可表达为

$$a=F\left(\frac{1}{\hbar^2}\times\frac{\mathrm{d}^2E}{\mathrm{d}k^2}\right)=F\frac{1}{m^*} \tag{3-109}$$

同牛顿第二定律 $a=F\frac{1}{m}$相比，$m^*=\left(\frac{1}{\hbar^2}\times\frac{\mathrm{d}^2E}{\mathrm{d}k^2}\right)^{-1}$具有质量的性质，称为有效质量或写成

$$\frac{1}{m^*}=\frac{1}{\hbar^2}\times\frac{\mathrm{d}^2E}{\mathrm{d}k^2} \tag{3-110}$$

式（3-109）表明，从加速度和外力关系的角度看，m^* 相当于质量，但它不是电子的惯性质量 m，电子的质量 m 和有效质量 m^* 的差别主要表现在以下两方面。

① m 是标量，m^* 是张量。在三维情况下，可导出类似于式（3-109）的加速度和外力的关系

$$\boldsymbol{a}=\frac{\mathrm{d}\boldsymbol{v}}{\mathrm{d}t}=\frac{1}{\hbar^2}\nabla_k\nabla_k E\boldsymbol{F} \tag{3-111}$$

写成张量形式

$$\begin{bmatrix}a_x\\a_y\\a_z\end{bmatrix}=\frac{1}{\hbar^2}\begin{bmatrix}\frac{\partial^2E}{\partial k_x^2} & \frac{\partial^2E}{\partial k_x\partial k_y} & \frac{\partial^2E}{\partial k_x\partial k_z}\\ \frac{\partial^2E}{\partial k_y\partial k_x} & \frac{\partial^2E}{\partial k_y^2} & \frac{\partial^2E}{\partial k_y\partial k_z}\\ \frac{\partial^2E}{\partial k_z\partial k_x} & \frac{\partial^2E}{\partial k_z\partial k_y} & \frac{\partial^2E}{\partial k_z^2}\end{bmatrix}\begin{bmatrix}F_x\\F_y\\F_z\end{bmatrix} \tag{3-112}$$

有效质量张量的分量定义为

$$\frac{1}{m_{ij}^*}=\frac{1}{\hbar^2}\times\frac{\partial^2E}{\partial k_i\partial k_j}(i,j=x,y,z) \tag{3-113}$$

由于有效质量是张量，所以加速度和外力的方向可能不同。

② m 是常数，m^* 是波矢 k 的函数，而且可正、可负、可为∞。把紧束缚近似的结果应用于一维晶格，很容易看出这点，一维晶格电子的能量

$$E(k)=E_s-J_0-2J\cos ka$$

代入式（3-110），得出有效质量表达式

$$m^{*}=\hbar^{2}\left(\frac{\mathrm{d}^{2}E}{\mathrm{d}k^{2}}\right)^{-1}=\frac{\hbar^{2}}{2Ja^{2}}(\cos ka)^{-1} \tag{3-114}$$

显然，有效质量 m^{*} 是波矢 k 的函数，而且在能带底（$k=0$）处，m^{*} 是正的，即

$$m^{*}=\frac{\hbar^{2}}{2Ja^{2}}>0$$

在能带顶（$k=\pm\frac{\pi}{a}$）处，m^{*} 是负的，即

$$m^{*}=-\frac{\hbar^{2}}{2Ja^{2}}<0$$

有效质量具有这些特点是因为 m^{*} 中已概括了电子与晶格的相互作用，在外力 F 的作用下，自由电子仅受这种外力的作用，但对于晶体中的电子，除了受外力作用，还和晶格相互作用着。晶体中电子加速度实际上是外力 F 和晶格内部作用力 F_{e} 综合作用的结果，即

$$a=\frac{1}{m}(F+F_{e}) \tag{3-115}$$

然而，晶格的作用力 F_{e} 是未知的，也不像外力 F 那么容易求出。如引入有效质量 $m^{*}=\frac{F}{F+F_{e}}m$，把电子与晶格相互作用计入 m^{*}，那么电子在外力作用下的加速度同外力 F 的关系可以写成

$$a=\frac{1}{m^{*}}F$$

问题就简单多了。当晶格对电子的阻力小于外界作用力时，电子的加速度方向与外力相同，有效质量是正值；而当晶格对电子的阻力超过外力时，加速度方向与外力相反，有效质量就显示出负值。

图 3-21 给出了晶体电子的能量、速度和有效质量随波矢 k 变化的曲线。由于速度正比于 $E(k)$ 曲线的斜率 $\frac{\mathrm{d}E}{\mathrm{d}k}$，有效质量反比于 $E(k)$ 曲线斜率的变化率 $\frac{\mathrm{d}^{2}E}{\mathrm{d}k^{2}}$，能带下部对应能量极小，电子速度 v 随 k 呈线性增加，有效质量保持正值。k_{c} 对应 $E(k)$ 曲线拐点，$\frac{\mathrm{d}^{2}E}{\mathrm{d}k^{2}}=0$，该点速度为极值，而 $m^{*}\to\infty$。能带上部对应能量极大，速度随 k 增加而减小，有效质量为负值。

有效质量 m^{*} 不仅和电子状态 k 有关，还与能带结构有关。由式（3-110）可知，m^{*} 与 E 的二次导数成反比。宽的能带，$\frac{\mathrm{d}^{2}E}{\mathrm{d}k^{2}}$ 大，有效质量小；窄的能带，$\frac{\mathrm{d}^{2}E}{\mathrm{d}k^{2}}$ 小，有效质量大。从式（3-114）看，m^{*} 与交叠积分 J 成反比，外层电子波函数交叠得多，交叠积分 J 大，有效质量小；内层电子则相反。

晶体中电子除了受外力作用，还受晶格势场的作用，这给问题带来了复杂性。有效质量和准动量两个概念把晶格的作用概括在内，在处理晶体中电子问题时，可以把晶体电子看成具有质量 m^{*}、动量 $\hbar\boldsymbol{k}$ 的准自由电子，这样，只要考虑外力对这种准自由电子的作用就可以了，给处理问题带来很大的方便。

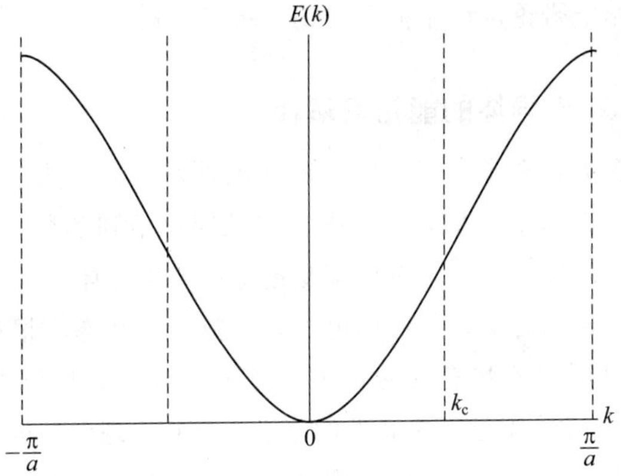

(a) E-k曲线

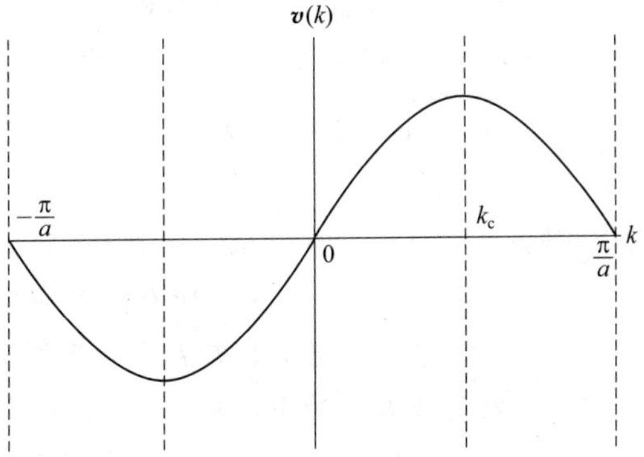

(b) $\boldsymbol{v}$-k曲线

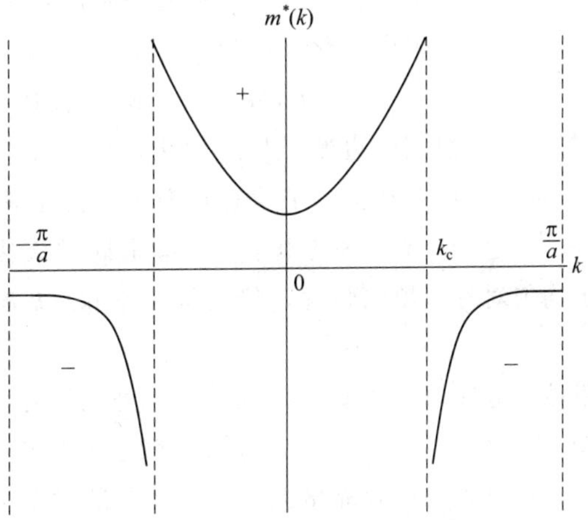

(c) m^*-k曲线

图 3-21　能量、速度和有效质量随波矢 $\boldsymbol{k}$ 的变化关系

3.6 能带理论的简单应用

利用能带理论的结果，可以阐明金属的许多物理性质，因此，能带理论已经成为现代金

属理论的基础。下面介绍能带论的两个简单应用，可见一斑。

3.6.1 导体、绝缘体和半导体的能带论解释

虽然所有固体都包含大量电子，但是它们的导电性却相差甚大。例如，在室温下，聚苯乙烯的电阻率大约是铜和银的 10^{25} 倍，这个事实曾长期得不到解释。能带理论建立初期，就成功地说明了为什么有些晶体是导体，有些却是绝缘体或半导体。

没有外电场时，在一定温度下，晶体中电子处于热平衡状态，根据费米-狄拉克统计，电子占有某个状态的概率只取决该状态的能量 E。对于 $\boldsymbol{k}$ 和 $-\boldsymbol{k}$ 两个状态，它们的能量相等，即 $E(\boldsymbol{k})=E(-\boldsymbol{k})$，所以 $\boldsymbol{k}$ 和 $-\boldsymbol{k}$ 这两个状态的电子是成对出现的。但由于 $\boldsymbol{v}(\boldsymbol{k})=-\boldsymbol{v}(-\boldsymbol{k})$，表明这对电子的速度大小相等、方向相反，因此它们对电流的贡献互相抵消。虽然晶体中电子很多，但在无外电场时，它们对电流的贡献正好一对对相互抵消，晶体中总电流为零。

若有外电场 $\boldsymbol{E}$ 存在，电子受力 $\boldsymbol{F}=-e\boldsymbol{E}$，由式（3-108）得到

$$\frac{\mathrm{d}\boldsymbol{k}}{\mathrm{d}t}=\frac{\boldsymbol{F}}{\hbar}=-\frac{e\boldsymbol{E}}{\hbar} \tag{3-116}$$

表明所有电子的状态 $\boldsymbol{k}$ 都以相同速度在 $\boldsymbol{k}$ 空间中移动，移动的方向与电场 $\boldsymbol{E}$ 方向相反。

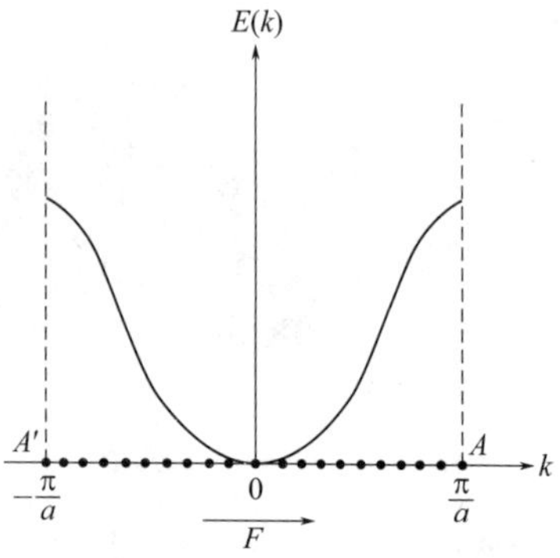

图 3-22　满带中的电子运动

对于一个能带中所有能级都为电子填满的满带，如图 3-22 所示，电子波矢 $\boldsymbol{k}$ 在布里渊区内是均匀对称分布的，在外场 $\boldsymbol{E}$ 作用下，所有电子的状态都以相同的速度向电场相反方向移动。如果认为外电场不足以破坏电子结构，即电子不会被激发到更高一级能带中，那么其状态只能在原能带中变化。已经知道，同一能带中，$E_n(\boldsymbol{k})=E_n(\boldsymbol{k}+\boldsymbol{K}_m)$，实际上，$\boldsymbol{k}$ 和 $\boldsymbol{k}+\boldsymbol{K}_m$，描述的是同一状态。因此，布里渊区边界上点 A 的状态和点 A' 的状态完全相同。外电场的存在使电子状态在布里渊区中移动，但从布里渊区一边点 A 出去的电子，实际上同时又从另一边点 A' 填进来了，没有改变布里渊区内电子均匀对称充填的情况，仍然是 $\boldsymbol{k}$ 态和 $-\boldsymbol{k}$ 态电子成对出现的，不会产生电流。

对不满的能带，能级被部分充填，如图 3-23 所示，无外电场时，电子从最低能级充填到图 3-23 所示横线处，该线以下 $\boldsymbol{k}$ 态和 $-\boldsymbol{k}$ 态对称分布，总电流为零。外电场的存在使电子状态发生移动，由于电子在运动过程中受到晶格振动、杂质等散射作用，最后达到一个稳定的不对称分布，如图 3-24 所示，只有部分电子相互抵消，未抵消部分形成晶体电流。部分充填的能带在外电场作用下对导电有贡献，称为导带。

晶体的能带一般由内壳层电子所充填的能带和价电子所充填的能带（价带）组成，原子的内壳层电子都形成满壳层，组成晶体后，原子能级过渡成能带，其相应的能带是满带，对导电无贡献，不予讨论。下面只讨论价带情况。

一价金属的 N 个原子组成晶体后，有 N 个价电子，能带中有 N 个能级，可容纳 $2N$ 个价电子，但只有 N 个价电子，故能带只填一半，所以是导体，如图 3-25（a）所示。

碱土金属原子有 2 个价电子，N 个原子组成晶体后，有 $2N$ 个价电子，但由于能带交叠，

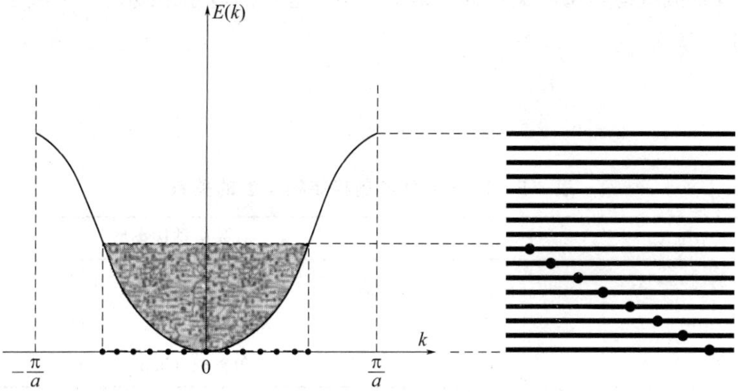

图 3-23　部分填充的能带中电子的分布

如图 3-25（b），第 n 个能带尚未填满，第（$n+1$）个能带已部分充填，2 个能带都是不满带，从而产生一定的导电性。

对于绝缘体，它的价电子正好把价带填满，更高的能带是全空着的，称为空带。空带和价带之间隔着很宽的禁带（$E_g \geqslant 5eV$），如图 3-25（c）所示，除非外电场足以使满带中电子激发到空带中，否则在电场作用下不会产生电流。

至于半导体，从能带结构看，在 0K 时，和绝缘体相似，只是禁带较窄（$E_g < 2eV$），如图 3-25（d）所示；T>0K 时，将有部分电子从满带顶部被激发到空带底部，如图 3-25（e）所示，这样，2 个带都变成不满带，于是，有了一定的导电能力。

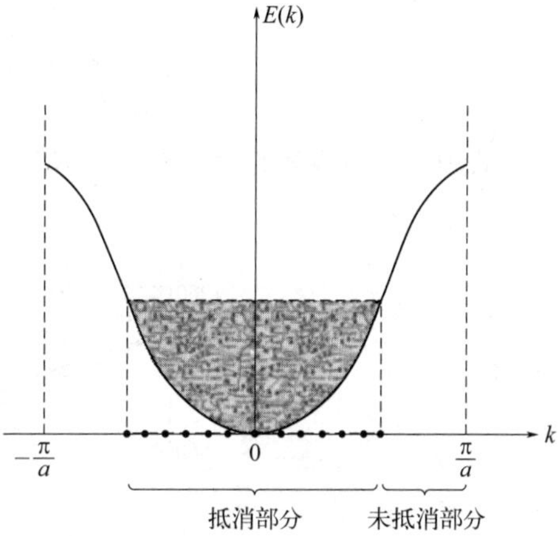

图 3-24　外场改变对称分布

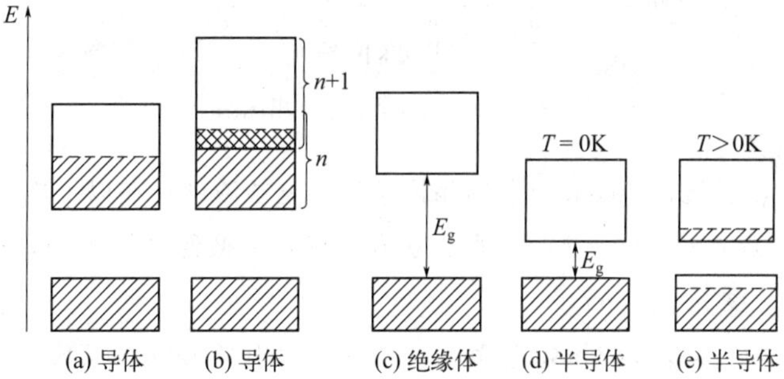

图 3-25　导体、绝缘体和半导体的能带模型

3.6.2　休姆-罗瑟里定则

休姆-罗瑟里（Hume-Rothery）和他们的同事研究了以 Cu、Ag、Au 为基的若干合金系，总结出一条规则：电子化合物的晶格结构由比较确定的电子浓度所决定，称为休姆-罗瑟里定

则。电子浓度和晶格结构类型的关系列于表 3-5 中。这里的电子浓度是指价电子数 N_e 与原子数 N 之比，即

$$n=\frac{N_e}{N} \tag{3-117}$$

表 3-5　电子浓度与晶格结构类型的关系

电子浓度	晶格结构类型
3/2(21/14)=1.5	体心立方（bcc）　β 相
21/13=1.62	复杂立方　γ 相
7/4(21/12)=1.75	六角密积（hcp）　ε 相

休姆-罗瑟里定则的一个典型例子是 Cu-Zn 合金系，其相图如图 3-26 所示。电子浓度与合金成分关系为

$$n=\frac{N_e}{N}=V(1-x)+vx=V+(v-V)x \tag{3-118}$$

式中，V 为溶剂的化合价；v 为溶质的化合价；x 为溶质的摩尔分数。

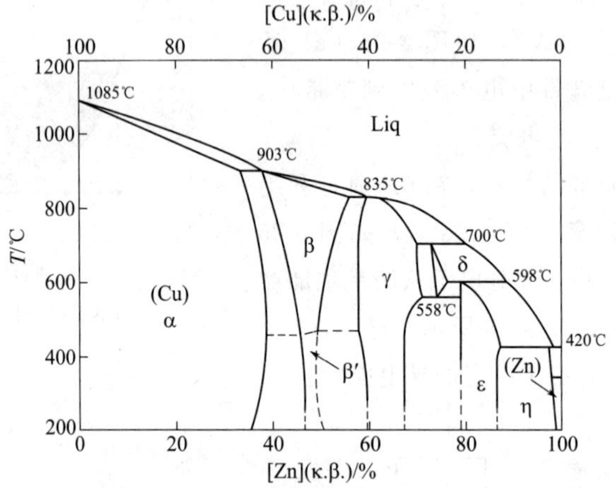

图 3-26　Cu-Zn 合金相图

考察图 3-26 可以发现，Cu-Zn 合金的晶格结构和电子浓度存在以下规律。

① Zn（$n=2$）溶入 Cu（$n=1$）的面心立方晶格，替换部分铜原子，形成 α 固溶体，这种结构保持到电子浓度 $n=1.36$。

② 当 $n>1.36$ 时，出现以 CuZn 为溶剂的 β 相，具有体心立方结构，在电子浓度不超过 1.48 的很窄范围才单独存在。

③ γ 相是以 Cu_5Zn_8 为溶剂的电子化合物，γ 相存在的电子浓度范围为 $n=1.58\sim1.66$。这个相是立方结构，很复杂，每个晶胞含 54 个原子。

④ 当电子浓度继续增加，出现以 $CuZn_3$ 为溶剂的 ε 相，这个相在 $n=1.75$ 附近单独存在，具有六角密积结构。

⑤ η 相为 Zn 基固溶体，具有六角密积结构。

上述规律不能用化学价来说明，但利用能带理论可以成功地给予解释。

在自由电子理论中，考虑到自由电子的 E-k 关系是抛物线，等能面是球面，导出自由电子状态密度 $N(E)$ 随能量 E 呈抛物线变化的关系，其 $N(E)$-E 关系曲线已示于图 2-4。晶体中电子受周期场的影响，这种影响主要表现在当波矢 $\boldsymbol{k}$ 接近布里渊区边界时，能量和波矢关系就偏离了自由电子的抛物线，如图 3-27（a）所示。由此可以推断，晶体中电子的等能面和状态密度也要受这种影响，而与自由电子有所不同。先考虑第一布里渊区中的等能面情况，可以认为，在原点附近，离布里渊区边界较远，受周期场的影响较小，等能面应基本保持为球面；在接近边界时，等能面将向边界凸出，如图 3-27（b），这是因为接近边界时，E-k 曲线向下偏离自由电子的抛物线，E 随 k 的变化 $\left(\frac{\Delta E}{\Delta k}\right)$ 变小了，而且愈接近边界，$\frac{\Delta E}{\Delta k}$ 愈小。图 3-27（b）中的点 A 较点 B 更接近边界，应有

$$\left(\frac{\Delta E}{\Delta k}\right)_A < \left(\frac{\Delta E}{\Delta k}\right)_B$$

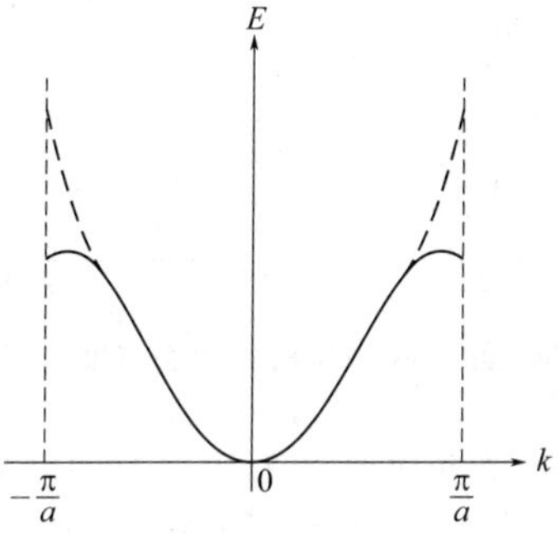

(a) E-k曲线

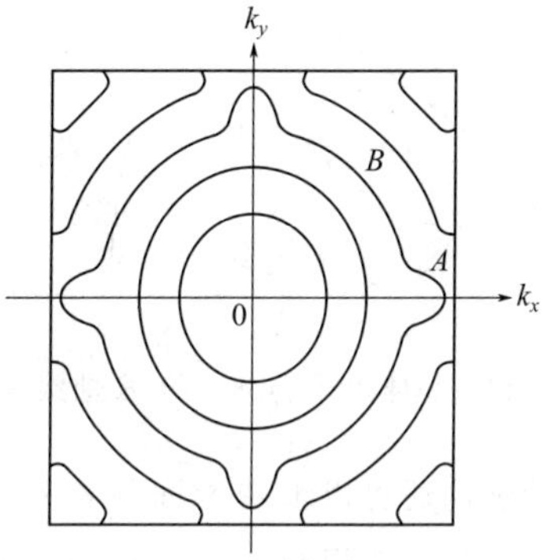

(b) 等能面

图 3-27　晶体电子的 E-k 曲线和等能面

因此，在 A、B 两个方向，要达到同样的能量增加 ΔE，在 A 方向就需要更大的 Δk，所以，在 A 方向，等能面向边界凸出。当等能面与边界内接后，因布里渊区边界上存在能隙，能量更高的等能面不能穿过边界形成连续的闭合曲面，而终止在边界上，成为分割在各个顶点附近的残缺曲面。再高能量的等能面收缩为角上顶点。

再来看看状态密度。能量 E 较低时，离布里渊区边界较远，状态密度 $N(E)$ 遵循与自由电子类似的抛物线。接近边界时，等能面向边界凸出，因凸出等能面之间的体积要比球面之间的体积大，所以包含的状态代表点也较多，使得晶体电子的状态密度 $N(E)$ 在接近边界时要比自由电子的大。愈接近边界，等能面外凸得愈厉害，$N(E)$ 增加得愈多。可以看出，当等能面与边界内接时，$N(E)$ 达到最大值。此后，能量再增加，因等能面残缺，面积迅速下降，直至为零，因此状态密度随能量增加而很快下降，最后变为零。晶体电子的 $N(E)$-E 曲线示于图 3-28，图中虚线表示自由电子的状态密度曲线。

铜为面心立方晶格，第一布里渊区为截角八面体（图 3-19）。纯铜的电子浓度 $n=1$，价电子仅充填了一半布里渊区，费米面离边界还很远。锌溶入铜中，使电子浓度增加，随着合金中 Zn 的浓度增加，电子浓度不断增加，合金中价电子总数在增加，费米面在逐渐扩大。能

带理论的计算表明，当电子浓度达到临界值 1.36 时，费米面与布里渊区边界内接。此时，$N(E)$ 达到最大值，再增加 Zn 的浓度，电子数会进一步增加，而 $N(E)$ 已迅速下降，增加的电子就要填到布里渊区角顶的高能级上，整个体系的能量就有很大的增加。但是，如果合金的晶体结构能够转变成体心立方晶格，其第一布里渊区（为菱形十二面体，如图 3-18 所示）就可以容纳更大的内接等能面，利用图 3-29 可以说明这一点。由于等能面与布里渊区边界内接时，$N(E)$ 达到最大值，因此由图 3-29 可知，面心立方晶格的 6.5eV 等能面与布里渊区边界内接，而体心立方晶格的 7.2eV 等能面与边界内接。显然，$E=7.2\text{eV}$ 的等能面要大于 $E=6.5\text{eV}$ 的等能面，这样，晶体结构转变成体心立方后，由于费米面尚未与布里渊区边界内接，增加的电子可填在较低的能级上，体系的总能量就比较低。

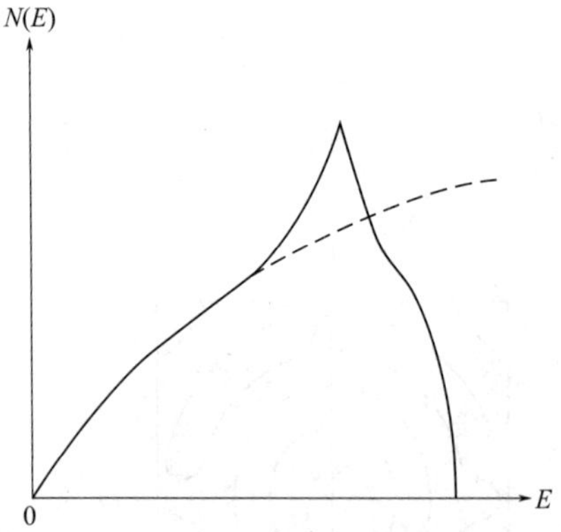

图 3-28 晶体电子的 $N(E)$-E 曲线

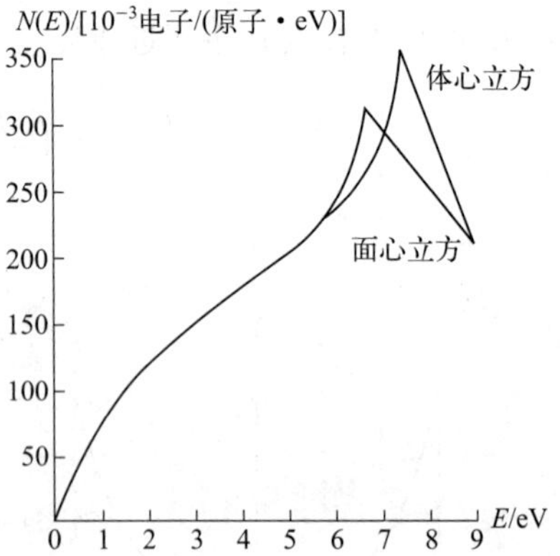

图 3-29 两种晶格的状态密度与能量关系

利用能带理论还可以求费米面与各种晶格结构的布里渊区边界内接时的临界电子浓度，其中，体心立方晶格 β 相的 $n=1.48$，γ 相的 $n=1.54$，六角密积 ε 相的 $n=1.69$。由此就不难理解，随着 Cu-Zn 合金中 Zn 含量的增加，电子浓度依次达到各种晶格结构的临界值时，合金中就会相应地发生从 α 相到 β 相、γ 相、ε 相直至 η 相的相变。

3.6.3 金属的电阻

导电性是金属最显著的特征性质，有关金属电导的许多基础问题是人们一直十分关注的课题，例如，金属电阻的微观机构、欧姆定律的物理解释、金属电阻与温度的关系、过渡金属的高电阻等。对这些问题的正确理解，须借助能带理论。

按照能带理论，如果金属是理想晶体，那么其电阻为零。在理想晶体中，离子规则地排列在格点上，静止不动，其势场是严格的周期性势场，即

$$V(\boldsymbol{r})=V(\boldsymbol{r}+\boldsymbol{R}_l)$$

在理想晶体中运动的电子状态，由周期场中电子的定态薛定谔方程确定，有

$$\left[-\frac{\hbar^2}{2m}\nabla^2+V(r)\right]\Psi(r)=E\Psi(r)$$

方程的解是布洛赫函数 $\Psi_k(\boldsymbol{r})=u_k(\boldsymbol{r})e^{i\boldsymbol{k}\cdot\boldsymbol{r}}$ 描述的一系列稳定状态的波函数。就是说，一个电子一旦处于某个 $\boldsymbol{k}$ 表征的状态，只要没有外力作用，将始终处于这个 $\boldsymbol{k}$ 态，其能量 $E(\boldsymbol{k})$ 和

平均速度都 $v(\boldsymbol{k})=\frac{1}{\hbar}\nabla_k E$ 有确定的值，不随时间改变，在理想晶格内部，没有使电子从状态 $\boldsymbol{k}$ 跃迁到另一个状态 $\boldsymbol{k}'$ 的机制。如果对金属施加外电场 $\boldsymbol{E}$，那么金属中电子的状态就会以相同的速度 $\frac{\mathrm{d}\boldsymbol{k}}{\mathrm{d}t}=-\frac{e\boldsymbol{E}}{\hbar}$ 变化。由于金属的能带是不满带，电子状态的变化将使布里渊区内电子的分布不再对称，从而在金属中产生电流 $\boldsymbol{j}$。假设在 t 时刻撤掉电场 $\boldsymbol{E}$，由于 $\boldsymbol{E}=0$，所以外场不再影响电子状态变化，$\frac{\mathrm{d}\boldsymbol{k}}{\mathrm{d}t}=-\frac{e\boldsymbol{E}}{\hbar}=0$。若金属是理想晶体，金属内部也没有使电子状态发生变化的机制，则电子在撤去电场 $\boldsymbol{E}$ 的 t 时刻处于什么状态，之后将永远处于该状态，这样，布里渊区内电子不对称分布将一直保持下去，金属中电流 $\boldsymbol{j}$ 将维持 t 时刻的值，始终不变，不会衰减。由欧姆定律

$$\boldsymbol{j}=\sigma\boldsymbol{E}=\frac{1}{\rho}\boldsymbol{E} \tag{3-119}$$

由于 t 时刻之后电场 $\boldsymbol{E}$ 已为零，然而电流 $\boldsymbol{j}\neq 0$，所以理想晶体金属的电阻率应为零，即 $\rho=0$。

金属的电阻来源于周期性势场遭到破坏，当金属的离子势场偏离了周期性势场时，在其中运动的电子就会遭受散射，从状态 $\boldsymbol{k}$ 跃迁到另一个状态 $\boldsymbol{k}'$，电子的运动方向发生了改变，从而产生电阻。势场偏离周期场的一个原因是晶格振动，实际晶体中的原子（离子）不是停留在格点上静止不动的，而是由于不断地热振动，经常偏离平衡格点。由于原子（离子）间存在着相互作用力，各个原子（离子）的振动不是孤立的，而是相互联系着，这种晶体中诸原子（离子）集体振动的现象称为晶格振动。显然，晶格振动使理想晶体的严格周期性势场遭受破坏，从而引起电子跃迁，这种散射机构常称为晶格散射。金属中存在的杂质和各种结构缺陷导致晶格发生畸变，这是周期性势场遭受破坏的另一个原因，这种散射机构可称为杂质散射。

金属的电阻率一般可按马西森（Matthiessen）定则表示为

$$\rho=\rho_i+\rho_l(T) \tag{3-120}$$

式中，ρ_l 来自晶格散射，由于晶格振动与温度 T 有关，故 ρ_l 为 T 的函数；ρ_i 源于杂质散射，与杂质的浓度成正比，与温度无关。对于晶体结构完整的理想情况，电阻仅由 ρ_l 贡献，因此 ρ_l 常称为理想电阻。当温度 $T\to 0\mathrm{K}$ 时，电阻只剩下与温度无关的部分 ρ_i，一般称 ρ_i 为剩余电阻。图 3-30 是从三个样品上测得的金属钠低温电阻。当 $T\to 0\mathrm{K}$ 时，电阻趋于与温度无关的剩余电阻，因为各样品中杂质浓度有差异，因此剩余电阻有所不同。

对金属施加外电场 $\boldsymbol{E}$，传导电子在电场力 $\boldsymbol{F}=-e\boldsymbol{E}$ 作用下，沿电场相反方向加速运动，电子在电场作用下的这种定向运动通常称为漂移运动。金属中存在的散射机构将使电子遭受碰撞，一旦发生碰撞，就会丧失在电场中获得的定向运动。在一定电场 $\boldsymbol{E}$ 作用下，漂移作用和碰撞作用两者达到动态平衡时，电子将达到一定的漂移速度 $\boldsymbol{v}_\mathrm{d}$，金属中就产生了一定的电流 $\boldsymbol{j}$，这就是电子理论对欧姆定律的物理解释。然而，要在理论上严格处理金属电导问题，绝非易事。金属中有大量电子，不同状态的电子对电导的贡献不同，所以必须应用统计力学的分布函数方法。在外电场中，这将是一个非平衡分布函数，需要先建立能够确定非平衡分

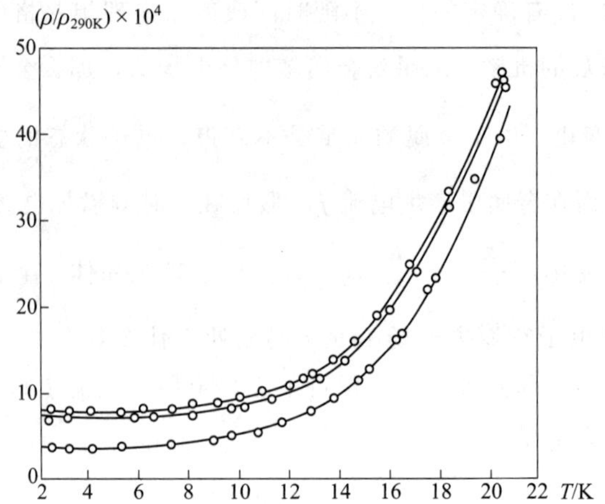

图 3-30　钠的三种不同样品的低温电阻

布函数的方程——玻尔兹曼方程，然后求解玻尔兹曼方程，才能解决电导问题。在第 2 章中已作了介绍，现在利用费米球在外电场中产生刚性移动这一直观的模型，可以导出和严格理论在形式上相同的金属电导率结果。

没有外电场时，金属中电子气体系处于平衡状态，此时，分布函数 f_0 为费米分布函数

$$f_0=\frac{1}{\exp\ \{[E(\boldsymbol{k})-\mu]/(k_B T)\}+1}=f_0(\boldsymbol{k}) \tag{3-121}$$

金属的能带是不满带，为了简便，可以近似认为金属的费米面远离布里渊区边界，故费米面仍然保持球面。这样，在 $\boldsymbol{k}$ 空间中，金属中电子占据态的分布 f_0 可以用以原点为球心的费米球来表示。平衡态分布 f_0 是对称分布的，由于 $E(\boldsymbol{k})=E(-\boldsymbol{k})$，$\boldsymbol{k}$ 态和 $-\boldsymbol{k}$ 态电子是成对出现的，所以对电流的贡献相互抵消，金属中无电流。

设在 $t=0$ 的时刻施加恒定电场 $\boldsymbol{E}$，电子气中每个电子将受到电场力 $\boldsymbol{F}=-e\boldsymbol{E}$，每个电子在 $\boldsymbol{k}$ 空间中都以相同速度 $\frac{d\boldsymbol{k}}{dt}=-\frac{e\boldsymbol{E}}{\hbar}$ 向 $-\boldsymbol{E}$ 方向运动，这就导致费米球在电场作用下，发生了刚性位移，位移使费米球偏离平衡态的对称分布而产生偏心，如图 3-31 所示。如果仅有电场作用，费米球将沿 $-\boldsymbol{E}$ 方向不断漂移，偏心程度将不断增大，但是金属中存在着各种散射机构，散射（碰撞）使费米面附近的占据态电子跃迁到费米面附近的空状态，就是说，碰撞作用使费米球的漂移受到遏止。当外场的漂移作用和碰撞作用达到动态平衡时，费米球将稳定在偏离平衡的新位置上，电子分布达到一个非平衡的稳定态分布 f。如果电子碰撞的平均自由时间为 τ，则在 $t=\tau$ 时刻，可以使费米球在电场中维持一种稳定状态。达到稳定情况时，费米球位移量为

$$\Delta\boldsymbol{k}=\boldsymbol{k}(\tau)-\boldsymbol{k}(0)=\int_0^{\tau}-\frac{e}{\hbar}\boldsymbol{E}\,dt=-\frac{e\tau}{\hbar}\boldsymbol{E} \tag{3-122}$$

金属中电子平均自由时间 $\tau\approx10^{-14}$ s，因此，通常情况下，$\Delta k\ll k_F$。例如，外电场为 10^4 V/m，由式（3-122）可以得到 $\Delta k\approx10^{-5}k_F$。

无电场时，费米球球心与 $\boldsymbol{k}$ 空间原点重合，呈对称分布，$\boldsymbol{k}$ 态和 $-\boldsymbol{k}$ 态电子成对出现，

金属中无电流。施加恒定电场 $\boldsymbol{E}$ 后，费米球发生偏心而偏离平衡态的对称分布。如图 3-31 所示，由于非平衡态的费米球与平衡态的费米球交叠部分仍有 $\boldsymbol{k}$ 态和 $-\boldsymbol{k}$ 态分布的对称性，所以对电流没有贡献，只有图中阴影部分所示的费米面附近的电子，没有 $-\boldsymbol{k}$ 态电子相对应，才对电流有贡献。这是由于费米面附近的电子可以在电场作用下进入能量较高的空状态，而能量比费米能低得多的电子，由于附近的状态被电子占据，没有可接受它的空状态，不能从电场中获取能量改变状态，所以这种电子不参与导电。若去掉电场，碰撞会使费米球回到平衡位置，电流也就消失。

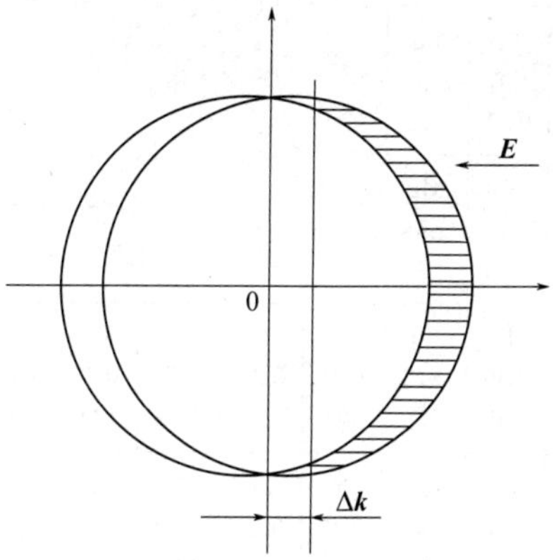

图 3-31 电场作用下费米球刚性移动

在恒定电场作用下，电子动量的改变为

$$m^* \boldsymbol{v}_{\mathrm{d}} = \hbar \Delta \boldsymbol{k} = -e\tau \boldsymbol{E}$$

式中，m^* 为电子有效质量；$\boldsymbol{v}_{\mathrm{d}}$ 为在电场作用下，电子定向速度增量，即漂移速度。

于是，电流密度

$$\boldsymbol{j} = n(-e)\boldsymbol{v}_{\mathrm{d}} = \frac{ne^2\tau}{m^*}\boldsymbol{E}$$

式中，n 为电子密度。

由欧姆定律

$$\boldsymbol{j} = \sigma \boldsymbol{E} = \frac{1}{\rho}\boldsymbol{E}$$

得到电导率为

$$\sigma = \frac{ne^2\tau(E_{\mathrm{F}})}{m^*} \tag{3-123}$$

电阻率为

$$\rho = \frac{m^*}{ne^2\tau(E_{\mathrm{F}})} \tag{3-124}$$

考虑到仅费米面附近的电子对导电有贡献，故用费米面上的电子平均自由时间 $\tau(E_{\mathrm{F}})$ 代替 τ。

电导率 σ 和电阻率 ρ 是表征金属导电性能的参数。图 3-32 给出了各种金属元素在 295K 时的电导率和电阻率的值。

大量实验证明，许多纯金属的电阻率在很宽的温度范围内，满足布洛赫-格林艾森 Bloch-Grüneisen 公式，即

$$\rho(T) = \frac{AT^5}{M\Theta_{\mathrm{D}}^6}\int_0^{\Theta_{\mathrm{D}}/T} \frac{x^5}{(\mathrm{e}^x - 1)(1 - \mathrm{e}^{-x})}\mathrm{d}x \tag{3-125}$$

式中，A 为金属的特征常数；M 为金属原子的质量；Θ_{D} 为金属德拜温度。

电导率/(10^7S/m)
电阻率/($10^{-8}\Omega\cdot$m)

Li 1.07 9.32	Be 3.08 3.25											B	C	N	O	F	Ne
Na 2.11 4.75	Mg 2.33 4.30											Al 3.65 2.74	Si	P	S	Cl	Ar
K 1.39 7.19	Ca 2.78 3.6	Sc 0.21 46.8	Ti 0.23 43.1	V 0.50 19.9	Cr 0.78 12.9	Mn 0.072 139	Fe 1.02 9.8	Co 1.72 5.8	Ni 1.43 7.0	Cu 5.88 1.70	Zn 1.69 5.92	Ga 0.67 14.85	Ge	As	Se	Br	Kr
Rb 0.80 12.5	Sr 0.47 21.5	Y 0.17 58.5	Zr 0.24 42.4	Nb 0.69 14.5	Mo 1.89 5.3	Tc 约0.7 约14	Ru 1.35 7.4	Rh 2.08 4.8	Pd 0.95 10.5	Ag 6.21 1.61	Cd 1.38 7.27	In 1.14 8.75	Sn(w) 0.91 11.0	Sb 0.24 41.3	Te	I	Xe
Cs 0.50 20.0	Ba 0.26 39.1	La 0.13 79.2	Hf 0.33 30.6	Ta 0.76 13.1	W 1.89 5.3	Re 0.54 18.6	Os 1.10 9.1	Ir 1.96 5.1	Pt 0.96 10.4	Au 4.55 2.20	Hg 0.10 95.9	Ti 0.61 16.4	Pb 0.48 21.0	Bi 0.086 116.1	Po 0.22 46.2	At	Rn
Fr	Ra	Ac															

Ce 0.12 81.1	Pr 0.15 67.3	Nd 0.17 59.2	Pm -	Sm 0.10 99.1	Eu 0.11 89.	Gd 0.070 134.2	Tb 0.090 111.1	Dy 0.11 90.0	Ho 0.13 77.7	Er 0.12 81.2	Tm 0.16 62.1	Yb 0.38 26.4	Lu 0.19 53.2
Th 0.66 15.2	Pa	U 0.39 25.7	Np 0.085 118.2	Pu 0.070 143.1	Am	Cm	Bk	Cf	Es	Fm	Md	No	Lr

图 3-32　295K 时金属的电导率和电阻率

在温度高于室温的较高温度下，式（3-125）可简化为

$$\rho(T)=\frac{A}{4M\Theta_D^2}T \tag{3-126}$$

这表明，在高温下，金属电阻率与温度成正比。

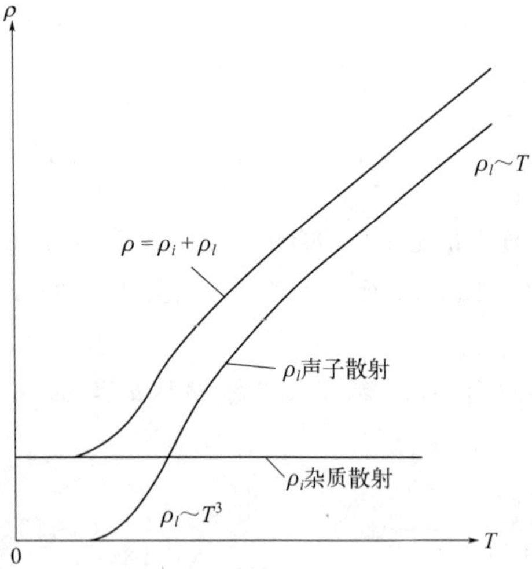

图 3-33　金属电阻率随温度变化

在极低温度（$T<0.1\Theta_D$）下，式（3-125）的积分值为 124.4，此时，金属电阻率

$$\rho(T)=124.4\frac{A}{M\Theta_D^6}T^5 \tag{3-127}$$

可见，在低温下，金属电阻率随 T^5 而变化。金属电阻率与温度关系如图 3-33 所示。

电阻率公式（3-124）中，n 和 m^* 通常与温度无关，为了解电阻率随温度的变化，主要考虑 $\tau(E_F)$ 对温度的依赖。根据式（3-124），有

$$\rho\propto\frac{1}{\tau}=P \tag{3-128}$$

式中，P 为电子被散射的总概率。

分析电子散射的微观机构可知，电阻随温度变化取决于晶格散射。晶格振动的能量是量子化的，其能量子称为声子，所以电子-晶格相互作用可理解为电子-声子相互作用，而晶格散射也称为声子散射。因此，下面从不同温度下，声子散射对散射概率 $P=\frac{1}{\tau}$ 的影响来定性说明电阻率和温度的关系。

在温度 T 时，金属中波矢为 $\boldsymbol{q}$，频率为 ω_q 的平均声子数为

$$\eta_q=\frac{1}{\exp\left(\frac{\hbar\omega_q}{k_B T}\right)-1} \tag{3-129}$$

在高温下，式（3-129）可简化为

$$\eta_q \approx k_B T/\hbar\omega_q$$

所以在高温下，声子浓度正比于温度，而散射概率正比于声子浓度，所以电阻率随温度呈线性变化。

低温下，电阻率的计算很复杂，因为散射概率不仅与声子浓度有关，还依赖于散射效率。低温下，金属中只有波矢 $\boldsymbol{q}$ 和能量 $\hbar\omega(\boldsymbol{q})$ 都很小的声子才能被激发，根据散射过程的能量守恒和动量守恒，一个原来沿电场 $\boldsymbol{E}$ 相反方向运动的 $\boldsymbol{k}$ 态电子，经声子散射跃迁到 $\boldsymbol{k}'$态，可表示为

$$\boldsymbol{k}=\boldsymbol{k}'=\boldsymbol{k}_F,\ \boldsymbol{k}'=\boldsymbol{k}\pm\boldsymbol{q}$$

式中，$\boldsymbol{k}_F$ 为费米波矢。上述过程如图 3-34 所示。由于 $\boldsymbol{q}$ 很小，散射角 θ 很小，有

$$\theta=2\sin\frac{\theta}{2}=\frac{q}{k_F}$$

由图 3-33 还可以看出，散射一次电子沿电场方向的动量相对损失

$$\frac{\hbar k-\hbar k'\cos\theta}{\hbar k}=\frac{k_F-k_F\cos\theta}{k_F}=1-\cos\theta\approx\frac{\theta^2}{2} \tag{3-130}$$

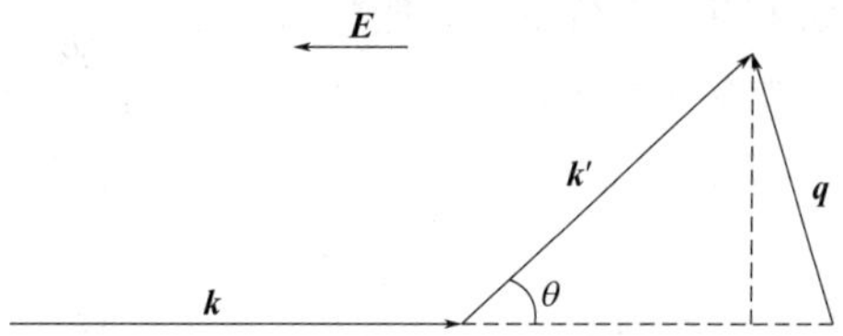

图 3-34　电子-声子散射过程中电子沿电场方向动量的改变

即每散射一次，电子沿电场方向动量损失$\frac{\theta^2}{2}$倍。按经典碰撞理论，一经碰撞，沿电场方向动量完全消失，这样，电子须经声子散射$\left(\frac{\theta^2}{2}\right)^{-1}$次，才能算一次有效碰撞。因此，$1-\cos\theta=\frac{\theta^2}{2}$可以看作声子散射电子的效率。则低温下，声子能量

$$\hbar\omega(\boldsymbol{q})=\hbar C_s q\leqslant k_B T$$

式中，C_s 为声速。所以，有

$$\theta=\frac{q}{k_F}\leqslant\frac{k_B}{\hbar C_s k_F}T\propto T$$

由此可见，低温下，散射效率正比于 T^2。此外，根据德拜固体热容理论，可以得出在极低温度下，声子浓度与 T^3 成正比。综合上述两个方面，低温下，金属电阻率

$$\rho\propto\frac{1}{\tau}=P\propto(\text{声子浓度})\times(\text{扩散效率})\propto T^3\times T^2=T^5 \tag{3-131}$$

已经知道，满带中电子不参与导电，不满带中的电子对导电有贡献，由此可见，金属的电阻与能带结构有着密切关系。

一价碱金属 Li、Na、K、Rb、Cs 和贵金属 Cu、Ag、Au，价电子是 1 个 s 电子，结合成晶体时，s 能级展宽成 s 能带，价带只填充一半。实验测量表明，它们的费米面基本上是自由电子球形，因此，碱金属和贵金属都是良好的导体。

二价的碱土金属 Be、Mg、Ca、Sr、Ba 有 2 个价电子，组成晶体后，似乎价电子正好填满一个价带，应该是非导体。但实验表明，碱土金属具有较好的导电性，其中 Ca 是电的良导体。这是因为碱土金属的 s 带和 p 带发生交叠，s 带尚未填满，p 带已部分被充填了，这样，s 带和 p 带都是不满带，在外电场作用下，都对电流有贡献。二价的 Zn、Gd、Hg 和碱土金属的情形相似。

三价金 Al 的价电子为 $3s^2 3p^1$，共 3 个电子。Al 的能带理论计算和实验分析表明，3 个价电子中的 2 个填满一个能带，而第 3 个价电子进入更高一个能带，所以，Al 的价电子行为与近自由电子十分接近，具有良好的导电性。由于同族的 Ga、In、Ti 内层存在 d 壳层电子，能带结构要比 Al 复杂，影响了它们的导电性。

四价金属 Sn 有两种结构，α-Sn（灰锡）和 β-Sn（白锡）。灰锡为金刚石结构，$5s^2 5p^2$ 4 个价电子正好填满能量较低的价带，而能量较高的导带全空着，但带隙很窄，约为 0.08eV，为半导体。白锡为体心四方，是复式格子，基元有 2 个原子，能带为不满带，具有导电性。Pb 与 Al 情况类似，只是每个原子有 4 个价电子，能带结构比 Al 复杂一些，有一定的导电性。

ⅤA 族的 As、Sb、Bi 都为基元中包含 2 个原子的复式格子，原胞中有 10 个价电子，电子填充的最高能带是满带，再高的能带是空带，应为绝缘体，但能带有少许交叠，使两个带都不满，因而有一定导电性。只是交叠很小，能带中载流子浓度很低，所以，虽然它们有导电性，但电阻很大，故一般称为半金属。

过渡金属的特点是含有未满的 d 壳层，由于 d 壳层的半径比 s 壳层的半径小得多，金属中原子之间的 d 电子波函数交叠较少，交叠积分 J 小，所以 d 带较窄。然而，d 态电子是 5 度简并的，d 带可容纳 10N 个电子，状态密度比 s 带高 5～10 倍。由于它由 5 个相互交叠的窄带构成，所以状态密度的起落变化较为剧烈；相反，s 带比较宽，只能容纳 $2N$ 个电子，状态密度变化平滑。图 3-35 为过渡金属的 3d 和 4s 能带，图中数字是原子中 3d 和 4s 电子总数，例如，Fe 原子共 8 个电子，Cu 原子共有 11 个电子等；虚线表示相应金属的费米能位置。从图 3-34 中可以看出，过渡金属的费米能落在 d 带内，而铜的 d 带已填满。表面上看起来，过

渡金属的 d 电子和 s 电子都对导电有贡献，而铜只有 s 电子参与导电，似乎过渡金属比铜有更大的电导率，但实际恰恰相反。比较图 3-32 中 Ni、Pb、Pt 和 Cu、Ag、Au。两组电导率数据，发现过渡金属的电导率仅为贵金属的 1/5 左右。

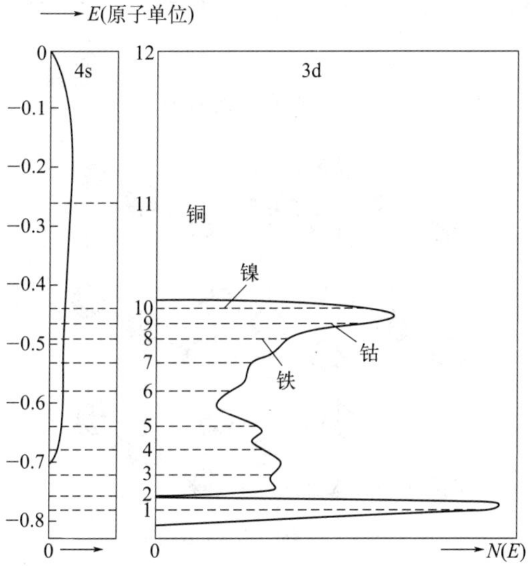

图 3-35　过渡金属的 3d 和 4s 能带

过渡金属 d 带很窄，d 电子有效质量大，可动性差，因此，对导电的贡献主要靠 s 电子。因为 s 带和 d 带都不满，s 电子可以散射到 s 带，也可以散射到 d 带。理论分析表明，电子的散射概率 P 与费米面处状态密度 $N(E_F)$ 成正比。由于 d 带的状态密度远高于 s 带，所以 s 电子将主要被散射到 d 带，且散射概率 $P_{s\text{-}d}$ 很大；铜只有 s 电子导电，且只能散射到 s 带，散射概率 $P_{s\text{-}s}$ 较小，故有 $P_{s\text{-}d}>P_{s\text{-}s}$。根据式（3-124）和式（3-128），金属电阻率 ρ 与散射概率成正比，即 $\rho\propto P$，因此，过渡金属有较大的电阻率。

习题

1. 晶体结构有什么规律？可采用什么方法描述晶体结构的周期性？

2. 区分下面概念：点阵，阵点，布拉维点阵。

3. 空间点阵与晶体结构有何关系？空间点阵有多少种？晶体结构又有多少种？

4. 给出下列定义：布拉维格子，复式格子，简单格子。

5. (1) 图 1 中两种平面格子是否为布拉维格子？如不是，如何选取基元才能变为布拉维格子？

(2) 如图 2 所示，NaCl 结构是简单格子还是复式格子？它的晶体结构属于何种格子？

(3) 图 3 给出的金刚石结构图 3（a）和六角密排结构图 3（b）各自都由同种原子组成，分析它们是简单格子还是复式格子？如何选取基元才可化为布拉维格子？是哪种布拉维格子？

6. $\boldsymbol{k}$ 空间与倒空间（倒格子）有什么关系？

7. 为什么晶体电子又称为布洛赫电子？概述布洛赫函数的物理意义及用途。

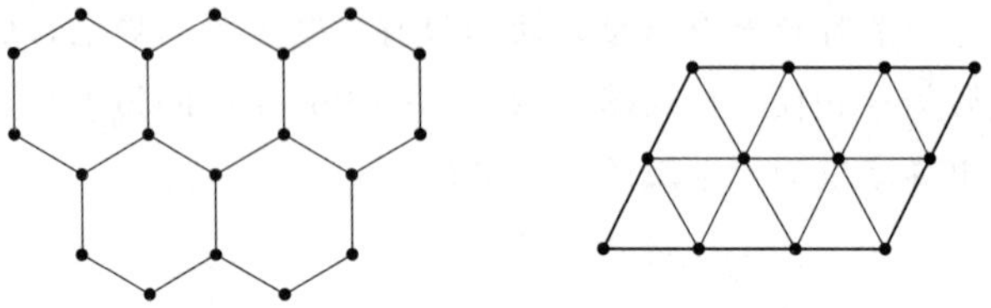

(a) (b)

图 1　两种平面格子

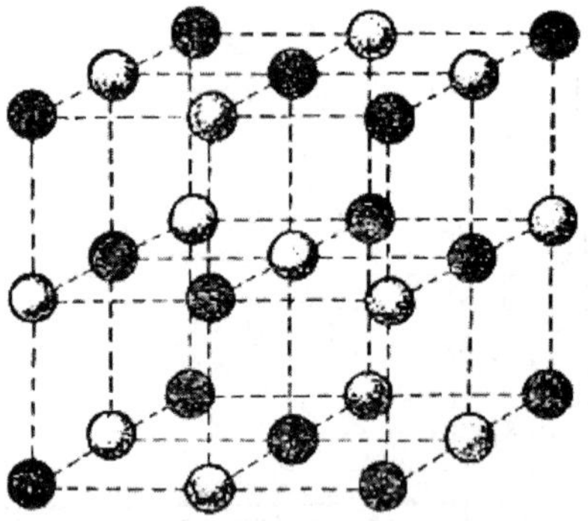

图 2　NaCl 晶体结构

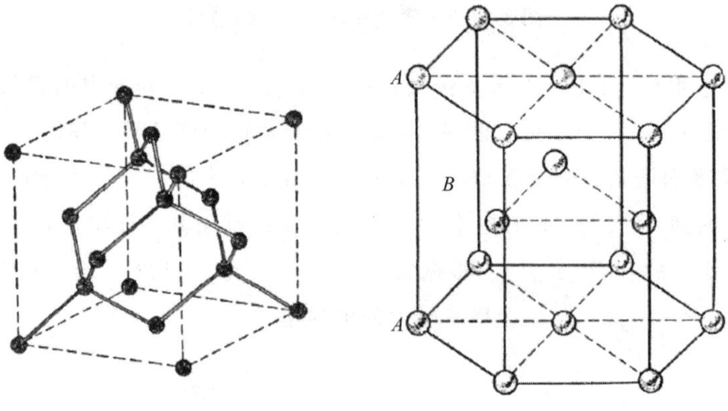

(a) 金刚石结构　(b) 六角密排结构

图 3　金刚石结构和六角密排结构

8. 证明：自由电子在空间是均匀分布的，而晶体电子在空间分布具有晶格的周期性。

9. 证明布洛赫函数满足：$\Psi_k(\boldsymbol{r}+\boldsymbol{R}_n)=\mathrm{e}^{i\boldsymbol{k}\cdot\boldsymbol{R}_n}\Psi_k(\boldsymbol{r})$

10. 证明：当晶体电子 $k=\dfrac{n\pi}{a}$时出现简并，此时电子波函数零级近似如何表达？

11. 由简单立方晶体 s 能带的结果，证明晶体电子能量满足关系：$E_n(\boldsymbol{k})=E_n(\boldsymbol{k}+\boldsymbol{K}_m)$及 $E_n(\boldsymbol{k})=E_n(-\boldsymbol{k})$。

12. 比较近自由电子近似和紧束缚近似。

13. 能带的宽度与什么因素有关？禁带的宽度与什么因素有关？内外层能带哪个宽？能否说宽的能带容纳的电子数比窄的能带多？

14. 讨论电子有效质量 m^* 和惯性质量 m 的差异，为什么会有这些差异？能带结构对 m^*

有什么影响？

15.“满带不导电，导电不满带”的说法正确吗？

16. 铜质量密度 $d=8.9\times10^3\text{kg/m}^3$，原子量 $A=63.5$。

(1) 计算 0K 时的费米能 E_F；

(2) 估算 Cu 的导带宽度。

思政阅读

见微知著，点石成金

在 19 世纪 20 年代，无线电调谐器只能接收广播这种相对较低频率的电磁波，现有的电子管发射器和接收器当时在高频下也表现不佳。美国贝尔实验室的研究人员拉塞尔·奥尔（Rusell Ohl）希望使用半导体来制备一种高频接收器，他将视线投向了锗和硅等半导体材料。一开始，他把注意力集中在硅的整流性质上，一门心思研究获取纯净硅的办法，认为只有获得较纯净的材料才能实现这一结果，然而在获得了 99.8%的纯净硅后，还是没有什么进展。

新的发现往往会在偶然中不期而至。1940 年 2 月 23 日那天，拉塞尔发现在制备好的一片硅片里有了裂痕，他注意到当硅晶体暴露在光下，线路中电流表使劲地跳动了一下，这令拉塞尔大吃一惊。他没有放过这个细小的科学现象，认定其中必有原因，于是他又将线路中电源的极性反接，此时电流表就不转动了。也就是说，这片硅晶体在光照下表现了整流性。拉塞尔发现了上面的光电流现象，但对于其内在的物理机制却百思不得其解。这时候，沃特·布拉顿帮助拉塞尔解释了这个“古怪”的新现象。沃特·布拉顿认为这个现象一定与硅片上的那道裂纹密切相关，熔融状态下的硅在凝固时产生的裂纹导致晶体两侧的纯度产生了差异，裂纹一侧区域中的硅原子周围有多余的电子，另一侧有更多的空穴。后来，科学家们把有过多电子载流子的半导体叫做 N 型半导体，有过多空穴载流子的半导体叫做 P 型半导体。当这两种形态的半导体接触在一起时，就形成了一个 PN 结，该结形成的势垒可以防止 N 区中多余的电子传导到 P 区。但是当光线照射样品时，N 区中的电子获得能量越过势垒，形成电流，实现了光能向电能的转化。发现 PN 结后，贝尔实验室改变了对硅晶体的看法，并制定了庞大的研究计划，在这个计划下，第一个点接触晶体管诞生了。

晶体管的问世是固体电子学的一个里程碑，标志着一个新时代的开始。从沙子到芯片，硅半导体材料的发展和应用为人类开辟了一个计算机、通信、电子时代的新纪元。而这一切，其实都是由科学家拉塞尔·奥尔一个偶然的发现引起的。正是拉塞尔敏锐的观察力和一丝不苟的科研精神，才使这个偶然的发现有了生命力，从而引发电子技术的一场深刻变革，改变了整个世界。

著名物理学家伽利略曾说过，一切推理都必须从观察与实验中得来。在科研探索的路上，细节决定成败。在生活、学习和科研中，应当培养一丝不苟的精神，学会多观察、多思考，用心探索每一个细节。哪怕是一条不起眼的裂缝，都可能蕴藏着丰富的科学哲理。追求真理，严谨治学，成功自会出现。

第4章

材料的磁性

通常，人们把铁、钴、镍等少数具有明显磁性的金属及其合金称为磁性金属材料，把其他大多数金属看作非磁性材料。实际上，材料在外磁场中都能被磁化而显示出宏观磁性，从这个意义上来说，一切材料均有磁性，只是有些显示为强磁性，有些显示为弱磁性。

金属的磁性早就为人们所利用，磁学也是一门古老的学问，但直到量子力学问世之后，人们才认清物质磁性的本质。从晶体结构、力学性能和物理性能诸方面看，许多金属间并无特定的区别，但是在磁性方面却有很大差异。例如，Al 和 Cu 都是面心立方结构，也都是电和热的良导体，但 Al 显示顺磁性，而 Cu 则为抗磁性。再如，Fe 和 Cr 同属黑色金属，在周期表中也相差不远，室温下都为体心立方结构，甚至点阵常数、原子直径都相差甚小，但 Fe 是典型铁磁性的，而 Cr 为反铁磁性的。这些用经典力学理论是难以理解的，只有根据量子力学原理，才能给予正确解释。

本章在介绍物质的宏观磁性后，在量子理论基础上，讨论物质磁性的来源及金属产生各种磁性的机理。

4.1 物质的宏观磁性和磁体热力学

当把材料放在磁场中时，宏观上材料将呈现一定的磁性，这种现象称为磁化。被磁化的材料具有磁矩，材料单位体积内的磁矩称为磁化强度 $\boldsymbol{M}$。各种材料的磁化程度有很大差异，这种差异用磁化率 χ 来描述。在物理学中已经知道，在外磁场 $\boldsymbol{H}$ 中，材料的磁化强度

$$\boldsymbol{M}=\chi\boldsymbol{H} \tag{4-1}$$

材料的磁感应强度

$$\boldsymbol{B}=\mu_0(\boldsymbol{H}+\boldsymbol{M})=\mu_0(1+\chi)\boldsymbol{H}=\mu_0\mu_r\boldsymbol{H} \tag{4-2}$$

式中，μ_0 为真空磁导率，$\mu_0=4\pi\times10^{-7}\,\mathrm{H/m}$；$\chi=\boldsymbol{M}/\boldsymbol{H}$，是磁化率；$\mu_r=1+\chi$，是相对磁导率。

按照磁化率 χ 的大小和符号，物质的磁性可以分为以下五类。

① 抗磁性　磁化率 $\chi<0$，绝对值为 10^{-5}，它几乎不随温度变化。典型的抗磁性物质有惰性气体、许多有机化合物、若干金属（如 Bi、Zn、Cu、Ag 等）、非金属（如 Si、P、S 等）。

② 顺磁性　磁化率 $\chi>0$，数值很小，为 $10^{-3}\sim10^{-5}$ 数量级，与温度 T 成反比，即

$$\chi=\frac{C}{T}$$

称为居里（Curie）定律。其中，C 为居里常数。顺磁性物质主要有铝、稀土金属和铁族元素的盐类等。

③ 铁磁性　磁化率 $\chi>0$，数值大到 10^6 数量级。在某个临界温度 T_C（居里温度）以下，即使没有外磁场也会磁化到饱和，即发生自发磁化；在 T_C 以上，表现为顺磁性，满足居里-外斯（Curie-Weiss）定律，即

$$\chi=\frac{C}{T-T_P} \tag{4-3}$$

式中，T_P 为顺磁居里温度。Fe、Co、Ni 及其合金都是铁磁性物质。

④ 反铁磁性　磁化率 χ 为小的正数。在奈耳（Neel）温度 T_N 以下，χ 随着 T 下降而下降；在 T_N 以上，行为像顺磁性。属于反铁磁性物质的有金属 Cr 和 Mn、过渡族元素的盐类及化合物，如 MnO、MnF_2、NiO、CoO 等。

⑤ 亚铁磁性　这类物质的宏观磁性与铁磁体很相似，低于居里温度 T_C 时，也会发生自发磁化，但自发磁化强度没有铁磁体大，磁化率也小于铁磁体；微观磁结构则不同于铁磁体。铁氧体是典型的亚铁磁性物质。

材料之所以形成各种不同的磁性，是由构成材料的原子是否具有固有磁矩（定义将在下文中给出）、磁矩间相互作用的强弱以及这些磁矩对外磁场响应的特性所决定的。后文将用量子理论给予解释，这里仅从磁结构的差异给出定性说明。

抗磁性是磁场对电子运动起作用的结果。例如，原子中做轨道运动的电子具有轨道角动量 $\boldsymbol{p}_l$ 和轨道磁矩 $\boldsymbol{\mu}_l$，在外磁场作用下，做轨道运动的电子受到洛伦兹力的作用，此时电子除了做轨道运动，还要附加一个以外磁场 $\boldsymbol{B}$ 的方向为轴线的进动，如图 4-1 所示。值得注意的是，无论电子原来的轨道情况如何，如果面对着 $\boldsymbol{B}$ 的方向看，进动的转向总是逆时针方向。电子的进动会产生一个附加圆电流，因为电子带负电，所以这个圆电流产生的感生磁矩的方向总是与 $\boldsymbol{B}$ 的方向相反。无论原子中每个电子原来的轨道运动状态如何，在外磁场作用下，都要产生与外磁场相反的感生磁矩，这便是抗磁性的一个来源。

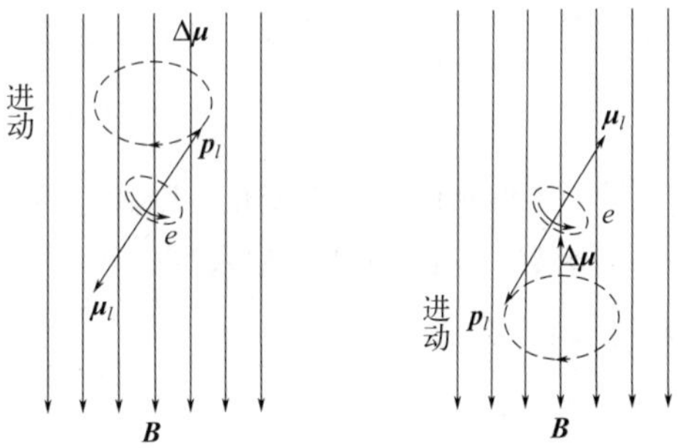

图 4-1　在外磁场中电子的进动和感生磁矩

物质顺磁性的来源之一是原子（或离子）具有固有磁矩 $\boldsymbol{\mu}_J$，当材料不受外磁场作用时，由于热运动，各原子磁矩的取向是紊乱的，材料在整体上磁矩为零，宏观上不显磁性。当存在外磁场 $\boldsymbol{B}$ 时，原子固有磁矩 $\boldsymbol{\mu}_J$ 在磁场中的取向能

$$E=-\boldsymbol{\mu}_J\cdot\boldsymbol{B}$$

$\boldsymbol{\mu}_J$ 与 $\boldsymbol{B}$ 夹角愈小，能量愈低。所以，在磁场作用下，固有磁矩趋于转向磁场方向排列，使得磁矩在磁场方向上平均不为零，显示出宏观顺磁性。而热运动破坏这种沿磁场方向的排列，

导致磁化率减小。

上面的讨论中认为固有磁矩间没有相互作用或相互作用微弱，可以忽略。但实际上在很多材料中，原子固有磁矩之间的直接或间接作用很强，使得原子磁矩自发地互相平行或反平行地长程有序排列，从而导致了铁磁性、反铁磁性、亚铁磁性等磁有序现象。铁磁体内的原子磁矩由于相互作用而平行排列。反铁磁体内存在着两个亚晶格，两个亚晶格互相穿插，每个亚晶格内的磁矩呈平行排列，而两个亚晶格的磁矩是反平行的，由于两个亚晶格的磁矩相等，所以互相抵消。亚铁磁体的晶格磁结构和反铁磁体类似，但两个亚晶格的磁矩大小不等，因而不能抵消，产生一定的自发磁化强度。顺磁体、铁磁体、反铁磁体和亚铁磁体的磁矩取向如图 4-2 所示。

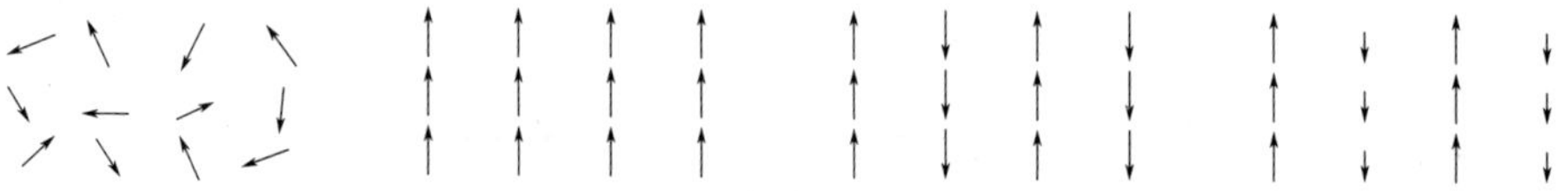

(a) 顺磁体　(b) 铁磁体　(c) 反铁磁体　(d) 亚铁磁体

图 4-2　几类磁性材料的磁矩取向

磁性物质在磁场作用下构成一个热力学系统，根据热力学第一定律和第二定律，对于状态可逆过程，有

$$dU = T dS + \delta A \tag{4-4}$$

式中，dU 为系统的内能变化量；dS 为系统熵的变化量；TdS 为系统吸收的热量；δA 为外界对系统做的功，包括磁化功（$\mu_0 H dM$）和机械功（$-p dV$），这里 μ_0 为真空磁导率，M 为磁化强度，H 为磁场强度，p 为压强，V 为体积。

因此，单位体积磁体的热力学关系为

$$dU = T dS + \mu_0 H dM - p dV \tag{4-5}$$

如果不考虑磁体的体积变化，则式（4-5）最后一项为零，并且内能 U 为温度 T 和磁化强度 M 的函数，即 $U=U(T,M)$，有

$$dU = \left(\frac{\partial U}{\partial T}\right)_M dT + \left(\frac{\partial U}{\partial M}\right)_T dM$$

式（4-5）可以写成

$$T dS = \left(\frac{\partial U}{\partial T}\right)_M dT + \left[\left(\frac{\partial U}{\partial M}\right)_T - \mu_0 H\right] dM \tag{4-6}$$

亦即

$$dS = \frac{1}{T}\left(\frac{\partial U}{\partial T}\right)_M dT + \frac{1}{T}\left[\left(\frac{\partial U}{\partial M}\right)_T - \mu_0 H\right] dM$$

由熵的函数关系 $S=S(T,M)$ 可以得到

$$dS = \left(\frac{\partial S}{\partial T}\right)_M dT + \left(\frac{\partial S}{\partial M}\right)_T dM$$

比较上面两式，可以得到

$$\left(\frac{\partial S}{\partial T}\right)_M=\frac{1}{T}\left(\frac{\partial U}{\partial T}\right)_M$$

$$\left(\frac{\partial S}{\partial M}\right)_T=\frac{1}{T}\left[\left(\frac{\partial U}{\partial M}\right)_T-\mu_0 H\right]$$

再分别对 M 和 T 求偏微分，有

$$\frac{\partial}{\partial M}\left(\frac{\partial S}{\partial T}\right)_M=\frac{1}{T}\times\frac{\partial}{\partial M}\left(\frac{\partial U}{\partial T}\right)$$

$$\frac{\partial}{\partial T}\left(\frac{\partial S}{\partial M}\right)_T=\frac{1}{T}\left[\frac{\partial}{\partial T}\left(\frac{\partial U}{\partial M}\right)-\mu_0\left(\frac{\partial H}{\partial T}\right)\right]-\frac{1}{T^2}\left[\left(\frac{\partial U}{\partial M}\right)-\mu_0 H\right]$$

应用

$$\frac{\partial}{\partial M}\left(\frac{\partial S}{\partial T}\right)=\frac{\partial}{\partial T}\left(\frac{\partial S}{\partial M}\right)$$

以及

$$\frac{\partial}{\partial M}\left(\frac{\partial U}{\partial T}\right)=\frac{\partial}{\partial T}\left(\frac{\partial U}{\partial M}\right)$$

可得

$$\left(\frac{\partial U}{\partial M}\right)_T=\mu_0\left[H-T\left(\frac{\partial H}{\partial T}\right)_M\right] \tag{4-7}$$

将式（4-7）代入式（4-6），得到

$$T\mathrm{d}S=\left(\frac{\partial U}{\partial T}\right)_M\mathrm{d}T-\mu_0 T\left(\frac{\partial H}{\partial T}\right)_M\mathrm{d}M \tag{4-8}$$

式（4-8）是研究磁体各种磁效应的热力学基本方程

磁体的吉布斯（Gibbs）自由能为

$$G=U-TS+pV \tag{4-9}$$

取微分，有

$$\mathrm{d}G=\mathrm{d}U-T\mathrm{d}S-S\mathrm{d}T+p\mathrm{d}V+V\mathrm{d}p$$

利用式（4-5），得

$$\mathrm{d}G=\mu_0 H\mathrm{d}M-S\mathrm{d}T+V\mathrm{d}p$$

若认为恒压 $\mathrm{d}p=0$，可得到

$$\mathrm{d}G=\mu_0 H\mathrm{d}M-S\mathrm{d}T$$

最后，有

$$\left(\frac{\partial G}{\partial M}\right)_{T,p}=\mu_0 H \tag{4-10}$$

式（4-10）表明，只要在理论上求出吉布斯自由能 $G(M,T)$，就能得到恒温恒压下 M 和 H 的关系。

由式（4-5）可以得到

$$\mathrm{d}(U-T\mathrm{d}S-\mu_0 HM+pV)=-S\mathrm{d}T-\mu_0 M\mathrm{d}H+V\mathrm{d}p$$

定义磁体的热力学势为

$$\Phi=U-TS-\mu_0 HM+pV=G-\mu_0 HM \tag{4-11}$$

其微分基本等式

$$\mathrm{d}\Phi=-S\mathrm{d}T-\mu_0 M\mathrm{d}H+V\mathrm{d}p$$

得到研究磁性问题有用的关系式

$$\left(\frac{\partial \Phi}{\partial H}\right)_{T,p}=-\mu_0 M \tag{4-12}$$

式（4-12）说明，只要确定 Φ 的形式，便可求出磁化强度 M，继而求出磁化率

$$\chi=\frac{M}{H}=-\frac{1}{\mu_0 H}\left(\frac{\partial \Phi}{\partial H}\right)_{T,p} \tag{4-13}$$

下面介绍通过统计力学求出 Φ 的方法。设位于磁场 H 中的系统，在温度 T 时，处在第 n 个微观态时的能量为 E_n，处在该状态时对磁化强度的贡献为

$$M_n=-\frac{1}{\mu_0}\times\frac{\partial E_n}{\partial H}$$

按玻尔兹曼统计分布，系统处在这个状态的概率为 $g_n \mathrm{e}^{-\frac{E_n}{k_B T}}$，其中 g_n 为简并度，k_B 为玻尔兹曼常数。系统的磁化强度为各微观态的统计平均，有

$$M=\frac{\sum\limits_n M_n g_n \mathrm{e}^{-\frac{E_n}{k_B T}}}{\sum\limits_n g_n \mathrm{e}^{-\frac{E_n}{k_B T}}}=-\frac{\sum\limits_n \frac{\partial E_n}{\partial H} g_n \mathrm{e}^{-\frac{E_n}{k_B T}}}{\mu_0 \sum\limits_n g_n \mathrm{e}^{-\frac{E_n}{k_B T}}}=\frac{k_B T}{\mu_0}\times\frac{\partial}{\partial H}\ln\left(\sum_n g_n \mathrm{e}^{-\frac{E_n}{k_B T}}\right)$$

统计力学中，$Z=\sum\limits_n g_n \mathrm{e}^{-\frac{E_n}{k_B T}}$ 称为系统的配分函数。由此得出

$$M=\frac{k_B T}{\mu_0}\times\frac{\partial}{\partial H}\ln Z \tag{4-14}$$

比较式（4-12）和式（4-14），热力学势应为

$$\Phi=-k_B T\ln Z \tag{4-15}$$

4.2 原子磁矩

材料由原子组成，研究原子的磁性是了解材料磁性的基础。这里仅讨论孤立原子（或孤

立离子）的磁矩，至于原子（或离子）在金属中的磁性行为，后文再做介绍。

原子由电子和原子核组成，电子做轨道运动和自旋运动，它们相应地产生轨道磁矩和自旋磁矩。由于原子核的质量比电子质量大得多，故原子核产生的磁矩和电子产生的磁矩相比，可以忽略不计。因此，电子是物质磁性的主要元负荷者。

按照量子力学关于多电子原子的理论，原子中电子的状态由 n、l、m_l、m_s 四个量子数来描述。

主量子数 n 只能取正整数，n 相同的电子分布在同一个壳层上，$n=1,2,3,4,5,6\cdots$电子壳层常用符号 K、L、M、N、O、P 等表示。

角量子数 l 决定着电子轨道角动量 $\boldsymbol{p}_l$ 的大小，即

$$|\boldsymbol{p}_l|=\sqrt{l(l+1)}\hbar \tag{4-16}$$

其中，$\hbar=\dfrac{h}{2\pi}$，h 为普朗克常数。n 和 l 两个量子数相同的电子分布在同一个次壳层上，在同一个次壳层上的电子具有相同的能量，故称它们处于同一个能级。对于一个给定的主量子数，角量子数可取 $0\sim(n-1)$ 的 n 个数。习惯上，常用符号 s、p、d、f、g、h…依次代表 $l=0$，$1,2,3,4,5$，…的次壳层等。例如，$n=1$，$l=0$ 状态的电子记为 1s 次壳层；$n=3$，$l=2$ 状态的电子记为 3d 次壳层等。相应的能级分别记为 E_{1s} 和 E_{3d} 等。

磁量子数 m_l 决定轨道角动量在磁场方向（设为 z 轴方向）的分量大小

$$p_{lz}=m_l\hbar \tag{4-17}$$

电子处在角量子数为 l 的状态时，磁量子数 m_l 可取 $0,\pm1,\cdots,\pm2l$ 共$(2l+1)$个整数。n、l 和 m_l 三个量子数相同的电子，习惯上称它们处于同一个原子轨道上。

三个量子数(n,l,m_l)描述了核外电子在空间中的轨道运动，除此之外，电子本身还做自旋运动。它是独立于空间运动之外的属性，因此，需要用第四个量子数描述电子的自旋状态。自旋角动量 $\boldsymbol{p}_s$ 大小为

$$|\boldsymbol{p}_s|=\sqrt{s(s+1)}\hbar \tag{4-18}$$

式中，s 为自旋量子数，s 的值只能取$\dfrac{1}{2}$。自旋角动量在磁场方向（取为 z 轴方向）的分量 p_{sz} 大小由自旋磁量子数 m_s 决定，即

$$p_{sz}=m_s\hbar \tag{4-19}$$

自旋磁量子数 m_s 只能取$+\dfrac{1}{2}$和$-\dfrac{1}{2}$两个值。表明电子自旋运动状态只有两种：一种是自旋向上的状态（常用“↑”表示）；另一种是自旋向下的状态（常用“↓”表示）。这样，电子自旋运动状态可用自旋磁量子数 m_s 来描述。原子中 n、l、m_s、m_l 四个量子数相同的电子只能有一个。

根据量子力学的结果，电子做轨道运动时，其轨道角动量 $\boldsymbol{p}_l$ 和轨道磁矩 $\boldsymbol{\mu}_l$ 的关系为

$$\boldsymbol{\mu}_l=-\frac{e}{2m}\boldsymbol{p}_l \tag{4-20}$$

式中，比值$\frac{e}{2m}$称为电子轨道运动的旋磁比；e为电子电量的绝对值；m为电子的质量；负号表明磁矩的方向和角动量相反。

对于电子的自旋运动，自旋角动量$\boldsymbol{p}_s$和自旋磁矩$\boldsymbol{\mu}_s$有类似关系，即

$$\boldsymbol{\mu}_s=-\frac{e}{m}\boldsymbol{p}_s \tag{4-21}$$

电子自旋运动的旋磁比为$\frac{e}{m}$，是轨道运动旋磁比的 2 倍。式（4-20）两边取模，得到电子轨道磁矩的大小为

$$|\boldsymbol{\mu}_l|=\mu_l=\frac{e}{2m}\sqrt{l(l+1)}\hbar=\sqrt{l(l+1)}\mu_{\mathrm{B}} \tag{4-22}$$

其中利用了式（4-16），$\mu_{\mathrm{B}}=\frac{e\hbar}{2m}=9.274\times10^{-24}\mathrm{J/T}$，称为玻尔磁子，它是原子磁矩的天然单位。由于角动量在空间是量子化分布的，相应的磁矩在空间也是量子化分布的。考虑式（4-17），轨道磁矩在外磁场方向（设为z轴方向）的分量大小为

$$\mu_{lz}=m_l\mu_{\mathrm{B}} \tag{4-23}$$

轨道磁矩在磁场$\boldsymbol{B}$中作用势能为

$$E_l=-\boldsymbol{\mu}_l\cdot\boldsymbol{B}=\frac{e}{2m}\boldsymbol{p}_l\cdot\boldsymbol{B}=m_lB\mu_{\mathrm{B}} \tag{4-24}$$

对于电子的自旋运动，有类似的结果，即式（4-21）两边取模，得电子自旋磁矩的大小为

$$|\boldsymbol{\mu}_s|=\mu_s=2\sqrt{s(s+1)}\mu_{\mathrm{B}} \tag{4-25}$$

$$\mu_{sz}=2m_s\mu_{\mathrm{B}} \tag{4-26}$$

自旋磁矩在磁场$\boldsymbol{B}$中作用势能为

$$E_s=-\boldsymbol{\mu}_s\cdot\boldsymbol{B}=\frac{e}{m}\boldsymbol{p}_s\cdot\boldsymbol{B}=2m_sB\mu_{\mathrm{B}} \tag{4-27}$$

其中利用了式（4-18）和式（4-19）。

在多电子原子中，电子之间存在着库仑作用（表现为电子轨道运动之间的耦合），轨道运动与自旋运动之间也存在着耦合。对于不太重的元素，电子之间的库仑作用大于自旋-轨道相互作用，各电子轨道角动量先耦合成总轨道角动量

$$\boldsymbol{p}_{\mathrm{L}}=\sum_i\boldsymbol{p}_{li}$$

各自旋角动量也耦合成总自旋角动量

$$\boldsymbol{p}_{\mathrm{S}}=\sum_i\boldsymbol{p}_{si}$$

然后$\boldsymbol{p}_L$和$\boldsymbol{p}_S$再合成总角动量

$$\boldsymbol{p}_J=\boldsymbol{p}_L+\boldsymbol{p}_S$$

上述角动量间耦合方式称为 L-S 耦合。这样产生的总轨道磁矩和总自旋磁矩分别为

$$\boldsymbol{\mu}_L=-\frac{e}{2m}\boldsymbol{p}_L \tag{4-28}$$

$$\boldsymbol{\mu}_S=-\frac{e}{m}\boldsymbol{p}_S \tag{4-29}$$

原子总磁矩为

$$\boldsymbol{\mu}=\boldsymbol{\mu}_L+\boldsymbol{\mu}_S=-(\boldsymbol{p}_L+2\boldsymbol{p}_S)\frac{e}{2m}=-(\boldsymbol{p}_J+\boldsymbol{p}_S)\frac{e}{2m} \tag{4-30}$$

由式（4-30）可见，原子磁矩 $\boldsymbol{\mu}$ 和总角动量 $\boldsymbol{p}_J$ 不在同一条直线上。图 4-3 为 $\boldsymbol{p}_L$、$\boldsymbol{p}_S$、$\boldsymbol{p}_J$、$\boldsymbol{\mu}_L$、$\boldsymbol{\mu}_S$ 及 $\boldsymbol{\mu}$ 的关系。由于原子总角动量 $\boldsymbol{p}_J$ 不受外力作用，所以是恒定不变的，但 $\boldsymbol{\mu}_L$ 和 $\boldsymbol{\mu}_S$ 的磁相互作用，应该产生进动。故图 4-3 中各矢量都绕 $\boldsymbol{p}_J$ 进动。原子磁矩 $\boldsymbol{\mu}$ 垂直于 $\boldsymbol{p}_J$ 的分量 $\boldsymbol{\mu}_\perp$ 在一进动周期中平均值为零，只有平行于 $\boldsymbol{p}_J$ 的分量 $\boldsymbol{\mu}_J$ 才是有效的。由图 4-3 可确定其值为

$$\mu_J=\mu_L\cos(\boldsymbol{p}_L,\boldsymbol{p}_J)+\mu_S\cos(\boldsymbol{p}_S,\boldsymbol{p}_J)$$

可以得到

$$\boldsymbol{\mu}_J=-g_J\frac{e}{2m}\boldsymbol{p}_J \tag{4-31}$$

式中

$$g_J=1+\frac{p_J^2+p_S^2-p_L^2}{2p_J^2}$$

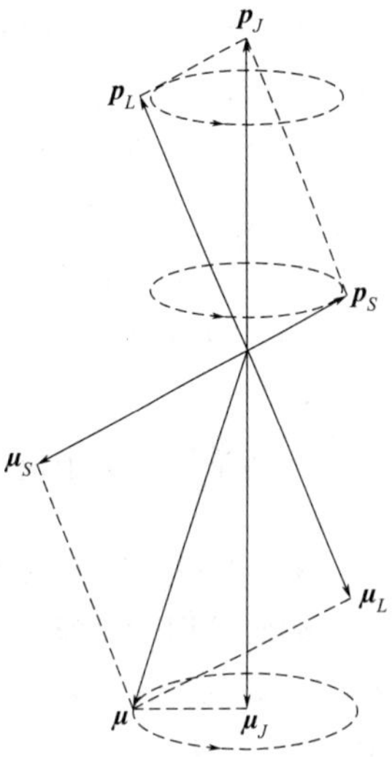

图 4-3　原子磁矩同角动量的关系

考虑到角动量是量子化的，即

$$p_J^2=J(J+1)\hbar^2,\ p_L^2=L(L+1)\hbar^2,\ p_S^2=S(S+1)\hbar^2$$

式中，J、L、S 分别为原子的总角量子数、总轨道量子数和总自旋量子数。故

$$g_J=1+\frac{J(J+1)+S(S+1)-L(L+1)}{2J(J+1)} \tag{4-32}$$

g_J 称为朗德因子。因而原子磁矩大小为

$$\mu_J=|\boldsymbol{\mu}_J|=g_J\sqrt{J(J+1)}\frac{e}{2m}\hbar=g_J\sqrt{J(J+1)}\mu_B \tag{4-33}$$

根据式（4-32）和式（4-33），当 $S=0$ 时，$J=L$，$g_J=1$，$\mu_J=\sqrt{L(L+1)}\mu_B$，即原子磁矩完全由电子的轨道磁矩所贡献。当 $L=0$ 时，$J=S$，$g_J=2$，$\mu_J=2\sqrt{S(S+1)}\mu_B$，即原子磁矩完全由自旋磁矩所贡献。

原子磁矩在外磁场中的取向也是量子化的，有

$$\mu_{jz}=g_J M_J \mu_B \tag{4-34}$$

式中，M_J 称为原子的总磁量子数，$M_J=-J,-J+1,\cdots,J-1,J$ 共 $2J+1$ 个不同的值。原子磁矩在外磁场 $\boldsymbol{B}$ 中作用的势能为

$$E_J=-\boldsymbol{\mu}_J\cdot\boldsymbol{B}=g_J M_J B\mu_B \tag{4-35}$$

原子内部满壳层中电子的总轨道角动量和总自旋角动量为零，对磁矩没有贡献。因此，上述角动量合成只需考虑未满壳层中的电子。这样，只有具有未满壳层的原子，才具有不为零的磁矩，称为原子固有磁矩，具有固有磁矩的原子称为磁性原子。而电子壳层都充满的原子，没有固有磁矩，称为非磁性原子。以上有关孤立原子磁矩的结果，对孤立离子也同样适用。

由式（4-32）和式（4-33）可知，原子（或离子）磁矩的大小取决于原子（或离子）的量子数 L、S 和 J。由于原子（或离子）中只有未填满电子的壳层才对固有磁矩有贡献，因此计算 L、S 和 J 时只需考虑未满壳层。洪德（Hund）法则就是用以规定含有未满壳层的原子（或离子）基态量子数的几条规则，概述如下：

① 总自旋量子数 S 取泡利（Pauli）不相容原理许可的最大值。

② 在满足①的条件下，总轨道量子数 L 取最大值。

③ 当未满壳层中电子数少于一半时，总角量子数 $J=|L-S|$；若超过一半时，$J=L+S$。

下面举两个例子说明它的应用及如何计算原子（或离子）磁矩。

【例 4-1】 Nd^{3+} 离子

Nd^{3+} 的电子组态：$1s^2 2s^2 2p^6 3s^2 3p^6 3d^{10} 4s^2 4p^6 4d^{10} 4f^3 5s^2 5p^6$。未满壳层为 $4f^3$，有三个电子。f 态的角量子数 $l=3$，磁量子数 $m_l=3$，2，1，0，-1，-2，-3，分别对应 7 个轨道，可容纳 14 个电子。

按照洪德法则，这三个电子分别处在三个不同的轨道上，自旋相互平行，总自旋量子数有最大值

$$S=\frac{1}{2}\times 3=\frac{3}{2}$$

三个电子优先占据 $m_l=3$，2，1 的三个轨道，使总角量子数有最大值

$$L=3+2+1=6$$

4f 支壳层可容纳 14 个电子，现在只有 3 个，不到半满，故

$$J=|L-S|=\frac{9}{2}$$

由式（4-32）得到 $g_J=0.73$，把 J 和 g_J 数据代入式（4-33），求出 Nd^{3+} 基态磁矩

$$\mu_J=g_J\sqrt{J(J+1)}\,\mu_B=0.73\sqrt{\frac{9}{2}\left(\frac{9}{2}+1\right)}\,\mu_B=3.63\mu_B$$

【例 4-2】 Fe 原子

Fe 原子的电子组态：$1s^2 2s^2 2p^6 3s^2 3p^6 3d^6 4s^2$。未满壳层为 $3d^6$，有 6 个电子。d 态的角量子数 $l=2$，磁量子数 $m_l=2,1,0,-1,-2$，对应 5 个轨道，可容纳 10 个电子。6 个电子中，5 个自旋向上 $m_s=\frac{1}{2}$，一个自旋向下 $m_s=-\frac{1}{2}$，总自旋量子数

$$S=\frac{1}{2}\times 5-\frac{1}{2}=2$$

为了使 L 有最大值，5 个电子分别各占据 5 个 m_l 轨道中一个，第六个电子占据 m_l 最大轨道

$$L=2+1+0+(-1)+(-2)+2=2$$

由于 3d 支壳层上电子已超过半满，所以

$$J=L+S=2+2=4$$

由式（4-32）得 $g_J=1.5$，把 J 和 g_J 数据代入式（4-33），求出 Fe 原子基态磁矩为 $6.7\mu_B$。

4.3 电子在磁场中的运动

在第 2 章已经知道，原子组成金属后，价电子在整个金属内运动，称为共有化电子（自由电子）；内层电子受核束缚，仍局域在原来原子内运动，一般称为局域电子。共有化电子对导电有贡献，故又称为传导电子。

下面分析这两类电子在磁场中的运动情况。

4.3.1 自由电子在磁场中的运动

为更具普遍性，讨论自由带电粒子（电子和正离子）在磁场中的运动。由于带电粒子间存在相互作用，要从微观上严格地处理这个问题是非常复杂的，为了使问题简化，完全忽略粒子间的相互作用，只考察单个带电粒子在磁场中的运动。这个模型虽然粗糙，却以简单、直观的方式提供了粒子运动的物理图像。

只讨论最简单的情况——带电粒子在均匀恒定磁场中的运动。

一个质量为 m、电荷为 q 的粒子，无磁场时，以速度 $\boldsymbol{v}$ 在空间自由运动。施加一个均匀恒定的磁场 $\boldsymbol{B}$，称平行于 $\boldsymbol{B}$ 的方向为纵向，垂直于 $\boldsymbol{B}$ 的方向为横向。可把速度 $\boldsymbol{v}$ 分解为纵向和横向两个分量

$$\boldsymbol{v}=\boldsymbol{v}_{/\!/}+\boldsymbol{v}_{\perp} \tag{4-36}$$

带电粒子受到洛伦兹力

$$\boldsymbol{F}=q\boldsymbol{v}\times\boldsymbol{B}=q(\boldsymbol{v}_{/\!/}+\boldsymbol{v}_{\perp})\times\boldsymbol{B}=q\boldsymbol{v}_{\perp}\times\boldsymbol{B} \tag{4-37}$$

由于洛伦兹力垂直于速度 $\boldsymbol{v}_{\perp}$，故它只改变速度 $\boldsymbol{v}_{\perp}$ 的方向，不改变其大小。而洛伦兹力的大小

$$|\boldsymbol{F}|=F=|q|v_{\perp}B \tag{4-38}$$

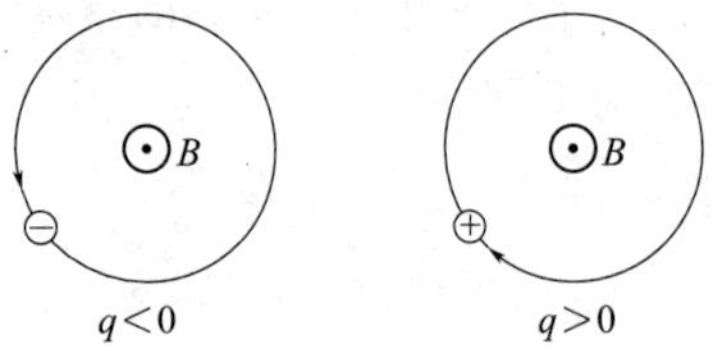

图 4-4 带电粒子在磁场中的回旋运动

恒定不变，因此，带电粒子在垂直于磁场的平面内（横向）绕磁力线做匀速圆周运动。回旋运动的方向与电荷 q 符号有关，如图 4-4 所示，对着 $\boldsymbol{B}$ 方向看粒子运动时，正粒子和负粒子分别沿顺时针方向和逆时针方向旋转。

按照牛顿第二定律 $F=ma$，对于匀速圆周运动的粒子，有

$$|q|v_{\perp}B=\frac{mv_{\perp}^2}{r_c} \tag{4-39}$$

由此得回旋半径

$$r_c=\frac{mv_{\perp}}{|q|B} \tag{4-40}$$

r_c 称为拉莫尔（Larmor）半径。粒子回旋一周的时间（周期）为

$$T=\frac{2\pi r_c}{v_{\perp}}=\frac{2\pi m}{|q|B}$$

回旋频率也称为拉莫尔频率，应为

$$\omega_c=\frac{2\pi}{T}=\frac{|q|B}{m} \tag{4-41}$$

回旋半径和回旋角频率是在磁场中运动的带电粒子的两个特征量，对于一定的磁场，它们取决于粒子的质量和电荷。粒子的 m 愈大，$|q|$ 愈小，其 r_c 愈大，而 ω_c 愈小。例如，离子的质量远大于电子，所以离子的回旋半径远大于电子，而回旋频率远小于电子。在平行于磁场方向（纵向），粒子不受磁力作用，以恒定速度 $\boldsymbol{v}_{/\!/}$ 沿 $\boldsymbol{B}$ 的方向（或其相反方向）做匀速直线运动。回旋运动的圆心通常称为引导中心，它的轨道是一条平行于磁力线的直线。

由上面所述可以得到带电粒子在匀速恒定磁场中运动的图像：带电粒子环绕引导中心做匀速圆周运动，引导中心平行于磁力线做匀速直线运动，这两部分合成起来，带电粒子的轨道是绕磁力线的螺旋线（图 4-5）。螺旋线的半径是回旋半径 r_c，螺距为

$$h=v_{/\!/}T=\frac{2\pi m v_{/\!/}}{|q|B}$$

带电粒子绕磁力线回旋运动时，会形成小电流圈。无论粒子的电荷是正还是负，对着 $\boldsymbol{B}$ 的方向看，电流 $\boldsymbol{I}$ 都沿顺时针方向流动，其大小的时间平均值为

$$|\boldsymbol{I}|=I=\frac{|q|}{T}=\frac{q^2B}{2\pi m}$$

这样的小电流圈具有磁矩 $\boldsymbol{\mu}$，$\boldsymbol{\mu}$ 的大小等于电流 $\boldsymbol{I}$ 与电流圈所围面积 πr_c^2 的乘积，方向由右手螺旋规则判定，与 $\boldsymbol{B}$ 相反（图 4-6）

$$\boldsymbol{\mu}=-I\pi r_c^2\frac{\boldsymbol{B}}{B}=-\frac{mv_{\perp}^2}{2B}\times\frac{\boldsymbol{B}}{B}=-\frac{T_{\perp}}{B}\times\frac{\boldsymbol{B}}{B} \tag{4-42}$$

式中，$T_\perp=\frac{1}{2}mv_\perp^2$，为粒子的横向动能；磁矩大小 $\mu=\frac{T_\perp}{B}$

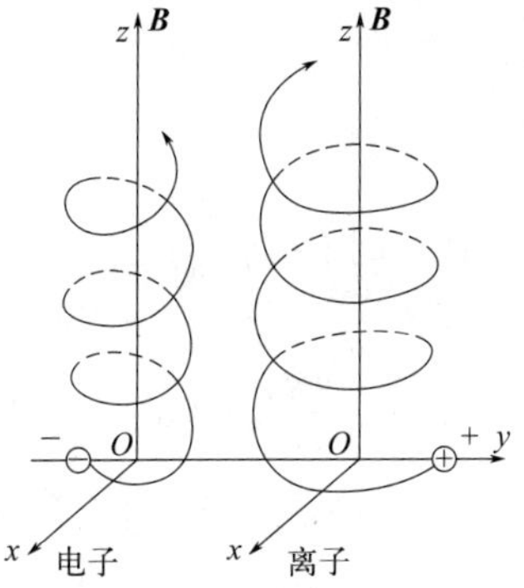

图 4-5　带电粒子在均匀恒定磁场中的螺旋运动

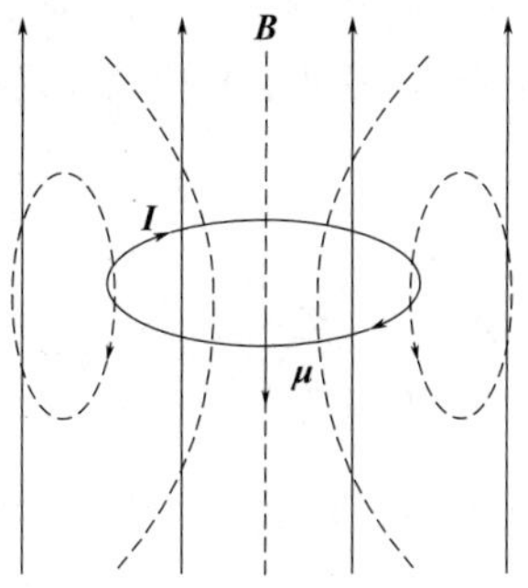

图 4-6　抗磁性的产生

由此可见，$\boldsymbol{\mu}$ 与 $\boldsymbol{B}$ 反平行，而且与粒子的电荷无关，这表明在磁场中运动的任何带电粒子都会产生抗磁性。

在均匀恒定磁场中，粒子的运动方程为

$$m\frac{\mathrm{d}v}{\mathrm{d}t}=q(\boldsymbol{v}\times B)=q(\boldsymbol{v}_\perp\times\boldsymbol{B}) \tag{4-43}$$

式（4-43）是线性方程，可以精确地解出粒子在空间运动的轨道，它是一条等螺距的直螺旋线，而粒子的引导中心只能沿一条磁力线做匀速直线运动。

以上实际把电子作为经典粒子来对待，其中式（4-43）就是经典力学中的牛顿方程。下面用量子力学来处理在磁场中运动的电子问题。

先讨论自由电子的情况。没有磁场时，自由电子的哈密顿算符为

$$\hat{H}=\frac{\hat{\boldsymbol{p}}^2}{2m}=-\frac{\hbar^2}{2m}\nabla^2$$

当有磁场 $\boldsymbol{B}$ 存在时，哈密顿算符中 $\hat{\boldsymbol{P}}$ 要换成 $\hat{\boldsymbol{P}}+e\hat{\boldsymbol{A}}$，其中电子的电量为 $-e$，$\hat{\boldsymbol{A}}$ 为矢势，与磁场的关系为

$$\boldsymbol{B}=\nabla\times\boldsymbol{A} \tag{4-44}$$

磁场中自由电子的哈密顿算符应写为

$$\hat{H}=\frac{1}{2m}(\hat{\boldsymbol{P}}+e\hat{\boldsymbol{A}})^2 \tag{4-45}$$

设磁场沿 z 轴方向，$\boldsymbol{B}=B\boldsymbol{k}=(0,0,B)$，可选矢势 $\boldsymbol{A}=Bx\boldsymbol{j}$，容易验证其满足式（4-44）。磁场中自由电子的薛定谔方程为

$$\frac{1}{2m}\left(\frac{\hbar}{\mathrm{i}}\nabla+eBx\boldsymbol{j}\right)^2\psi(x,y,z)=E\psi(x,y,z) \tag{4-46}$$

方程式（4-46）可采用分离变量法求解，考虑 $\hat{H}$ 中仅 x 分量在变化，则 ψ 中 y 分量和 z 分量

不受影响，仍保持自由电子解的形式 $e^{i(k_y y+k_z z)}$，而 x 分量解要受影响而改变，记为$\phi(x)$。故令

$$\psi(x,y,z)=e^{i(k_y y+k_z z)}\phi(x) \tag{4-47}$$

代入式（4-46），得 $\phi(x)$ 应该满足的方程

$$\left[-\frac{\hbar^2}{2m}\times\frac{d^2}{dx^2}+\frac{1}{2}m\omega_c^2(x-x_0)^2\right]\phi(x)=\varepsilon\phi(x) \tag{4-48}$$

式中，$\varepsilon=E-\frac{\hbar^2 k_z^2}{2m}$；$\omega_c=\frac{eB}{m}$，称为回旋频率；$x_0=-\frac{\hbar k_y}{eB}$。把式（4-48）和式（3-20）相比较可知，式（4-48）是中心位置在 x_0，振动频率为 ω_c 的谐振子的薛定谔方程，谐振子的能量本征值为

$$\varepsilon=(n+\frac{1}{2})\hbar\omega_c \quad n=0,1,2\cdots \tag{4-49}$$

在磁场中运动的自由电子能量为

$$E=\frac{\hbar^2 k_z^2}{2m}+(n+\frac{1}{2})\hbar\omega_c \tag{4-50}$$

式（4-50）表明，沿磁场 $\boldsymbol{B}$ 方向（z 方向）电子保持自由运动，相应的动能为$\frac{\hbar^2 k_z^2}{2m}$；而在垂直于磁场的 x-y 平面上，电子经典圆周运动是量子化的，能量取一系列分立能级，这些分立能级称为朗道（Landau）能级。

再看看晶体中电子在磁场中运动的情况，与自由电子相类似，不过要计及晶格周期势场 $V(\boldsymbol{r})$ 的影响，哈密顿算符为

$$\hat{H}=\frac{1}{2m}(\hat{\boldsymbol{P}}+e\hat{\boldsymbol{A}})^2+V(\boldsymbol{r}) \tag{4-51}$$

严格地求解磁场中晶体中电子的运动是很困难的，但若把晶格周期场影响概括进有效质量中，即采用所谓有效质量近似，可使问题大为简化。

在有效质量近似的框架内，前面讨论的自由电子情况，可以推广到晶体中的电子，只需用有效质量 m^* 替代自由电子质量 m，于是式（4-51）可近似地写成

$$\hat{H}=\frac{1}{2m^*}(\hat{\boldsymbol{P}}+e\hat{\boldsymbol{A}})^2 \tag{4-52}$$

晶体内传导电子在磁场中的薛定谔方程为

$$\frac{1}{2m^*}(\frac{\hbar}{i}\nabla+eBx\boldsymbol{j})^2\psi(x,y,z)=E\psi(x,y,z) \tag{4-53}$$

在磁场中运动的晶体传导电子的能量为

$$E=\frac{\hbar^2 k_2^2}{2m^*}+(n+\frac{1}{2})\hbar\omega_c \tag{4-54}$$

4.3.2 局域电子在磁场中的运动

现在介绍原子中的局域电子在磁场中的运动。原子中电子受核的作用，绕核做轨道运动。轨道角动量为 $\boldsymbol{p}_l$，则轨道磁矩为

$$\boldsymbol{\mu}_l=-\frac{e}{2m}\boldsymbol{p}_l$$

二者方向相反。若将原子置于磁场 $\boldsymbol{B}_0$ 中，设磁场沿 z 轴方向，$\boldsymbol{B}_0$ 与 $\boldsymbol{p}_l$ 夹角为 θ，磁场 $\boldsymbol{B}_0$ 对磁矩 $\boldsymbol{\mu}_l$ 产生力矩 $\boldsymbol{\mu}_l\times\boldsymbol{B}_0$。根据动量矩定理，力矩将引起角动量 $\boldsymbol{p}_l$ 变化，其运动方程为

$$\frac{\mathrm{d}\boldsymbol{p}_l}{\mathrm{d}t}=\boldsymbol{\mu}_l\times\boldsymbol{B}_0=\frac{e}{2m}\boldsymbol{B}_0\times\boldsymbol{p}_l \tag{4-55}$$

式（4-55）表明，在磁场 $\boldsymbol{B}_0$ 中电子的轨道角动量 $\boldsymbol{p}_l$ 绕磁力线旋转，如图 4-7 所示。

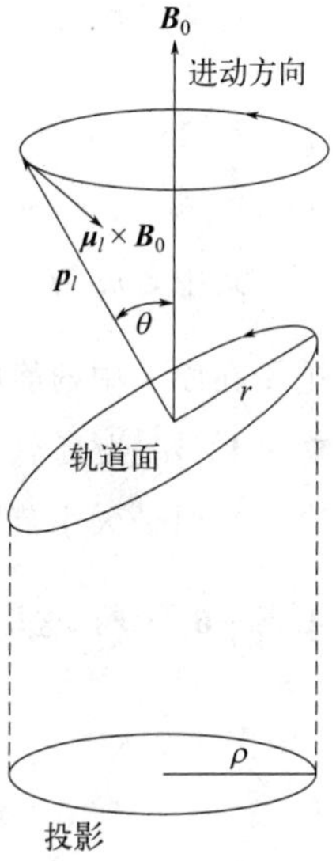

图 4-7 电子轨道进动及抗磁性

这种旋转运动称为拉莫尔进动，拉莫尔进动的频率为

$$\omega_l=\frac{eB_0}{2m} \tag{4-56}$$

为拉莫尔回旋频率的 $\frac{1}{2}$。拉莫尔进动是在原来轨道运动上的附加运动，因此会引起一附加电流

$$I=-e\frac{\omega_l}{2\pi}=-\frac{e^2B}{4\pi m} \tag{4-57}$$

电子运动轨道半径的均方值为

$$\overline{\rho^2}=\overline{x^2}+\overline{y^2}$$

于是，附加电流产生的感生磁矩为

$$IA=-\frac{e^2B}{4m}\overline{\rho^2}=-\frac{e^2B}{4m}(\overline{x^2}+\overline{y^2}) \tag{4-58}$$

式中，$A=\pi\overline{\rho^2}=\pi(\overline{x^2}+\overline{y^2})$，为进动轨道的面积。写成矢量形式，感生磁矩为

$$\Delta\boldsymbol{\mu}=-\frac{e^2}{4m}\overline{\rho^2}\boldsymbol{B}=-\frac{e^2}{4m}(\overline{x^2}+\overline{y^2})\boldsymbol{B} \tag{4-59}$$

式（4-59）中的负号说明，轨道运动的电子在外磁场中产生的感生磁矩必定与磁场方向相反，因而属于抗磁效应。

这两类电子在磁场中运动都产生抗磁效应，但是机制不同。局域电子的抗磁性归因于原子内电子轨道的拉莫尔进动，传导电子的抗磁性归因于传导电子的回旋运动。

4.4 局域电子的抗磁性和顺磁性

我们知道，电子是物质磁性的元负荷者。金属中电子分为束缚于正离子内的局域电子和做共有化运动的传导电子，金属的磁性来源于这两类电子的贡献。

无论是局域电子还是传导电子，都是既有顺磁性又提供抗磁性。4.4 和 4.5 两部分将分别阐述这两类电子的磁性理论，然后结合金属的结构，讨论金属展现丰富多彩磁特性的微观本质。

本节介绍局域于原子内的电子抗磁性和顺磁性的量子力学理论，显然这些理论对局域于离子内的电子也是完全适用的。

设原子中有 z 个电子，在外磁场 $\boldsymbol{H}$ 中，该系统的哈密顿量为

$$\hat{\boldsymbol{H}}=\sum_i \frac{1}{2m}(\hat{\boldsymbol{p}}_i+e\hat{\boldsymbol{A}}_i)^2+V+\sum_i \frac{e}{m}\hat{\boldsymbol{s}}_i\ \nabla\times\hat{\boldsymbol{A}}_i \tag{4-60}$$

式中，m 为电子质量；e 为电子电量的绝对值；$\hat{\boldsymbol{p}}_i=\frac{\hbar}{i}\nabla_i$ 为第 i 个电子动量算符；V 为电子在原子中的静电势；$\hat{\boldsymbol{s}}_i$ 为第 i 个电子的自旋算符；$\boldsymbol{A}$ 为磁场 $\boldsymbol{B}_0$ 的矢量势，$\boldsymbol{B}_0=\mu_0\boldsymbol{H}=\nabla\times\boldsymbol{A}$，$\mu_0$ 为真空磁导率。

在原子大小范围内，一般实验室所用磁场都可以看成均匀磁场。相应的矢势可以表示为 $\boldsymbol{A}=\frac{1}{2}\boldsymbol{B}_0\times\boldsymbol{r}$，这里 $\boldsymbol{r}$ 是电子的矢径。若设 $\boldsymbol{B}_0$ 沿 z 轴方向，即 $\boldsymbol{B}_0=(0,0,B_0)$，则

$$A_x=-\frac{1}{2}B_0y,A_y=-\frac{1}{2}B_0x,A_z=0$$

这样

$$(\hat{\boldsymbol{p}}+e\hat{\boldsymbol{A}})^2=-\hbar^2\nabla^2+eB_0\frac{\hbar}{\mathrm{i}}(x\frac{\partial}{\partial y}-y\frac{\partial}{\partial x})+\frac{e^2}{4}B_0^2(x^2+y^2)$$

将上式代入式 (4-60)，哈密顿量写成

$$\hat{\boldsymbol{H}}=\sum_i\left(-\frac{\hbar^2}{2m}\nabla_i^2+V\right)+\sum_i\frac{eB_0}{2m}\times\frac{\hbar}{\mathrm{i}}\left(x_i\frac{\partial}{\partial y_i}-y_i\frac{\partial}{\partial x_i}\right)+\sum_i\frac{e^2B_0^2}{8m}(x_i^2+y_i^2)+\sum_i\frac{e}{m}B_0\hat{\boldsymbol{s}}_{zi} \tag{4-61}$$

对于式 (4-61)，$\hat{\boldsymbol{H}}_0=\sum_i\left(-\frac{\hbar^2}{2m}\nabla_i^2+V\right)$ 为无磁场时孤立原子中电子的哈密顿算符。由于轨道角动量 z 分量为

$$\hat{l}_z=\frac{\hbar}{\mathrm{i}}(x\frac{\partial}{\partial y}-y\frac{\partial}{\partial x})$$

所以

$$\frac{eB_0}{2m}\times\frac{\hbar}{\mathrm{i}}\left(x\frac{\partial}{\partial y}-y\frac{\partial}{\partial x}\right)=B_0\frac{e}{2m}\hat{l}_z=-B_0\hat{\mu}_{lz}=-\boldsymbol{B}_0\cdot\hat{\boldsymbol{\mu}}_l$$

为电子轨道磁矩在外磁场中势能，其中利用了式（4-24）。同理利用式（4-27），有

$$\frac{eB_0}{m}\hat{s}_z=-B_0\hat{\mu}_{Sz}=-\boldsymbol{B}_0\cdot\hat{\boldsymbol{\mu}}_s$$

为电子自旋磁矩在外磁场中的势能。因此，式（4-61）中等式右端第二项和第四项分别为电子轨道磁矩和电子自旋磁矩在外磁场中的能量算符。两者合并为一项，得到原子磁矩在外磁场中的能量算符，即

$$\hat{H}_{\mathrm{p}}=\sum_i\frac{eB_0}{2m}\left[\frac{\hbar}{\mathrm{i}}\left(x_i\frac{\partial}{\partial y_i}-y_i\frac{\partial}{\partial x_i}\right)+2\hat{s}_{zi}\right]=B_0\sum_i\frac{e}{2m}(\hat{l}_z+2\hat{s}_{zi})=-B_0\hat{\mu}_{Jz} \tag{4-62}$$

式中，$\hat{\mu}_{Jz}=\sum_i\frac{e}{2m}(\hat{l}_z+2\hat{s}_{zi})$为原子中各电子的轨道磁矩和自旋磁矩合成的原子磁矩 z 分量算符。

轨道运动的电子在外磁场 $\boldsymbol{B}_0$ 中要做拉莫尔进动，电子的进动会引起附加电流，结果产生感生磁矩 $\Delta\boldsymbol{\mu}$。这样，式（4-61）中等式右端第三项代表感生磁矩在外磁场中的能量算符，有

$$\hat{H}_{\mathrm{d}}=\sum_i\frac{e^2B_0^2}{8m}(x_i^2+y_i^2) \tag{4-63}$$

其中利用了式（4-59）。

于是，式（4-60）表示的体系哈密顿算符可写成

$$\hat{H}=\hat{H}_0+\hat{H}_{\mathrm{p}}+\hat{H}_{\mathrm{d}} \tag{4-64}$$

通常情况下，$\hat{H}_{\mathrm{p}}$ 和 $\hat{H}_{\mathrm{d}}$ 同电子在原子中的动能和势能相比是个小量，故可作为微扰，即

$$\hat{H}'=\hat{H}_{\mathrm{p}}+\hat{H}_{\mathrm{d}} \tag{4-65}$$

用微扰法求系统的能量本征值，得

$$E_n=E_n^{(0)}+E_n^{(1)}+E_n^{(2)}=E_n^{(0)}+B_0E_{\mathrm{p}n}^{(1)}+B_0^2E_{\mathrm{d}n}^{(1)}+B_0^2E_{\mathrm{p}n}^{(2)} \tag{4-66}$$

这里已略去高级微扰项，n 代表原子中电子能量状态的一组量子数。式（4-66）中，$E_n^{(0)}$ 为无微扰时的能量本征值，即磁场为零时的动能和势能之和；$E_n^{(1)}$ 和 $E_n^{(2)}$ 为一级、二级微扰能的附加项。附加项都与磁场无关，其中

$$B_0E_{\mathrm{p}n}^{(1)}=-B_0\langle n|\hat{\mu}_{Jz}|n\rangle$$

为原子磁矩在外磁场中的能量。

$$B_0^2E_{\mathrm{d}n}^{(1)}=B_0^2\sum_i\frac{e^2}{8m}\langle n\mid x_i^2+y_i^2\mid n\rangle$$

为与感生磁场有关的能量。还有一个二级微扰能

$$B_0^2 E_{pn}^{(2)} = -B_0^2 \sum_{n'}' \frac{|\langle n' | \hat{\mu}_{Jz} | n \rangle|^2}{E_{n'}^{(0)} - E_n^{(0)}}$$

式中，n'为激发态；$\sum_{n'}'$ 表示求和不计入 $n=n'$的项。

当然，上述孤立原子的结果对孤立离子同样适用。下面由上述结果，应用统计力学来确定原子或离子系统的磁化率。

设材料单位体积中有 N 个原子，如不考虑原子间的相互作用，配分函数为

$$Z = \left[\sum_n g_n \exp\left(-\frac{E_n}{k_B T}\right)\right]^N = \left\{\sum_n \exp\left[\frac{(-E_n^{(0)} - B_0 E_{pn}^{(1)} - B_0^2 E_{dn}^{(1)} - B_0^2 E_{pn}^{(2)})}{k_B T}\right]\right\}^N \tag{4-67}$$

为了简便，这里取简并度 $g_n=1$。在一般情况下，除 $E_n^{(0)}$ 外，各微扰附加能量均远小于 $k_B T$，故可将式（4-67）中指数展成级数，只取到 B_0^2 项，则有

$$\begin{aligned}
e^{-\frac{E_n}{k_B T}} &= e^{-\frac{E_n^{(0)}}{k_B T}} \left[1 - \frac{E_{pn}^{(1)}}{k_B T}B_0 + \frac{1}{2}\left(\frac{E_{pn}^{(1)}}{k_B T}B_0\right)^2 - \cdots\right]\left[1 - \frac{E_{dn}^{(1)}}{k_B T}B_0^2 + \cdots\right]\left[1 - \frac{E_{pn}^{(2)}}{k_B T}B_0^2 + \cdots\right] \\
&= e^{-\frac{E_n^{(0)}}{k_B T}} \left[1 - \frac{E_{pn}^{(1)}}{k_B T}B_0 + \frac{1}{2}\left(\frac{E_{pn}^{(1)}}{k_B T}B_0\right)^2 - \frac{E_{dn}^{(1)}}{k_B T}B_0^2 - \frac{E_{pn}^{(2)}}{k_B T}B_0^2 + \cdots\right] \\
&= e^{-\frac{E_n^{(0)}}{k_B T}} \left[1 + \frac{B_0 \langle n | \hat{\mu}_{Jz} | n \rangle}{k_B T}, + \frac{B_0^2}{2(k_B T)^2} |\langle n | \hat{\mu}_{Jz} | n \rangle|^2 - \right. \\
&\left. \sum_i \frac{e^2 B_0^2}{8 m k_B T} \langle n | x_i^2 + y_i^2 | n \rangle + \frac{B_0^2}{k_B T} \sum_{n'}' \frac{|\langle n' | \hat{\mu}_{Jz} | n \rangle|^2}{E_{n'}^{(0)} - E_n^{(0)}}\right]
\end{aligned}$$

从简单对称考虑，$\hat{\mu}_{Jz}$ 在各取向的概率 $e^{-\frac{E_n^{(0)}}{k_B T}}$ 相等，应有 $\sum_n e^{-\frac{E_n^{(0)}}{k_B T}} \langle n | \hat{\mu}_{Jz} | n \rangle = 0$。再令 $Z_0 = \sum_n e^{-\frac{E_n^{(0)}}{k_B T}}$，则 N 个原子系统的配分函数式（4-67）改写成

$$\begin{aligned}
Z = Z_0^N \Bigg[1 + \frac{B_0^2}{k_B T Z_0} \sum_n e^{-\frac{E_n^{(0)}}{k_B T}} \Bigg(& \frac{|\langle n | \hat{\mu}_{Jz} | n \rangle|^2}{2 k_B T} - \\
& \sum_i \frac{e^2}{8m} \langle n | x_i^2 + y_i^2 | n \rangle + \sum_{n'}' \frac{|\langle n' | \hat{\mu}_{Jz} | n \rangle|^2}{E_{n'}^{(0)} - E_n^{(0)}}\Bigg)\Bigg]^N
\end{aligned} \tag{4-68}$$

根据磁化强度 M 和配分函数 Z 的关系式（4-14）

$$M = k_B T \frac{\partial}{\partial B_0} \ln Z$$

当 $a \ll 1$ 时，$\ln(1+a) \approx a$。这里 a 相当于式（4-68）中括号内第二项，于是

$$M = k_B T \frac{\partial}{\partial B_0} \left\{\ln Z_0^N + \ln\left[1 + \frac{B_0^2}{k_B T Z_0} \sum_n e^{-\frac{E_n^{(0)}}{k_B T}} \left(\frac{|\langle n | \hat{\mu}_{Jz} | n \rangle|^2}{2 k_B T} - \right.\right.\right.$$

$$\frac{e^2}{8m}\sum_i\langle n \mid x_i^2+y_i^2 \mid n\rangle+\sum_{n'}{}'\frac{|\langle n' \mid \hat{\mu}_{Jz} \mid n\rangle|^2}{E_{n'}^{(0)}-E_n^{(0)}}\Big)\Big]^N\Big\}$$

$$\approx\frac{2NB_0}{Z_0}\sum_n e^{-\frac{E_n^{(0)}}{k_BT}}\left(\frac{|\langle n \mid \hat{\mu}_{Jz} \mid n\rangle|^2}{2k_BT}-\frac{e^2}{8m}\sum_i\langle n \mid x_i^2+y_i^2 \mid n\rangle+\sum_{n'}{}'\frac{|\langle n' \mid \hat{\mu}_{Jz} \mid n\rangle|^2}{E_{n'}^{(0)}-E_n^{(0)}}\right)$$

(4-69)

由此得到磁化率

$$\chi=\frac{M}{H}=\frac{2N\mu_0}{Z_0}\sum_n e^{-\frac{E_n^{(0)}}{k_BT}}\Big(\frac{|\langle n \mid \hat{\mu}_{Jz} \mid n\rangle|^2}{2k_BT}-$$

$$\frac{e^2}{8m}\sum_i\langle n \mid x_i^2+y_i^2 \mid n\rangle+\sum_{n'}{}'\frac{|\langle n' \mid \hat{\mu}_{Jz} \mid n\rangle|^2}{E_{n'}^{(0)}-E_n^{(0)}}\Big)$$

$$=\chi_p+\chi_d+\chi_v \tag{4-70}$$

式（4-70）为原子或离子系统磁化率的普遍表达式，称为朗之万-德拜（Langevin-Debye）公式，式中

$$\chi_p=\frac{N\mu_0}{3k_BTZ_0}\sum_n\langle n|\hat{\boldsymbol{\mu}}_J|n\rangle|^2 e^{-\frac{E_n^{(0)}}{k_BT}}$$

$$\chi_d=-\frac{N\mu_0e^2}{4mZ_0}\sum_n\sum_i\langle n \mid x_i^2+y_i^2 \mid n\rangle e^{-\frac{E_n^{(0)}}{k_BT}} \tag{4-71}$$

$$\chi_v=\frac{2N\mu_0}{3Z_0}\sum_n\sum_{n'}{}'\frac{|\langle n' |\hat{\boldsymbol{\mu}}_J \mid n\rangle|^2}{E_{n'}^{(0)}-E_n^{(0)}}e^{-\frac{E_n^{(0)}}{k_BT}}$$

其中利用了$|\langle n|\hat{\mu}_{Jz}|n\rangle|^2=\frac{1}{3}|\langle n|\hat{\boldsymbol{\mu}}_J|n\rangle|^2$，$\hat{\boldsymbol{\mu}}_J$ 为原子磁矩算符。

式（4-71）中，χ_p 恒为正值，为原子的固有磁矩在磁场取向导致的顺磁磁化率，依赖于温度。显然，壳层都填满的原子或离子没有固有磁矩，对 χ_p 没有贡献。χ_d 恒为负值，为磁场感生的抗磁磁化率。做轨道运动的电子在磁场中都要受到洛仑兹力作用，都要感生抗磁磁矩，因此任何材料均无例外地具有抗磁性。但一般地，$|\chi_d|\ll\chi_p$,故仅当材料中不含磁性原子（离子）时，才呈现明显的抗磁性。χ_v 恒为正值，为磁场感生的顺磁磁化率，通常称为范弗莱克（van Vleck）顺磁磁化率，来源于激发态对顺磁性的贡献。χ_v 的大小由激发态和基态的能量差 $E_{n'}^{(0)}-E_n^{(0)}$ 来决定，通常 $E_{n'}^{(0)}-E_n^{(0)}$ 较大，故 χ_v 数值上与 $|\chi_d|$ 相近。一般地，$\chi_v\ll\chi_p$。

金属由离子和传导电子组成。为明确下面以 χ_i 代表离子部分的磁化率，以 χ_e 代表传导电子部分的磁化率，金属的磁化率 χ 由二者共同贡献，可表示为

$$\chi=\chi_i+\chi_e \tag{4-72}$$

而式（4-70）只给出电子部分的磁化率，按这里的规定，式（4-70）可改写为

$$\chi_i=\chi_{pi}+\chi_{di}+\chi_{vi} \tag{4-73}$$

4.5 传导电子的抗磁性和顺磁性

在金属中，除正离子内的局域电子磁性外，传导电子也提供磁性，且在许多金属中，传导电子的磁性甚至是主要的。

金属的传导电子受泡利不相容原理限制，从最低能量往上，排列在一系列的能级上，能级密度为

$$N(E)=4\pi\left(\frac{2m}{h^2}\right)^{\frac{3}{2}}E^{\frac{1}{2}} \tag{4-74}$$

这里为了简便，取金属为单位体积，并设其中传导电子总数为 n。$T=0K$ 时，电子占据的最高能量为费米能 E_F。电子自旋有正、负两种取向，为了方便，将能级密度 $N(E)$ 按自旋取向，分成两个不同的能级密度 $N_+(E)$ 和 $N_-(E)$。无外磁场时 $(B_0=0)$，两种自旋取向的电子数相等，如图 4-8 (a) 所示。图中阴影部分表示 E_F 以下完全为电子填充，阴影部分面积代表电子数目，应有

$$\left.\begin{aligned}N_+(E)=N_-(E)=\frac{1}{2}N(E)\\ n_+=n_-=\frac{1}{2}n\end{aligned}\right\} \tag{4-75}$$

式中，n_+ 和 n_- 分别为自旋向上和自旋向下的电子数。总磁化强度 $M=0$，对外不显磁性。当施加外磁场时 $(B_0=\mu_0 H\neq 0)$，自旋磁矩与磁场平行的电子有附加势能 $-\mu_B B_0$，能量降低了；自旋磁矩与磁场反向平行的电子附加势能为 $\mu_B B_0$，能量增高了，正、负自旋取向电子的能级密度将发生改变，如图 4-8 (b) 所示。这是一种非平衡分布，热力学平衡时，电子应先填充能量较低的能级，因而费米能附近，磁矩本来与磁场反平行的部分电子转为平行，最终使两种自旋磁矩取向的电子最高能量相等，如图 4-8 (c) 所示。这就使正、负两种取向的电子数产生差别，从而导致沿磁场方向的总磁矩不为零，对外显示顺磁性。由图 4-8 可以看出，正、负两种取向的电子数之差为

$$\Delta n=n_+-n_-=2\left[N_+(E_F)\mu_B B_0\right]=N(E_F)\mu_B B_0$$

产生的磁化强度为

$$M=\mu_B\Delta n=N(E_F)\mu_B^2 B_0 \tag{4-76}$$

得到 $0K$ 时顺磁磁化率

$$\chi_{pe}=\frac{M}{H}=\mu_0 N(E_F)\mu_B^2 \tag{4-77}$$

传导电子的顺磁性常称为泡利顺磁性。由上面讨论可知，仅在费米能附近约 $\mu_B B_0$ 范围内的能级上，电子对泡利顺磁性有贡献。

在 $T\neq 0K$ 时，电子在能级 E 上的分布由费米分布函数表示

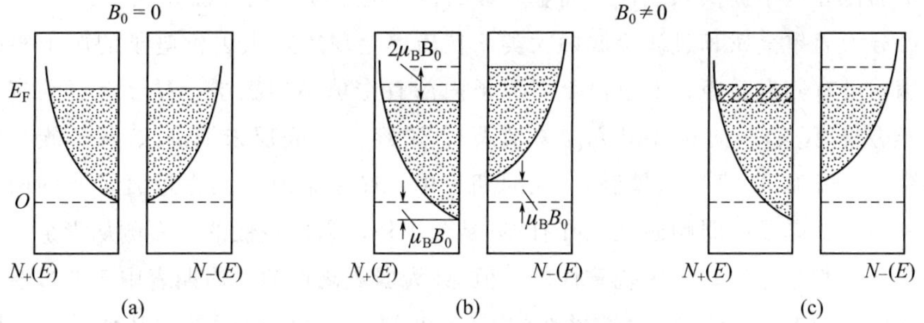

图 4-8　传导电子的泡利顺磁性

(a) $B_0=0$，$T=0K$ 时 $n_+=n_-$；(b) $B_0\neq 0$ 后，能量的差别为 $2\mu_B B_0$；(c) $B_0\neq 0$ 平衡后，$n_+\neq n_-$

$$f(E)=\frac{1}{e^{\frac{E-\mu}{k_B T}}+1} \tag{4-78}$$

参照图 4-8，磁化强度应为

$$M=\mu_B\left[\int_{-\mu_B B_0}^{\infty} f(E)\frac{1}{2}N(E+\mu_B B_0)\,dE-\int_{\mu_B B_0}^{\infty} f(E)\frac{1}{2}N(E-\mu_B B_0)\,dE\right] \tag{4-79}$$

仿照第 2 章中自由电子 TK 时化学势 μ 的推导，可得

$$M=\mu_B^2 N(E_F)B_0\left[1-\frac{\pi^2}{12}\left(\frac{k_B T}{E_F}\right)^2\right] \tag{4-80}$$

TK 时泡利顺磁磁化率为

$$\chi_{pe}(T)=\mu_0\mu_B^2 N(E_F)\left[1-\frac{\pi^2}{12}\left(\frac{k_B T}{E_F}\right)^2\right] \tag{4-81}$$

由于 $E_F\gg k_B T$，在有限温度下，式 (4-81) 括号内的第二项是个小量，所以金属的泡利顺磁磁化率 χ_{pe} 基本上不随温度变化。

在外磁场中，传导电子由于受洛仑兹力作用，还要做螺旋形运动，即沿磁场方向做匀速直线运动，在垂直于磁场的平面上做圆周运动。朗道（Landau）用量子力学证明了做圆周运动的电子能量是量子化的（朗道能级）。在此基础上，可以证明，在外磁场中传导电子表现出抗磁性，通常称为朗道抗磁性。利用近自由电子近似可以导出，朗道抗磁性的磁化率为

$$\chi_{de}=-\frac{1}{3}\mu_0 N(E_F)\mu_B^2\left(\frac{m}{m^*}\right)^2 \tag{4-82}$$

式中，m 和 m^* 分别为电子的质量和有效质量。

传导电子的总磁化率为

$$\chi_e=\chi_{pe}+\chi_{de}=\chi_{pe}\left[1-\frac{1}{3}\left(\frac{m}{m^*}\right)^2\right] \tag{4-83}$$

$\frac{m}{m^*}$的值可由实验数据间接确定，例如，铝、铜和铍的$\frac{m}{m^*}$值分别为 0.625、0.667、2.17。利用式 (4-83) 求出传导电子磁化率，Al 为 $0.87\chi_{pe}$、Cu 为 $0.85\chi_{pe}$、Be 为 $-0.58\chi_{pe}$。可见，

金属铝和铜的传导电子提供顺磁性，而金属铍的传导电子提供抗磁性。

金属可分为简单金属和过渡金属两大类。在简单金属中，失去价电子的离子实的电子壳层都被填满，没有固有磁矩；而过渡金属原子内部有未填满的壳层。过渡金属共有 5 族，即铁族（3d 壳层未填满）、钯族（4d 壳层未填满）、铂族（5d 壳层未填满）、稀土族（4f 壳层未填满）和锕族（5f 和 6d 壳层未填满）。在周期表中，简单金属分列在过渡金属的两侧。左侧的碱金属和碱土金属显示弱顺磁性，唯有 Be 是个例外，为抗磁性的；右侧从贵金属开始，还包括一些半金属和半导体，多为抗磁性的，但 Al 为弱顺磁性的。周期表中部的过渡金属，在室温下，铁族中的 Fe、Co、Ni 为铁磁性的，Cr 和 Mn 为反铁磁性的，其他过渡金属均为顺磁性的。简单金属离子实中的电子基本上是局域化的，而且离子实的电子壳层都是满壳层，因此无固有磁矩，即 $\boldsymbol{\mu}_J=0$，根据式（4-71），应有 $\chi_{pi}=0$，$\chi_{vi}=0$。离子实的磁性主要由做轨道运动电子的感生抗磁性贡献，故简单金属离子实的磁化率应为抗磁性，记为 χ_{di}。

根据上述分析，简单金属的磁化率可写成

$$\chi=\chi_{di}+\chi_{e}=\chi_{di}+\chi_{pe}+\chi_{de} \tag{4-84}$$

表 4-1 列出了周期表Ⅰ～Ⅴ族金属的总磁化率 χ_A、离子实磁化率 χ_{di} 和传导电子磁化率 χ_e。通常，用实验方法测得的是总磁化率 χ_A，χ_{di} 是用间接方法确定的实验值，而 χ_e 是根据式（4-84）确定的，即 $\chi_e=\chi_A-\chi_{di}$。从表 4-1 中数据可以看出，离子实的磁化率 χ_{di} 为负值，显示简单金属离子实的抗磁性。大多数金属传导电子磁化率 χ_e 都为正值，这是由于一般金属的有效质量 m^* 和质量 m 相差不大，根据式（4-83），泡利顺磁性的贡献超过了朗道抗磁性。例如，金属铝和金属铜都属于这种情况。但从表 4-1 中还可以看到，Be、Sb 和 Bi 等少数金属的传导电子磁化率为负，这是由于它们的有效质量很小，例如，铋的 $m^*=0.003m$，再加上

表 4-1　周期表Ⅰ～Ⅴ族金属磁化率[①]（$T=300\text{K}$）

族	金属元素	$\chi_A/\times10^6$	$\chi_{di}/\times10^6$	$\chi_e=(\chi_A-\chi_{di})/\times10^6$
ⅠA	Li	24.6	−1.0	25.6
	Na	16.1	−6.5	22.6
	K	21.4	−14.0	35.4
	Rb	18.2	−23.0	41.2
	Cs	29.9	−36.0	65.9
ⅠB	Cu	−5.4	−18.0	12.6
	Ag	−21.5	−34.0	12.5
	Au	−29.59	−40.0	10.4
ⅡA	Be	−9.0	−0.4	−8.6
	Mg	13.25	−2.9	16.1
	Ca	44.0	−10.4	54.4
	Sr	91.2	−20.0	111.2
	Ba	20.4	−31.6	52.0

续表

族	金属元素	$\chi_A/\times10^6$	$\chi_{di}/\times10^6$	$\chi_e=(\chi_A-\chi_{di})/\times10^6$
ⅡB	Zn	−11.4	−12.8	1.4
	Cd	−19.7	−27.0	7.4
	Hg	−33.3	−40.6	7.3
ⅢA	Al	16.7	−2.5	19.2
	Ga	−21.7	−35.4	13.7
	In	−12.6	−32.0	19.4
	Tl	−49.0	−53.0	4.0
ⅣA	Sn(β)	4.5	−28.0	32.5
	Pb	−24.86	−42.0	17.14
ⅤA	As	−5.5	−6 (As^{5+})	0.5
			−9 (As^{3+})	3.5
	Sb	−107.0	−14 (Sb^{5+})	−93
			−17 (Sb^{3})	−90
	Bi	−284.0	−70 (Bi^{3+})	−214

①表中为摩尔磁化率，单位为 emu/mol，乘以 4π，即转换为 IS 单位 m^3/mol。

离子实的抗磁性，因此，金属铍、锑和铋都是抗磁性的。至于表 4-1 所列的其他大多数金属的磁性，则取决于离子实的抗磁性和传导电子的顺磁性的相对大小比较。碱金属和碱土金属的离子实抗磁性相对于传导电子顺磁性较小，即$|\chi_{di}|<\chi_e$，故均为顺磁性金属。周期表中贵金属及其右侧金属传导电子的顺磁性不大，但离子实的抗磁性较强，在决定金属磁性时起主导作用，所以它们多为抗磁性的。只有铝的传导电子顺磁性超过离子实的抗磁性，故金属铝为顺磁性的。

和上述简单金属相比，过渡金属的情况要复杂得多。例如，铁族过渡金属的 d 电子介于局域态和公有态之间，为了解它们对磁性的贡献，发展起局域电子模型和巡游电子模型。长期以来，这两个理论相互对立又相互补充，至今还不能形成一个统一的磁性理论。

根据局域电子模型，d 电子局域于离子实内，这样，过渡金属的离子实内有未满的电子壳层，它就具有固有磁矩，故称为磁性离子。此外，金属中位于晶格格点上的离子实不是孤立的，相互间存在着作用，这样，一个位于离子实内的电子，除了受核和离子实中其他电子的库仑场作用外，还受到邻近格点上的核和电子的非均匀电场的作用，这种作用等价于一个势场，称为晶体场。d 壳层靠近离子外层，几乎完全暴露在晶体场的直接作用下，使五度简并的 d 轨道发生分裂，导致轨道磁矩对总磁矩的贡献消失或减小，这种现象称为轨道角动量冻结。例如，实验结果显示，铁族离子的磁矩只有电子自旋的贡献，而无轨道运动的贡献，表明晶体中铁族离子的轨道磁矩被“冻结”了。

综上所述，过渡金属离子具有固有磁矩，由于晶体场效应，这种固有磁矩主要由电子自旋磁矩贡献。根据式（4-71），固有磁矩在磁场中的取向导致很强的顺磁性，所以过渡金属一般为顺磁体，且多为强顺磁体。至于 Fe、Co，Ni 显示铁磁性，Cr 和 Mn 为反铁磁性，它们都属于磁有序物质。磁有序物质在无外磁场时，原子（离子）磁矩呈有序排列。

4.6 铁磁性、反铁磁性和亚铁磁性

物质的磁性大体可分为五类：抗磁性、顺磁性、反铁磁性、铁磁性和亚铁磁性。其中前三种物质因磁化率数值很小，属于弱磁性；后两种物质的磁化率远高于前三种，属于强磁性的。若按物质内部磁状态是无序的还是有序的划分，则前两种属于磁无序物质，后三种均属于磁有序物质。

4.6.1 铁磁性和外斯理论

铁磁性物质在微弱的外磁场下，就会显示出很强的磁性。以软磁性材料硅钢为例，只要加$\frac{1A}{m}$的磁场，就可以达到接近饱和的磁化强度。在同样的磁场下，顺磁性物质的磁化强度仅为饱和磁化强度的10^{-9}。铁磁体只有在居里温度以下，才具有铁磁性；在居里温度以上，铁磁性转变为顺磁性，磁化率和温度关系服从居里-外斯定律式（4-3）。表 4-2 列出了铁磁性金属的居里温度 T_C 和饱和磁化强度 M_S。

表 4-2　铁磁性金属的 T_C 和 M_S

金属		Fe	Co	Ni	Gd	Tb	Dy	Ho	Er	Tm
T_C/℃		770	1122	358	20	−54	−184	−253	−253	−241
M_S /(10^6 A/m)	0K	1.74	1.43	0.51	2.01	2.49	2.72	2.75	2.13	1.67
	室温	1.71	1.40	0.40	—	—	—	—	—	—

铁磁性物质的另一个特点是在外磁场中磁化过程的不可逆性，即有所谓磁滞现象。图 4-9 是一个典型的铁磁体磁化曲线，表示磁化过程中磁化强度 M 随外磁场 H 的变化关系，箭头表示磁化路径。磁化前，样品的原始状态处于点 O，称为磁中性状态。对样品施加外磁场 H，随着 H 增加，磁化强度 M 沿 OA 曲线不断增加；当 H 增加到 H_S 时，M 达到饱和磁化强度 M_S。达到饱和后，再减小 H，M 并不是可逆地沿原来的磁化曲线 AO 下降，而是沿图 4-9 中 AB 变化。在点 B 处，磁场已减为零，但磁化强度并没有消失，而是有一定的值 M_r，M_r 称为剩余磁化强度。只有当沿相反方向施加磁场 $-H_C$ 时，磁化强度才变为零，H_C 称为矫顽力。随着反向磁场增加，M 沿 BD 曲线变化，当反向磁场增加到 $-H_S$ 时，磁化强度达到反向饱和。这时，如果外磁场由 $-H_S$ 变到 H_S，磁化强度将按图 4-9 中箭头所示路径 DCA 由 $-M_S$ 变化到 M_S，完成如图 4-9 所示的回线，称为磁滞回线。磁滞回线是铁磁性材料的共同特征，但不同的材料，回线形状会有很大差别。例如，一般永磁材料回线较宽，矫顽力在$\frac{10^4 A}{m}$以上；而许多软磁材料，回线很窄，矫顽力大约

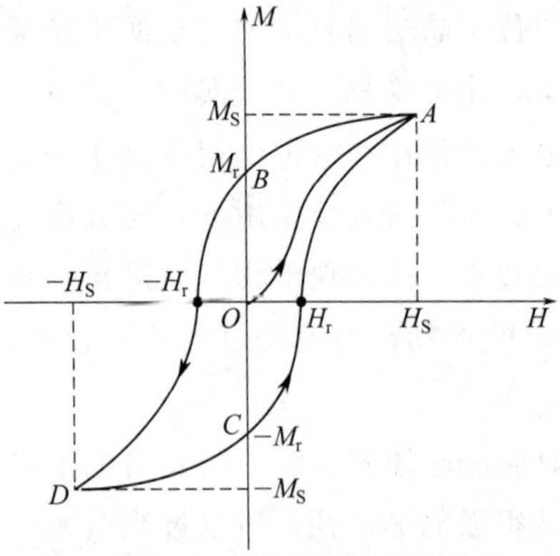

图 4-9　铁磁体的磁化曲线（磁滞回线）

$\frac{10^2 A}{m}$数量级。利用磁性材料的磁性差异，可以满足工业技术上的不同需要。

为了解释上述铁磁性物质的特征，1907 年，外斯（Weiss）提出了分子场理论，该理论基于下面两个重要假设。

① 铁磁性物质中存在很强的相互作用，这种相互作用可用分子场或内磁场来描述。原子磁矩在分子场作用下，趋向平行排列，形成自发磁化。

② 铁磁体内包含很多自发磁化的区域，称为磁畴。在无外磁场的情况下，磁畴内部都自发磁化到饱和，但每个磁畴的自发磁化方向各不相同，整个物体宏观不显磁性。在外磁场作用下，促使各个磁畴的自发磁化方向趋于相同，从而使铁磁体宏观上显示出强磁性。

外斯设想分子场 B_W 同磁化强度 M 成正比，即

$$B_W = \lambda M \tag{4-85}$$

式中，λ 为常数，称为分子场系数。根据外斯分子场假设，结合半经典的顺磁理论，能够导出铁磁性物质自发磁化强度与温度的关系。图 4-10 给出镍的自发磁化强度与温度关系曲线，其中 $M_S(0)$ 和 $M_S(T)$ 是 0K 和 TK 时的自发磁化强度，T_C 是居里温度。由图 4-10 可以看出，理论曲线和实验数据基本相符。还可以看到，在温度很低时，自发磁化强度 $M_S(T)$ 接近饱和值 $M_S(0)$，这是因为低温度下热运动的无序作用小，分子场作用显著，磁畴内原子固有磁矩趋向平行排列。当温度升高时，热运动对磁矩平行取向的破坏作用加强，磁畴内原子磁矩不再排列得很整齐，自发磁化强度随着温度升高逐渐减小。当温度升到居里温度时，分子场对原子磁矩的取向作用被热运动完全破坏，原子磁矩紊乱排列，自发磁化强度降为零，铁磁状态就转变为顺磁状态。磁畴内原子固有磁矩在不同温度下的排列情况如图 4-11 所示。

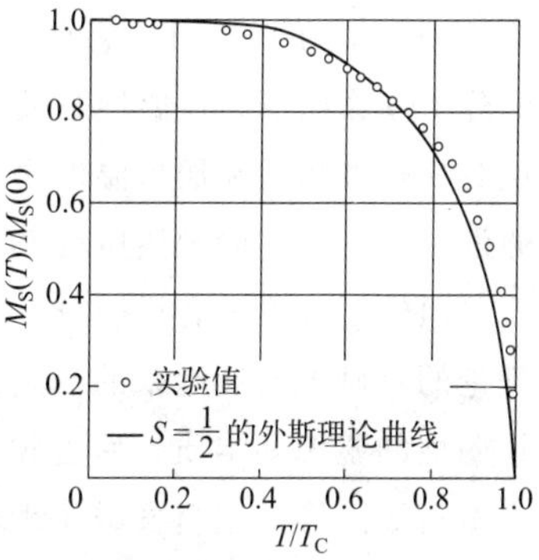

图 4-10　镍的自发磁化强度随温度变化曲线

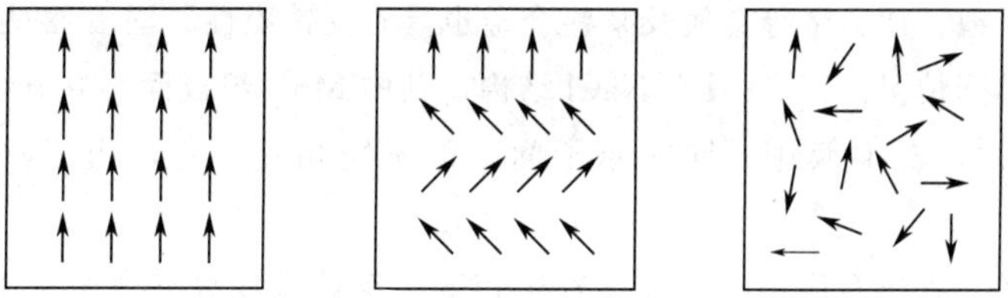

(a) 很低温度　(b) 稍低于T_C的温度　(c) T_C以上的温度

图 4-11　在不同温度下磁畴中固有磁矩的排列

用外斯分子场理论可求出居里温度 T_C 与分子场系数 λ 的关系

$$T_C = \frac{n g_J^2 \mu_B^2 j(j+1)\lambda}{3k_B} \tag{4-86}$$

式中，n 为单位体积中磁性原子数；g_J 为朗德因子；μ_B 为玻尔磁子；j 为总角量子数；k_B 为玻尔兹曼常数。从式（4-86）可见居里温度 T_C 与分子场系数 λ 成正比，其物理意义是明显的；λ 反映了原子磁矩之间相互作用的强弱，作用愈强（分子场系数 λ 愈大），需要愈激

烈的热运动（能量约为 $k_B T_C$）才能破坏磁矩之间的平行排列倾向。

由于温度升高到居里温度 T_C 时，热运动完全破坏了分子场对原子磁矩有序取向的作用，因此在居里温度处，热运动的能量 $k_B T_C$ 应与分子场 B_W 对原子磁矩的相互作用能相等，即有

$$k_B T_C = B_W \mu_J \tag{4-87}$$

若 $T_C \approx 1000K$，可估计相互作用能约为 0.1eV。利用式（4-34），原子磁矩可写成

$$\mu_J = g_J S \mu_B \tag{4-88}$$

其中考虑分子场只对电子自旋起作用，总磁量子数 M_J 取总自旋量子数 S，可得到分子场

$$B_W = \frac{k_B T_C}{g_J S \mu_B} \approx 10^3 \mathrm{T} \tag{4-89}$$

分子场大小约为 10^3T，目前用实验手段尚无法达到如此强的磁场。可以想象，在高达 10^3T 的分子场作用下，铁磁性物质中的原子磁矩势必要趋向平行排列，产生自发磁化。分子场理论对铁磁性物质在居里温度之上所满足的居里-外斯定律也能给予适当的说明，它关于磁畴的假设，也已为实验观察所证实。

但外斯理论没有说明分子场的微观本质，这是它的局限。然而现代铁磁性理论是在外斯理论的基础上发展起来的，它包括自发磁化理论和磁畴理论两大部分。前者用量子理论阐述铁磁性的起源和本质，后者说明铁磁性物质在外磁场作用下的特性，又称为技术磁化理论。本章后面内容介绍自发磁化理论，磁畴理论在磁性物理学中有较深入讨论。

4.6.2 反铁磁性及亚铁磁性

（1）反铁磁性

很多过渡金属化合物（如 MnO、MnF_2、$FeCl_3$、FeO、$CoCl_2$、CeO、$NiCl_2$、NiO）都具有反铁磁性，铂、钯、锰、铬等金属及某些合金也具有反铁磁性。图 4-12 表示反铁磁性 MnO 中锰离子磁矩的排列情况。MnO 具有 NaCl 结构，其中 Mn^{2+} 组成面心立方结构子晶格，从图中可见子晶格的(111)晶面簇中，同一原子面上的磁矩相互平行，相邻原子面上的磁矩反平行。

反铁磁性也是一种磁有序结构，也会发生相变；反铁磁性只存在于一定的温度范围，如温度 T 超过相变温度 T_N，反铁磁性消失，反铁磁相转变为顺磁相。反铁磁性的相变温度 T_N 常称为奈尔温度。转变成顺磁相后，磁化率 χ 满足与式（4-3）类似的居里-外斯定律：

$$\chi = \frac{\mu_0 C}{T + T_N'} \tag{4-90}$$

式中，T_N' 是与奈尔温度 T_N 相近的常数。

与铁磁体不同的是反铁磁体没有自发磁化强度，只有在外磁场作用下才产生磁化强度，并表现出特殊的顺磁性，图 4-13 给出反铁磁体 MnF_2 的磁化率 χ 随温度 T 的变化关系。从图中可以看到，若 $T < T_N$，即处于反铁磁相时，χ 表现出明显的各向异性。这里 $\chi_{/\!/}$ 及 $\chi_\perp$ 分别

表示当外磁场 B 分别平行及垂直于原子磁矩时测量到的磁化率。如将原子磁矩平行及反平行的离子看作各自构成一子晶格 A 与 B，相应的磁化强度分别用 $\boldsymbol{M}_A$ 及 $\boldsymbol{M}_B$ 表示，则在低温下，两个子晶格的磁化强度 $\boldsymbol{M}_A$ 及 $\boldsymbol{M}_B$ 数值相等、方向相反，如图 4-14 所示。这时如果沿垂直方向施加外磁场 $\boldsymbol{B}$，很显然，$\boldsymbol{M}_A$ 及 $\boldsymbol{M}_B$ 都将受到外磁场力矩的作用而转向 B 的方向。这时总磁化强度 $\boldsymbol{M}=\boldsymbol{M}_A+\boldsymbol{M}_B$ 不再为零，并随 $\boldsymbol{B}$ 的增大而很快增大，即表现出较大的磁化率 $\chi_{\perp}$。相反，如果沿着 $\boldsymbol{M}_A$ 或 $\boldsymbol{M}_B$ 的方向施加磁场 $\boldsymbol{B}$，此时 $\boldsymbol{M}_A$ 和 $\boldsymbol{M}_B$ 受到的力矩为零，外磁场不会使它们转向，因此总的磁化强度 $\boldsymbol{M}=\boldsymbol{M}_A+\boldsymbol{M}_B$ 仍为零，即 $\chi_{/\!/}$ 为零。但在有限温度下，由于热运动，$\boldsymbol{M}_A$ 与 $\boldsymbol{M}_B$ 的方向不会严格地与外磁场保持平行或反平行，因此可能受到外磁场 $\boldsymbol{B}$ 的力矩作用而转向，并使 $\chi_{/\!/}$ 不为零。显然，温度愈高热运动愈激烈，$\boldsymbol{M}_A$ 与 $\boldsymbol{M}_B$ 随机地对外磁场 $\boldsymbol{B}$ 的平行或反平行的偏离也愈远，受到外场的力矩也愈大，转向也愈有可能，结果 $\chi_{/\!/}$ 也愈大。所以 $\chi_{/\!/}$ 随着温度上升而增加，如图 4-13 所示。表 4-3 列出部分反铁磁性物质的奈尔温度。

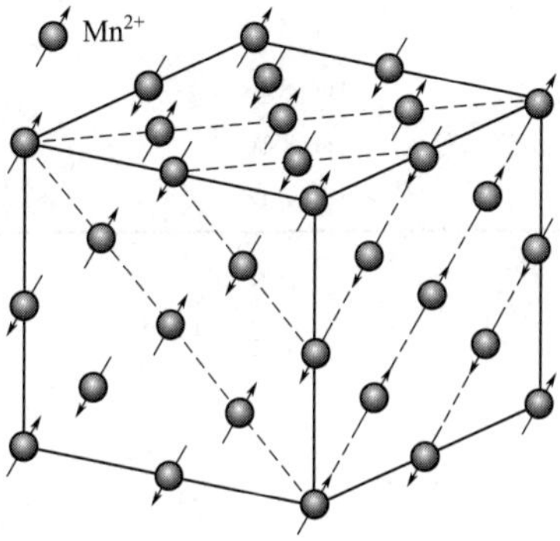

图 4-12　MnO 中 Mn^{2+} 磁矩的排列

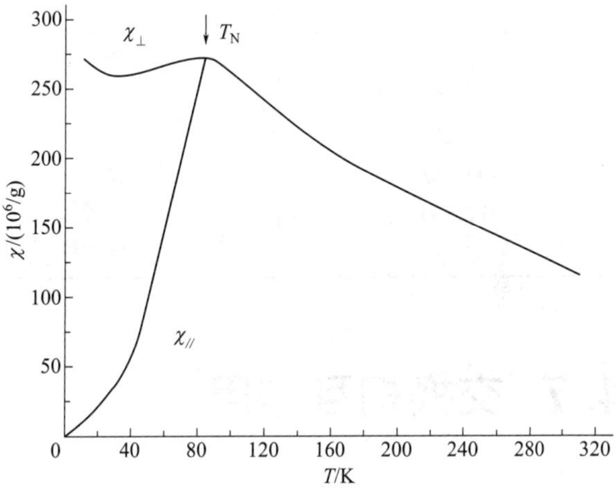

图 4-13　反铁磁体 MnF_2 的磁化率 χ 与温度 T 的关系

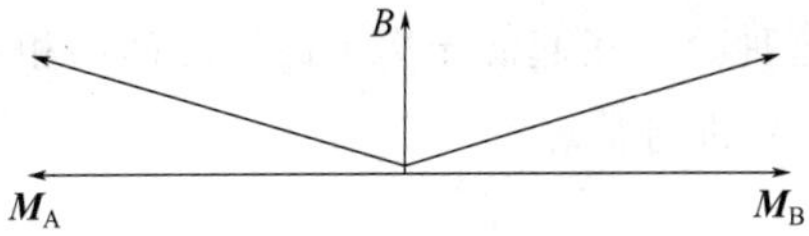

图 4-14　反铁磁体晶格的磁化强度

表 4-3　一些反铁磁性物质的奈尔温度

物　质	T_N/K	物　质	T_N/K
MnO	122	Cr	311
FeO	198	MnF_2	67.3
CoO	291	FeF_2	78.4
NiO	600	CoF_2	37.7

（2）亚铁磁性

如果上节中提到的反平行的两种亚晶格的磁矩大小不等，便可在物质内产生不等于零的自发磁化强度，这种类型的磁矩有序排列，磁学特性称为亚铁磁性，可以认为亚铁磁性是未完全抵消的反铁磁性。亚铁磁性物质具有与铁磁性物质相似的宏观磁性质，同样具有以自发磁化为基础的强磁性和磁滞现象等特征，但两者在微观的磁矩有序排列类型上有区别。

铁氧体磁性材料是一类技术上有实际应用价值的亚铁磁性物质。所谓铁氧体是指由铁及其他一种或多种金属氧化物组成的复合氧化物，根据其结构可分为尖晶石型、石榴石型和磁铅石型铁氧体。它们具有电导率低（$10^{-2}\sim10^{-6}\Omega^{-1}\cdot cm^{-1}$）的特点，可用于高频范围。铁氧体磁性材料特别适合制作微波元件中的低损耗变压器芯，或用作记忆元件。表 4-4 列出了几种铁氧体的居里温度和饱和磁化强度。

表 4-4　一些铁氧体的 T_C 和 M_S

物　质	T_C/K	M_S/T
Fe_3O_4	858	510×10^{-4}
$CoFe_2O_4$	793	575×10^{-4}
$NiFe_2O_4$	858	300×10^{-4}
$CuFe_2O_4$	728	160×10^{-4}
$MnFe_2O_4$	573	560×10^{-4}
$Y_2Fe_2O_4$	560	195×10^{-4}

4.7 交换相互作用

4.7.1 海森堡理论

分子场理论相当成功，但分子场的物理本质一直是令人感到困惑的问题，长期得不到解决。早期人们很自然地认为这种分子场起源于离子磁矩之间的相互作用，两个磁矩 μ_B 间经典的相互作用能量可用式（4-91）进行估算

$$E=\mu_0\frac{\mu_B^{\ 2}}{r^3} \tag{4-91}$$

式中，r 是磁矩之间的距离。根据式（4-91）求得的相互作用能约在 10^{-4}eV 数量级，但根据铁磁体的居里温度 T_C 实验值来估算，分子场力与离子磁矩间的作用能约为 0.1eV，要比磁矩间的相互作用能大得多。实际上，分子场是一种量子效应。为揭示分子场的物理本质，海森堡于 1928 年提出了近邻原子之间的直接交换作用，直接与泡利不相容原理相联系。

按氢分子理论，当两个氢原子结合成氢分子时，根据泡利不相容原理，有以下两种不同的状态。

① 两个电子自旋相平行的状态。这时电子的自旋波函数 $\chi(S_{21},S_{22})$ 是对称的，而轨道波函数是反对称的：

$$\Phi_{A}^{(0)}(r_1, r_2)=\frac{1}{\sqrt{2}}[\varphi_a(r_{1a})\varphi_b(r_{2b})-\varphi_a(r_{2a})\varphi_b(r_{1b})] \tag{4-92}$$

式中，φ_a、φ_b 是两个氢原子的电子轨道波函数。

② 两个电子自旋反平行的状态。这时电子自旋波函数 $\chi(S_{21}, S_{22})$ 是反对称的，而轨道波函数是对称的

$$\Phi_{S}^{(0)}(r_1, r_2)=\frac{1}{\sqrt{2}}[\varphi_a(r_{1a})\varphi_b(r_{2b})+\varphi_a(r_{2a})\varphi_b(r_{1b})] \tag{4-93}$$

只有这样，才能使总的电子波函数

$$\Psi=\Phi^{(0)}(r_1, r_2)\chi(S_{21}, S_{22})$$

是反对称的，满足泡利不相容原理。

上述两种状态的能量不相同，但可以统一用式（4-94）表示

$$E=2E_H+K-\frac{J}{2}-2Js_1\cdot s_2 \tag{4-94}$$

式中，$\boldsymbol{s}_1$ 和 $\boldsymbol{s}_2$ 分别表示两个电子以$\hbar$为单位的自旋角动量。如两个电子自旋角动量 $\boldsymbol{s}_1$ 与 $\boldsymbol{s}_2$ 相互平行，则

$$2\boldsymbol{s}_1\cdot\boldsymbol{s}_2=s^2-s_1^2-s_2^2=s(s+1)-s_1(s_1+1)-s_2(s_2+1)=\frac{1}{2}$$

这里总自旋角动量 $\boldsymbol{s}=\boldsymbol{s}_1+\boldsymbol{s}_2$，所以 $s^2=s_1^2+s_2^2+2\boldsymbol{s}_1\cdot\boldsymbol{s}_2$。$s$、$s_1$、$s_2$ 分别是总自旋角动量量子数和两个电子自旋角动量量子数，$s_1=s_2=\frac{1}{2}$，$s=1$。因此

$$E=2E_H+K-J \tag{4-95}$$

反之，当两个电子自旋反平行时，两个电子的总自旋角动量量子数 $s=0$，因此

$$2\boldsymbol{s}_1\cdot\boldsymbol{s}_2=s^2-s_1^2-s_2^2=-\frac{3}{2}$$

从而式（4-94）化为

$$E=2E_H+K+J \tag{4-96}$$

式中，E_H 表示孤立氢原子的能量；K 表示两个氢原子之间的库仑作用能

$$K=\int\varphi_a^*(r_{1a})\varphi_b^*(r_{2b})V_{ab}\varphi_a(r_{1a})\varphi_b(r_{2b})d\tau_1 d\tau_2 \tag{4-97}$$

式中，V_{ab} 为两原子间的相互作用势能：

$$V_{ab}=\frac{e^2}{4\pi\varepsilon_0}\left(\frac{1}{R}-\frac{1}{r_{1b}}-\frac{1}{r_{2a}}+\frac{1}{r_{12}}\right) \tag{4-98}$$

式中，R、r_{1b}、r_{2a}、r_{12} 分别表示核 a、核 b、电子 1 及电子 2 之间的距离。J 表示两原子间的交换能：

$$J=\int\varphi_a^*(r_{1a})\varphi_b^*(r_{2b})V_{ab}\varphi_a(r_{2a})\varphi_b(r_{1b})d\tau_1 d\tau_2 \tag{4-99}$$

比较式（4-97）与式（4-99），可以看到两者间的差别仅在于后者的积分中 φ_a、φ_b 的变量 r_1 与 r_2 进行了交换，即两个电子的坐标进行了交换。这种交换能完全是由泡利不相容原理引起的，称为直接交换作用。如果不考虑泡利不相容原理，即不考虑电子波函数 $\Psi=\Phi^{(0)}(r_1,r_2)\chi(S_{21},S_{22})$ 的反对称性，在能量表示式（4-9）中就不会出现与 J 有关的项。从式（4-94）可见，氢分子的能量与电子自旋有关。如果交换能 $J<0$，则当电子自旋反平行时，能量较低；相反，如果交换能 $J>0$，则电子自旋平行的状态能量较低。磁性离子之间也存在类似的直接交换作用，即当 $J>0$ 时，磁性离子的电子自旋方向一致的状态对应较低的能量，因而表现出铁磁性；而当 $J<0$ 时，磁性离子的电子自旋方向反平行才具有较低能量，从而表现出反铁磁性或亚铁磁性。

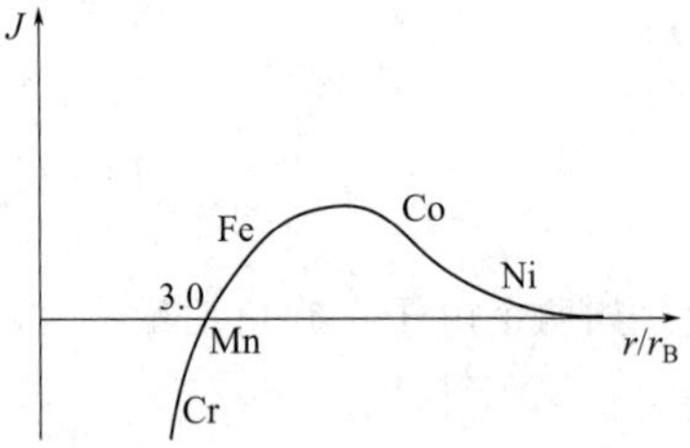

图 4-15　交换能 J 与 $\frac{r}{r_B}$ 的关系

斯莱特（J. C. Slater）提出可以用比值 $\frac{r}{r_B}$（r 是原子间距离，r_B 是原子壳层中电子轨道的半径）来区分铁磁性和反铁磁性（或亚铁磁性）。图 4-15 给出了交换能 J 与 $\frac{r}{r_B}$ 的关系，比值 $\frac{r}{r_B}\geqslant 3$ 时，$J>0$，这时应具有铁磁性，Fe、Co、Ni 即属于此类；而当 $\frac{r}{r_B}<3$ 时，$J<0$，应具有反铁磁性，和 Mn、Cr 相对应，故 Mn、Cr 具有反铁磁性。

在式（4-94）中，如果以 $2E_A+K-\frac{J}{2}$ 作为能量零点，则可写出与自旋有关部分的能量

$$H_{ex}=-2J\boldsymbol{s}_1\cdot\boldsymbol{s}_2 \tag{4-100}$$

对于晶体中的磁性离子之间的交换作用可写成下面的形式

$$H_{ex}=-2J\sum_i\boldsymbol{s}\cdot\boldsymbol{s}_i \tag{4-101}$$

式中，$\boldsymbol{s}$ 是所有考虑的磁性离子的自旋角动量；$\boldsymbol{s}_i$ 是其最近邻的磁性离子的自旋角动量；$\sum_i$ 表示对所有近邻磁性离子的求和。假设所有磁性离子的自旋角动量都相同，而且共有 z 个最近邻磁性离子，则式（4-101）可写成

$$H_{ex}=-2zJs^2 \tag{4-102}$$

按分子场理论，式（4-102）表示的能量应与该磁性离子的自旋磁矩与分子场之间的互作用能量

$$-|\overline{\boldsymbol{\mu}}|\lambda M=-g_J s\mu_B\lambda M$$

相等，即

$$-2zJs^2=-g_J s\mu_B\lambda M \tag{4-103}$$

而磁化强度 M 应等于 n 个磁性离子磁矩 $g_J s\mu_B$ 之和，即

$$M = n g_J s \mu_B \tag{4-104}$$

把式（4-104）代入式（4-103），可得分子场系数 λ 与交换能 J 之间的关系

$$\lambda = \frac{2Jz}{n g_J^2 \mu_B^2} \tag{4-105}$$

把式（4-105）代入式（4-86），并假设所有磁性全都来自自旋磁矩，即 $j=s$，则可得

$$T_C = \frac{2z}{3k_B}[s(s+1)]J \tag{4-106}$$

根据 $T_C = 1000\text{K}$ 计算，交换能 J 应为 0.1eV。

4.7.2 间接交换作用和超交换作用

由式（4-99）可见，以上介绍的直接交换作用只有当两个电子的波函数相互交叠时才存在，这可适用于过渡金属的 3d 电子。但对于稀土金属中处于内壳层的 4f 电子来说，两个相邻稀土金属离子 4f 电子的波函数相互交叠甚微，因而很难用直接交换作用解释其磁性表现。对此有人提出间接交换作用模型，取四位提出者名字第一字母，简称 RKKY 间接交换作用。该模型认为两个磁性离子的磁矩，是以传导电子（5s、5p）为中介而发生相互作用的。例如，一磁性离子中的 4f 电子先与 s 传导电子发生交换作用，使 s 电子的自旋与 4f 电子的自旋平行或反平行，然后，此 s 电子再与邻近磁性离子的 4f 电子发生作用，使此离子 4f 电子的自旋与 s 电子的自旋平行或反平行。这样，通过 s 电子的中介，相邻的 4f 电子自旋处于平行或反平行状态。除这种 s-f 电子间的间接交换作用外，也可存在 s-d 及 d-d 电子间的间接交换作用。如下面要介绍的巡游电子模型所指出的，3d 电子有一部分可以参与共有化运动，成为传导电子，而另一部分仍然是局域化的电子，d-d 间接交换作用就是局域化的 d 电子通过传导 d 电子的中介而发生的交换作用。通过传导 d 电子的中介也可以使两个相邻离子中的 f 电子发生间接交换作用，这就是 d-f 间接交换作用。

具有铁磁性、反铁磁性或亚铁磁性的绝缘体都是磁性离子与其他离子形成的化合物，如反铁磁体 MnO，其中两个相邻锰离子的自旋磁矩是通过氧离子的中介，使彼此方向相反而具有反铁磁性的，即两个磁性离子的自旋通过负离子氧的中介发生交换作用，常称此为超交换作用。通过超交换作用，也可以使两个磁性离子的自旋平行或反平行。

4.8 巡游电子模型理论和自旋波理论

4.8.1 巡游电子模型

海森堡理论认为，对磁性有贡献的电子全部局域在各原子中，邻近原子的电子自旋存在着交换作用，因此，通常称为局域电子交换模型。该模型成功给出了外斯分子场的物理本质，说明了许多磁现象。但按局域电子模型求出的铁族金属中每个原子的磁矩都是玻尔磁子 μ_B 的

整数倍，而实验测定的铁族金属的原子磁矩（以 μ_B 为单位）都不是整数，例如，Fe、Co、Ni 分别为 $2.2\mu_B$、$1.7\mu_B$ 和 $0.6\mu_B$。实验研究证明，过渡金属中负载磁矩的 d 电子不局域于原子内，而是在各原子的 d 轨道之间游移，称为巡游电子。巡游电子在金属的晶格周期场中运动，d 能级展成窄的 d 能带，因此，巡游电子实际上就是共有化的能带电子。这种能带模型称为巡游电子模型。

铁族元素的原子组成金属后，d 能级和 s 能级形成能带的情况如图 4-16 所示。当原子间距很大，各自为孤立原子时，4s 和 3d 电子的能量取值各为一个单能级。随着原子间距减小，当波函数交叠后，原子的能级分裂成能带，原子间距愈小，能级分裂得愈厉害。图 4-16 中两种斜线相交的区域表示两个能带有一部分重叠，即 3d 电子和 4s 电子的能量有可能相同，表明它们可以相互转换。

图 4-17 给出用过渡金属 3d 和 4s 电子的能级密度表示的能带示意图。可见，两个能带有重叠。d 带窄，能级分布密集；s 带宽，能级分布稀疏。3d 电子和 4s 电子按能量分布在两能带中，使金属中 d 电子数和 s 电子数与孤立原子中不同。

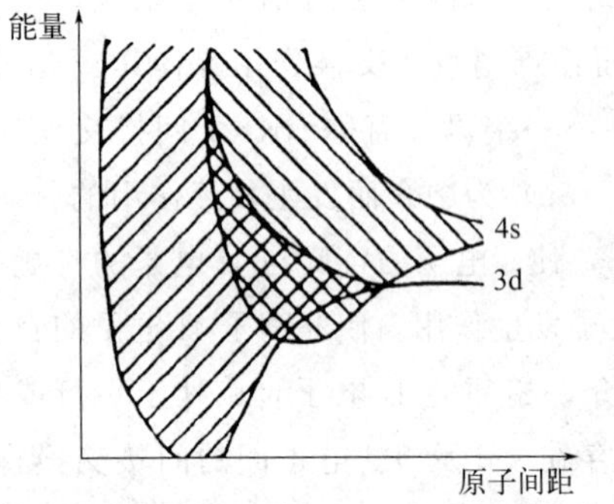

图 4-16　铁族元素电子的 3d 能带与 4s 能带

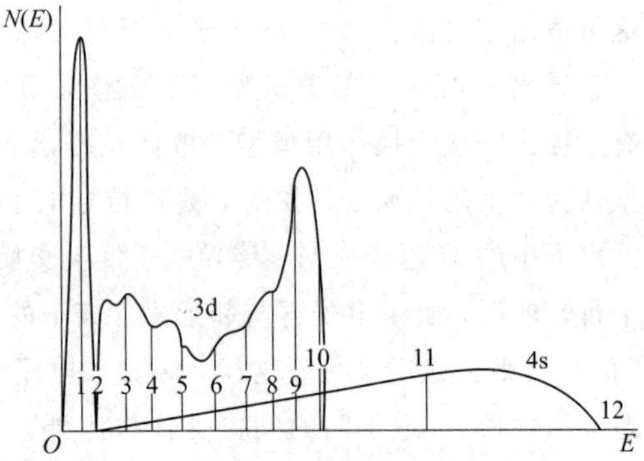

图 4-17　过渡金属的 3d 和 4s 能带

根据电子自旋有正、负两个取向，能带又可分成 $N_+(E)$ 和 $N_-(E)$ 两个支能带。巡游电子间的交换作用或其等效分子场使正、负自旋电子能量不同，从而使 3d 能带的两个支能带沿能量轴线相对位移，称为交换劈裂。为了降低体系能量，能量高的支能带中费米面附近的电子改变自旋方向，跃迁到能量低的另一支能带中，最后正、负自旋电子最高能量一致，如图 4-18 所示。电子在交换劈裂后的能带中重新分布，使电子在正、负自旋两个支能带中电子数目不等，从而导致自发磁化。

由于正、负支能带中电子分布不同，结果金属中每个原子平均的 3d 和 4s 电子数不同于孤立原子，且不是整数。表 4-5 列出了按巡游电子模型计算的几种金属的 3d 和 4s 电子在能带中的分布数据，得到的未被抵消的自旋数目与实验结果基本相符。

表 4-5　铁族金属中 3d 和 4s 能带中电子分布数据

元素	孤立原子电子组态	按能带理论电子分布				未抵消自旋数	实验值
		$3d^+$	$3d^-$	$4s^+$	$4s^-$		
Cr	$3d^4 4s^2$	2.7	2.7	0.3	0.3	0	0
Mn	$3d^5 4s^2$	3.2	3.2	0.3	0.3	0	0

续表

元素	孤立原子电子组态	按能带理论电子分布				未抵消自旋数	实验值
		$3d^+$	$3d^-$	$4s^+$	$4s^-$		
Fe	$3d^6 4s^2$	4.8	2.6	0.3	0.3	2.2	2.216
Co	$3d^7 4s^2$	5.0	3.3	0.35	0.35	1.7	1.715
Ni	$3d^8 4s^2$	5.0	4.4	0.3	0.3	0.6	0.616
Cu	$3d^{10} 4s^1$	5.0	5.0	0.5	0.5	0	0

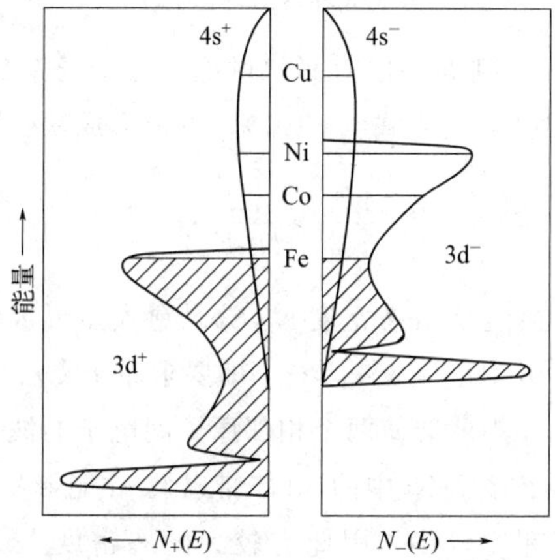

图 4-18　3d 和 4s 正、负能带中电子分布（不同水平线表示不同金属中能带充满的程度）

从目前看，由于局域电子模型计算简单，在定性解释 Fe、Co、Ni 等过渡金属磁性现象时，虽然仍被广泛应用，但人们已经公认，研究过渡金属及合金的磁性应当采用巡游电子模型。

下面半定量地导出铁磁性判据。假设单位体积的晶体中有一个电子从自旋向下的状态转变成自旋向上的状态，总的磁化强度改变了 $\Delta M=2\mu_B$。假设分子场 $B_W=\lambda M$，则根据经典的电磁理论由磁化强度的改变 ΔM 而引起的总能量改变为：

$$\Delta E_1=-\int_0^{\Delta M} B_W \mathrm{d}M=-\int_0^{\Delta M}\lambda M\mathrm{d}M=-\frac{1}{2}\lambda(\Delta M)^2=-2\lambda\mu_B^2$$

此外，电子由自旋向下的子带转移到自旋向上的子带时，由于泡利不相容原理，只能填充到费米能级 E_F 上面的状态，因为而引起能量的增加，增加的能量 ΔE_2 可从关系式

$$n=\frac{1}{2}N(E_F)\Delta E_2$$

求得。这里 $N(E_F)$ 是费米能级处的状态密度。因为这里只考虑一种自旋的状态密度，故乘以 $\frac{1}{2}$；又因为现在考虑的是一个电子的转移，所以 $n=1$，由此可求得

$$\Delta E_2=\frac{2}{N(E_F)}$$

很显然，如果

$$\Delta E_1+\Delta E_2<0$$

即

$$2\lambda\mu_B^2>\frac{2}{N(E_F)} \tag{4-107}$$

则电子自旋由向下转变成向上的过程在能量上是有利的，从而可能形成铁磁性。因此可以把式（4-107）看成是能否形成铁磁性的判据。将式（4-107）改写成

$$\xi=\lambda\mu_B^2N(E_F)>1$$

这就是著名的斯托纳（Stoner）判据。按前面的讨论，分子场系数 λ 与交换能 J 间的关系由式（4-105）给出，把式（4-105）代入式（4-107），可把形成铁磁性的判据写成

$$\frac{4Jz}{ng_J^2}>\frac{2}{N(E_F)} \tag{4-108}$$

从式（4-108）可以看到，交换能 J 及态密度 $N(E_F)$ 愈大愈形成铁磁性，并且这两个条件是相辅相成的。按图 4-15，$J>0$ 对应于 $r/r_B>3$，即要求原子壳层中的电子半径 r_B 比较小，原子间距 r 比较大，而 r 大及 r_B 小就会使两个相邻原子间电子的波函数交叠得少。因而能带变窄，态密度 $N(E)$ 变大。Fe、Co、Ni 中的 3d 能带以及 4f 能带都能满足这些要求，它们都有较大的交换积分，并且带宽都比较小，因此有较大的态密度 $N(E)$。所以它们都表现了铁磁性。

4.8.2 自旋波

根据前面的讨论可知，$T=0K$ 时，铁磁体的基态是所有自旋均沿同一方向排列并形成饱和磁化强度 M_{S0} 的状态。在有限温度下，铁磁体中个别自旋磁矩的方向可以发生涨落而与磁化强度的方向发生偏离。自旋磁矩的方向一旦偏离了磁化强度，就会受到后者的作用，而产生绕磁化强度的进动。但在晶体中各个自旋磁矩与其邻近的自旋磁矩之间都存在着交换作用，因此一个自旋的进动状态不会局限在这一个自旋上，而是可以在晶体中传播。这种自旋磁矩绕磁化强度方向进动的状态在晶体中传播便形成波（与晶体中原子热振动在晶体中传播形成格波相类似），称为自旋波。

图 4-19 为自旋波的示意图，图 4-19（a）及（b）分别是侧视图及俯视图。已经不止一次地看到，在晶体中传播的波动的色散关系是人们很感兴趣的问题。下面就用经典力学的方法讨论自旋波的色散关系。为简单起见，只讨论一维体系。假设自旋磁矩之间是直接交换作用，若取 $2E_A+K-J/2$ 为能量的零点，则相互作用能可表示成

$$E=-2Js_1s_2 \tag{4-109}$$

一维晶体中第 p 个自旋，其与左右两个自旋之间的相互作用能可写成

$$E=-2JS_{p-1}S_{p+1} \tag{4-110}$$

第 p 个格点上的自旋磁矩 μ_p，按式（4-21）可写成（注意这里 $p_s=s_p$）

$$\mu_p=-g_J\mu_Bs_p \tag{4-111}$$

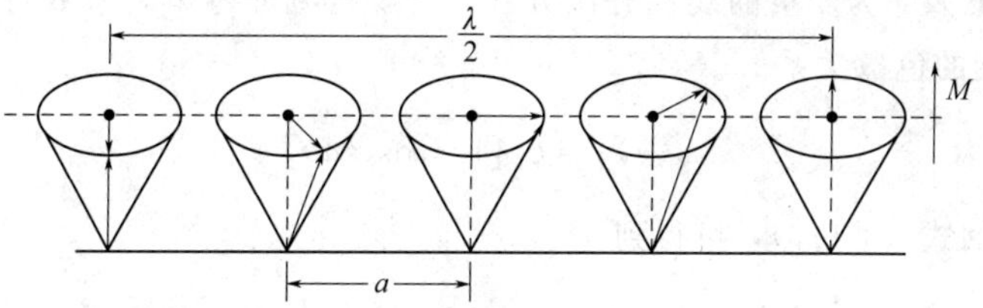

(a) 侧视图

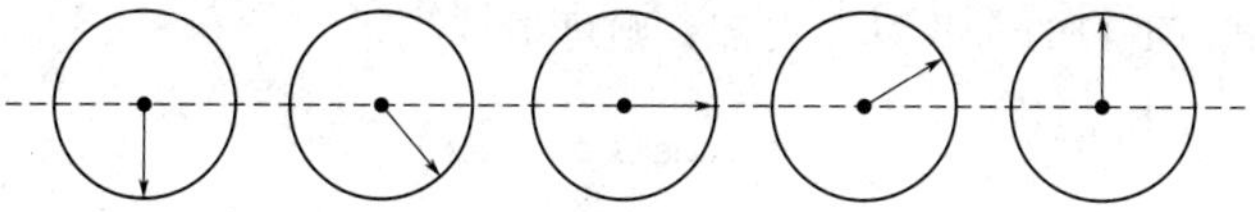
(b) 俯视图

图 4-19　波长 $\lambda=8a$ 的一维自旋波的形态（a 为原子间距）

因此可把式（4-110）重写成

$$E=-\mu_p\left[\left(-\frac{2J}{g_J\mu_B}\right)(s_{p-1}+s_{p+1})\right] \tag{4-112}$$

式（4-112）方括号部分可看成是作用在 μ_p 上的有效磁感应强度

$$B_p^{\text{eff}}=\left(-\frac{2J}{g_J\mu_B}\right)(s_{p-1}+s_{p+1}) \tag{4-113}$$

由于这个场的作用，第 p 个格点上的自旋角动量 s_p 要发生变化

$$\frac{\mathrm{d}s_p}{\mathrm{d}t}=\mu_p B_p^{\text{eff}}=2J\left[s_p\times(s_{p-1}+s_{p+1})\right] \tag{4-114}$$

考虑在低温下，各个自旋方向对磁化强度（设为 z 方向）仅有微小的偏离，可近似地认为 $s_p^z\approx s_{p-1}^z\approx s_{p+1}^z\approx s$，并忽略 s_p^x、s_{p-1}^x、s_{p+1}^x 与 s_p^y、s_{p-1}^y、s_{p+1}^y 间的乘积。这样，可把式（4-114）近似地写成下面的分量形式

$$\begin{cases}\dfrac{\mathrm{d}s_p^x}{\mathrm{d}t}=2Js(2s_p^y-s_{p-1}^y-s_{p+1}^y)\\[2mm]\dfrac{\mathrm{d}s_p^y}{\mathrm{d}y}=-2Js(2s_p^x-s_{p-1}^x-s_{p+1}^x)\\[2mm]\dfrac{\mathrm{d}s_p^z}{\mathrm{d}t}=0\end{cases} \tag{4-115}$$

从式（4-15）可直接解得 $s_p^z=s$ 为一常数。设 s_p^x、s_p^y 具有波动形式的试解

$$\begin{cases}s_p^x=u\exp[\mathrm{i}(kpa-\omega t)]\\s_p^y=\nu\exp[\mathrm{i}(kpa-\omega t)]\end{cases} \tag{4-116}$$

式中，u、ν 分别为 x、y 方向的振幅；a 是一维晶体的晶格常数；k 和 ω 分别为波矢及角频率。将式（4-116）代入式（4-115），可得到

$$\begin{cases}\mathrm{i}\omega u+(4Js)(1-\cos ka)\nu=0\\-(4Js)(1-\cos ka)u+\mathrm{i}\omega\nu=0\end{cases} \tag{4-117}$$

式（4-117）是以 u 及 ν 为变量的线性齐次方程，若要得到非零解，系数行列式必须等于零。由此即可求得自旋的色散关系

$$\omega(k)=4Js[1-\cos(ka)] \tag{4-118}$$

将式（4-118）代回式（4-117），可得到

$$\nu=-\mathrm{i}u \tag{4-119}$$

将式（4-119）代回式（4-116），并只取实部，则可得

$$\begin{cases} s_p^x=u\cos(kpa-\omega t) \\ s_p^y=u\sin(kpa-\omega t) \end{cases} \tag{4-120}$$

式（4-120）清楚地表明每个自旋绕 z 轴（磁化强度）做圆周进动，而且这种进动状态沿着一维晶体传播。图 4-19 为 $k=\frac{\pi}{4a}$（波长 $\lambda=8a$）的自旋波在某一时刻的形态，图中只画出半个波长。

按照量子理论，自旋波的能量也应是量子化的，它只能是能量量子的整数倍

$$E=\sum_k\left(n_k+\frac{1}{2}\right)\hbar\omega(k) \tag{4-121}$$

常把自旋波的能量量子 $\hbar\omega$ 称为磁波子（也称磁振子）。能量为 E 的自旋波中包含 n_k（$n_k=1,2,3\cdots$）个波矢为 $\boldsymbol{k}$ 的磁波子。

自旋波表示自旋磁矩偏离饱和磁化强度方向的波动。虽然按经典力学的观点，自旋磁矩对饱和磁化强度方向的偏离角度可以连续取值，但是实际上根据量子力学，自旋只能有两个取向，不是与饱和磁化强度的方向相同，就是相反。激发起一个磁波子就表示有一个自旋磁矩的方向由磁化强度相同变成相反，因此激发起一个磁波子就意味着饱和磁化强度减少了 $2\mu_B$。

磁波子可以通过中子的非弹性散射进行实验研究。因为中子具有磁矩，所以中子入射铁磁体可以激发其磁波子，并将自身的能量转化为磁波子的能量，测量散射前后的中子能量及动量（波矢），即可获知磁波子（自旋波）的重要信息。

习题

1. 磁性材料的磁性是如何产生的？如何区分磁化和自发磁化的差异？

2. 常用磁化强度有几种？各是如何定义的？它们之间存在何种关系？给出它们在两种单位制中的单位？

3. 写出玻尔磁子表达式，并说明单个电子的轨道磁矩和自旋磁矩的大小，在磁场方向分量及在磁场中能量各是多少个玻尔磁子？

4. 金属中的电子可分为哪两类？它们在磁场中是如何运动的？所产生的抗磁性机制各是什么？

5. 在什么条件下才能显现感生抗磁性？χ_d 在周期表中有着什么规律性？

6. 说明泡利顺磁性产生的原因，并导出 TK 时泡利顺磁磁化率 χ_{pe} 表达式，为什么 χ_{pe} 基本不随 T 变化？

7. 朗道抗磁性的微观本质是什么？给出朗道抗磁磁化率的表达式。

8. 反铁磁和亚铁磁的磁结构各有什么特点？

9. 由海森堡直接交换的理论结果，导出分子场系数 λ、居里温度 T_c 与交换积分 J 的关系。

10. 概述海森堡铁磁性理论的成果及局限性。

11. 为什么直接交换模型不能用于解释稀土金属的磁性？

12. 概述 RKKY 间接交换作用的物理图像。

13. 用巡游电子模型定性说明产生自发磁化的原因。

14. 导出斯托纳铁磁性判据，并据此说明为什么 3d 电子对铁磁性有贡献，而 4s 电子无贡献？

15. 自旋波是如何形成的？何谓磁波子？

思政阅读

醉心学术志坚定，投身报国心不改

列夫·达维多维奇·朗道（Lev Davidovich Landau，1908—1968 年）是前苏联现代杰出的物理学家，在理论物理学领域有极高的建树，因关于液氦的先驱性理论被授予 1962 年诺贝尔物理学奖。1927 年，朗道毕业于列宁格勒大学，并成为前苏联科学院列宁革勒技术物理研究所研究生。1929 年，朗道被派往国外游学一年半，期间访问了丹麦、英国和瑞士等地，在金属理论方面做了重要的工作。在 1930 年发表的论文《金属的抗磁性》中，朗道应用量子力学来处理金属中的简并理想电子气，提出理想电子气具有抗磁性的磁化率，这一性质现在被称为朗道抗磁性。

在游学期间，朗道遍访物理学泰斗，于 1931 年春天在国内形势尚不明朗时坚定地踏上了归国之路。他对比利时理论物理学家罗森菲尔德说："我必须为我的国家工作。这是一次长久的离别。也许是永久的离别，除非你来访问我们。"从那时起，朗道便表明了归国效力的决心。回国后他致力于提高前苏联的理论物理水平和培养理论物理人才。第二次世界大战期间，物理研究所撤退到后方，朗道积极为效力于国家的学生出谋划策，同时自己也直接参与了某些国防任务的研究。在他 1944 年出版的《连续介质力学》一书中，包含有许多一般物理教科书中不曾提及的方面，包含燃烧、起爆、爆轰波传播、冲击波与固体碰撞等内容。朗道将自己的研究内容拓展到与国家需求相关的国防装备中，怀着与国家共命运的情怀与担当，为国防事业贡献力量。

在朗道 50 寿辰之际，前苏联原子能研究所把他对物理学的十大贡献刻在两块大理石板上作为寿礼，从表彰其对科学的杰出贡献，后人称为"朗道十诫"：①量子力学中的密度矩阵和统计物理学（1927 年）；②自由电子抗磁性的理论（1930 年）；③二级相变的研究（1936～1937 年）；④铁磁性的磁畴理论和反铁磁性的理论解释（1935 年）；⑤超导体的混合态理论（1934 年）；⑥原子核的概率理论（1937 年）；⑦氦Ⅱ超流性的量子理论（1940～1941 年）；⑧基本粒子的电荷约束理论（1954 年）；⑨费米液体的量子理论（1956 年）；⑩弱相互作用的CP 不变性（1957 年）。

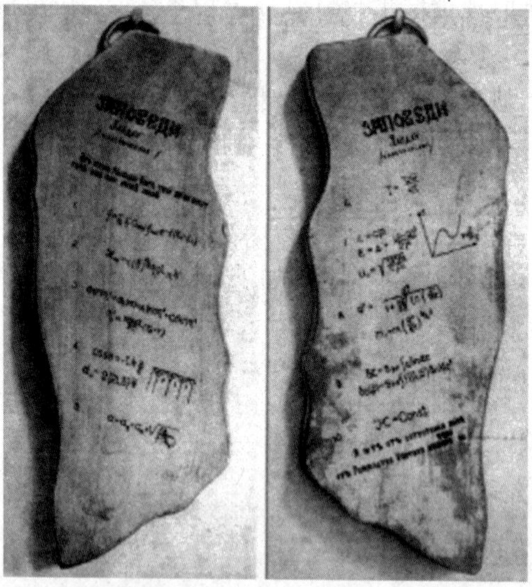

“朗道十诫”（1958 年）

1962 年，在去研究所的路上，突如其来的车祸给朗道造成了严重的伤害，这也震惊了诺贝尔奖委员会，他们决定将这一年的诺贝尔物理学奖授予朗道，破例专门在莫斯科为他举行颁奖仪式，表彰朗道在 20 年前对液态氦超流体理论做出的贡献。六年后，在 1968 年 3 月 24 日，朗道旧伤复发，经抢救无效告别人世。这位前苏联理论物理大师对自己的一生颇为满意，临终时他说：“我这辈子没白活，做的每件事情都是成功的！”

法国微生物学家巴斯德曾说，科学虽没有国界，但是学者却有他自己的国家，这句话可谓掷地有声，振聋发聩。科学知识是人类智慧的结晶，属于全人类的财富，但科学事业的发展和科学家的命运都与自己的祖国有着密切的关系。而且当今时代综合国力的竞争集中体现为科技的竞争和人才的竞争，科学家在国家的发展过程中承担着独特的社会责任。科学家朗道在求学路上坚持不懈，持之以恒，在祖国需要他的时候毅然决定回国，彰显了家国情怀与爱国精神。身为祖国未来科技事业的建设者，青年一代当树立正确的人生观、世界观和价值观，培养爱国情、报国志和强国梦，为祖国科技自立自强、国家繁荣昌盛做出贡献。

第 5 章
晶格动力学与材料热性质

晶格动力学是研究晶体原子在平衡点附近的振动以及这些振动对晶体物理性质的影响，是固体物理学的基础内容之一。晶体中原子的振动形成格波，不同模式的格波等效于以某一频率$\hbar\omega$振动的简谐振子。按照量子理论，每个简谐振子的能量为$(n+1/2)\hbar\omega$（$n=0,1,2,\cdots$），$\hbar\omega$为格波的能量量子，称为声子。用不同的动力模型计算晶格振动的色散关系可以获得与晶格振动相关的力、热、光、电等物理性质。

5.1 声子：晶格振动量子化模型

5.1.1 一维单原子链的振动

在前面的讲述中，假定晶体中离子实不动，并有周期性地规则排列，其结构用布拉维格子加基元来描述，接下来将采用更实际的物理图像来描述。

① 仍然假定晶体中的离子实可以用布拉维格子的格矢 $\boldsymbol{R}_n$ 标记，但将 $\boldsymbol{R}_n$ 理解为离子实平均的平衡位置。原因是尽管离子实不再静止，但对晶体结构的实验观察表明，布拉维格子依然存在。

② 离子实围绕其平衡位置做微小的振动，其瞬时位置对平衡位置的偏离远小于离子间距。

尽管相互作用只保留简谐项的简谐晶体的晶格振动可用经典力学处理，但在这里还是先研究最简单的每个原胞只有一个原子的一维单原子链，避免三维情形带来的复杂性。

晶格振动在晶体中是以波的形式传播的，称为格波。一个格波是晶体中全体原子都参与的一种简单的集体运动形式，整个体系可以看作是一个相互耦合的振动系统。对于格波的研究要先计算原子之间的相互作用力，然后根据牛顿定律写出原子运动方程，最后求解方程。

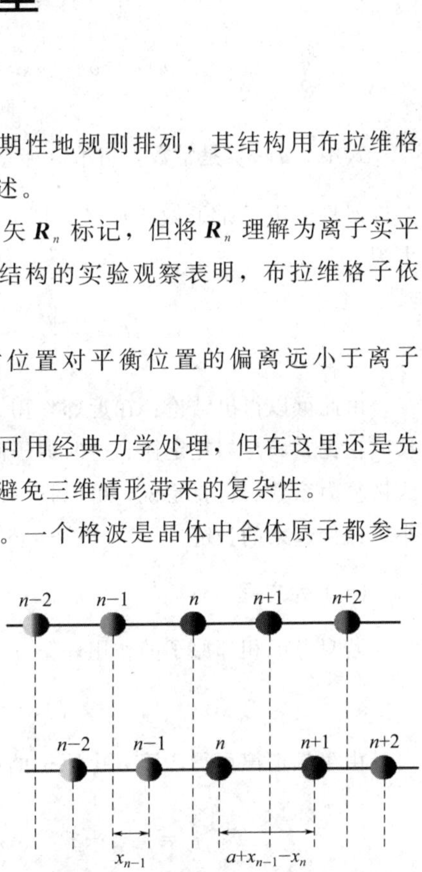

图 5-1　一维单原子链物理模型

5.1.1.1　一维单原子链的振动方程

（1）物理模型

一维单原子链的物理模型如图 5-1 所示。

（2）坐标选取

假设每个原子质量为 m，平衡时原子间距为 a，选第 0 个原子的平衡位置为坐标原点，则第 n 个原子平衡时位置为

$$X_n = na \tag{5-1}$$

第 n 个原子离开平衡位置的位移为 x_n，位移后其位置为

$$X_n = na + x_n \tag{5-2}$$

位移后，第 n 个原子和第 $n+1$ 个原子间的距离为

$$X_{n+1} - X_n = a + x_{n+1} - x_n \tag{5-3}$$

（3）受力分析

两个近似：①简谐近似，即原子之间的相互作用为弹性力，遵从胡克定律；②近邻作用近似，即仅考虑最近邻原子间的相互作用。

设在平衡位置时，两个原子间的相互作用势能为 $u(a)$，第 n 个原子和第 $n+1$ 个原子间的相对位移 $\delta = x_{n+1} - x_n$，发生相对位移后，相互作用势能可表示为 $u(r) = u(a+\delta)$，对该势能在平衡位置附近用泰勒级数展开，得

$$u(a+\delta) = u(a) + \left(\frac{\mathrm{d}u}{\mathrm{d}r}\right)_a \delta + \frac{1}{2}\left(\frac{\mathrm{d}^2 u}{\mathrm{d}r^2}\right)_a \delta^2 + \text{高阶项} \tag{5-4}$$

式中，$u(a)$ 是常数，可取为能量零点；$\left(\frac{\mathrm{d}u}{\mathrm{d}r}\right)_a = 0$ 是平衡条件。在这里需要注意的是简谐近似只适用于原子做微振动，即 δ 很小的情况。那么相邻原子间的作用力，也就是恢复力为

$$f = -\frac{\mathrm{d}u}{\mathrm{d}\delta} \approx -\left(\frac{\mathrm{d}^2 u}{\mathrm{d}r^2}\right)_a \delta = -\beta\delta, \beta = -\left(\frac{\mathrm{d}^2 u}{\mathrm{d}r^2}\right)_a \tag{5-5}$$

由此可以得出结论：在近邻作用近似和简谐近似条件下，原子间的相互作用力与相对位移成正比，满足胡克定律。这时原子间的相互作用力称为弹性力或简谐力，β 称为弹性系数，或恢复力系数。也就是说，可以把一维单原子链等效为用弹性系数为 β 的弹簧把质量为 m 的小球连接起来的长链。

（4）列方程

若只考虑相邻原子的作用，第 n 个原子受到的作用力为

$$f_{n-1} = -\beta(x_n - x_{n-1}) \qquad f_{n+1} = -\beta(x_n - x_{n+1}) \tag{5-6}$$

由牛顿定律可得，第 n 个原子的运动方程为

$$\begin{aligned} f = f_{n+1} + f_{n-1} = m\frac{\mathrm{d}^2 x_n}{\mathrm{d}t^2} &= \beta(x_{n+1} - x_n) - \beta(x_n - x_{n-1}) \\ &= \beta(x_{n+1} + x_{n-1} - 2x_n) \end{aligned} \tag{5-7}$$

式（5-7）说明第 n 个原子振动的加速度不仅与 x_n 有关，而且与 x_{n-1}、x_{n+1} 有关。这意味着原子运动之间的耦合，对于 $n=1,2,3,\cdots,N$ 的每一个原子，都有一个类似的运动方程，故该原子链的运动方程实为 N 个方程组成的方程组，可有 N 个解，所以方程数目和原子数目 N 相等。

（5）解方程

对方程

$$m\frac{\mathrm{d}^2 x_n}{\mathrm{d}t^2}=\beta(x_{n+1}+x_{n-1}-2x_n) \tag{5-8}$$

进行求解：

设方程组的解为 $x_n=A\mathrm{e}^{\mathrm{i}(\omega t-naq)}$，其中 naq 是第 n 个原子振动的相位因子，

$$x_{n-1}=A\mathrm{e}^{\mathrm{i}[\omega t-(n-1)aq]} \qquad x_{n+1}=A\mathrm{e}^{\mathrm{i}[\omega t-(n+1)aq]} \tag{5-9}$$

可以得到

$$-m\omega^2=\beta(\mathrm{e}^{\mathrm{i}aq}+\mathrm{e}^{-\mathrm{i}aq}-2)=2\beta[\cos(aq)-1]$$

应用三角公式，可得色散关系为

$$\omega^2=\frac{4\beta}{m}\sin^2\left(\frac{aq}{2}\right) \tag{5-10}$$

（6）讨论

格波的意义：连续介质中的机械波为 $y=A\mathrm{e}^{\mathrm{i}(\omega t-2\pi\frac{x}{\lambda})}=A\mathrm{e}^{\mathrm{i}(\omega t-qx)}$，波数为 $q=\frac{2\pi}{\lambda}$；而晶体中的格波为 $x_n=A\mathrm{e}^{\mathrm{i}(\omega t-2\pi\frac{na}{(2\pi/q)})}$，波长为 $\lambda=\frac{2\pi}{q}$。所以格波和连续介质波具有完全类似的形式，一个格波表示的是所有原子同时做频率为 ω 的振动。

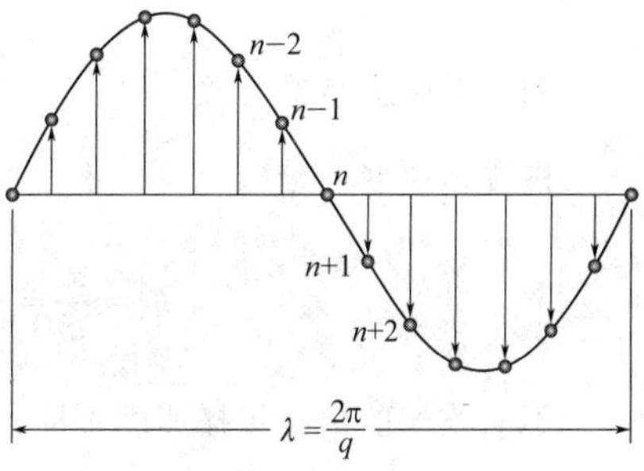

图 5-2　格波的波形图

图 5-2 为格波的波形图。图中向上的箭头代表原子沿 X 轴向右振动，向下的箭头代表原子沿 X 轴向左振动。格波波长为 $\lambda=\frac{2\pi}{q}$，格波波矢为 $\boldsymbol{q}=\frac{2\pi}{\lambda}\boldsymbol{n}$，$\boldsymbol{n}$ 代表沿格波传播方向的位置矢量，那么不同原子间的相位差为

$$n'aq-naq=(n'-n)aq \tag{5-11}$$

5.1.1.2　定解条件——Born-von Karman（玻恩-冯卡门）周期性边界条件

将一维单原子晶格看作无限长，所有原子是等价的，则每个原子的振动形式都一样。实际的晶体晶格是有限的，形成的链不是无穷长，链两端的原子也不能用中间原子的运动方程来描述。现假设 N 个原子头尾相接形成环链，保持所有

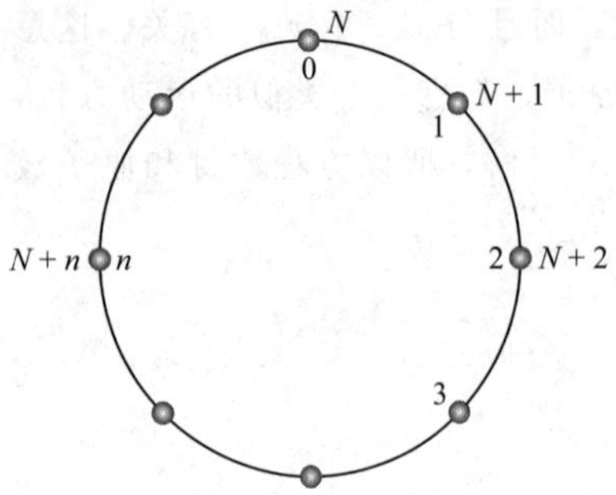

图 5-3　Born-von Karman 周期性边界条件

原子等价特点，长度为 Na 的有限晶体为无限长单原子链的一个周期。如图 5-3 所示，N 个原子头尾相接形成环链，保持所有原子等价特点；N 很大，原子运动近似为直线运动。这一模型称为 Born-von Karman（玻恩-冯卡门）边界条件。

根据上述周期性边界条件，设第 n 个原子的位移为 x_n，再增加 N 个原子之后，第 $N+n$ 个原子的位移为 x_{N+n}，针对该模型则有 $x_{N+n}=x_n$。那么 $Ae^{i[\omega t-(N+n)aq]}=Ae^{i(\omega t-naq)}$，从而可以得到 $e^{-iNaq}=1$，即 $Naq=2\pi h$，所以

$$q=\frac{2\pi}{Na}h \quad (h\text{ 为整数}) \tag{5-12}$$

波矢的取值范围为

$$-\frac{\pi}{a}<q\leqslant\frac{\pi}{a}$$

所以

$$-\frac{N}{2}<h\leqslant\frac{N}{2}$$

因为 h 取 N 个整数值，所以波矢 q 取 N 个不同的分立值，即第一布里渊区包含 N 个状态（N 个格波）。第一布里渊区的线度为$\frac{2\pi}{a}$，每个波矢在第一布里渊区占的线度为$\frac{2\pi}{Na}=\frac{2\pi}{L}$。

5.1.1.3　格波的色散关系

（1）相速度与群速度

格波相速度

$$v_p=\frac{\omega}{q}=\frac{\lambda}{\pi}\left(\frac{\beta}{m}\right)^{1/2}\left|\sin\frac{\pi a}{\lambda}\right|,\text{其中 } q=\frac{2\pi}{\lambda}。 \tag{5-13}$$

不同波长的格波传播速度不同，格波相速度指特定频率为 ω、波矢为 q 的波的传播速度，这是一个纯波动或理想的传播速度。

格波群速度：$v_g=\frac{\partial\omega}{\partial q}=\sqrt{a\left(\frac{\beta}{m}\right)}\left|\cos\frac{\pi a}{\lambda}\right|$，其中 $q=\frac{2\pi}{\lambda}$。　(5-14)

格波群速度是描述平均频率为 ω，平均波矢为 q 的波包（波矢紧密相近的波群）的传播速度，它表征能量和动量在介质中的传播速度。

（2）色散关系及其特点

由 $\omega^2=\frac{4\beta}{m}\sin^2\left(\frac{aq}{2}\right)$可得，色散关系是指 v_p-ω 之间的关系，因 v_p-$\frac{\omega}{q}\omega=2\sqrt{\frac{\beta}{m}}\left|\sin\left(\frac{aq}{2}\right)\right|$，故也可以用 ω-q 之间的关系来表征色散关系。若 ω-q 之间为线性关系，则 v_p 为常数，即各种

频率的波在该媒质中传播时不发生色散；否则发生色散（相速随频率变化）。

频率是波数的偶函数，即

$$\omega(q)=\omega(-q) \tag{5-15}$$

频率也是波数空间的周期函数，即 $\omega(q)=\omega(q+\frac{2\pi}{a}h)$

$$\tag{5-16}$$

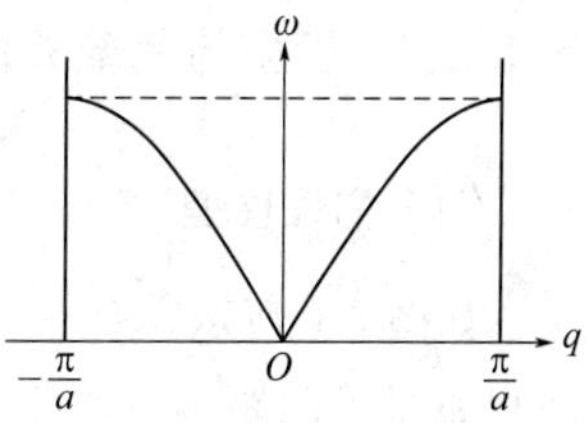

图 5-4　一维单原子链振动的色散关系

如图 5-4 所示，频率极小值 $\omega_{\min}=0$；频率极大值 $\omega_{\max}=2\sqrt{\frac{\beta}{m}}$。当 $0\leqslant q\leqslant\frac{\pi}{a}$时，相应的频率变化范围为 $0\leqslant\omega\leqslant2\sqrt{\frac{\beta}{m}}$，只有频率在此范围之间的格波才能在晶体中传播，其他频率的格波被强烈衰减。因此，可以将一维单原子链看成低通滤波器。

（3）长波和短波近似

① 长波近似情况：$q\to0$，$\lambda\gg a$ 时，$\sin\left(\frac{qa}{2}\right)\approx\frac{qa}{2}$，此时

$$\omega=a\sqrt{\frac{\beta}{m}}|q|=V_{\text{Elastic}}|q|, V_{\text{Elastic}}=a\sqrt{\frac{\beta}{m}} \tag{5-17}$$

此时 ω-q 为线性关系，$v_p=v_g=a\sqrt{\frac{\beta}{m}}$是与 q 无关的常数（图 5-5）。长波近似下，格波的色散关系与连续介质中弹性波的一致，即 $\omega=vq$。在长波近似下，格波波长远大于原子间距，这样晶格就像一个连续介质，没有色散发生。而在连续介质中传播的波为弹性波，其波速为声速，故单原子链中传播的长格波叫声学波。

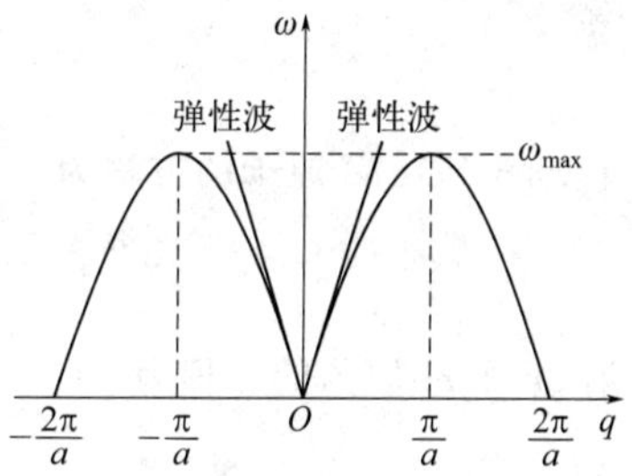

图 5-5　长波近似下的色散关系曲线

② 短波近似情况：$q\to\frac{\pi}{a}$时，此时

$$\omega=a\sqrt{\frac{\beta}{m}}\left|\sin\left(\frac{qa}{2}\right)\right| \tag{5-18}$$

此时 ω-q 为非线性关系，有色散发生。

当 $q=\frac{\pi}{a}$时候，$\omega_{\max}=2\sqrt{\frac{\beta}{m}}$，$v_g=a\sqrt{\frac{\beta}{m}}\left|\cos\left(\frac{qa}{2}\right)\right|=0$，这说明格波的色散关系与连续介质中弹性波的不一致。

另外，长波极限下 $q\to0$，相邻两个原子振动的相位差为

$$q(n+1)a-qna=qa\Rightarrow0$$

$$\lambda=\frac{2\pi}{q}\to\infty$$

晶格可看作是连续介质。

短波极限下 $q \to \dfrac{\pi}{a}$，$\lambda = \dfrac{2\pi}{q} = 2a$，相邻原子的振动相位相反。

5.1.2 一维双原子链的振动方程

5.1.2.1 模型与色散关系

（1）物理模型

如图 5-6 所示，每一个原胞中含两个不同原子，两相邻原子间距为 a，即晶格常数为 $2a$，两原子质量分别为 m 和 M（$M>m$）。M 原子位于 $2n-1$，$2n+1$，$2n+3$，…，m 原子位于 $2n$，$2n+2$，$2n+4$，…

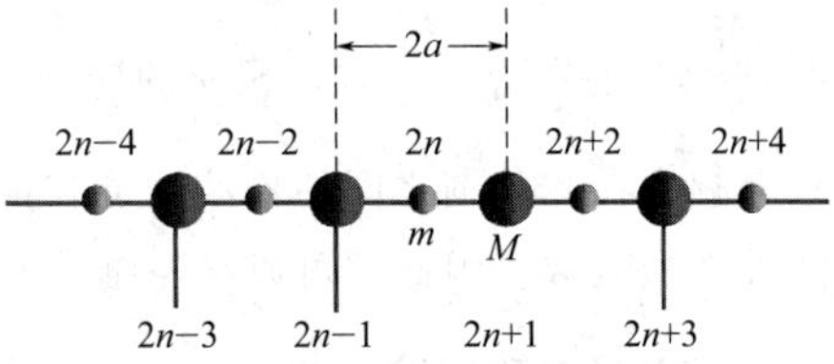

图 5-6 一维双原子链模型

假设系统有 N 个原胞，原子限制在沿链的方向运动，偏离格点的位移用…，x_{2n-1}，x_{2n}，x_{2n+1}，…表示。类比一维单原子链，仍采用简谐近似和近邻作用近似。那么第 $2n$ 及 $2n+1$ 个原子所受恢复力为

$$f_{2n}^{m} = -\beta(x_{2n} - x_{2n-1}) - \beta(x_{2n} - x_{2n+1}) = -\beta(2x_{2n} - x_{2n-1} - x_{2n+1}) \tag{5-19}$$

同理可得

$$f_{2n+1}^{M} = -\beta(x_{2n+1} - x_{2n} - x_{2n+2}) \tag{5-20}$$

第 $2n+1$ 个 M 原子的方程为

$$M\ddot{x}_{2n+1} = -\beta(x_{2n+1} - x_{2n} - x_{2n+2}) \tag{5-21}$$

第 $2n$ 个 m 原子的方程为

$$m\ddot{x}_{2n} = -\beta(2x_{2n} - x_{2n-1} - x_{2n+1}) \tag{5-22}$$

所以 N 个原胞，有 $2N$ 个独立的方程联立。

方程解的形式为

$$\begin{aligned} x_{2n} &= A\mathrm{e}^{\mathrm{i}[\omega t-(2na)q]} \\ x_{2n+1} &= B\mathrm{e}^{\mathrm{i}[\omega t-(2n+1)aq]} \end{aligned} \tag{5-23}$$

两种原子不同，则其振动的振幅 A 和 B 一般来说是不同的。

（2）色散关系

将上面方程的解式（5-23）分别带回到第 $2n+1$ 个 M 原子的方程［式（5-21）］和第 $2n$ 个 m 原子的方程［式（5-22）］，将会得到

$$\begin{aligned} -m\omega^2 A &= \beta(\mathrm{e}^{-\mathrm{i}aq} + \mathrm{e}^{\mathrm{i}aq})B - 2\beta A \\ -M\omega^2 A &= \beta(\mathrm{e}^{-\mathrm{i}aq} + \mathrm{e}^{\mathrm{i}aq})A - 2\beta B \end{aligned} \tag{5-24}$$

方程与 n 无关，式（5-24）整理可得以 A、B 为未知量的线性齐次方程。将式（5-24）整理

可得

$$(-m\omega^2-2\beta)A+(2\beta\cos aq)B=0$$
$$(2\beta\cos aq)A+(M\omega^2-2\beta)B=0 \tag{5-25}$$

若 A、B 有非零的解，则系数行列式为零，即

$$\begin{vmatrix} m\omega^2-2\beta & 2\beta\cos aq \\ 2\beta\cos aq & M\omega^2-2\beta \end{vmatrix}=mM\omega^4-2\beta(M+m)\omega^2+4\beta\sin^2(aq)=0 \tag{5-26}$$

根据假设，$M>m$，可解得

$$\omega^2=\beta\frac{(m+M)}{mM}\left\{1\pm\left[1-\frac{4mM}{(m+M)^2}\sin^2(aq)\right]^{\frac{1}{2}}\right\}$$

那么

$$\omega_+^2=\beta\frac{(m+M)}{mM}\left\{1+\left[1-\frac{4mM}{(m+M)^2}\sin^2(aq)\right]^{\frac{1}{2}}\right\}\rightarrow \text{光学支}$$
$$\omega_-^2=\beta\frac{(m+M)}{mM}\left\{1-\left[1-\frac{4mM}{(m+M)^2}\sin^2(aq)\right]^{\frac{1}{2}}\right\}\rightarrow \text{声学支} \tag{5-27}$$

一维复式晶格 ω-q 存在两种不同的色散关系，即一维复式晶格中可以存在两种独立的格波。

(3) 色散关系的特征

频率是波数的偶函数，即

$$\omega(q)=\omega(-q) \tag{5-28}$$

频率也是波数空间的周期函数，即

$$\omega(q)=\omega(q+\frac{\pi}{a}h) \tag{5-29}$$

图 5-7 中的极值点分别可以取得光学支及声学支的最大、最小值

$$\omega_A=\sqrt{\frac{2\beta}{\mu}}\ ;\omega_B=\sqrt{\frac{2\beta}{m}}\ ;\omega_C=\sqrt{\frac{2\beta}{M}} \tag{5-30}$$

两支格波间有一频率禁带，频率分布在 B 和 C 两点之间的格波是不能在晶体中传播的，因此双原子晶格可以作为带通机械滤波器。当 $M=m$ 时，禁带消失，上述模型成为单原子链模型。图 5-7 为一维双原子链振动的声子色散关系图。

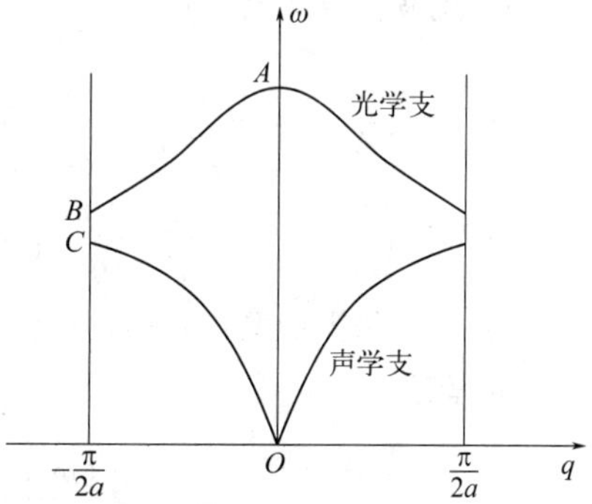

图 5-7　一维双原子链振动的声子色散关系

(4) 边界条件的引入

引入玻恩-冯卡门周期边界条件讨论一维双原子链，设一维双原子链中有 N 个原胞，则

$$x_{2(N+n)}=x_{2n}$$

那么

$$Ae^{i[\omega t-2(N+n)aq]}=Ae^{i(\omega t-2naq)} \tag{5-31}$$

要求

$$e^{i2Naq}=1,即\ 2Naq=2\pi h$$

那么

$$q=\frac{\pi}{Na}h,\ h\ 为整数$$

波矢的取值范围是

$$-\frac{\pi}{2a}<q\leqslant\frac{\pi}{2a}$$

那么

$$-\frac{N}{2}<h\leqslant\frac{N}{2}$$

所以，第一布里渊区允许的 q 值数目为 N（晶体中的原胞数目），每个波矢在第一布里渊区占的线度为$\frac{\pi}{Na}$。对应一个 q 有两支格波：一支声学波和一支光学波。注意下面的数量关系

晶格振动的波矢数＝晶体的原胞数＝N
晶体中格波的支数＝晶体的自由度数＝$2N$
晶格振动的模式数＝晶体的自由度数＝$2N$

推广到 m 维，即原胞数为 N，每个原胞含 p 个不等效的原子，每个原子有 m 个自由度。那么

晶格振动的波矢数＝晶体的原胞数＝N
晶体中格波的支数＝晶体的自由度数＝mpN
［其中，mN 支为声学支，$m(p-1)N$ 支为光学支］
晶格振动的模式数＝晶体的自由度数＝mpN

5.1.2.2 声学波和光学波

① 两种格波的振幅：声学波$\left(\frac{B}{A}\right)_-=-\frac{m\omega_-^2-2\beta}{2\beta\cos aq}$，光学波$\left(\frac{B}{A}\right)_+=-\frac{m\omega_+^2+2\beta}{2\beta\cos aq}$。

② 短波极限情况：$q\to\pm\frac{\pi}{2a}$；

声学波$\left(\frac{B}{A}\right)_-=-\frac{m\omega_-^2-2\beta}{2\beta\cos aq}$，$m$ 原子静止不动，相邻原子振动的相位相反；

光学波$\left(\frac{B}{A}\right)_+=-\frac{m\omega_+^2-2\beta}{2\beta\cos aq}$，$M$ 原子静止不动，相邻原子振动的相位相反。

③ 长波极限情况：$q\to0$，$\lambda\to\infty$

声学波

$$\omega_-^2=\beta\frac{(m+M)}{mM}\left\{1-\left[1-\frac{4mM}{(m+M)^2}\sin^2(aq)\right]^{\frac{1}{2}}\right\} \tag{5-32}$$

此时

$$\omega_- = \left(a\sqrt{\frac{2\beta}{m+M}}q\right) \tag{5-33}$$

与连续介质弹性波的情况 $\omega = vq$ 相似，由此得长声学波的波速为 $\omega_- = \left(a\sqrt{\frac{2\beta}{m+M}}\right)$，其色散关系与连续介质的弹性波一致，这是其被称为声学波的原因。

光学波

$$\omega_+^2 = \beta\frac{(m+M)}{mM}\left\{1+\left[1-\frac{4mM}{(m+M)^2}\sin^2(aq)\right]^{\frac{1}{2}}\right\} \tag{5-34}$$

此时

$$\omega_+ \approx \sqrt{\frac{2\beta}{\mu}}, \mu = \frac{mM}{(m+M)} \tag{5-35}$$

5.1.3 格波的量子化声子

声子是晶格振动的能量量子，其能量为$\hbar\omega$。在晶体中存在不同频率振动的模式，称为晶格振动。晶格振动能量可以用声子来描述，声子并不是真正的粒子，声子可以被激发，也可以湮灭，有相互作用的声子数不守恒；声子动量的守恒律也不同于一般的粒子，声子的动量称为格波动量（crystal momentum）。声子不能脱离固体存在，它只是晶格中原子集体运动的激发单元，格波激发的量子通常称为元激发（elementary excitation）或准粒子（quasiparticle）。

声子是格波激发的量子，在多体理论中称为集体振荡的元激发或准粒子。声子并不是一个真正的粒子，称为"准粒子"，它反映的是晶格原子集体运动状态的激发单元。声子的化学势为零，属于玻色子，服从玻色-爱因斯坦统计。声子本身并不具有物理动量，但是携带有准动量，并具有能量。

注意：

① 声子和光子一样，声子是玻色子。一个模式可以被多个相同的声子占据，不遵守泡利不相容原理。

② 声子是一种准粒子。粒子数不守恒，例如温度升高后声子数增加。但声子与声子、声子与其他粒子和准粒子相互作用，满足能量守恒。声子不具有通常意义下的动量，常把$\hbar q$ 称为声子的准动量。

③ 一个格波（一种振动模式）称为一种声子（一个 ω 就是一种声子），当这种振动模式处于 $(n_i+\frac{1}{2})\hbar\omega_i$ 本征态时，称有 n_i 个声子，n_i 为这种声子的声子数。

④ 由于晶体中可以激发任意多个相同声子，故声子遵循玻色统计（针对整数自旋基本粒子的量子统计，$\overline{n_l} = \frac{1}{e^{\frac{\hbar\omega_i}{k_B T}}-1}$）。

⑤ 电子（或光子）与晶格振动相互作用时，交换能量以$\hbar\omega$ 为单位。若电子从晶格获得$\hbar\omega$ 能量，称为吸收一个声子；若电子给晶格$\hbar\omega$ 能量，称为发射一个声子。

⑥ 在简谐近似下，声子间无相互作用。而非简谐作用可以引入声子间的相互碰撞，保证了电子气能够达到热平衡状态。

在固体物理学的概念中，结晶态固体中的原子或分子是按一定的规律排列在晶格上的。在晶体中，原子间有相互作用，原子并非静止的，一方面，它们总是围绕着其平衡位置在做不断的振动；另一方面，这些原子又通过其间的相互作用力而联系在一起，即它们各自的振动不是彼此独立的。原子之间的相互作用力一般可以很好地近似为弹性力。本小节基于声子模型，解释固体的热、声性质。

5.2 热容的声子描述

5.2.1 声子态密度

当对晶格比热的求和变成积分时，也可以对频率进行积分。由于每支格波的频率均随波矢准连续地变化，所以，把对振动模式的求和转化为对频率的积分，将使问题大为简化。为此定义单位频率间隔内振动模的数目，即

$$\rho(\omega)=\lim_{\Delta\omega\to 0}\left(\frac{\Delta n}{\Delta\omega}\right) \tag{5-36}$$

为晶格振动的模式密度，或频率分布函数，也称为声子态密度。其中 Δn 为 $\omega \sim \omega+\Delta\omega$ 间隔内晶格振动模的数目。则每支格波对比热容的贡献可以表示为

$$C_V=\int_0^{\omega_m} k_B \frac{e^{\hbar\omega/k_BT}}{(e^{\hbar\omega/k_BT}-1)^2}(e^{\hbar\omega/k_BT})^2 g(\omega)\mathrm{d}\omega \tag{5-37}$$

由于总模式数等于总自由度数，所以设简单晶体中有 N 个原子，则

$$\int_0^{\omega_m} g(\omega)\mathrm{d}\omega=3N \tag{5-38}$$

式中，ω_m 为最高频率，又称截止频率。因为频率是波矢的函数，所以可以在波矢空间内求出模式密度的表达式。

在图 5-8 中，$\mathrm{d}q$ 表示两等频面间的垂直距离，$\mathrm{d}s$ 表示面积元，那么体积元就是 $\mathrm{d}V=\mathrm{d}s\mathrm{d}q$，其中体积元 V_C 中包含的波矢数目为

$$\frac{V_C}{(2\pi)^3}\mathrm{d}s\mathrm{d}q$$

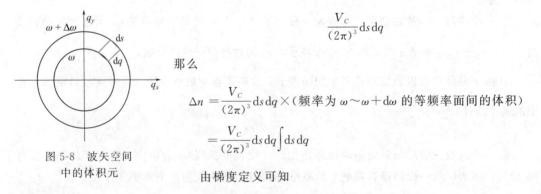

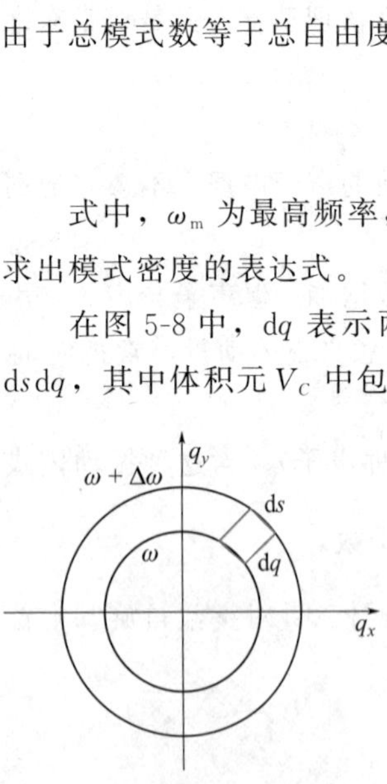

图 5-8 波矢空间中的体积元

那么

$$\Delta n=\frac{V_C}{(2\pi)^3}\mathrm{d}s\mathrm{d}q\times(\text{频率为 }\omega\sim\omega+\mathrm{d}\omega\text{ 的等频率面间的体积})$$
$$=\frac{V_C}{(2\pi)^3}\mathrm{d}s\mathrm{d}q\int\mathrm{d}s\mathrm{d}q$$

由梯度定义可知

$$d\omega = |\nabla_q|\omega(q)dq$$

代入上式可得

$$\Delta n = \frac{V_C}{(2\pi)^3}\int \frac{ds}{|\nabla_q \omega(q)|}d\omega \tag{5-39}$$

从而可以得到一支格波的声子态密度为

$$\rho_\alpha(\omega) = \frac{V_C}{(2\pi)^3}\int_0^{s_\alpha} \frac{ds}{|\nabla_q \omega(q)|}d\omega \tag{5-40}$$

晶体总的声子态密度为

$$\rho(\omega) = \sum_{\alpha=1}^{3p} \frac{V_C}{(2\pi)^3}\int_{s_\alpha} \frac{ds}{|\nabla_q \omega(q)|} \tag{5-41}$$

式（5-41）是三维情况下的声子态密度。二维情况等频面退化为等频线，一维情况每支色散曲线退化为两个等频点。

$$\begin{aligned} &\rho(\omega) = \sum_{\alpha=1}^{3p} \frac{V_C}{(2\pi)^3}\int_{s_\alpha} \frac{ds}{|\nabla_q \omega_\alpha(q)|} \quad \text{（三维情况下的声子态密度）} \\ &\rho(\omega) = \sum_{\alpha=1}^{2p} \frac{S}{(2\pi)^2}\int_{s_\alpha} \frac{dl_\omega}{|\nabla_q \omega_\alpha(q)|} \quad \text{（二维情况下的声子态密度）} \\ &\rho(\omega) = \sum_{\alpha=1}^{p} \frac{L}{2\pi} \times \frac{2}{|d\omega_\alpha(q)/dq|} \quad \text{（一维情况下的声子态密度）} \end{aligned} \tag{5-42}$$

显然，在 $\boldsymbol{q}$ 空间声子群速度 $\boldsymbol{v} = \nabla_q \omega_\alpha(\boldsymbol{q})$ 等于零的那些临界点附近，对应声子态密度的奇点，也称为范霍夫（Van Hove）奇点。

5.2.2 爱因斯坦模型和德拜模型

（1）爱因斯坦模型

1907 年，根据普朗克的热辐射振子统计和光子概念，爱因斯坦提出声子模型，定量解释了固体比热容与温度的关系。其模型是：晶体中原子振动的能量是相互独立的，所有的原子都具有同一频率 ω，能量 $E = n\hbar\omega$，该系统服从基本统计物理原理——玻尔兹曼原理。晶体可以看作一个热力学系统，在简谐近似下，晶格中原子的热振动可以看成是相互独立的简谐振动。

根据量子力学，每个谐振子的能量都是量子化的。第 i 个谐振子的能量为$\overline{E}_i = (n_i + \frac{1}{2})\hbar\omega_i$，其中 n_i 是频率为 ω_i 的谐振子的平均声子数，符合玻色-爱因斯坦统计规律

$$n_i = \frac{1}{e^{\frac{\hbar\omega_i}{k_B T}} - 1}$$

则第 i 个谐振子的能量为

$$\overline{E}_i = \frac{\hbar\omega_i}{e^{\frac{\hbar\omega_i}{k_B T}} - 1} + \frac{1}{2}\hbar\omega_i$$

由 N 个原子组成的晶体中包含 $3N$ 个简谐振动，总振动能为

$$\bar{E}=\sum_{i=1}^{3N}(n_i+\frac{1}{2})\,\hbar\omega_i=3N\left(\frac{\hbar\omega}{e^{\frac{\hbar\omega}{k_B T}}-1}+\frac{1}{2}\,\hbar\omega\right) \tag{5-43}$$

根据固体比热容的定义

$$C_V=\frac{\partial\bar{E}}{\partial T}=3Nk_B\,\frac{e^{\hbar\omega/k_B T}}{(e^{\hbar\omega/k_B T}-1)^2}(\hbar\omega/k_B T)^2=3Nk_B f\left(\frac{\hbar\omega}{k_B T}\right) \tag{5-44}$$

通常用爱因斯坦温度 Θ_E 代替频率 ω，定义为

$$\Theta_E=\frac{\hbar\omega}{k_B},\text{则 } C_V=3Nk_B\left(\frac{\Theta_E}{T}\right)^2\frac{e^{\frac{\Theta_E}{T}}}{\left(\frac{\Theta_E}{T}-1\right)^2} \tag{5-45}$$

其中，爱因斯坦比热函数为

$$f\left(\frac{\Theta_E}{T}\right)=\frac{\frac{\Theta_E}{T}}{\left(\frac{\Theta_E}{T}-1\right)^2}\left(\frac{\Theta_E}{T}\right)^2 \tag{5-46}$$

选取合适的 Θ_E 值，可使得在比热显著改变的温度范围里，理论曲线与实验数据符合得相当好。对于大多数固体材料而言，Θ_E 在 100～300K 的范围内。

讨论：

① 高温情况下，当 $T\gg\Theta_E$ 时

$$f\left(\frac{\Theta_E}{T}\right)=\frac{e^{\frac{\Theta_E}{T}}}{(e^{\frac{\Theta_E}{T}}-1)^2}\left(\frac{\Theta_E}{T}\right)^2=\left(\frac{\Theta_E}{T}\right)^2\frac{e^{\frac{\Theta_E}{T}}}{e^{\frac{\Theta_E}{T}}(e^{\frac{\Theta_E}{2T}}-e^{\frac{-\Theta_E}{2T}})^2}$$

$$\approx\left(\frac{\Theta_E}{T}\right)^2\frac{1}{\left[\left(1+\frac{\Theta_E}{2T}\right)-\left(1-\frac{\Theta_E}{2T}\right)\right]^2}=\left(\frac{\Theta_E}{T}\right)^2\frac{1}{\left(\frac{\Theta_E}{2T}+\frac{\Theta_E}{T}\right)^2}=1 \tag{5-47}$$

此时

$$C_V\approx 3Nk_B \tag{5-48}$$

② 低温情况下，当 $T\ll\Theta_E$ 时，$e^{\frac{\Theta_E}{T}}\gg 1$，

$$f\left(\frac{\Theta_E}{T}\right)=\frac{e^{\frac{\Theta_E}{T}}}{(e^{\frac{\Theta_E}{T}}-1)^2}\left(\frac{\Theta_E}{T}\right)^2\approx\left(\frac{\Theta_E}{T}\right)^2 e^{\frac{-\Theta_E}{T}} \tag{5-49}$$

此时

$$C_V\approx 3Nk_B\left(\frac{\Theta_E}{T}\right)^2 e^{\frac{-\Theta_E}{T}} \tag{5-50}$$

具体计算表明，在极其低温下，格波的频率很低，属于长声波学，也就是说，此时晶体的比热容主要由长声波决定。因此爱因斯坦模型在低温时不能与实验相吻合。德拜在爱因斯坦模型基础上提出了新的模型解决了此问题。

(2) 德拜模型

① 德拜对爱因斯坦模型进行修正，提出以下声子模型：

a. 原子振动频率具有色散关系，频率与声波速度有关；

b. 晶体视为连续介质，格波视为弹性波，有一支纵波两支横波；

c. 使用玻色-爱因斯坦量子统计，晶格振动频率在 $0\sim\omega_D$ 之间（ω_D 为德拜频率），在 ω_D 处截止。

② 频率分布函数（态密度）就是单位频率间隔内的振动态数

$$\rho(\omega)=\lim_{\Delta\omega\to 0}\frac{\Delta n}{\Delta\omega}$$

设晶体中有 N 个原子，则 $\int_0^{\omega_m}\rho(\omega)\mathrm{d}\omega=3N$，其中 ω_m 是最高频率，又称为截止频率。包含在 $\omega\sim\omega+\mathrm{d}\omega$ 内的振动态数为：$\Delta n=\rho(\omega)\mathrm{d}\omega$，因为频率是波矢的函数，所以可以在波矢空间内求出态密度的表达式。声子态密度求解流程如图 5-9 所示。

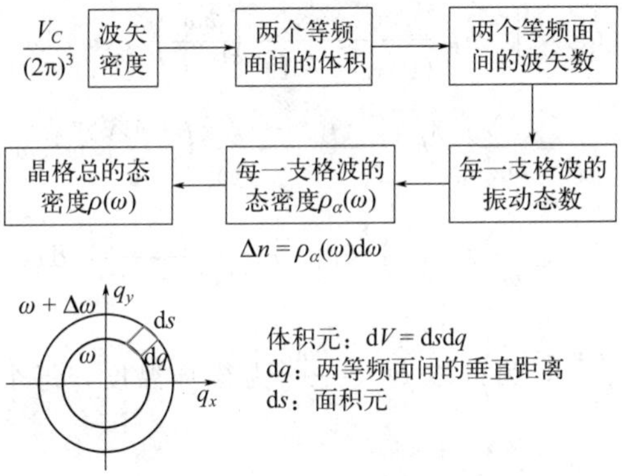

图 5-9　声子态密度求解流程

从而可得到频率分布函数（态密度）为

$$\rho_\alpha(\omega)=\frac{V_C}{(2\pi)^3}\int_{s_\alpha}\frac{\mathrm{d}s}{|\nabla_q\omega_\alpha(q)|} \tag{5-51}$$

对于三重简并，总态密度为

$$\rho(\omega)=\sum_{\alpha=1}^{3n}\frac{V_C}{(2\pi)^3}\int_{s_\alpha}\frac{\mathrm{d}s}{|\nabla_q\omega_\alpha(q)|} \tag{5-52}$$

德拜模型能态密度的计算：弹性波的色散关系 $\omega=vq$，并且 $\rho_\alpha(\omega)=\frac{V_C}{(2\pi)^3}\int_{s_\alpha}\frac{\mathrm{d}s}{|\nabla_q\omega_\alpha(q)|}$，那么在波矢空间，等频率面是半径为 q 的球面，对于每一类波矢有

$$\rho_a(\omega)=\frac{V_C}{(2\pi)^3}\times\frac{4\pi q^2}{v}=\frac{V_C}{(2\pi)^3}\times\frac{4\pi}{v}\left(\frac{\omega}{v}\right)^2=\frac{V_C}{(2\pi)^2}\times\frac{\omega^2}{v^3} \tag{5-53}$$

弹性波有 1 支纵波、2 支横波共 3 支格波，所以总能态密度（德拜频率分布）为

$$\rho(\omega)=\frac{V_C\omega^2}{2\pi^2}\left(\frac{1}{V_L^3}+\frac{2}{V_T^3}\right)=\frac{3V_C\omega^2}{2\pi^2 v_p^3}=B\omega^2 \tag{5-54}$$

其中，$B=\frac{3V_C}{2\pi^2 v_p^3}$又因为

$$\int_0^{\omega_m}\rho(\omega)\mathrm{d}\omega=3N,\int_0^{\omega_D}B\omega^2\mathrm{d}\omega=3N$$

那么能态密度为

$$\rho(\omega)=\frac{9N}{\omega_D^3}\omega^2$$

比热表达式

$$\bar{E}=\int_0^{\omega_D}\left(\frac{\hbar\omega}{e^{\hbar\omega/k_BT}-1}+\frac{1}{2}\hbar\omega\right)\rho(\omega)\mathrm{d}\omega \tag{5-55}$$

$$\begin{aligned}C_V&=\int_0^{\omega_m}k_B\frac{e^{\hbar\omega/k_BT}}{(e^{\hbar\omega/k_BT}-1)^2}\left(\frac{\hbar\omega}{k_BT}\right)^2\rho(\omega)\mathrm{d}\omega\\&=\frac{9N}{\omega_D^3}\int_0^{\omega_D}k_B\frac{e^{\hbar\omega/k_BT}}{(e^{\hbar\omega/k_BT}-1)^2}\left(\frac{\hbar\omega}{k_BT}\right)^2\omega^2\mathrm{d}\omega\\&=\frac{9N}{\omega_D^3}\left(\frac{k_BT}{\hbar}\right)^3k_B\int_0^{x_D}k_B\frac{e^x}{(e^x-1)^2}x^4\mathrm{d}x\end{aligned} \tag{5-56}$$

式（5-56）中，取了 $x=\frac{\hbar\omega}{k_BT}$，另外取 $\Theta_D=\frac{\hbar\omega_D}{k_B}$为德拜温度，每个固体都有自己的 Θ_D 值。那么

$$C_V=9Nk_B\left(\frac{T}{\Theta_D}\right)^3\int_0^{\frac{\Theta_D}{T}}\frac{e^x}{(e^x-1)^2}x^4\mathrm{d}x \tag{5-57}$$

式（5-57）可简化为

$$C_V=3Nk_Bf\left(\frac{\Theta_D}{T}\right) \tag{5-58}$$

其中 $f\left(\frac{\Theta_D}{T}\right)$为德拜比热函数。

讨论：

a. 在高温情况下，当 $T\gg\Theta_D$ 时，$x\ll1$

$$f(\frac{\Theta_D}{T})=3\left(\frac{T}{\Theta_D}\right)^3\int_0^{\frac{\Theta_D}{T}}\frac{e^x}{(e^x-1)^2}x^4\mathrm{d}x=3\left(\frac{T}{\Theta_D}\right)^3\int_0^{\frac{\Theta_D}{T}}\frac{1}{(e^{x/2}-e^{-x/2})^2}x^4\mathrm{d}x$$

$$\approx 3\left(\frac{T}{\Theta_D}\right)^3\int_0^{\frac{\Theta_D}{T}}\frac{1}{\left(\frac{x}{2}+\frac{x}{2}\right)^2}x^4\,dx=1$$

此时

$$C_V=3Nk_Bf\left(\frac{\Theta_D}{T}\right) \tag{5-59}$$

说明高温时与实验规律相吻合。

b. 在低温情况下，当 $T \ll \Theta_D$ 时，$\frac{\Theta_D}{T} \to \infty$

$$f\left(\frac{\Theta_D}{T}\right)=3\left(\frac{T}{\Theta_D}\right)^3\int_0^{\infty}\frac{e^x}{(e^x-1)^2}x^4\,dx=3\left(\frac{T}{\Theta_D}\right)^3\frac{4}{15}\pi^4$$

此时

$$C_V=\frac{12\pi^4Nk_B}{5}\left(\frac{T}{\Theta_D}\right)^3 \tag{5-60}$$

由式（5-60）可以看出，在极其低温下，比热容与 T^3 成正比。这个规律为德拜定律，可以能斯特低温实验证实。温度越低，理论与实验吻合得越好。

5.2.3 非简谐晶格振动

到目前为止，一直在简谐近似下讨论晶格的运动，其主要优点是可以将晶格的运动分解成一些独立的简正坐标的简谐振动，并在此基础上引进了声子的概念。缺点是固体的某些重要物理性质在这一近似下无法得到说明，例如热膨胀，对一严格的简谐晶体，原子的平衡位置并不依赖于温度，晶体体积与温度无关。此外，在简谐晶体中，声子态是定态，携带热流的声子分布一旦建立，将不随时间变化，这意味着有无限大的热导率，也与实际情况不符。

若在晶体势能的展开式中加入非简谐项，则晶体的振动就无法再像简谐情形那样可分解成独立的运动，做精确的处理。但当非简谐项小时，一般仍然以简谐晶体的声子解作为出发点，在此基础上做些修改。这种处理方法，可称为准简谐近似。

（1）热膨胀

热膨胀是在不施加压力条件下，体积随温度的变化。由热力学关系式可知

$$p=-\frac{dU}{dV}+\gamma\frac{U_{lat}}{V} \tag{5-61}$$

在式（5-61）中，令 $p=0$ 得

$$\frac{dU}{dV}=\gamma\frac{U_{lat}}{V} \tag{5-62}$$

在平衡晶格体积 V_0 时

$$\frac{dU}{dV}=0 \tag{5-63}$$

温度升高，振动能量增加，所有$\frac{dU}{dV}$应取正值，说明增大 ΔV，$U(V)$ 曲线有正斜率。由于一般热膨胀$\frac{\Delta V}{V_0}$比较小，可把$\frac{dU}{dV}$在 V_0 附近展开，只保留一阶项

$$\left(\frac{d^2U}{dV^2}\right)_{V_0}\Delta V=\gamma\frac{U_{lat}}{V} \tag{5-64}$$

已知

$$\frac{\Delta V}{V_0}=\frac{\gamma}{V_0\left(\frac{d^2U}{dV^2}\right)_{V_0}}\times\frac{U_{lat}}{V}, \frac{U_{lat}}{V}\text{为晶格振动能密度。}$$

定义

$$V_0\left(\frac{d^2U}{dV^2}\right)_{V_0}=\frac{1}{k}=B \tag{5-65}$$

式中，k 是晶体压缩率；B 是晶体的体变模量。

体积膨胀系数为

$$\alpha=\lim_{\substack{\Delta V\to 0\\ \Delta T\to 0}}\frac{1}{V_0}\times\frac{\Delta V}{\Delta T}=\frac{\gamma}{B}\times\frac{d}{dT}\left(\frac{U_{lat}}{V}\right)=\frac{\gamma}{B}C_V \tag{5-66}$$

式中，C_V 为单位体积定容热容。式（5-66）表示当温度变化时，热膨胀系数 γ 近似与热容成比例。但在低温下，半导体锗、硅、砷化镓等热膨胀系数为负值，这表明热膨胀系数依赖于振动模式，即

$$\gamma_i=-\frac{d\ln\omega_i}{d\ln V} \tag{5-67}$$

而且在低温下对有些振动模，热膨胀系数也为负。

(2) 产生热膨胀的物理原因

以一维双原子链为例，振动频率为

$$\omega^2=C\frac{M_1+M_2}{M_1M_2}\left(1\pm\sqrt{1-\frac{2M_1M_2}{(M_1+M_2)^2}(1-\cos qa)}\right) \tag{5-68}$$

其中 M_1、M_2 分别为两个原子的质量（$M_1\neq M_2$）只有系数 C 依赖于链的长度 N_a（相当于三维晶格的体积），因此

$$\gamma=-\frac{d\ln\omega}{d\ln N_a}=-\frac{1}{2}\left(\frac{d\ln C}{d\ln N_a}\right)=-\frac{1}{2}\left(\frac{d\ln C}{d\ln a}\right) \tag{5-69}$$

系数 C 是相邻原子势能的二次微商

$$C=\left.\frac{\partial^2 V(r)}{\partial\delta^2}\right|_{\delta=0}=\left.\frac{\partial^2 V(r)}{\partial r^2}\right|_{r=a} \tag{5-70}$$

用$\ddot{V}(a)$ 表示，这样

$$\gamma=-\frac{1}{2}\left(\frac{\mathrm{dln}C}{\mathrm{dln}a}\right)=-\frac{1}{2}\times\frac{\mathrm{d}C/C}{\mathrm{d}a/a}=-\frac{a}{2C}\times\frac{\mathrm{d}C}{\mathrm{d}a}=-\frac{a\dddot{V}(a)}{2\ddot{V}(a)} \tag{5-71}$$

在讨论晶格振动时，只考虑势能展开式

$$V(r)=V(a+\delta)=V(a)+\frac{1}{2}\ddot{V}(a)\delta^2+\frac{1}{6}\dddot{V}(a)\delta^3+\cdots \tag{5-72}$$

到二阶项，称为简谐近似。如果非谐作用不存在，$\dddot{V}(a)=0$，这样 $\gamma=0$，将不会发生热膨胀，实际的热膨胀是原子之间的非谐作用引起的。

5.3 材料的热容

在一定过程中，质量为 m 的物体，在没有相变或化学反应的条件下，温度 T 升高（或降低）1K 所吸收（或放出）的热量为 Q，即

$$Q=\overline{C}\,m\Delta T \tag{5-73}$$

式中，$\overline{C}$ 为比热容，表示单位质量的物体温度升高 1K 所需的热量。

关于材料热容的描述方式有很多。式（5-73）描述的是单位质量的热容，称为质量热容，简称比热容。如果单位质量为 1kg，则其比热容单位是 J/(kg·K) 或 kJ/(kg·K)；如果单位质量为 1g，则其比热容单位是 J/(g·K)。工程上还用物质从温度 T_1 到 T_2 所吸收的热量的平均值表示物质的平均热容，即

$$C_{平均}=\frac{Q}{T_2-T_1} \tag{5-74}$$

平均热容 $C_{平均}$ 对热容的描述比较粗糙，且 $T_1\sim T_2$ 的范围越宽，精度越差。如果质量为 m 的物质，当温度为 T 时，在一个非常小的温度变化范围内引起热量变化，则所描述的该物质的热容为

$$C=\frac{1}{m}\times\frac{\mathrm{d}Q}{\mathrm{d}T} \tag{5-75}$$

式中，C 为真实质量热容。

对于固体材料的研究，摩尔热容也是经常使用的。在没有相变和化学反应的条件下，1mol 的物质温度升高 1K 所需的热量称为摩尔热容，单位是 J/(mol·K)。物质摩尔热容的描述方式与其热过程有关。如果热过程是在恒压下进行的，所测得的摩尔热容称为摩尔定压热容；如果热过程是在恒定体积下进行的，所测得的摩尔热容称为摩尔定容热容，这两个物理量的函数关系为

$$C_{p,\mathrm{m}}=\left(\frac{\partial Q}{\partial T}\right)_p=\left(\frac{\partial H}{\partial T}\right)_p \tag{5-76}$$

$$C_{V,\mathrm{m}}=\left(\frac{\partial Q}{\partial T}\right)_V=\left(\frac{\partial E}{\partial T}\right)_V \tag{5-77}$$

式中，$C_{p,\mathrm{m}}$ 为摩尔定压热容；$C_{V,\mathrm{m}}$ 为摩尔定容热容；H 为焓；E 为内能。

对于固体材料，由于定容过程不对外做功，根据热力学第一定律可知，此时系统吸收（或放出）的热量实际反映的是系统内能变化。定压过程中，系统吸收（或放出）的热量除了引起内能变化以外，还会造成系统对外界做功，也就是温度每升高（或降低）1K 需要吸收（或放出）更多的热量，因此，$C_{p,\mathrm{m}}>C_{V,\mathrm{m}}$。

根据热力学第二定律可以推出，$C_{p,\mathrm{m}}$ 和 $C_{V,\mathrm{m}}$ 之间满足一定的关系，即

$$C_{p,\mathrm{m}}-C_{V,\mathrm{m}}=\frac{\beta^2 V_\mathrm{m} T}{k} \tag{5-78}$$

式中，β 为体积膨胀系数，满足关系 $\beta=\frac{1}{V}\times\frac{\mathrm{d}V}{\mathrm{d}T}$；$V_\mathrm{m}$ 为摩尔体积；k 为体积压缩率，满足关系：$k=\frac{1}{V}\times\frac{\mathrm{d}V}{\mathrm{d}p}$。

从式（5-76）和式（5-77）可以看出，定压和定容两种热过程所反映的热容情况不同。定容过程，物体的热量变化实际就是内能的变化，也就是取决于物体内质点热运动的变化情况。因此，基于定容热容讨论物质的微观热运动情况具有很强的理论意义。但在测量中，由于定容过程很难实现，因此定容热容很难直接测量，只能作为一个理论值存在。对于定压热容而言，通过实验可以比较方便地测得物质的热焓，从而获得定压热容的实验值。但定压热容除反映物质微观热运动的情况以外，还存在对外做功，这给直接分析物质的微观运动造成困难。因此，对于易实验测定的定压热容和便于理论分析的定容热容，可借助式（5-78）方便地实现两者间的换算。也就是说，在实验中测定的热容值实际是定压热容，而进行理论分析时则用定容热容的概念。

对于凝聚态物质而言，热过程中由于体积变化不大，通常可以忽略，因此 $C_{p,\mathrm{m}}$ 和 $C_{V,\mathrm{m}}$ 之间的差异也可以忽略。但高温时，这两者间的差异就增大了。

5.3.1 经典热容理论

经典热容理论是把理想气体热容理论应用于固态晶体材料，其基本假设是将晶态固体中的原子看成是彼此孤立地做热振动，并认为原子振动的能量是连续的，这样就把晶态固体原子的热振动近似地看作与气体分子的热运动相类似。

根据经典理论，内能主要是晶格振动的结果（未考虑电子运动能量），按自由度均分原理，1mol 固体中，所有原子振动时具有的总能量为

$$E=3N_\mathrm{A}(\overline{E}_{动能}+\overline{E}_{势能})=3N_\mathrm{A}\left(\frac{1}{2}k_\mathrm{B}T+\frac{1}{2}k_\mathrm{B}T\right)=3N_\mathrm{A}k_\mathrm{B}T=3RT \tag{5-79}$$

式中，3 为 3 个自由度；$\overline{E}_{动能}$、$\overline{E}_{势能}$ 为原子每一振动自由度的平均动能和平均势能，其数值均为 $\frac{1}{2}k_\mathrm{B}T$；N_A 为阿伏伽德罗常数，$N_\mathrm{A}=6.022\times10^{23}$；$R$ 为普氏气体常数，$R=8.314\mathrm{J/(mol\cdot K)}$。

根据固体的摩尔定容热容定义，即

$$C_{V,\mathrm{m}}=\left(\frac{\partial E}{\partial T}\right)_V=3N_\mathrm{A}k_\mathrm{B}=3R=24.91\approx 25 \tag{5-80}$$

式（5-80）说明，经典理论认为固体的热容是一个与温度无关的常数，其数值近似于25J/(mol·K)，称为元素的热容经验定律，或杜隆-珀蒂定律（Dulong-Petit law）。该理论是1819年法国物理和化学家杜隆（Pierre Louis Dulong，1785—1838）和法国物理学家珀蒂（Alexis Thérèse Petit，1791—1820年）通过测定许多单质的比热容之后发现的，认为比热容和原子量的乘积就是1mol原子温度升高1K时所需的热量，称为原子热容，所以这个定律也称原子热容定律，即“大多数固态单质的原子热容几乎都相等”。对于由双原子构成的固体化合物，其1mol中的原子数为$2N_\mathrm{A}$，则其摩尔定容热容$C_{V,\mathrm{m}}=2\times 25=50$J/(mol·K)。对于三原子的固态化合物，其摩尔定容热容$C_{V,\mathrm{m}}=3\times 25=75$J/(mol·K)。其余依此类推。杜隆-珀蒂定律在高温时与实验结果很吻合，但在低温时，$C_{V,\mathrm{m}}$的实验值并不是一个恒量，反映出杜隆-珀蒂定律具有一定的局限性。该定律不能说明高温时不同温度下热容的微小差别；不能说明低温下，热容随温度的降低而减小的实验结果。造成这一局限性的原因主要是利用经典理论作为解释热容的理论基础，把原子的振动能看成是连续的，模型过于简单。而实际原子的振动能是不连续的，是量子化的。

5.3.2 晶态固体热容的量子理论

普朗克提出振子能量的量子化理论之后，量子理论认为质点的能量都是以ω为最小单位计算的，这一最小的能量单位称为量子能阶。由于此处考虑的是晶体晶格中原子的振动，因此，此时原子振动的能量最小化单元称为声子。根据量子理论，振子受热激发所占的能级是分立的，它的能级在0K时为$\frac{1}{2}\hbar\omega$，称为零点能。之后，依次的能级是每隔$\hbar\omega$升高一级，某一能级上的能量大小是$\hbar\omega$的倍数。因此，振子的振动能量为

$$E_n=\frac{1}{2}\hbar\omega+n\hbar\omega \tag{5-81}$$

式中，E_n为角频率是ω的振子振动能；n为声子量子数（整数），$n=0,1,2,\cdots$；$\frac{1}{2}\hbar\omega$为零点能，一般可忽略。

振子在不同能级的分布服从玻尔兹曼能量分布规律。根据玻尔兹曼能量分布规律，振子具有能量为$E_n=n\hbar\omega$的振子数目正比于$\exp\left(\frac{-n\hbar\omega}{k_\mathrm{B}T}\right)$。

因此，在温度为TK时，以频率ω振动的一个振子的平均能量为

$$\bar{E}_0=\frac{\sum_{n=0}^{\infty}n\hbar\omega\left[\exp\left(\frac{-n\hbar\omega}{k_\mathrm{B}T}\right)\right]}{\sum_{n=0}^{\infty}\left[\exp\left(\frac{-n\hbar\omega}{k_\mathrm{B}T}\right)\right]} \tag{5-82}$$

将式（5-82）化简可得

$$\overline{E}_0=\frac{\hbar\omega}{\exp\left(\frac{-n\hbar\omega}{k_B T}\right)-1} \tag{5-83}$$

在高温时，$k_B T \gg \hbar\omega$，则 $\exp\left(\frac{-n\hbar\omega}{k_B T}\right)\approx 1+\frac{\hbar\omega}{k_B T}$，因此

$$\overline{E}_0=k_B T \tag{5-84}$$

式（5-84）说明，每个振子单向振动的总能量与经典理论一样。如果 1mol 物质其每个原子有 3 个自由度，每个自由度都认为是一个振子在振动，则 1mol 该物质的摩尔定容热容为

$$C_{V,m}=\left(\frac{\partial E}{\partial T}\right)_V=\left[\frac{\partial}{\partial T}(3N_A\overline{E}_0)\right]_V=3N_A k_B=3R=24.91\approx 25\text{J/(mol}\cdot\text{K)} \tag{5-85}$$

已知以频率 ω 振动的一个振子的平均能量满足式（5-82），根据上述有关声子的定义，则在温度为 T 时平均声子数为

$$n_{av}=\frac{\overline{E}_0}{\hbar\omega}=\frac{1}{\exp\left(\frac{\hbar\omega}{k_B T}\right)-1} \tag{5-86}$$

说明受热晶体的温度升高实质上是晶体中热激发出声子的数目增加。

实际上在晶体中，原子的振动是以不同频率格波叠加起来的合波。晶体中的振子不止一种，振动频率也不唯一，而是一个频谱。由于 1mol 固体中有 N_A 个原子，每个原子的热振动自由度是 3，所以 1mol 固体的振动可看作 $3N_A$ 个振子的合成运动，则 1mol 固体的平均能量为

$$\overline{E}=\sum_{i=1}^{3N_A}\frac{\hbar\omega_i}{\exp\left(\frac{\hbar\omega_i}{k_B T}\right)-1} \tag{5-87}$$

式中，$\overline{E}$ 为 1mol 固体的平均能量。

根据热容的定义，此时 1mol 固体的摩尔定压热容为

$$C_{V,m}=\left(\frac{\partial \overline{E}}{\partial T}\right)_V=\sum_{i=1}^{3N_A}k_B\left(\frac{\hbar\omega_i}{k_B T}\right)^2\frac{\exp\left(\frac{\hbar\omega_i}{k_B T}\right)}{\left[\exp\left(\frac{\hbar\omega_i}{k_B T}\right)-1\right]^2} \tag{5-88}$$

式（5-88）即为按照量子理论计算得到的热容表达式。

从上述讨论可知，物质的热容实际上反映的是晶体受热后激发出的格波与温度的关系。对于 N 个原子构成的晶体，在热振动时形成 $3N$ 个振子，各个振子的频率不同，激发出的声子能量也不同。温度升高，原子振动的振幅增大，该频率的声子数目也随之增大。温度升高，在宏观上表现为吸热或放热，实质上是各个频率声子数发生变化。由式（5-88）可知，如果要精确计算得到物质的热容，则必须知道振子的频谱，这是一件非常困难的事情。因此，通常人为地创造相应的假设条件来简化这一关系，即得到爱因斯坦模型和德拜模型。

5.3.3 爱因斯坦热容模型

爱因斯坦在固体热容理论中引入点阵振动能量量子化的概念，提出的假设是：晶体点阵中的原子做相互无关的独立振动，振动能量是量子化的，且所有原子振动频率 ω 都相同。在这样的假设下，1mol 固体的平均能量 $\bar{E}$，即式（5-87），可简化成

$$\bar{E}=3N_{\mathrm{A}}\frac{\hbar\omega}{\exp\left(\frac{\hbar\omega}{k_{\mathrm{B}}T}\right)-1} \tag{5-89}$$

因此，根据热容的定义可得

$$C_{V,\mathrm{m}}=\left(\frac{\partial\bar{E}}{\partial T}\right)_V=3N_{\mathrm{A}}k_{\mathrm{B}}\left(\frac{\hbar\omega}{k_{\mathrm{B}}T}\right)^2\frac{\exp\left(\frac{\hbar\omega}{k_{\mathrm{B}}T}\right)}{\left[\exp\left(\frac{\hbar\omega}{k_{\mathrm{B}}T}\right)-1\right]^2} \tag{5-90}$$

令 $\Theta_{\mathrm{E}}=\frac{\hbar\omega}{k_{\mathrm{B}}}$，则式（5-90）可以写成

$$C_{V,\mathrm{m}}=3N_{\mathrm{A}}k_{\mathrm{B}}\left(\frac{\Theta_{\mathrm{E}}}{T}\right)^2\frac{\exp\left(\frac{\Theta_{\mathrm{E}}}{T}\right)}{\left[\exp\left(\frac{\Theta_{\mathrm{E}}}{T}\right)-1\right]^2}=3Rf_{\mathrm{E}}\left(\frac{\Theta_{\mathrm{E}}}{T}\right) \tag{5-91}$$

式中，Θ_{E} 为爱因斯坦温度；$f_{\mathrm{E}}\left(\frac{\Theta_{\mathrm{E}}}{T}\right)$为爱因斯坦比热函数。

选取合适的频率 ω 可以使理论值与实验值吻合得很好。图 5-10 给出了爱因斯坦热容理论曲线与实验曲线对比结果。从图 5-10 可以看出，爱因斯坦热容理论曲线与实验曲线均可分为 3 个区域。

① 在高温范围内（第Ⅲ区），当温度 $T\gg\Theta_{\mathrm{E}}$ 时，$\exp\left(\frac{\Theta_{\mathrm{E}}}{T}\right)\approx1+\frac{\Theta_{\mathrm{E}}}{T}$，则

$$C_{V,\mathrm{m}}=3R\left(1+\frac{\Theta_{\mathrm{E}}}{T}\right)\approx3R \tag{5-92}$$

这一结论与杜隆-珀蒂定律一致。

② 当 T 趋于 0 时（第Ⅰ区），$C_{V,\mathrm{m}}$ 也趋于 0。

③ 在低温范围内（第Ⅱ区）当温度 $T\ll\Theta_{\mathrm{E}}$ 时，可得

$$C_{V,\mathrm{m}}=3R\left(\frac{\Theta_{\mathrm{E}}}{T}\right)^2\exp\left(-\frac{\Theta_{\mathrm{E}}}{T}\right) \tag{5-93}$$

这一结论说明，$C_{V,\mathrm{m}}$ 值按指数规律随温度 T 变化而变化，与从实验中得出的按 T^3 变化的规律相似，但比 T^3 更快地趋近于 0，与实验值相差较大。第Ⅱ区内

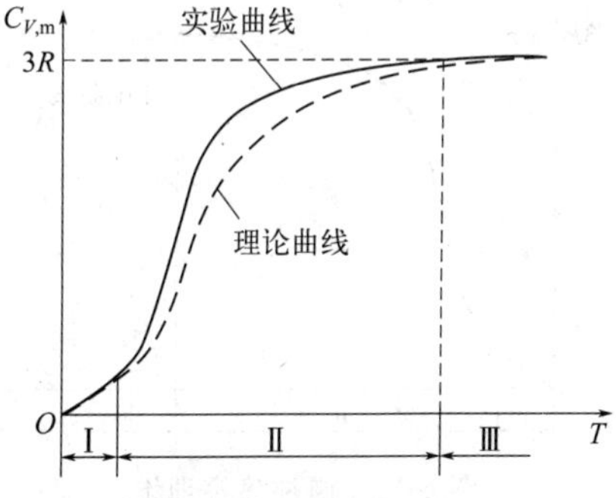

图 5-10 爱因斯坦热容理论曲线与实验曲线对比

理论值较实验值下降过快，主要是由于模型与实际之间存在不应忽视的偏差。实际上，振子的振动是非孤立的，振子振动间存在耦合作用，且频率连续分布。爱因斯坦模型的假设过于简化，将这一偏差忽略掉了。

5.3.4 德拜热容模型

1912 年，美籍荷兰裔物理学家德拜（Peter Joseph William Debye，1884—1966 年）对爱因斯坦热容理论进行了补充和修正。德拜因在 X 射线衍射和分子偶极矩理论方面的贡献，于 1936 年获得诺贝尔化学奖。

在热容理论方面，简单来说，德拜模型考虑了晶体中点阵间的相互作用以及原子振动的频率范围。由这一假设可以得到德拜热容的表达式为

$$C_{V,\mathrm{m}}=3R\left[12\left(\frac{T}{\Theta_{\mathrm{D}}}\right)^{3}\int_{0}^{\Theta_{\mathrm{D}}}\frac{x^{3}}{\mathrm{e}^{x}-1}\mathrm{d}x-\frac{3\,\dfrac{\Theta_{\mathrm{D}}}{T}}{\exp\left(\dfrac{\Theta_{\mathrm{D}}}{T}\right)-1}\right]=3Rf_{\mathrm{D}}\left(\frac{\Theta_{\mathrm{D}}}{T}\right) \tag{5-94}$$

式中，Θ_{D} 为德拜特征温度，满足关系 $\Theta_{\mathrm{D}}=\dfrac{\hbar\omega_{\mathrm{m}}}{k_{\mathrm{B}}}\approx 0.76\times10^{-11}\omega_{\mathrm{m}}$；$\omega_{\mathrm{m}}$ 为晶格节点最高热振动频率；x 为 $x=\dfrac{\omega}{k_{\mathrm{B}}T}$；$f_{\mathrm{D}}\left(\dfrac{\Theta_{\mathrm{D}}}{T}\right)$ 为德拜比热函数。

图 5-11 给出了德拜热容理论曲线与实验曲线的对比结果。从图 5-11 中可以看出，德拜热容理论曲线与实验曲线仍然可分成 3 个区域。

① 当 $T\gg\Theta_{\mathrm{D}}$（第Ⅲ区）时，$\mathrm{e}^{x}\approx1+x$，即

$$C_{V,\mathrm{m}}=3R\left[12\left(\frac{T}{\Theta_{\mathrm{D}}}\right)^{3}\times\frac{1}{3}\left(\frac{\Theta_{\mathrm{D}}}{T}\right)^{3}-3\right]=3R \tag{5-95}$$

这一结果与杜隆-珀蒂定律一致。

② 当 $T\ll\Theta_{\mathrm{D}}$（第Ⅱ区）时

$$C_{V,\mathrm{m}}\approx\frac{12\pi^{4}R}{5}\left(\frac{T}{\Theta_{\mathrm{D}}}\right)^{3} \tag{5-96}$$

式（5-96）实际反映出 $C_{V,\mathrm{m}}\propto T^{3}$，这就是著名的德拜三次方定律。它与实验结果符合得很好，温度越低，近似越好。

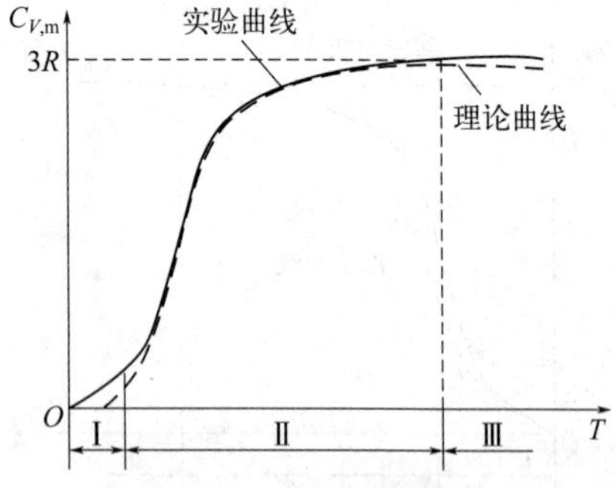

图 5-11　德拜热容理论曲线与实验曲线的对比

③ 当 T 趋于 0（第Ⅰ区）时，$C_{V,\mathrm{m}}$ 也趋于 0。但按德拜理论计算的热容值比实验值更快地趋近于 0，这是由于德拜理论只考虑了晶格振动对热容的贡献，而忽略了在极低温度时自由电子对热容的贡献。

经上述分析可知，德拜热容理论在很宽的温度区间内与实际规律一致。但是由于德拜理论把晶体看成连续介质，这对于原子振动频率较高的部分不适用，故德拜理论对一些化合物的热容计算与实验不符。

5.3.5 不同材料的热容

实际应用中的材料往往是有组织形态的多晶，当其组织和状态发生变化时会产生热效应，构成材料热容的附加部分。因而可以通过热分析研究材料内部相和组织的转变。

5.3.5.1 金属的热容

金属与其他固体的重要差别之一是其内部存在大量的自由电子，自由电子对热容的贡献造成了金属和合金热容的特殊性。

电子的平均能量表达关系

$$\bar{E}=\frac{3}{5}E_{\mathrm{F}}^{0}\left[1+\frac{5\pi^{2}}{12}\left(\frac{k_{\mathrm{B}}T}{E_{\mathrm{F}}^{0}}\right)^{2}\right] \tag{5-97}$$

根据热容的定义，则电子的摩尔定容热容为

$$C_{V,\mathrm{m}}^{\mathrm{e}}=\left(\frac{\partial \bar{E}}{\partial T}\right)_{V}=ZR\,\frac{\pi^{2}}{2}\times\frac{k_{\mathrm{B}}T}{E_{\mathrm{F}}^{0}} \tag{5-98}$$

式中，Z 为金属原子的化合价；R 为摩尔气体常数；E_{F}^{0} 为 0K 时金属的费米能。

式（5-98）表明，电子的摩尔定容热容 $C_{V,\mathrm{m}}^{\mathrm{e}}$ 与温度 T 之间满足一次方正比关系。结合上述德拜热容的三次方定律，金属的摩尔定容热容实际由两部分组成，即原子振动对热容的贡献和自由电子对热容的贡献。因此，金属的摩尔定容热容一般满足如下关系，即

$$C_{V,\mathrm{m}}=C_{V,\mathrm{m}}^{\mathrm{A}}+C_{V,\mathrm{m}}^{\mathrm{e}}=AT^{3}+BT \tag{5-99}$$

式中，$C_{V,\mathrm{m}}^{\mathrm{A}}$ 为德拜理论计算的原子热容部分，满足关系 $C_{V,\mathrm{m}}^{\mathrm{A}}=AT^{3}$；$C_{V,\mathrm{m}}^{\mathrm{e}}$ 为电子热容，满足关系 $C_{V,\mathrm{m}}^{\mathrm{e}}=BT$；$A$，$B$ 为比例常数。

在一般温度区，通常 $C_{V,\mathrm{m}}^{\mathrm{e}}$ 可忽略不计，此时，金属的摩尔定容热容满足三次方定律，即 $C_{V,\mathrm{m}}^{\mathrm{A}}\propto T^{3}$。在极低温区，原子热振动很弱，金属的热容以电子贡献为主，因此，满足一次方定律，即 $C_{V,\mathrm{m}}^{\mathrm{e}}\propto T$。在高温区，当电子和原子振动对热容的贡献均起作用时，则满足式（5-99）的关系。

在金属热容的结论中，常数 A 实际包含和金属本性有关的两个参数，即德拜温度 Θ_{D} 的定义：$\Theta_{\mathrm{D}}=\dfrac{\hbar\omega_{\mathrm{m}}}{k_{\mathrm{B}}}=\dfrac{h\nu_{\mathrm{m}}}{k_{\mathrm{B}}}$，即 $\nu_{\mathrm{m}}=2\pi\omega_{\mathrm{m}}$，表示最大特征线频率。

ν_{m} 可由经验公式求出，即

$$\nu_{\mathrm{m}}=2.8\times10^{12}\sqrt{\frac{T_{\mathrm{m}}}{mV_{\mathrm{a}}^{\frac{2}{3}}}} \tag{5-100}$$

式中，T_{m} 为金属的熔点；V_{a} 为原子体积；m 为原子量。

式（5-100）是由英国物理学家林德曼（Frederick Alexander Lindemann，1886—1957 年）提出的，可用于预测物质的熔点，也称为林德曼公式或林德曼判据（Lindemann′s criterion）。

将式（5-100）代入德拜温度的定义，可得

$$\Theta_{\mathrm{D}}=\frac{h\nu_{\mathrm{m}}}{k_{\mathrm{B}}}=137\sqrt{\frac{T_{\mathrm{m}}}{mV_{\mathrm{a}}^{\frac{2}{3}}}} \tag{5-101}$$

物质的熔点 T_{m} 表示在一定压力下，纯物质的固态和液态呈平衡时的温度。这一数值是物质由固态向液态转变时的临界值。实际上，T_{m} 的高低从微观上可看成原子间抵抗外界作用的能力，即 T_{m} 越高，则外界需要提供越高的能量才足以破坏物质固态时原子间的结合。因此，T_{m} 可用于表示原子间的结合力。根据式（5-100）和式（5-101），T_{m} 与 ν_{m} 和 Θ_{D} 具有一定的函数关系，所以，ν_{m} 和 Θ_{D} 在一定程度上也都可表示原子间结合力的大小。T_{m} 越高，ν_{m} 和 Θ_{D} 也越大，原子间结合力越强。因此，选择高温材料时 T_{m} 也是需要考虑的参数之一。

5.3.5.2 合金的热容

合金的热容取决于组成元素的性质。合金的摩尔定压热容 $C_{p,\mathrm{m}}$ 是每个组成元素的摩尔定压热容与其原子分数的乘积之和，符合奈曼-考普定律（Neumann-Kopp law），即

$$C_{p,\mathrm{m}}=X_1C_{p,\mathrm{m}1}+X_2C_{p,\mathrm{m}2}+\cdots+X_nC_{p,\mathrm{m}n}=\sum_{i=1}^{n}X_iC_{p,\mathrm{m}i} \tag{5-102}$$

式中，X_i 为第 i 种元素的原子分数；$C_{p,\mathrm{m}i}$ 为第 i 种元素的摩尔定压热容。

奈曼-考普定律是由德国物理学家奈曼（Franz Ernst Neumann，1798—1895）和德国化学家考普（Hermann Franz Moritz Kopp，1817—1892 年）共同提出的。

对二元固溶体合金来说，根据奈曼-考普定律，其热容满足

$$C_{p,\mathrm{m}}=X_1C_{p,\mathrm{m}1}+X_2C_{p,\mathrm{m}2} \tag{5-103}$$

除了合金以外，奈曼-考普定律还可以用于计算化合物的热容，即化合物的摩尔定压热容等于各组成元素的摩尔分数与摩尔定压热容乘积之和，即

$$C_{p,\mathrm{m}}=\sum_{i=1}^{n}x_iC_{p,\mathrm{m}i} \tag{5-104}$$

式中，x_i 为化合物第 i 组成元素的摩尔分数；$C_{p,\mathrm{m}i}$ 为化合物第 i 组成元素的摩尔定压热容。

多相复合材料的质量热容 C 也具有类似的公式，即

$$C=\sum_{i=1}^{n}\omega_iC_i \tag{5-105}$$

式中，ω_i 为多相复合材料第 i 相的质量分数；C_i 为多相复合材料第 i 相的质量热容。

奈曼-考普定律是热容理论计算中非常重要和有用的公式，可应用于固溶体、化合物、多相混合组织等，并且在高温区准确，但不适用于低温条件（$T<\Theta_{\mathrm{D}}$）或铁磁性合金。

5.3.5.3 无机材料的热容

无机材料主要由离子键和共价键组成，室温下几乎无自由电子，所以热容与温度的关系更符合德拜模型。不同陶瓷热容的差别均反映在低温区域，高温区符合奈曼-考普定律。

无机材料的摩尔定压热容 $C_{p,m}$ 与温度 T 的关系可由实验精确测定。对大多数材料的实验结果进行整理，发现其均具有类似的经验公式

$$C_{p,m}=a+bT+cT^{-2}+\cdots \tag{5-106}$$

式中，a、b、c 为与材料有关的常数，在一定范围内某些材料的这些常数可通过相关资料给出。

5.3.5.4 相变时的热容变化

上述讨论的影响热容的因素均限定在材料未发生相变的范围内，一旦材料发生相变，则相应的热容变化规律将发生变化。这是由于物质在发生相变时，例如金属或合金，一般要产生一定的热效应，出现热量的不连续变化，使其热焓和热容出现异常的变化。

从广义上讲，构成物质的原子（或分子）的聚合状态（相状态）发生变化的过程称为相变。相变时，新旧两相的化学势 μ 相等，但化学势的一级偏微商不等的相变称为一级相变；而相变时，新旧两相的化学势 μ 相等，化学势的一级偏微商也相等，但化学势的二级偏微商不等的相变称为二级相变。这里，化学势 μ 是指偏摩尔吉布斯（Gibbs）函数。对物质 B 而言，其化学势为 μ_B 定义为

$$\mu_B=\left(\frac{\partial G}{\partial n_B}\right)_{T,p,n_C,\cdots} \tag{5-107}$$

式中，G 为吉布斯函数；n_B 为物质 B 的物质的量。

这里，μ_B 的意义是在等温、等压且除物质 B 以外的其他物质的量不变的情况下，往一巨大均相系统中单独加入 1mol 物质 B 时，系统吉布斯函数的变化。根据热力学关系，化学势某级偏微商实际对应着某一具体的热力学参量，根据化学势的某级偏微商相变前后是否发生变化的具体关系，即可知某一具体热力学参量在相变前后是否发生变化。具体严格的热力学表达关系可参阅相关书籍。

接下来，主要根据相变前后的发生现象进行相变级数的区分，主要将固态相变分成一级相变和二级相变。

（1）一级相变

热力学分析证明，一级相变（first-order phase transition）通常在恒温下发生，除有体积突变外，还伴随相变潜热（latent heat）的发生。图 5-12 给出了金属熔化时热焓与温度的关系。从图 5-12 中可以看到，定压条件下，在较低温度时，随着温度的升高，所需热量缓慢增加，以后逐渐加快。当温度升高到熔点（T_m）时，热量几乎呈直线上升。当热量上升不再呈直线后，温度超越熔点，所需热量的增加又变得较为缓慢。

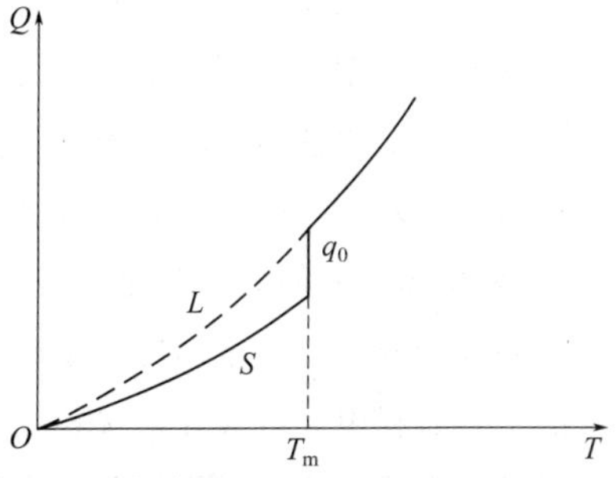

图 5-12 金属熔化时热焓与温度的关系

一级相变发生时，有体积变化的同时还有热量的吸收或释放。一级相变通常在恒温下发生，如图 5-13

(a) 所示。定压条件下，加热到临界点 T_c 时，热焓曲线出现跃变，几乎在恒温下呈直线上升。根据热容的定义可知，对于定压下的一级相变，热焓对温度的一阶导数在临界点 T_c 附近将趋于无穷大，即发生了热容曲线的不连续变化，热容近乎无限大。

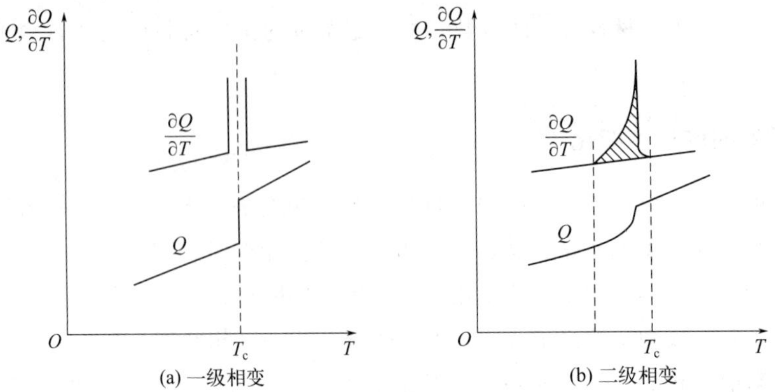

图 5-13　热焓和热容与加热温度的关系

具有一级相变特点的相变很多，例如：纯金属的熔化、凝固；合金的共晶与包晶转变；固态合金中的共析转变；固态金属及合金中发生的同素异构转变等。

（2）二级相变

二级相变（second-order phase transition）的特点是相转变过程在一个温度区间内逐步完成，在转变过程中只有一个相，如图 5-13（b）所示。这一过程中热焓也发生变化，但不像一级相变那样发生突变。相转变的热效应相当于图中阴影部分的面积，可用内插法求得。根据热容的定义，定压下二级相变时的热焓对温度求一阶导数，则热容曲线也会出现不连续变化，会存在最大值。二级相变的温度范围越窄，则热容的峰就越高。在极限情况下，热容的峰宽为 0，峰高为无限大，就转变为一级相变了。铁磁性金属加热时由铁磁转变为顺磁以及合金中的有序-无序转变都属于二级相变。特殊条件下一级、二级相变无法区分，如析出、有序转变等。

下面以纯铁为例，讨论如何分析铁的热容随温度的变化关系。图 5-14 为铁加热时热容随温度的变化关系曲线。其中，曲线 1 为实测曲线，曲线 2 为计算得到的 γ-Fe 理论热容曲线。在较低温时，α-Fe 的热容随温度的变化逐渐增大，其实测曲线与理论曲线基本重合，满足无相变时热容的变化关系，在 300K 时，热容值大于 $3R$。温度高于 500K 时，由于铁磁性的 α-Fe 逐渐向顺磁性转变，热容的变化逐渐加剧，并于 A_2 点达到极值。A_2 点对应的温度为铁磁性向顺磁性转变的临界温度，即居里点，在 A_2 点附近的热容曲线呈现出明显的二级相变特征。在 A_3 点发生具有体心立方晶格特征的 α-Fe 向具有面心立方晶格特征的 γ-Fe 转变，在 A_4 点则发生具有面心立方晶格特征的 γ-Fe 向具有体心立方晶格特征的 δ-Fe 转变，在 T_m 点则发生固液转变。这三个温度点发生的相变均在恒温下进行，属于一级相变特征。因此，在纯铁的加热过程中，既存在一级相变，也存在二级相变。

另外，上述的相变过程均为可逆转变，转变的热效应也可逆，但加热和冷却过程对应的相变点并不相同。

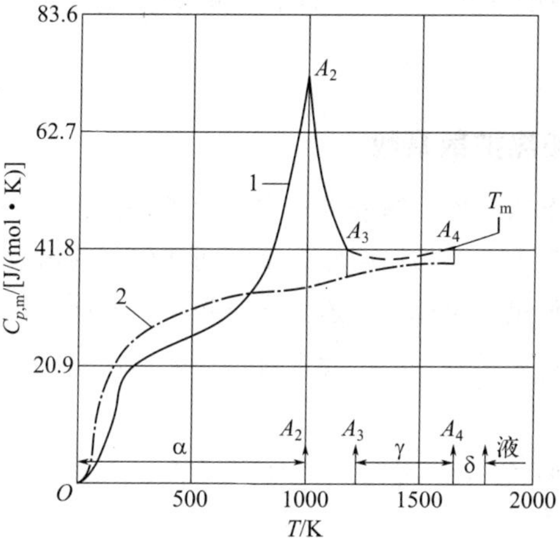

图 5-14 Fe加热时热容随温度的变化关系曲线

5.4 热传导方程

当材料中温度分布不均匀时会发生热能从高温向低温处流动的现象，称为热传导。热量往往从高温物体迁移到低温物体，或热量从一个物体中的高温部分迁移到低温部分。这一现象 在固体、液体和气体中均可发生。对流是由流体的宏观运动，引起流体各部分之间发生相对位移，并依靠冷热流体互相掺杂混合移动所引起的热量传递方式。

热传导方程式是一个重要的偏微分方程，它描述了一个区域内的温度如何随时间变化。

5.4.1 稳态温度场和热导率

众多实验已经证明，稳态温度场热传导现象的规律可用傅里叶定律描述。这一定律由法国著名数学家、物理学家傅里叶给出。

假设有一个两表面维持均匀温度的平板，热量沿 x 方向传递，如图 5-15 所示。这是一个一维导热问题，根据傅里叶定律，当各点温度不随时间变化时（稳态），对 x 方向上一个厚度为 dx 的微元层来说，单位时间内通过该层单位面积的热量与温度梯度成正比，即

$$q=\frac{Q}{A}=-\lambda\ \frac{\mathrm{d}T}{\mathrm{d}x} \tag{5-108}$$

式中，Q 为热流量，表示单位时间内通过某一给定面积的热量，W；A 为热流通过的面积；q 为热流密度，表示单位面积的热流量，W/m^2；$\frac{\mathrm{d}T}{\mathrm{d}x}$为温度梯度，又可记为 grad T；λ 为热导率，又称导热系数，W/(m·K)。

式中的负号表示热量向低温处传递。

稳态温度场中，这一反映热流密度与温度梯度成正比例关系的比

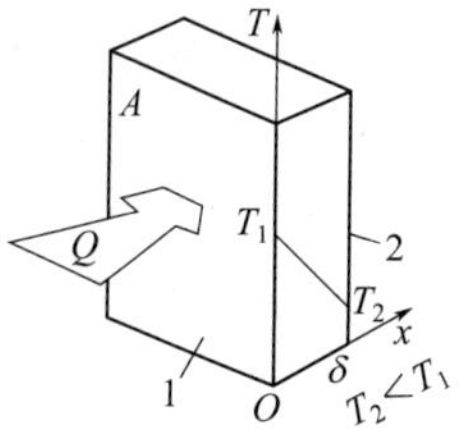

图 5-15 一维稳态热传导模型

例系数 λ，实际反映了材料的导热能力。不同材料的热导率有很大差别，即使同种材料，热导率也与温度等因素有关。

5.4.2 非稳态温度场和热扩散系数

傅里叶定律适用于稳态温度场。如果材料内各点的温度随时间变化，那么这一传热过程就是非稳态传热过程，材料上各点的温度应该是时间和位置的函数。

根据能量守恒定律和傅里叶定律，可建立导热物体中温度场的数学表达式。考察物体内任意一个微元平行六面体的单元热传导模型，如图 5-16 所示。

根据傅里叶定律，通过图 5-16 中微元平行六面体三个表面而进入微元体的热流量为

$$\begin{cases} Q_x = -\lambda \dfrac{\partial T}{\partial x} \mathrm{d}y \mathrm{d}z \\ Q_y = -\lambda \dfrac{\partial T}{\partial y} \mathrm{d}x \mathrm{d}z \\ Q_z = -\lambda \dfrac{\partial T}{\partial z} \mathrm{d}x \mathrm{d}y \end{cases} \tag{5-109}$$

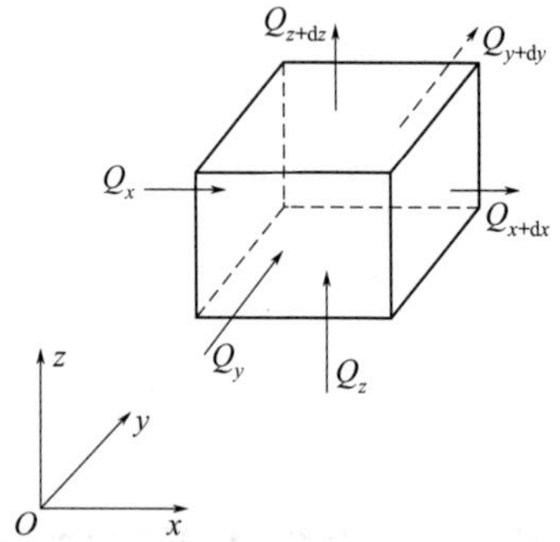

图 5-16 平行六面体单元热传导模型

通过$(x+\mathrm{d}x)$、$(y+\mathrm{d}y)$、$(z+\mathrm{d}z)$ 三个微元表面而导出微元体的热流量为

$$\begin{cases} Q_{x+\mathrm{d}x} = Q_x + \dfrac{\partial Q}{\partial x}\mathrm{d}x = Q_x + \dfrac{\partial}{\partial x}\left(-\lambda \dfrac{\partial T}{\partial x}\mathrm{d}y\mathrm{d}z\right)\mathrm{d}x \\ Q_{y+\mathrm{d}y} = Q_y + \dfrac{\partial Q}{\partial y}\mathrm{d}y = Q_y + \dfrac{\partial}{\partial y}\left(-\lambda \dfrac{\partial T}{\partial y}\mathrm{d}x\mathrm{d}z\right)\mathrm{d}y \\ Q_{z+\mathrm{d}z} = Q_z + \dfrac{\partial Q}{\partial z}\mathrm{d}z = Q_z + \dfrac{\partial}{\partial z}\left(-\lambda \dfrac{\partial T}{\partial x}\mathrm{d}x\mathrm{d}y\right)\mathrm{d}z \end{cases} \tag{5-110}$$

对于微元体，按照能量守恒定律，在任一时间间隔内满足如下热平衡关系

进入微元体的总热流量＋微元体内热源的生成热＝导出微元体的总热流量＋微元体热力学能(内能)的增量 (5-111)

$$\text{微元体内热源的生成热} = Q\mathrm{d}x\mathrm{d}y\mathrm{d}z \tag{5-112}$$

$$\text{微元体内能的增量} = \rho C \frac{\partial T}{\partial \tau} Q\mathrm{d}x\mathrm{d}y\mathrm{d}z \tag{5-113}$$

式中，Q 为单位时间内单位体积中内热源的生成热；ρ 为微元体的密度；C 为比热容；τ 为时间。

将式 (5-109)、式 (5-110)、式 (5-112) 和式 (5-113) 代入式 (5-111)，则可获得三维非稳态导热方程的一般形式

$$\rho C \frac{\partial T}{\partial \tau} = \frac{\partial}{\partial x}\left(\lambda \frac{\partial T}{\partial x}\right) + \frac{\partial}{\partial y}\left(\lambda \frac{\partial T}{\partial y}\right) + \frac{\partial}{\partial z}\left(\lambda \frac{\partial T}{\partial z}\right) + Q \tag{5-114}$$

如果热导率 λ 为常数，式 (5-114) 可写成

$$\frac{\partial T}{\partial \tau}=\frac{\lambda}{\rho C}\left(\frac{\partial^2 T}{\partial x^2}+\frac{\partial^2 T}{\partial y^2}+\frac{\partial^2 T}{\partial z^2}\right)+\frac{Q}{\rho C} \tag{5-115}$$

令 $\alpha=\dfrac{\lambda}{\rho C}$，则将 α 称为导温系数或热扩散系数，单位为 m^2/s。热扩散系数 α 的物理意义是与非稳态导热过程相联系的，非稳态导热过程是物体既有热量传导变化，同时又有温度变化，热扩散系数 α 是联系二者的物理量，标示温度变化的速度。在相同加热和冷却条件下，α 越大，物体各处温差越小。

在一维情况下，如果导热系数为常数，无内热源时，导热微分方程可写成

$$\frac{dT}{d\tau}=\frac{\lambda}{\rho C}\times\frac{d^2 T}{dx^2}=\alpha\frac{d^2 T}{dx^2} \tag{5-116}$$

5.5 固体材料的导热性质

不同的固体材料在导热性能上有很大的差别，有些材料是极为优良的绝热材料，有些材料是热的良导体。材料的导热性能与材料的结构和微观组织有很大关系。

5.5.1 固体材料热传导的宏观规律

当固体材料一端的温度比另一端高时，热量会从热端自动地传向冷端，这种现象就称为热传导。假如固体材料垂直于 x 轴方向的横截面积为 ΔS，材料沿 x 轴方向的温度梯度为 $\dfrac{dT}{dx}$，在 Δt 时间内沿 x 轴正方向传过 ΔS 截面上的热量为 ΔQ。则实验表明，对于各向同性的物质，在稳定传热状态下具有如下的关系式

$$\Delta Q=-\lambda\frac{dT}{dx}\Delta S\Delta t \tag{5-117}$$

式中，常数 λ 称为热导率。式中负号表示热流是沿温度梯度向下的方向流动，即 $\dfrac{dT}{dx}<0$ 时，$\Delta Q>0$，热量沿 x 轴正方向传递；$\dfrac{dT}{dx}>0$ 时，$\Delta Q<0$，热量沿 x 轴负方向传递。

热导率 λ 的物理意义是指单位温度梯度下，单位时间内通过单位垂直面积的热量，所以它的单位为 $W/(m^2 \cdot K)$ 或 $J/(m^2 \cdot s \cdot K)$。

式（5-117）也称为傅里叶定律。它只适用于稳定传热的条件，即传热过程中，材料在 x 方向上各处的温度 T 是恒定的，与时间无关，$\dfrac{\Delta Q}{\Delta t}$ 是常数。

假如是不稳定传热过程，即物体内各处的温度随时间而变化。例如一个与外界无热交换，本身存在温度梯度的物体，随着时间的推移温度梯度趋于零的过程，就存在热端温度不断降低和冷端温度不断升高，最终达到一致的平衡温度。该物体内单位面积上温度随时间的变化率为

$$\frac{\partial T}{\partial \tau}=\frac{\lambda}{\rho C_p}\times\frac{\partial^2 T}{\partial x^2} \tag{5-118}$$

式中，ρ 为密度；C_p 为质量定压热容。

5.5.2 固体传热的微观机理

5.5.2.1 声子传导

如果不考虑电子对热传导的贡献，则晶体中的热传导主要依靠声子来完成。在没有温度梯度时，声子在各方向上做无规运动；存在温度梯度时，由声子把能量从一端传递到另一端，能流密度不为零。声子不是畅通无阻地由一端行进到另一端，在通过样品的扩散过程中会遭到频繁的碰撞。通常把声子前后两次碰撞间走过的平均距离 l 称为声子的平均自由程。利用上述模型，把经典气体动理学理论中关于热导率的理论移植到声子热传导的问题中来。声子的热导率为

$$\lambda=\frac{1}{3}C_V\,\bar{v}\,l \tag{5-119}$$

式中，C_V 是晶格（声子）质量定容热容；$\bar{v}$ 是声子平均速度的大小，就是布里渊区中全部占据态（声子）平均速度的大小。

在式（5-119）中，C_V 是与温度相关的，平均自由程 l 由散射过程决定，显然也与温度密切相关，只有 $\bar{v}$ 基本上与温度无关，所以热导率 λ 是温度的函数。C_V 与温度的关系在前面已经给出，要了解热导率 λ 的温度相关性，关键是了解平均自由程 l 与温度的关系。

平均自由程 l 与温度 T 的关系取决于在晶体中发生的碰撞（散射）过程，这 个问题是非常复杂的。可简单归纳为如下几个重要的散射机制：声子与声子之间的散射；声子受晶体中点缺陷（杂质、空位等）的散射；声子受样品边界的散射。与每一种散射机制相联系的各有一个平均自由程 l_a、l_b、l_c，因而产生相应的热阻为 W_a、W_b、W_c。总的平均自由程 l 为

$$\frac{1}{l}=\frac{1}{l_a}+\frac{1}{l_b}+\frac{1}{l_c} \tag{5-120}$$

如果上述几种散射强度相当，l 与 T 的关系问题必然十分复杂。这里只讨论简单情况，即某一温度范围内，假设只有一种散射机制起主导作用。

（1）声子与声子的相互作用

如果原子间的力是纯谐和的，则不存在不同声子间的碰撞机制，而平均自由程将只受到声子同晶体边界的碰撞以及点阵缺陷的限制。在有些情况下，这些效应起主导作用。然而，如果存在非谐点阵相互作用，在不同声子间就会出现一种耦合，它限制平均自由程的值。非谐系统精确的简正模式不再像纯声子。下面讨论由声子相互作用引起的热阻率。

① 正常过程和倒逆过程　随着温度升高，原子间的位移变大，必须考虑非谐效应。声子不再是互相独立的，它们之间互相散射，散射过程遵循能量守恒和准动量守恒定律。设两个声子的频率和波矢分别为 ω_1、$\boldsymbol{q}_1$ 和 ω_2、$\boldsymbol{q}_2$，碰撞产生的第三个声子的频率和波矢为 ω_3、$\boldsymbol{q}_3$。

能量守恒：$\hbar\omega_1+\hbar\omega_2=\hbar\omega_3$；准动量守恒：$\hbar \boldsymbol{q}_1+\hbar \boldsymbol{q}_2=\hbar \boldsymbol{q}_3+\hbar \boldsymbol{G}$，这里 $\boldsymbol{G}$ 为倒格矢。

如果 $\boldsymbol{G}=0$，$\boldsymbol{q}_1$、$\boldsymbol{q}_2$、$\boldsymbol{q}_3$ 都在第一布里渊区，声子碰撞前后系统的动量严格相等，能量不变。这样的过程不产生热阻，它不影响整个声子系统的流动。这种过程叫正常过程，也叫 N 过程。在 N 过程中，由散射引起的波矢改变 $\boldsymbol{q}_1-\boldsymbol{q}_2-\boldsymbol{q}_3=0$，声子集团的动量 $\boldsymbol{P}=\sum n(\boldsymbol{q})\hbar \boldsymbol{q}$ 守恒，式中 $n(\boldsymbol{q})$ 表示波矢为 $\boldsymbol{q}$ 的声子数。对于 $\boldsymbol{p}\neq 0$ 的分布，N 过程使 $\boldsymbol{p}$ 保持不变。即如果沿一根棒状样品推动一个初始 $\boldsymbol{p}\neq 0$ 的声子分布集团，则该分布沿这根棒传播而 $\boldsymbol{p}$ 不变。因此没有热阻，即热导率是无限的。

如果 $\boldsymbol{G}\neq 0$，这相当于 $\boldsymbol{q}_1$ 和 $\boldsymbol{q}_2$ 在第一布里渊区，$\boldsymbol{q}_3$ 不在第一布里渊区（超出第一布里渊区的范围），如图 5-17 所示。有物理意义的波矢都在第一布里渊区内。可以把 $\boldsymbol{q}_3$ 约化到第一布里渊区之内，用 $\boldsymbol{q}_4$ 代表，$\boldsymbol{q}_4=\boldsymbol{q}_3-\boldsymbol{G}$。值得注意的是，由声子碰撞产生的有意义的波矢 $\boldsymbol{q}_4$ 的方向与原来 $\boldsymbol{q}_1$、$\boldsymbol{q}_2$ 的方向几乎相反。在碰撞过程中初态和终态动量相差非零倒格矢，这种过程对于改变声子动量起很重要的作用，是高温情况下影响平均自由程的决定性因素，这个过程会引起热阻。把这种过程称为倒逆过程，也叫 U 过程。

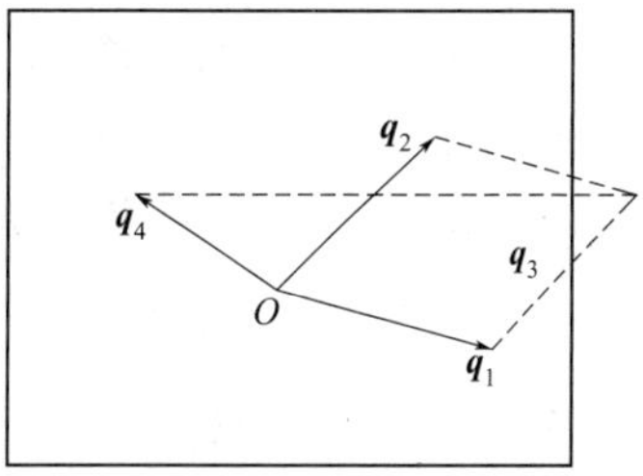

图 5-17　倒逆过程

② 倒逆过程对热导的影响　如果两个声子散射后产生第三个声子，只有 $\boldsymbol{q}_1$、$\boldsymbol{q}_2$ 波矢大小具有 $(1/2)\boldsymbol{G}$ 的量级，才可能发生 $\boldsymbol{q}_1+\boldsymbol{q}_2+\boldsymbol{q}_3=\boldsymbol{G}$ 的倒逆过程，引起热阻。根据德拜理论，这两个参与碰撞的声子的能量为 $(1/2)k\Theta_D$ 量级。

在高温下（$T\gg\Theta_D$），有

$$n_j(q)=\frac{1}{e^{\hbar\omega_j(q)/kT}-1}\approx\frac{kT}{\hbar\omega_j(q)} \tag{5-121}$$

所以总的声子数目是和 T 成正比的，能够参与倒逆过程的声子数目也与 T 成正比。由于声子数多少与碰撞概率成正比，因此，$1/\tau\propto T$（τ 为声子两次碰撞的平均时间间隔），即 $l\propto 1/T$。由于在高温下质量定容热容 C_V 遵循杜隆-珀蒂定律，与温度无关，所以此时的热导率随温度升高而降低，即

$$\lambda\propto\frac{1}{T} \tag{5-122}$$

实际上，更精确的理论分析可以导出 $l\propto 1/T^x$，这里 x 介于 1～2 之间，这一点已经被实验所证实。

在低温下（$T<\Theta_D$），因为能够产生热阻的倒逆过程的声子能量必须为 $(1/2)\boldsymbol{G}$ 量级，这样的声子数为

$$n_j(q)=\frac{1}{e^{\hbar\omega_j(q)/kT}-1}\approx\frac{1}{e^{\Theta_D/2T}-1}\approx e^{-\frac{\Theta_D}{2T}} \tag{5-123}$$

由此可见，温度下降时，能够参与倒逆过程的声子数按指数方式随 T 急剧减少，没有倒逆过程，热导率应是无限大的。因此可以预见，在 $T<\Theta_D$ 时，热导率公式（5-119）中的有效平

均自由程将随 $e^{\Theta_D/2T}$ 改变。这种指数形式，与实验符合得很好。注意：式（5-119）中出现的声子平均自由程是声子之间倒逆过程的平均自由程，而不是声子之间所有碰撞的平均自由程。

（2）缺陷对声子的散射

在限制平均自由程方面，几何效应也是很重要的，必须考虑由晶体边界、杂质、缺陷等引起的散射。

点缺陷对声子的散射，取决于点缺陷相对于声子波长来说有多大。点缺陷的尺寸越小，散射越小，平均自由程越长。

在低温下，前面描述过的倒逆过程和点缺陷等杂质散射都很小，所以平均自由程将增加。如果平均自由程 l 可以与样品的宽度相比拟时，则 l 值将受到这个宽度的限制，它不再是温度的函数，于是声子平均自由程为常值。在式（5-119）中，热导率唯一依赖于温度的因子是质量定容热容 C_V，在低温下 C_V 按 T^3 变化，所以 $\lambda \propto T^3$。

5.5.2.2 光子传导

固体中除了声子的热传导外，还有光子的热传导。这是因为固体中分子、原子和电子的振动、转动等运动状态的改变，会辐射出频率较高的电磁波，这类电磁波覆盖了一较宽的频谱。其中具有较强热效应的是波长在 0.4～40μm 间的可见光与部分近红外光的区域，这部分辐射线称为热射线，热射线的传递过程称为热辐射。由于它们都在光频范围内，其传播过程和光在介质（透明材料、气体介质）中传播的现象类似，也有光的散射、衍射、吸收和反射、折射。所以可以把它们的导热过程看作是光子在介质中传播的导热过程。

在温度不太高时，固体中电磁辐射能很微弱，但在高温时就明显了。因为其辐射能量与温度的四次方成正比。例如，在温度 T 时黑体单位容积的辐射能 E_T 为

$$E_T = 4\sigma n^3 T^4 / c \tag{5-124}$$

式中，σ 是斯特藩-玻尔兹曼常量 [$5.67 \times 10^{-8}\,\mathrm{W/(m^2 \cdot K^4)}$]；$n$ 是折射率；c 是光速（$3 \times 10^8\,\mathrm{m/s}$）。

由于辐射传热中质量定容热容相当于提高辐射温度所需的能量，所以

$$C_V = \left(\frac{\partial E}{\partial T}\right) = \frac{16\sigma n^3 T^3}{c} \tag{5-125}$$

同时辐射线在介质中的速度 $v_r = c/n$，将式（5-125）代入式（5-119），可得到辐射能的热导率 λ_r

$$\lambda_r = \frac{16}{3}\sigma n^2 T^3 l_r \tag{5-126}$$

式中，l_r 是辐射光子的平均自由程。

对于介质中的辐射传热过程，可以定性地解释为：任何温度下的物体既能辐射出一定频率的射线，同样也能吸收类似的射线。在热稳定状态，介质中任一体积元平均辐射的能量与平均吸收的能量相等。当介质中存在温度梯度时，相邻体积间温度高的体积元辐射的能量大，吸收的能量小；温度较低的体积元正好相反，吸收的能量大于辐射的，因此，产生能量的转

移，整个介质中热量从高温处向低温处传递。λ_r 就是描述介质中这种辐射能的传递能力，它极为关键地取决于辐射能传递过程中光子的平均自由程 l_r。对于辐射线是透明的介质，热阻很小，l_r较大；对于辐射线不透明的介质，l_r 很小；对于完全不透明的介质，$l_r=0$，在这种介质中，辐射传热可以忽略。一般，单晶和玻璃对于辐射线是比较透明的，因此在 773～1273K 时辐射传热已很明显；而大多数烧结陶瓷材料是半透明或透明度很差的，其 l_r 要比单晶和玻璃的小得多，因此，一些耐火氧化物在 1773K 高温下辐射传热才明显。

光子的平均自由程除与介质的透明度有关外，对于频率在可见光和近红外光的光子，其吸收和散射也很重要。例如，吸收系数小的透明材料，当温度为几百摄氏度时，光辐射是主要的；吸收系数大的不透明材料，即使在高温时光子传导也不重要。在无机材料中，主要是光子的散射问题，这使得 l_r 比玻璃和单晶都小，只有在 1500℃以上，光子传导才是主要的，因为高温下的陶瓷呈半透明的亮红色。

5.5.2.3 电子传导

人们在研究纯金属的热导率时，发现一个引人注意的事实，就是金属的电导率愈高，热导率也就愈高。在室温时，金属的热导率和电导率的比值是一常数，不随金属不同而改变，这就是维德曼（Wiedeman)-弗兰兹（Franz）定律。洛伦兹（Lorentz）研究不同温度 T 下金属的热导率λ 和金属的电导率σ 的关系时，发现在各温度下 λ 与σ 的比值被相应的绝对温度 T 除以后，得到的数值对各金属和各温度都是常数。这个常数就叫作洛伦兹常数，以 L 表示。即

$$\frac{\lambda}{\sigma T}=L \tag{5-127}$$

从经典自由电子论可以推导出洛伦兹关系，简略地叙述如下。

经典自由电子论对电导率的表达式为

$$\sigma=\frac{1}{2}\times\frac{e^2 n_0 l}{m\bar{u}} \tag{5-128}$$

式中，n_0 是单位体积内的传导电子数；e 是电子的电荷；l 是电子的平均自由程；$\bar{u}$是传导电子的平均速度；m 是电子的质量。

单位体积物质的电子定容热容为 $C_V^e=(3/2)n_0 k$，这里 k 为玻尔兹曼常数。将此式代入式(5-119) 得电子的热导率 λ_e 为

$$\lambda_e=\frac{1}{2}n_0 kl\bar{u} \tag{5-129}$$

由式（5-128）和式（5-129）得

$$\frac{\lambda_e}{\sigma}=\frac{\frac{1}{2}n_0 kl\bar{u}}{\frac{e^2 n_0 l}{2m\bar{u}}}=\frac{m\bar{u}^2}{e^2}k \tag{5-130}$$

而$(1/2)m\bar{u}^2=(3/2)kT$，所以可得

$$\frac{\lambda_e}{\sigma T}=\frac{3k^2}{e^2}=L \tag{5-131}$$

由此可知，当温度一定时，各金属的热导率对电导率之比等于一个相同的常数，而与金属种类无关。在国际单位制中 $L=2.45\times10^{-8}\mathrm{W}\cdot\Omega/\mathrm{K}^2$。很多实验工作证明：洛伦兹常数只在较高的温度（0℃）时才近似为常数，在趋向 0K 时，洛伦兹常数也趋近于零。这是由于金属中热的传递不仅借助自由电子实现，而且也有赖于离子的振动。另外，对于大多数金属的 L 是符合的，但也不是符合得非常好，不同金属的 L 有些差别，对于合金差别更大。

如果从总的热导率 λ 中减去声子热导率 λ_t，这样式（5-131）就变为

$$\frac{\lambda-\lambda_t}{\sigma T}=L' \tag{5-132}$$

式中，L'是修正后的洛伦兹常数，对所有金属都是常数。修正后的洛伦兹常数对绝大多数金属符合得很好，但对于 Be、Cu 例外，对合金也可适用。

即便上述两个规律是近似的，但建立了电导率和热导率之间的联系，也是很有意义的。因为测定热导率较测定电导率要困难，而且结果的准确度也较差；另外，电导率的变化解释起来比热导率简单。

5.5.3 影响热导率的因素

由于在材料中热传导机构和过程是很复杂的，因而对于热导率的定量分析十分困难，下面对影响热导率的一些主要因素进行定性的讨论。

5.5.3.1 温度的影响

在温度不太高的范围内，主要是声子传导，热导率由式（5-119）给出。其中 $\bar{v}$ 通常可以看成常数，只有在温度较高时，由于介质的结构松弛而蠕变，介质的弹性模量迅速下降，$\bar{v}$ 减小，如一些多晶氧化物在温度在 973～1273K 时就会出现这一效应。热容 C_V 在低温下与 T^3 成比例，在超过德拜温度后便趋于一恒定值。声子平均自由程 l 随着温度升高而降低。实验指出，l 值随温度的变化规律是：低温下 l 值的上限为晶粒的线度；高温下 l 值的下限为晶格间距。

物质种类不同，热导率随温度变化的规律也有很大不同。例如，各种气体随温度上升热导率增大；金属材料在温度超过一定值后，热导率随温度的上升而缓慢下降；耐火氧化物多晶材料在实用的温度范围内，随温度的上升热导率下降；至于不密实的耐火材料，如黏土砖、硅藻土砖、红砖等，气孔导热占一定分量，随着温度的上升热导率略有增大；非晶体材料的热导率随温度变化的曲线是另一种情况。

非晶体的导热机理和规律与晶体的有所不同，以玻璃作为一个实例来进行分析。玻璃具有近程有序、远程无序的结构，在讨论它的导热机理时，近似地把它当作由直径为几个晶格间距的极细晶粒组成的“晶体”。这样，就可以用声子导热的机理来描述玻璃的导热行为和规律。根据前面晶体的声子导热机理，已知声子的平均自由程由低温下的晶粒直径大小，变化到高温下的几个晶格间距的大小。因此，对于上述晶粒极细的玻璃来说，它的声子平均自由

程在不同温度下将基本上是常数，其值近似等于几个晶格间距。根据声子热导率式（5-119）可知，在较高温度下玻璃的导热主要由热容与温度的关系决定，在较高温度以上则需考虑光子导热的贡献。在中低温（400～600K）以下，光子导热的贡献可忽略不计。声子导热随温度的变化由热容随温度变化的规律决定，即随着温度的升高，热容增大，玻璃的热导率也相应地上升。

总的来说，非晶体的热导率（不考虑光子导热的贡献）在所有温度下都比晶体的小；两者在高温时比较接近；非晶体的热导率没有峰值点。

5.5.3.2 显微结构的影响

（1）结晶构造的影响

声子传导与晶格振动的非谐性有关，晶体结构愈复杂，晶格振动的非谐性程度愈大，格波受到的散射愈大，因此，声子平均自由程较小，热导率较低。

（2）单质多晶体与单晶体的热导率

对于同一种物质，多晶体的热导率总是比单晶小。这是由于多晶体中晶粒尺寸小，晶界多，缺陷多，晶界处杂质也多，声子更易受到散射，它的平均自由程小得多，所以热导率小。低温时多晶体的热导率与单晶的平均热导率一致，但随着温度升高，差异迅速变大。这也说明了晶界、缺陷、杂质等在较高温度下对声子传导有更大的阻碍作用，同时也是由于单晶体在温度升高后比多晶体在光子传导方面有更明显的效应。

5.5.3.3 化学组成的影响

不同组成的晶体，热导率往往有很大差异。这是因为构成晶体的质点的大小、性质不同，它们的晶格振动状态不同，传导热量的能力也就不同。一般来说，质点的原子量愈小，密度愈小，弹性模量愈大，德拜温度愈高，则热导率愈大。这样，轻元素的固体和结合能大的固体热导率较大。

晶体中存在的各种缺陷和杂质会导致声子的散射，降低声子的平均自由程，使热导率变小。固溶体的形成同样也会降低热导率，而且取代元素的质量和大小与基质元素相差愈大，取代后结合力改变愈大，则对热导率的影响愈大。这种影响在低温时随着温度的升高而加剧，当温度高于德拜温度的一半时，与温度无关。这是因为极低温度下，声子传导的平均波长远大于线缺陷的线度，所以并不引起散射。随着温度升高，平均波长减小，在接近点缺陷线度后散射达到最大值，此后温度再升高，散射效应也不变化，从而就与温度无关了。图 5-18 为 MgO-NiO 固溶体热导率与组成的关系。由图可知，在杂质含量很低时，杂质效应十分显著，所以在接近纯 MgO 或纯 NiO 处，杂质含量稍有

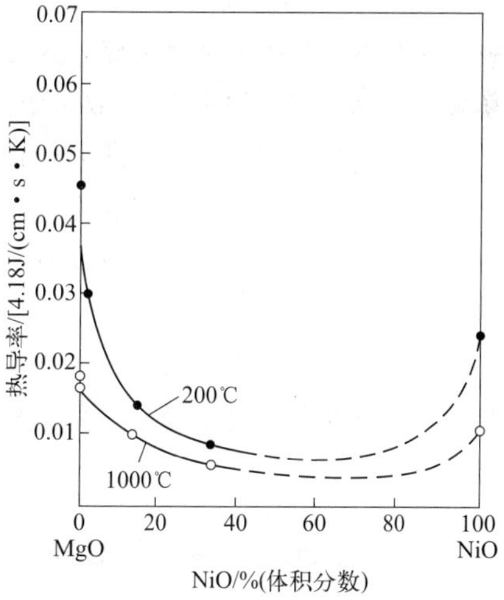

图 5-18 MgO-NiO 固溶体热导率与组成的关系

增加，这个效应不断减弱。另外，从图中还可以看到，杂质效应在200℃比1000℃要强。若低于室温，杂质效应会更加强烈。

5.5.3.4 复相材料的热导率

常见的材料典型微观结构是分散相均匀地分散在连续相中，例如，陶瓷晶相分散在连续的玻璃相中。这个类型的材料的热导率 λ 可按式（5-133）计算

$$\lambda=\lambda_c\frac{1+2V_d(1-\lambda_c/\lambda_d)/(2\lambda_c/\lambda_d+1)}{1-V_d(1-\lambda_c/\lambda_d)/(2\lambda_c/\lambda_d+1)} \tag{5-133}$$

式中，λ_c、λ_d 分别为连续相和分散相物质的热导率；V_d 为分散相的体积分数。

无机材料常含有气孔，气孔对热导率的影响较为复杂。一般当温度不是很高，而且气孔率不大，气孔尺寸很小又均匀地分散在陶瓷介质中时，这样的气孔可以看作一分散相，陶瓷材料的热导率仍然可以按式（5-133）计算。只是，因为与固体相比，它的热导率很小，可近似看作零。Eucken根据式（5-133）进一步推导，因气相 $\lambda_d\approx0$，固相为连续相，$Q=\lambda_c/\lambda_d$ 很大，则该式成为

$$\lambda=\lambda_c\frac{1+2V_d(1-Q)/(2Q+1)}{1-V_d(1-Q)/(2Q+1)}=\lambda_c\frac{2Q(1-V_d)}{2Q[1+(1/2)V_d]}\approx\lambda_c(1-V_d)=\lambda_s(1-p) \tag{5-134}$$

式中，λ_s 是固相的热导率；p 是气孔的体积分数。更精确一些的计算是在式（5-134）的基础上，再考虑气孔的辐射传热，导出公式为

$$\lambda=\lambda_s(1-p)+\frac{p}{(1-p_L)/\lambda_s+p_L/(4G\varepsilon\sigma dT^3)} \tag{5-135}$$

式中，p 是气孔的面积分数；p_L 是气孔的长度分数；ε 是辐射面的热发射率；d 是气孔的最大尺寸；G 是几何因子。顺向的长条气孔，$G=1$；横向的圆柱形气孔，$G=\pi/4$；球形气孔，$G=2/3$。当热发射率 ε 较小，或温度低于500℃时，可直接使用式（5-134）。

含有微小气孔的多晶陶瓷，其光子自由程显著减小，因此，大多数无机材料的光子传导率要比单晶和玻璃的小1～3数量级。一方面，光子热传导效应只有在温度大于1773K 时才是重要的；另一方面，少量的大气孔对热导率影响较小，而且当气孔尺寸增大时，气孔内气体会因对流而加强传热。当温度升高时，热辐射的作用增强，它与气孔的大小和温度的三次方成比例。这一效应在温度较高时，随温度的升高加剧，这样气孔对热导率的贡献就不可忽略，式（5-134）也就不适用了。

粉末和纤维材料的热导率比烧结材料低得多，这是因为在其间气孔形成了连续相。材料的热导率在很大程度上受气孔相热导率所影响，这也是粉末、多孔和纤维类材料有良好热绝缘性能的原因。

5.5.3.5 高分子材料的热导率

聚合物中无自由电子，热量传导很难实现，是一类热绝缘体。温度在－120℃以上时，热量实际上是通过分子与分子间的振动碰撞传导的，因此，在玻璃化温度以上，随温度升高，

分子的排列变得越来越疏松，传导热量的能力则有所下降。但在玻璃化温度上下，因为分子堆砌的差别并不大，导热性能相差也不大，因而，热导率在玻璃化温度处仅显示微弱的最大值。但在晶态聚合物中，堆砌密度在熔化时发生很大的变化，因此热导率在熔化时迅速下降；而且 聚合物的结晶度越高，熔化时热导率下降越快，且热导率在聚合物熔化前就已经开始下降。

5.6 材料的热电效应

在金属导线组成的回路中，由温差引起电动势以及由电流引起吸热和放热的现象，称为温差电现象（thermoelectric phenomena），又称为热电现象。这种存在温差或通以电流时会产生热能与电能相互转化的效应，称为金属的热电性（thermoelectricity）。它包括泽贝克（Seebeck）效应、佩尔捷（Peltier）效应及汤姆孙（Thomson）效应三个效应。

5.6.1 泽贝克效应

泽贝克效应（Seebeck effect）又称第一热电效应，是指由两种不同导体或半导体构成回路的两个接头处存在温度差异，而引起两种物质间电压差的热电现象。这一现象是由德国物理学家泽贝克（Thomas Johann Seebeck，1770—1831 年）发现的。

当两种不同材料 A 和 B（导体或半导体）组成回路，如图 5-19 所示，且两接触处温度不同时，则在回路中存在电动势，电动势大小与材料和温度有关。

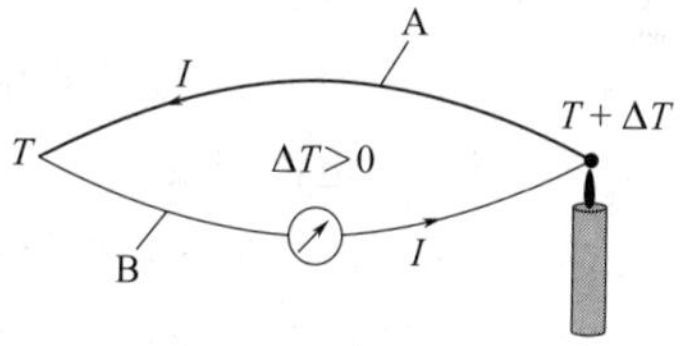

图 5-19 泽贝克效应

泽贝克效应的实质在于两种金属接触时会产生接触电势差，该电势差取决于两种金属中的电子逸出功（电子功函数）及有效电子密度（有效电子逸出功，是指电子克服原子核的束缚，从材料表面逸出所需的最小能量。电子逸出功越小，电子从材料表面逸出越容易）。

当两种不同的金属导体接触时，如果金属 A 的逸出功 P_A 大于金属 B 的逸出功 P_B，自由电子将易从 B 中逸出进入 A。此时，金属 A 的电子数目大于金属 B，从而使金属 A 带负电荷，金属 B 带正电荷，因此存在电势差 V_1。如果金属 A 中的自由电子数 n_{eA} 大于金属 B 中的自由电子数 n_{eB}，则接触面上会发生电子扩散，从而使金属 A 失去电子而带正电，金属 B 获得电子而带负电。此时会出现电势差 V_2，V_2 满足

$$V_2=\frac{k_B T}{e}\ln\frac{n_{eA}}{n_{eB}} \tag{5-136}$$

式中，e 为自由电子的电量。

由于在 A 和 B 接触面形成了电场，这一电场将阻碍电子的继续扩散。如果此时达到动态平衡，则在接触区形成稳定的接触电势。从式（5-136）可知，接触电势的大小与温度有关，温度不同，接触电势不同。那么，对于由金属 A 和 B 构成的回路，如果 A 和 B 的两个接触点具有不同的温度，则两接触点的接触电势不同，因而在两接触点处会产生接触电势差，从而

在环路内形成电流。

当温差较小时，电动势 E_{AB} 与温差 ΔT 呈线性关系，电动势 E_{AB} 的大小由 V_1 和 V_2 共同决定，即

$$E_{AB}=V_1+V_2=S_{AB}\Delta T \tag{5-137}$$

式中，S_{AB} 为 A 和 B 间的相对泽贝克系数，取决于材料的性质及温度，其物理意义为 A 和 B 两种材料的相对热电效率。

5.6.2 佩尔捷效应

当有电流通过不同导体组成的回路时，除产生不可逆的焦耳热外，在不同导体的接头处随着电流方向的不同会分别出现吸热和放热现象（图 5-20），这就是佩尔捷效应（Peltier effect），也称第二热电效应。这一现象是由法国物理学家佩尔捷发现的。

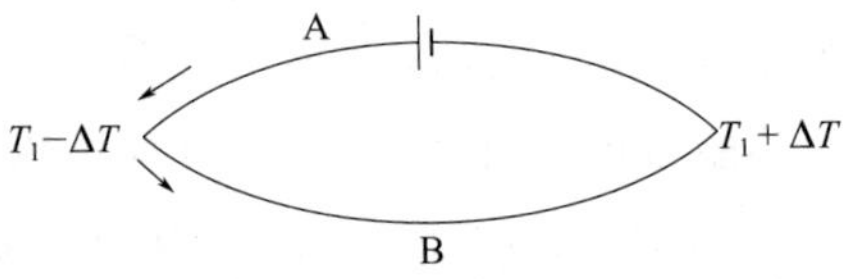

图 5-20 佩尔捷效应

如果电流由导体 A 流向导体 B，则在单位时间内，接头处吸收（或放出）的热量与通过接头处的电流强度成正比，即

$$Q_P=\Pi_{AB}I \tag{5-138}$$

式中 Q_P——接头处吸收（或放出）的佩尔捷热；

Π_{AB}——金属 A 与 B 的相对佩尔捷系数，与接头处材料性质与温度有关；

I——电流强度。

这一效应是可逆的，如果电流方向反过来，吸热便转变成放热。同时，佩尔捷效应是泽贝克效应的逆过程。泽贝克效应说明电偶回路中有温差存在时会产生电动势；而佩尔捷效应认为电偶回路中有电流通过时会产生温差。

佩尔捷效应产生的佩尔捷热 Q_P 总是与焦耳热 Q_J 混合到一起，不能单独得到。但是利用焦耳热与电流方向无关，而佩尔捷热与电流方向有关的事实，可以获得佩尔捷热的大小。假设在上述通路中，先按一个方向通电，测得的热量为 $Q_1=Q_J+Q_P$；然后反向通电，测得的热量为 $Q_2=Q_J-Q_P$，那么这两次通电的热量之差为 $\Delta Q=Q_1-Q_2=2Q_P$。由此即可得到佩尔捷热 Q_P 的数值。

佩尔捷效应产生的原因主要与导体之间费米能级的差异有关。电子在导体中运动形成电流，当从高费米能级导体向低费米能级导体运动时，电子能量降低，便向周围放出多余的能量（放热）；相反，从低费米能级导体向高费米能级导体运动时，电子能量增加，从而向周围吸收能量（吸热）。这样便实现了能量在两材料的交界面处以热的形式吸收或放出的现象。当电流反向后，放热和吸热现象则发生反向。

利用佩尔捷效应可实现材料的制冷，是热电制冷的依据。比如，半导体材料具有极高的热电势，可以用来制作小型热电制冷器。常用的电冰箱，其简单结构就是将 P 型半导体、N 型半导体、铜板和铜导线连成一个回路，铜板和导线只起导电作用，回路中接通电流后，一个接触点变冷（冰箱内部），另一个接头处散热（冰箱后面散热器），从而实现冰箱的制冷。

热电制冷器的产冷量一般很小，不宜大规模和大制冷量使用。但由于它灵活性强、简单方便、冷热切换容易，非常适用于微型制冷领域或有特殊要求的制冷场所。

5.6.3 汤姆孙效应

如果在存在温度梯度的均匀导体中通有电流，导体中除了产生不可逆的焦耳热外，还要吸收或放出一定的热量，这一现象称为汤姆孙效应（Thomson effect），也称第三热电效应。这一现象是由英国物理学家汤姆孙（William Thomson，1824—1907 年）发现的。汤姆孙又称开尔文勋爵（Lord Kelvin），是热力学温标的发明人，被称为“热力学之父”。如图 5-21 所示，当某一金属中存在一定温度梯度时，由于高温端（热端）自由电子平均速度大于低温端（冷端），所以由高温端向低温端扩散的电子比由低温端向高温端扩散的电子要多，这样使高温端和低温端分别出现正负净电荷，形成温差电动势，方向由高温端指向低温端。当外加电流从低温端流向高温端时，定向移动的电子将在温差电场的作用下减速，这些电子与晶格碰撞时从金属原子取得能量，使晶格能量降低，这样金属温度就会降低，并从周围吸收能量。

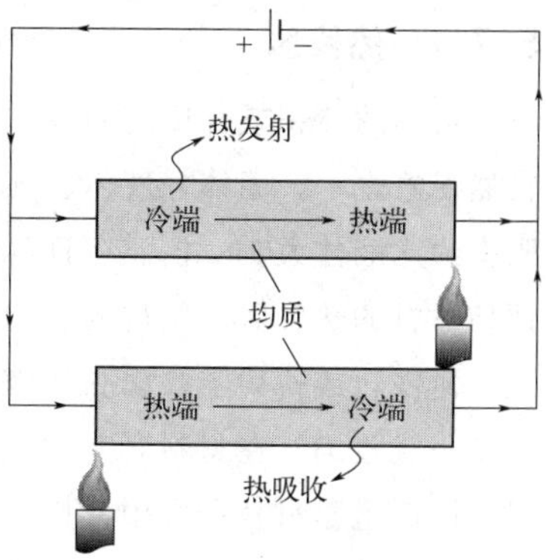

图 5-21　汤姆孙效应

在单位时间内单位长度导体吸收或放出的热量 Q_T 与电流强度及温度梯度成正比，即

$$Q_T = \tau I \frac{dT}{dx} \tag{5-139}$$

式中，dT/dx 为温度梯度；I 为电流强度；τ 为汤姆孙系数，其数值非常小，与金属材料及其温度有关。汤姆孙效应产生的原因与不同温度环境下同一金属导体不同部位产生不同密度的自由电子有关。如图 5-21 所示，当金属中存在温度梯度时，由于高温端 T_2 的自由电子比低温端 T_1 的自由电子动能大，同一导体内的自由电子会从高温端 T_2 向低温端 T_1 扩散，使高温端和低温端分别出现正、负净电荷，形成温差电势差 ΔV，方向由高温端指向低温端。当外加电流与电势差同向时，电子从 T_1 端向 T_2 端定向流动（注意，电子流动方向与外加电流方向相反），同时被 ΔV 电场加速。此时，电子获得的能量除一部分用于运动到高端所需的能量以外，剩余的能量将通过电子与晶格的碰撞传递给晶格，从而使整个金属温度升高并放出热量。当外加电流与电势差 ΔV 反向时，电子从 T_2 端向 T_1 端定向流动，同时被 ΔV 电场减速。电子与晶格碰撞时，从金属原子处获得能量，从而使晶格能量降低，整个金属温度降低，并从外界吸收热量。

综上所述，由导体 A 和 B 构成的回路中，如果不同接触点的温度不同，则上述三种效应会同时出现。如果接触点温度不同，在接触点两端会出现热电势，从而在闭合回路中出现电流，即出现泽贝克效应。产生的热电流通过两个接触点，则一个接触点放热，另一个接触点吸热，即出现佩尔捷效应。对单个导体而言，此时导体内存在温差，电流通过后，则一端放热，一端吸热，即出现汤姆孙效应。

5.7 材料的热形变行为

5.7.1 热膨胀

物体的体积或长度随温度的升高而增大的现象称为热膨胀（正热膨胀）。热膨胀是物质的自然现象之一，固体、液体、气体都有膨胀现象，液体的膨胀率约比固体大10倍，气体的膨胀率约比液体大100倍。在日常生活中，利用材料建造各种结构或构件时，往往需要考虑和评估材料的热膨胀对结构的影响。例如，建造铁轨或桥梁时，必须为这些结构留有必要的缝隙，使铁轨或桥梁不被膨胀所破坏。当物质在加热或冷却过程中发生相变时，还会产生异常的膨胀或收缩。在材料研究中，材料的热膨胀现象可以用来评估材料微观组织结构的变化情况，因而也是材料研究中常用的一种分析方法。

材料的膨胀或收缩程度通常用热膨胀系数来描述。其中，线膨胀系数（线性热膨胀系数）用来描述材料长度上的膨胀或收缩程度；体膨胀系数（体积热膨胀系数）则用来描述材料体积上的膨胀或收缩程度。

设物体原来的长度为 l_0，温度升高 ΔT 后长度的增加量为 Δl，则长度的增加量与温度的变化成正比，即

$$\frac{\Delta l}{l_0}=\alpha_1\Delta T \tag{5-140}$$

式中，α_1 为线膨胀系数（℃$^{-1}$），表示温度升高1℃时物体的相对伸长量。由于 α_1 的数量级很小，其单位还常用 10^{-6}/℃表示。

将上述式（5-140）变形后，则线膨胀系数 α_1 的关系满足

$$\alpha_1=\frac{1}{l_0}\times\frac{\Delta l}{\Delta T} \tag{5-141}$$

根据式（5-141）可知，物体在温度为 T 时的长度为

$$l_T=l_0+\Delta l=l_0(1+\alpha_1\Delta T) \tag{5-142}$$

当 ΔT 和 Δl 趋于0时，则温度为 T 时的真线膨胀系数为

$$\alpha_T=\frac{1}{l_T}\times\frac{\mathrm{d}l}{\mathrm{d}T} \tag{5-143}$$

式中 α_T——真线膨胀系数；

l_T——物体在温度为 T 时的真实长度。

如果考虑物体体积随温度的变化关系，类似于上述描述方法，设物体原来的体积为 V_0，温度升高 ΔT 后体积的增量为 ΔV，则体积的增加量与温度的变化成正比，即

$$\frac{\Delta V}{V_0}=\beta\Delta T \tag{5-144}$$

式中，β 为体膨胀系数（$℃^{-1}$），表示温度升高1℃时物体体积的相对增加量。同样，由于 β 的数量级很小，其单位还常用 $10^{-6}/℃$ 表示。

将式（5-144）变形后，则体膨胀系数 β 满足

$$\beta=\frac{1}{V_0}\times\frac{\Delta V}{\Delta T} \tag{5-145}$$

同样，物体在温度为 T 时的体积 V_T 为

$$V_T=V_0(1+\beta\Delta T) \tag{5-146}$$

相应地，真体积膨胀系数满足

$$\beta_T=\frac{1}{V_T}\times\frac{\mathrm{d}V}{\mathrm{d}T} \tag{5-147}$$

式中，β_T 为真体膨胀系数；V_T 为 物体在温度为 T 时的真实体积。

仔细观察线膨胀系数 α_1 和体膨胀系数 β 的函数表达式，如式（5-141）和式（5-145），其实际上描述的是单位温度变化引起的应变量（线应变或体应变）的大小。也就是说，膨胀系数描述的是由温度变化引起的材料应变，实际为长度温度系数或体积温度系数。通常在多数情况下，实验测得的是线膨胀系数。

热膨胀的物理本质：微观上讲，固体材料的热膨胀现象与点阵结构质点间的平均距离随温度升高而增大有关。为了描述方便，首先明确两个说法：平衡位置指引力和斥力的合力为0的点；某些无机材料热膨胀系数与温度的关系均位置指在平衡位置左右两侧振幅之间的中点，也就是振幅中心。图5-22为基于双原子模型的热膨胀示意图。在温度 T 时，原子a相对于原子b（为了描述方便，通常认为原子b固定不动）在其平衡位置上处于热振动状态，原子a和b之间的平均距离为 r_0［图5-22(a)］。当温度由 T_1 升高到 T_2 时，在原子a振幅增大的同时，原子a、b间的平均距离也由 r_0 增大到 r［图5-22（b)］。因而，宏观上造成材料在该方向的受热膨胀。

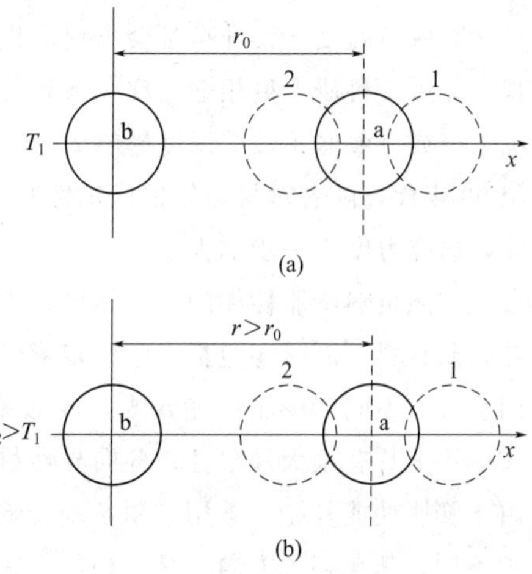

图5-22　双原子模型热膨胀

原子a的热振动同时受到原子间引力 F_1 和斥力 F_2 的作用。原子位于平衡位置 r_0 时，引力 F_1 等于斥力 F_2；当原子a接近原子b时，斥力 F_2 大于引力 F_1；当原子a远离原子b时，引力 F_1 大于斥力 F_2。引力 F_1 和斥力 F_2 都与原子间距 r 有关。图5-23给出了晶体质点的引力-斥力曲线随原子间距的变化关系。从图5-23中可以看到，对于双原子模型的合力曲线，在平衡位置右侧，当引力大于斥力时，合力曲线变化缓慢；在平衡位置左侧，当引力小于斥力时，合力曲线变化陡峭。因此两原子相互作用的合力曲

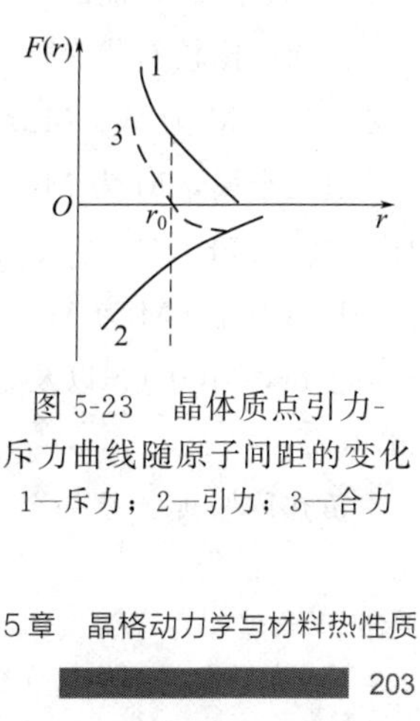

图5-23　晶体质点引力-斥力曲线随原子间距的变化
1—斥力；2—引力；3—合力

线在平衡位置两侧呈不对称变化。所以热振动不是左右对称的线性振动，而是非线性振动。由于受力的不对称性，质点在平衡位置左右两侧振幅之和的中点，也就是平均位置，并不在平衡位置 r_0 处，实际位于 r_0 右侧。当温度升高时，原子振幅越大，这种受力的不对称性越明显，平均位置右移越多，平均距离也越大，导致微观上原子间距增大，从而造成宏观上晶体的受热膨胀。

5.7.2 负热膨胀

负热膨胀（negative thermal expansion，NTE）材料的研究是近年来材料科学研究的新热点之一。所谓的负热膨胀材料指的是具有“冷胀热缩”性能的材料，即在一定的温度范围内，平均线膨胀系数或体膨胀系数为负值的一类材料。通过结构与界面的合理设计，将该类材料与正热膨胀材料合成新的复合材料，则可实现复合材料热膨胀系数从负值到零、到正值的变化。这里，所谓的“零（或近零）热膨胀”指的是材料的微观尺寸随温度变化近似保持不变，在特定的温区内体积既不膨胀也不收缩的现象。通常，更广义地将这类复合材料统称为可控热膨胀系数的功能材料，简称可控热膨胀（controlled thermal expansion）材料。

关于负热膨胀材料的研究，最早在 19 世纪末，纪尧姆发现“因瓦合金”在一定温度范围内具有极小的膨胀系数，甚至为 0 或负值。之后，发现石英和处于玻璃态的二氧化硅在低温区会呈现随温度升高而体积收缩的现象。1951 年，发现 β-锂霞石结晶聚集体在温度达到 1000℃后，温度继续升高时会出现体积缩小的现象，从而引起了科技界对负热膨胀问题的重视。此后，科研人员相继发现一系列负热膨胀材料，但由于响应温度远离室温、响应温度范围太窄或负膨胀系数受温度影响太大，所发现的负热膨胀材料的应用受到了限制。直到 20 世纪 90 年代，随着对材料体积稳定性有要求的领域不断增多，负热膨胀材料越来越受到人们关注，研究力度进一步加大。

按照负热膨胀性能的不同，可将负热膨胀材料分为各向异性负热膨胀材料和各向同性负热膨胀材料，同时还包括一些无定形或者玻璃态物质。各向异性负热膨胀材料在不同晶格方向上具有不同的膨胀性能，或是膨胀系数大小不同，或是一个方向膨胀而另一个方向收缩，在应用上具有很大局限性；各向异性材在应用时易产生应力和微裂纹，影响材料寿命；同时，由于膨胀性能复杂，若用它制备复合膨胀材料，膨胀系数调节困难。各向同性负热膨胀材料则不同，其在各个方向上具有相同的膨胀性能，结构也更加简单而稳定，机械性能更加优异，对复合材料负热膨胀性能的调整也更为容易。因此，往往在各向同性负热膨胀材料中寻找具有优异负热膨胀性能的材料。

目前，比较有代表性的负热膨胀材料主要有，氧化物系列负热膨胀材料［如 AM_2O_8（A 为 Zr、Hf，M 为 W、Mo）、$A_2(MO)$（A 为 Sc、Y、Lu 等，M 为 W、Mo）、$A_2M_3O_{12}$（A 为三价过渡金属，M 为 Mo、W）、A_2O（A 为 Cu、Ag、Au）、AMO_5（A 为 Nb、Ta 等，M 为 P、V 等）、$PbTiO_3$ 等］、沸石分子筛、金属氰化物［如 $Cd(CN)_2$、$Zn(CN)_2$］、普鲁士蓝［类似 $MPt(CN)_6$（M 为 Mn、Fe、Co、Ni、Cu、Zn、Cd)、金属有机框架化合物（metal organic framewor，MOF），以及金属氟化物［如 ScF_3、ZnF_2、$MZrF_6$（M 为 Ca、Mn、Fe、Co、Ni、Zn)］等。

负热膨胀现象是一个复杂的物理现象，与很多因素有关。负热膨胀的机理主要分为两类：

一类由热振动引起，称为声子驱动型机理；另一类由非热振动引起，称为电子驱动型机理。前者主要由一些低频声子激发促使负热膨胀产生，通常发生在框架结构类型的化合物中；后者主要是热致电子结构的变化引起负热膨胀，大体分为磁结构相变、铁电自发极化、电荷转移等。根据这两类原理的分类，也可把负热膨胀材料分为结构负热膨胀材料和电子负热膨胀材料。

5.7.2.1 热振动效应

（1）桥位原子的横向热振动

原子在热运动时，原子振动可能在不同方向上引起原子间距的变化，进而产生正热膨胀或负热膨胀。对二配位系统，通常存在 M_1-B-M_2 的桥位连接结构。这里的桥位原子 B 可能是 O 原子或 F 原子，M_1 和 M_2 代表两种或同种金属原子。如图 5-24 给出了桥位原子的振动引发的两种结果示意图。桥位原子 B 若纵向振动，随温度升高，原子热振动增强，必然引起金属原子间距离增大，因而在纵向产生正的热膨胀。但桥位原子 B 若横向振动则会引起 M_1-B-M_2 键角发生变化。若 B—M 键强度足够高，其键长随温度升高的变化相对较小，则桥位原子 B 的横向热振动必然将引起金属原子间距离减小，从而产生负热膨胀现象。在较低温度下，由于桥位原子的横向热振动能量较纵向低，因此又称低能横向热振动。低能横向热振动是具有二配位桥原子结构的材料产生负热膨胀的主要原因之一。具有硅石变体类结构和硅酸盐结构的小负膨胀系数化合物（如 SiO_2 的三种晶体：石英、方石英和磷石英），以及具有很小负膨胀系数的玻璃和橡胶等无定形物质，其负热膨胀机理可以用桥位原子的横向热运动解释。

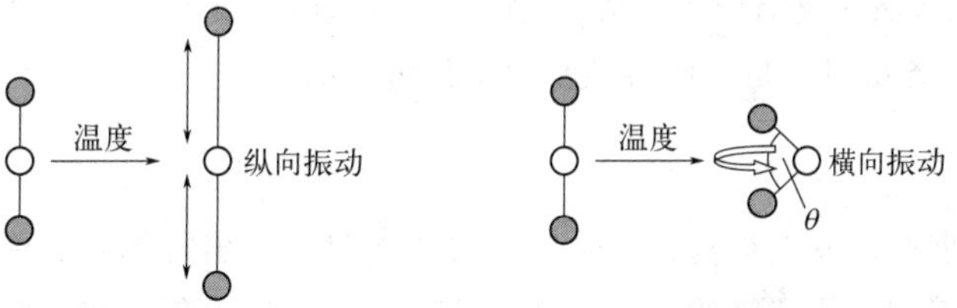

(a) 纵向振动　　(b) 横向振动

图 5-24　桥位原子的振动引发的两种效果

另外，如果桥位原子换成桥位原子基团，由于桥位基团更容易发生横向振动，从而引起更大的负热膨胀。例如，氰化物的—CN—基团和 MOF 的氢化苯环分别都有两种横向运动，也都不改变结构的键长，但却能改变与它们相连的原子间距离，最终导致巨大的负膨胀系数。

（2）刚性（准刚性）单元的旋转耦合振动

对于有开放式框架结构的负膨胀材料来说，其结构体系大多由 MX 四面体或 MX 八面体（M 为金属原子，X 为非金属 O 或 F 原子）通过顶点连接形成。由于 M-X 共价键的键强度较高，键长键角不容易发生改变，当温度升高时，连接多面体的非金属原子横向振动比纵向振动需要的能量小，因而容易发生横向热振动，造成多面体间的耦合振动。这种耦合振动实际上是通过多面体的耦合旋转实现的，如图 5-25 所示。在耦合振动的同时，多面体的形状几乎不变，因此又称为刚性单元模型（rigid unit modes，RUM）；而对于发生微小形变的多面体，则称为准刚性单元模型（quasi rigid unit modes，QRUM）。至今发现的 ZrV_2O_7、ZrW_2O_8、

$Sc_2W_3O_{12}$ 等典型的负热膨胀氧化物材料，都符合这种结构特点的运动模式。

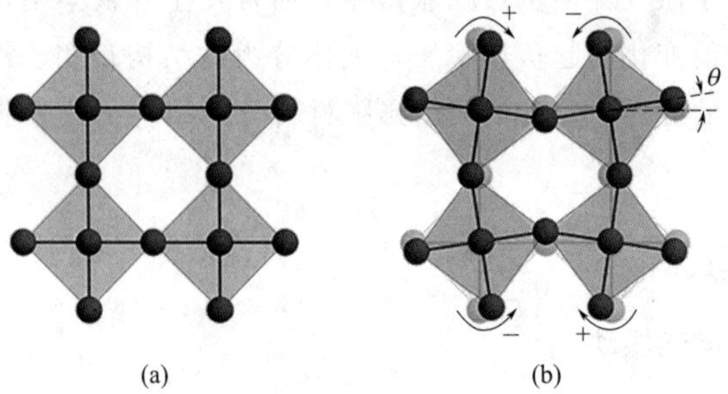

图 5-25 刚性单元的旋转耦合振动

(a) 升温前的原子振动；(b) 升温后刚性单元的框架结构发生旋转并引起收缩

5.7.2.2 非热振动效应

(1) 电荷转移机制

电荷转移机制与电子跃迁导致的离子价态变化有关。在温度升高的过程中，有些材料的电荷会发生转移。由于同一原子的不同价态具有不同的离子半径和化学键能，若价电子转移过程中造成离子或原子半径的收缩大于增加，则会导致材料体积收缩。与这种机制相关的最典型例子是 $BiNiO_3$ 的负热膨胀现象。随着温度升高，金属离子 Bi 与 Ni 之间出现价电子转移，从而引起了低温相大体积到高温相小体积的转变，呈现出负膨胀特性。除此以外，金属富勒烯盐 $Sm_{2.75}C_{60}$、具有双钙钛矿结构的 $LaCu_3Fe_4O_{12}$ 和 $SrCu_3Fe_4O_{12}$、金属复合材料 YbCuAl 和 YbGaGe 等材料的负膨胀特性都源于价电子的转移。

(2) 相转变机理

有些材料随温度升高发生结构相变时，在相变点附近会出现体积收缩，这与由相变引起的几何结构收缩大于键长热膨胀的结果有关。以这种机理呈现负热膨胀特征的材料主要是铁电体，这是由于这类晶体内正负电荷中心不重合，并存在晶体的自发极化。以具有钙钛矿结构的 $PbTiO_3$ 为例，如图 5-26 所示，$PbTiO_3$ 由 PbO_{12} 和 TiO_6 多面体组成。温度低于 490℃时，$PbTiO_3$ 为四方相，TiO_6 八面体存在严重的畸变，晶体内正负电荷中心不重合，如图 5-26（b）所示，此时四方相存在自发极化，呈铁电相。当温度高于 490℃时，PbO_{12} 和 TiO_6 多面体逐渐规则化，晶格的不对称性消失，$PbTiO_3$ 相变为顺电立方相。

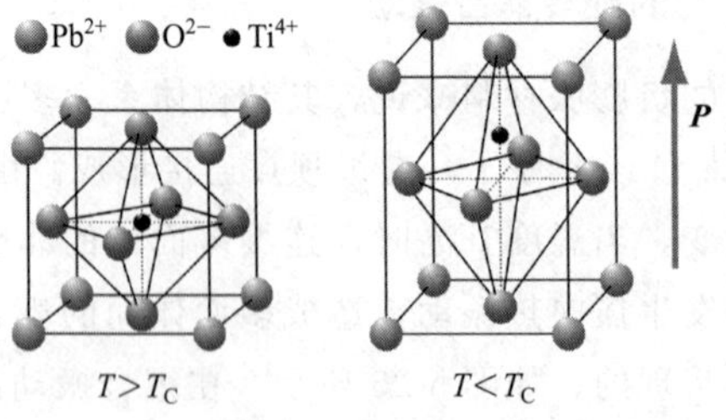

(a)

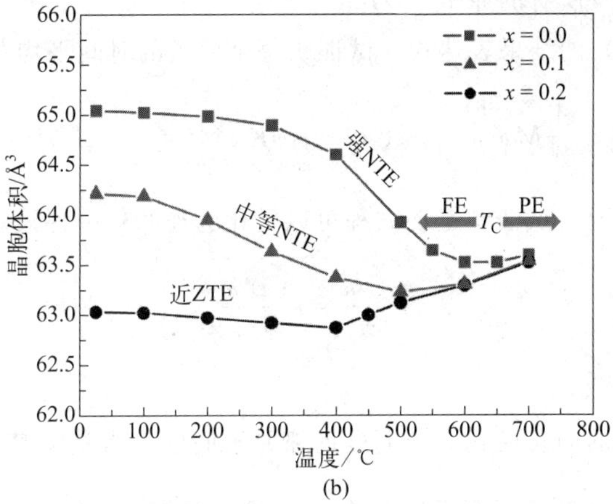

(b)

图 5-26 $PbTiO_3$ 的晶体结构（a）及 $0.5PbTiO_3$-0.5（$Bi_{1-x}La_x$）FeO_3

（x=0.0，0.1，0.2）负膨胀系数的调节（b）

T_C—居里温度；$\boldsymbol{P}$—铁电偏振；FE—铁电相；PE—顺电相；NTE—负热膨胀；ZTE—零热膨胀

在这一相变过程中，M—O 的平均键长随着畸变八面体对称程度的增加而缩短，从而造成这种钙钛矿型结构的材料具有负的膨胀系数。因此，$PbTiO_3$ 由铁电相到顺电相的转变是导致其负热膨胀性质的直接原因。而通过元素掺杂可以减小 $PbTiO_3$ 的 c/a 轴比，进而可实现调节负热膨胀性质。

（3）磁体积效应

除因瓦合金在居里点以下具有反常的零热膨胀或负热膨胀现象以外，反钙钛矿结构的锰氮化合物 Mn_3AX（A 为 Ga、Zn、Cu、Ni、In、Pd 等过渡金属或半导体元素，X 为 C、N），在铁磁性相变点也存在负热膨胀现象。出现这种现象的原因是：材料发生磁相变时需要吸收（放出）一定能量，吸收（放出）的能量直接影响了材料原子晶格的非简谐热振动。当磁相变的作用超过正常原子非简谐热振动造成的热膨胀时，材料出现负热膨胀行为。

总之，超低热膨胀、零热膨胀或负热膨胀材料在航空航天、半导体器件、各类封装和基片用绝缘陶瓷、仪器仪表等精密仪器，以及各类热匹配复合材料、热梯度复合材料、建筑材料等领域都具有广泛的应用前景。有关这类材料热膨胀机理的研究对相关关键器件的研制具有重要的指导意义。

习题

1. 对于单原子线型晶格，考虑一个纵波

$$u_s = u\cos(\omega t - sKa) \tag{5-148}$$

它在原子质量为 M、间距为 a 和最近邻相互作用力常量为 C 的单原子线型晶格中传播。

（1）试证明波的总能量为

$$E = \frac{1}{2}M\sum_s\left(\frac{\mathrm{d}u_s}{\mathrm{d}t}\right)^2 + \frac{1}{2}C\sum_s(u_s - u_{s+1})^2 \tag{5-149}$$

这里求和指标 s 遍及所有的原子。

(2) 将 u_s 代入 (1) 的结果表达式，试证明每个原子的时间平均总能量为

$$\frac{1}{4}M\omega^2u^2+\frac{1}{2}C(1-\cos Ka)u^2=\frac{1}{2}M\omega^2u^2 \tag{5-150}$$

2. 对于长波长的情况，试证明运动方程可以转化为连续体弹性波动方程

$$\frac{\partial^2 u}{\partial t^2}=v^2\frac{\partial^2 u}{\partial x^2} \tag{5-151}$$

式中，v 表示声速。

3. 考虑一个线型链的简正模式，链上最近邻原子间的力常量交替地等于 C 和 $10C$。令两种原子的质量相等，并且最近邻原子间距为 $\frac{a}{2}$。试求在 $K=0$ 和 $K=\frac{\pi}{a}$ 处的 $\omega(K)$，并粗略地画出色散关系曲线。

4. 考虑浸埋在均匀传导电子海中的质量为 M、电荷为 e 的点状离子，假定这些离子在正常格点上时处于稳定平衡。如果一个离子相对于其平衡位置移动一个很小的距离 r，那么回复力多半都来自以平衡位置为中心、以 r 为半径的球内的电荷。把离子（或传导电子）的粒子数密度取为 $\frac{3}{4\pi R^3}$，同时此式也定义了 R。

(1) 试证明单个离子的振动频率为 $\omega=\sqrt{(e^2/MR^3)}$；

(2) 对钠而言，请粗略地估算出这个频率的值；

(3) 根据 (1)、(2) 以及某种普通常识，估计金属中声速的量级。

5. (1) 试根据含有 N 个原子且只有最近邻相互作用的单一原子线型晶格导出的色散关系，并证明态密度为

$$D(\omega)=\frac{2N}{\pi}\times\frac{1}{\sqrt{\omega_m^2-\omega^2}} \tag{5-152}$$

式中，ω_m 为最大频率。

(2) 假定 $D(\omega)=\frac{2N}{\pi}\times\frac{1}{\sqrt{\omega_m^2-\omega^2}}$ 在三维情况下的 $K=0$ 附近，一个光学声子支具有形式为 $\omega(K)=\omega_0-AK^2$ 的色散关系，试证明：对于 $\omega<\omega_0$，$D(\omega)=0$。在这里，态密度不连续。

思政阅读

胸怀祖国勤耕耘，敢为人先勇创新

黄昆先生为创建和发展我国半导体科技事业做出了重要贡献，是我国固体物理学和半导体物理学的奠基人之一。在黄昆先生诞辰 100 周年的时候，朱邦芬院士曾将黄昆先生的贡献概括为：一本书、一组方程、一个理论、一种散射、一个模型。而黄昆先生自己最为满意的

一项工作是黄昆方程。

20 世纪 40 年代，固体的电子态理论刚起步不久，对于实际材料各种性质的理论计算也还处于萌芽阶段，因此，对于固体物理性质的理论研究，都是从理论认识比较清楚的离子晶体开始。工作中的细心留意，让黄昆先生发现同事在研究带正负电的粒子的相对振动对介电函数的作用时，其假设的微观模型不能准确地描述所研究的问题。在这一背景下，黄昆先生开始设想一种新的理论方程——一种能够从理论物理的角度将这类问题概括为一体的、具有普遍意义的理论方程。而这一留意与设想，便是黄昆方程诞生的第一步。

终于，在 1950 年，固体物理学中著名的光学声子振幅的动力学方程——黄昆方程问世了。这是一对既简洁又严格的方程，将电场 $\boldsymbol{E}$ 和磁场 $\boldsymbol{H}$ 所满足的麦克斯韦方程和光学声子振幅 ω 的动力学方程巧妙地联合起来，从而优雅地描述了由正负离子组成的所谓极性晶体或离子晶体的光学振动问题。这组方程在本质上与许多重要的物理方程一样，不是推导的结果，而是基于高度的洞察力，对物理原理进行了抽象概括。它改变了人们关于电磁波在晶体介质中传播的思维方式，并开创了后来的极化激元理论。

1951 年，黄昆先生放弃了国外优越的科研和生活条件，毅然怀着满腔热血回到祖国，将汗水播洒在祖国大地上，通过科研和教学让科学的种子生根发芽，灌溉出灿烂的花朵。1956 年，我国第一个半导体专业在北京大学物理系创办，黄昆先生任半导体教研室主任，建立了自己的教学体系，为我国半导体和集成电路发展输送了大批人才骨干。黄昆先生长期在科研领域深耕，1988 年黄老先生已近古稀之年时，仍身处科研一线，发表了“黄-朱模型”，解决了超晶格领域的难题，对相关领域的发展产生了深远的影响。

黄老先生曾言：“对于成才问题，从我的切身经历，体会出两个小道理：一是要学习知识，二是要创造知识。对科学研究工作的人来讲，归根结底在于创造知识……要做到三个‘善于’，即要善于发现和提出问题，尤其是要提出在科学上有意义的问题；要善于提出模型和方法去解决问题；还要善于作出最重要、最有意义的结论。”正是此般创新精神、前瞻性的战略思想以及个人的勤奋与严谨，使黄昆先生在固体物理学领域树起了一座座丰碑，赢得了全世界的尊敬。黄昆先生身上那纯净的赤子情怀、严谨的科学态度以及淡泊名利的人生态度，同其成就永远闪耀于中国固体物理学的发展之路上。

北京大学物理系师生在黄昆先生 70 华诞时赠送对联：“渡重洋，迎朝晖，心系祖国，傲视功名富贵如草芥；攀高峰，历磨难，志兴华夏，欣闻徒子徒孙尽栋梁”。38 个字背后是一名杰出科学家的一生，是值得新时代青年、科技工作者深入学习、传承、发扬的科学家精神。黄昆先生留下了举世瞩目的科学成果，垂范世人，这离不开胸怀祖国的爱国精神、勇攀高峰的创新精神、淡泊名利的奉献精神、甘为人梯的育人精神等精神内核的支撑。新时代青年肩负时代重任，当赓续精神血脉，勇攀科技高峰，为实现中华民族伟大复兴贡献力量。

第 6 章

固体物理理论的典型应用

6.1 密度泛函理论

固体物理研究的重要目标之一就是要确定研究体系的电子结构。固体的许多基本物理性质，如振动谱、磁有序、电导率、热导率、光学介电函数等，原则上都可由固体的电子结构和能带理论阐明和解释。对于固体这样一个每立方米中含有 10^{29} 数量级的原子核和电子的多粒子系统，要通过求解多粒子薛定谔方程获得电子结构信息必须采用一些近似和简化，包括通过绝热近似将原子核的运动与电子的运动分开；通过哈特里-福克自洽场方法将多电子问题简化为单电子问题，以及关于这一问题更严格、更精确的密度泛函理论描述；通过将固体抽象为具有平移周期性的理想晶体，将多电子能带结构问题最终转化为单电子有效势方程的求解。

6.1.1 多粒子系统的薛定谔方程

要确定固体电子能级，其出发点便是组成固体的多粒子系统的薛定谔方程

$$H\psi(\boldsymbol{r},\boldsymbol{R})=E^{H}\psi(\boldsymbol{r},\boldsymbol{R}) \tag{6-1}$$

式中，$\boldsymbol{r}$ 表示所有电子坐标 $\boldsymbol{r}_i$ 集合；$\boldsymbol{R}$ 表示所有原子核坐标 $\boldsymbol{R}_i$ 的集合。如不考虑其他外场的作用，固体的多粒子系统哈密顿量应包括组成固体的所有粒子（原子核和电子）的动能和这些粒子之间的相互作用势能，形式上写成

$$H=H_{\mathrm{e}}+H_{\mathrm{N}}+H_{\mathrm{e-N}} \tag{6-2}$$

式中，H_{e} 为电子哈密顿量；H_{N} 为原子核哈密顿量；$H_{\mathrm{e-N}}$ 为电子与核的相互作用哈密顿量。

在式（6-2）中，若用 CGS 制表示，H_{e} 的具体形式为

$$H_{\mathrm{e}}(\boldsymbol{r})=T_{\mathrm{e}}(\boldsymbol{r})+V_{\mathrm{e}}(\boldsymbol{r})=-\sum_{i}\frac{\hbar^{2}}{2m}\nabla_{r_i}^{2}+\frac{1}{2}\sum_{i,i'}{}'\frac{e^{2}}{|\boldsymbol{r}_i-\boldsymbol{r}_{i'}|} \tag{6-3}$$

式中，第一项为电子的动能；第二项为电子与电子间库仑相互作用能，求和遍及除 $i=i'$ 外的所有电子；m 是电子质量。而 H_{N} 的具体形式为

$$H_N(\boldsymbol{R}) = T_N(\boldsymbol{R}) + V_N(\boldsymbol{R}) = -\sum_j \frac{\hbar^2}{2M_j}\nabla^2_{\boldsymbol{R}_j} + \frac{1}{2}\sum_{j,j'}{}' V_N(\boldsymbol{R}_j - \boldsymbol{R}_{j'}) \tag{6-4}$$

式中，第一项为核的动能；第二项为核与核的相互作用能，求和遍及除 $j=j'$ 外的所有原子核；M_j 是第 j 个核的质量。这里没有给出核与核具体的作用形式，而只是假定它与两核之间的位矢差 $\boldsymbol{R}_j - \boldsymbol{R}_{j'}$ 有关。最后，电子与核的相互作用 H_{e-N} 具体形式为

$$H_{e-N}(\boldsymbol{r},\boldsymbol{R}) = -\sum_{i,j} V_{e-N}(\boldsymbol{r}_i - \boldsymbol{R}_j) \tag{6-5}$$

式（6-1）～式（6-5）构成了固体非相对论量子力学描述的基础。由于在每立方米中的求和式是 10^{29} 数量级，显然，式（6-1）～式（6-5）直接求和是不现实的，必须针对上述哈密顿模型进行合理的简化和近似。

6.1.2 绝热近似和哈特里-福克方程

绝热近似解决了电子运动与离子运动的分离问题。在上一节中 H_e 的表达式中只出现了电子坐标 $\boldsymbol{r}$；而在 H_N 中，只出现了原子核坐标 $\boldsymbol{R}$；只有在电子和原子核相互作用项 H_{e-N} 中，电子坐标和原子核坐标才同时出现。简单地略去该项是不合理的，因为它与其他相互作用是同一数量级的。但是，还是有可能将原子核的运动和电子的运动分开考虑，其理由便是核的质量大约是电子质量的 1800 倍，因此核的运动速度比电子速度小得多，电子处于高速运动中，而原子核只是在它们的平衡位置附近振动。这样，在考虑电子运动时可以近似将原子核看作是固定在其瞬时位置的，即电子运动绝热于核的运动，而原子核只能缓慢地跟上电子分布的变化。因此，有可能将整个粒子系统的哈密顿量分成两部分考虑：考虑电子哈密顿量时原子核是处在它们的瞬时位置上，而考虑核的哈密顿量时则不考虑电子在空间的具体分布。这就是玻恩（Born）和奥本海默（Oppenheimer）提出的绝热近似（玻恩-奥本海默近似）。

在绝热近似下，多粒子系统的薛定谔方程式（6-1）可分解为

$$[H_e(\boldsymbol{r}) + V_N(\boldsymbol{R}) + H_{e-N}(\boldsymbol{r},\boldsymbol{R})]\phi_n(\boldsymbol{r},\boldsymbol{R}) = E_n(\boldsymbol{R})\phi_n(\boldsymbol{r},\boldsymbol{R}) \tag{6-6}$$

$$[T_N(\boldsymbol{R}) + V_n(\boldsymbol{R})]\chi_{n\mu}(\boldsymbol{R}) = E_{n\mu}\chi_{n\mu}(\boldsymbol{R}) \tag{6-7}$$

式中，$\phi_n(\boldsymbol{r},\boldsymbol{R})$ 为多电子哈密顿量 $H_e(\boldsymbol{r}) + V_N(\boldsymbol{R}) + H_{e-N}(\boldsymbol{r},\boldsymbol{R})$ 所确定的薛定谔方程的解；n 是电子态量子数。求解式（6-6）时原子核坐标的瞬时位置 $\boldsymbol{R}$ 在电子波函数中只作为参数出现。在式（6-7）中，$\chi_{n\mu}(\boldsymbol{R})$ 为描述原子核运动的波函数，它只与电子系统的第 n 个量子态有关，而原子核运动对电子运动没有影响，原子核就像在一个与电子态相关的势场 $V_n(\boldsymbol{R})$ 中运动。则对应于总哈密顿量为 H 的系统波函数可表示为

$$\psi_{n\mu}(\boldsymbol{r},\boldsymbol{R}) = \chi_{n\mu}(\boldsymbol{R})\phi_n(\boldsymbol{r},\boldsymbol{R}) \tag{6-8}$$

式（6-8）就是多粒子波函数的绝热近似表达。第一个因子 $\chi_{n\mu}(\boldsymbol{R})$ 描述的是原子核的运动，核的运动不影响电子的运动；第二个因子 $\phi_n(\boldsymbol{r},\boldsymbol{R})$ 描述的是电子的运动，电子运动时原子核是固定在其瞬时位置的，即电子是绝热于核的运动。对于大多数半导体和金属而言，通过绝热近似，把电子的运动与原子核的运动分开，就可得到电子薛定谔方程。然而，解该方程的困难在于电子哈密顿量中存在着双电子之间的相互作用项。假定没有该项，那么多电子问题

就可变为单电子问题，即可用互不相关的单个电子在给定势场中的运动来描述。此时，多电子的波函数则可以表示为每个电子波函数 $\varphi_i(\boldsymbol{r}_i)$ 的连乘积

$$\phi(\boldsymbol{r})=\varphi_1(\boldsymbol{r}_1)\varphi_2(\boldsymbol{r}_2)\cdots\varphi_n(\boldsymbol{r}_n) \tag{6-9}$$

这种形式的波函数称为哈特里（Hartree）波函数。用单电子波函数乘积式（6-9）作为多电子薛定谔方程的近似解，这种近似称为哈特里近似。

虽然哈特里波函数中每个电子的量子态不同，满足不相容原理，但还没考虑电子交换反对称性。为了使单电子波函数乘积满足交换反对称性，福克（Fock）和斯莱特斯莱特将单电子波函数构造成斯莱特行列式的形式

$$\phi(\boldsymbol{r})=\frac{1}{\sqrt{n!}}\begin{vmatrix}\varphi_1(\boldsymbol{q}_1) & \varphi_2(\boldsymbol{q}_1) & \cdots & \varphi_n(\boldsymbol{q}_1)\\ \varphi_1(\boldsymbol{q}_2) & \varphi_2(\boldsymbol{q}_2) & \cdots & \varphi_n(\boldsymbol{q}_2)\\ \vdots & \vdots & & \vdots\\ \varphi_1(\boldsymbol{q}_n) & \varphi_2(\boldsymbol{q}_n) & \cdots & \varphi_n(\boldsymbol{q}_n)\end{vmatrix} \tag{6-10}$$

斯莱特行列式对处于位矢 $\boldsymbol{r}_1$，$\boldsymbol{r}_2$，…，$\boldsymbol{r}_n$ 的 n 个电子，共有 $n!$ 种不同的排列，但由于电子的不可区分性，这 $n!$ 种不同的排列都是等价的。记第 i 个电子在坐标 $\boldsymbol{q}_l$ 处的波函数为 $\varphi_i(\boldsymbol{q}_l)$，这里变量 $\boldsymbol{q}_l$ 已包含位置变量 $\boldsymbol{r}_l$ 和自旋变量 $\boldsymbol{\xi}_l$。交换任意两个电子，相当于交换行列式的两行，行列式的值相差“负”号。当两个电子有相同的坐标，则行列式的值为零。行列式前的因子 $1/\sqrt{n!}$ 是波函数正交归一化条件所要求的。

将单电子波函数的斯莱特行列式作为多电子波函数的近似回代到薛定谔方程中，采用变分法，可以得到有效势场描述的单电子哈特里-福克（HF）方程

$$[-\nabla^2+V_{\mathrm{eff}}(\boldsymbol{r})]\varphi_i(\boldsymbol{r})=E_i\varphi_i(\boldsymbol{r}) \tag{6-11}$$

$$V_{\mathrm{eff}}(\boldsymbol{r})=V(\boldsymbol{r})-\int\frac{\rho(\boldsymbol{r}')-\rho(\boldsymbol{r},\boldsymbol{r}')}{|\boldsymbol{r}-\boldsymbol{r}'|}\mathrm{d}\boldsymbol{r}' \tag{6-12}$$

这样，就可将一个多电子的薛定谔方程通过哈特里-福克近似简化为单电子有效势方程。式（6-12）中有效势 $V_{\mathrm{eff}}(\boldsymbol{r})$ 包含的电子数密度 $\rho(\boldsymbol{r}')$ 和 $\rho(\boldsymbol{r},\boldsymbol{r}')$ 均为波函数 $\varphi_i(\boldsymbol{r})$ 的函数，因此哈特里-福克方程只能自洽迭代求解。即先假定一初始波函数 $\varphi_i^0(\boldsymbol{r})$，通过 $\varphi_i^0(\boldsymbol{r})$ 构造出 $V_{\mathrm{eff}}^0(\boldsymbol{r})$，通过解哈特里-福克方程而得到更好的新的波函数 $\varphi_i^1(\boldsymbol{r})$，重复这一过程直至相邻两次解的误差在所考虑的计算精度内不再变化，达到自洽，这就是哈特里-福克自洽场近似方法。

哈特里-福克近似将多电子问题转化为单电子问题的过程中仍存在以下问题。首先，哈特里-福克近似中包含了电子与电子的交换相互作用，但自旋反平行电子间的排斥相互作用没有被考虑。排斥相互作用下，在 $\boldsymbol{r}$ 处已占据了一个电子，那么在 $\boldsymbol{r}'$ 处的电子数密度就不再是 $\rho(\boldsymbol{r}')$，而应减去一部分；或者说，再加上一部分带正电的关联空穴，即还需考虑电子关联相互作用。其次，单电子哈特里-福克方程满足多粒子波函数的反对称性要求，但是，具有这样对称性的波函数不一定使系统能量最低，很可能系统能量绝对极小值所对应的波函数不满足对称性要求。如果强行使行列式具有适当的对称性，可能得到高得多的能量，这就是哈特里-福克方程的对称性困难。

6.1.3 霍恩伯格-科恩定理和科恩-沈吕九方程

单电子近似的近代理论是在密度泛函理论（density functional theory，DFT）的基础上发展起来的。密度泛函理论不仅给出了将多电子问题简化为单电子问题的理论基础，同时也是分子和固体的电子结构和总能量计算的有力工具，因此密度泛函理论是多粒子系统理论基态研究的重要方法。密度泛函理论的基本想法源于托马斯（Thomas）和费米（Fermi）在 1927 年的工作，即原子、分子和固体的基态物理性质可以用粒子密度函数来描述。进一步，霍恩伯格（Hohenberg）和科恩（Kohn）提出了非均匀电子气的两个基本定理：

① 定理一：不计自旋的全同费密子系统的基态能量是粒子数密度函数 $\rho(\boldsymbol{r})$ 的唯一泛函。

② 定理二：能量泛函 $E[\rho]$ 在粒子数不变条件下对正确的粒子数密度函数 $\rho(\boldsymbol{r})$ 取极小值，并等于基态能量。

定理一的核心是粒子数密度函数 $\rho(\boldsymbol{r})$ 是一个决定系统基态物理性质的基本变量；定理二的要点是在粒子数不变条件下通过能量泛函对数密度函数的变分就可得到系统基态的能量。上述霍恩伯格-科恩定理说明粒子数密度函数是确定多粒子系统基态物理性质的基本变量，以及能量泛函对粒子数密度函数的变分是确定系统基态的途径。依据霍恩伯格-科恩定理求解基态能量需要解决三个问题：①如何确定粒子数密度函数 $\rho(\boldsymbol{r})$；②如何确定动能泛函 $T[\rho]$；③如何确定交换关联能泛函 $E_{xc}[\rho]$。其中第一和第二个问题，由科恩和沈吕九（Sham）提出的科恩-沈吕九方程（简称 K-S 方程）得以解决；第三个问题，可以通过采用所谓的局域密度近似（local density approximation，LDA）解决。

根据霍恩伯格-科恩定理，基态能量和基态粒子数密度函数可由能量泛函对密度函数的变分得到，再加上粒子数不变的条件，可以得到与哈特里-福克方程相似的单电子方程

$$\{-\nabla^2+V_{ks}[\rho(\boldsymbol{r})]\}\psi_i(\boldsymbol{r})=E_i\psi_i(\boldsymbol{r}) \tag{6-13}$$

其中，

$$\rho(\boldsymbol{r})=\sum_{i=1}^{N}|\psi_i(\boldsymbol{r})|^2 \tag{6-14}$$

$$V_{ks}[\rho]=V_{ext}(\boldsymbol{r})+V_{coul}[\rho]+V_{xc}[\rho] \tag{6-15}$$

式（6-13）～式（6-15）一起称为科恩-沈吕九方程，方程自洽求解流程见图 6-1。相应于哈特里-福克方程中的有效势 $V_{eff}(\boldsymbol{r})$ 在这里是 $V_{ks}[\rho(\boldsymbol{r})]$，基态密度函数可从式（6-13）的自洽求解中得到。由霍恩伯格-沈吕九定理可知，这样得到的粒子数密度函数 $\rho(\boldsymbol{r})$ 精确地确定了该系统基态的能量、波函数以及各物理量算符期待值等。

尽管同样是单电子方程，但与哈特里-福克方程相比较，密度泛函理论导出的单电子科恩-沈吕九方程的描述是严格的，它的核心是用无相互作用粒子模型代替有相互作用粒子哈密顿量中的相应项，而将有相互作用粒子的全部复杂性归入交换关联相互作用泛函 $V_{ks}[\rho(\boldsymbol{r})]$ 中去，从而导出了形如式（6-13）的单电子方程。

6.1.4 交换关联泛函近似及 DFT 计算

在科恩-沈吕九方程的框架下，多电子系统基态特性问题在形式上转化成了有效单电子问

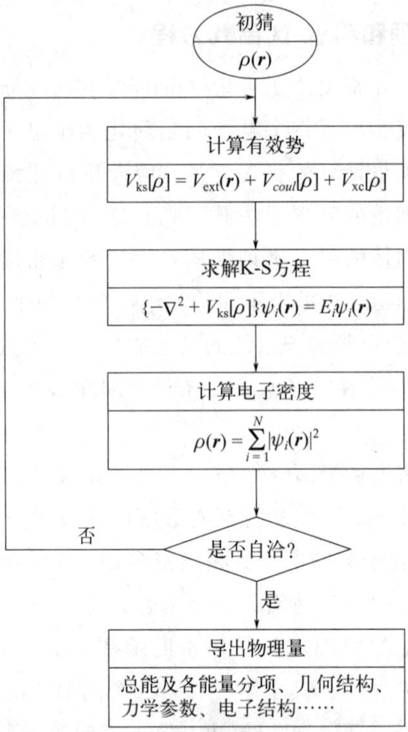

图 6-1　科恩-沈吕九方程自洽求解流程

题。这种计算方案与哈特里-福克近似是相似的，但其解释比哈特里-福克近似更简单、更严密，然而这只有在找出交换关联势能泛函 $V_{ks}[\rho(\boldsymbol{r})]$ 准确的、便于表达的形式下才有实际意义。因此，交换关联泛函的构造在密度泛函理论中占有重要地位。一般说来，可以将交换关联势 $V_{ks}[\rho(\boldsymbol{r})]$ 看作是密度函数 $\rho(\boldsymbol{r})$ 的泛函，基于此思想形成了交换关联泛函的局域密度近似（local density approximation，LDA）。在局域密度近似中，由于均匀电子气的交换关联能密度已经知晓，利用均匀电子气密度函数插值合成非均匀电子气密度函数，进而得到交换关联泛函的解析形式。LDA 交换关联是一种简单可行且富有实效的交换关联泛函近似，常用的 LDA 框架下的交换关联势近似有以下几种。

（1）斯莱特平均交换势近似

斯莱特平均交换势近似是早期用得较多的一种近似。这种方法假定平面波是哈特里-福克方程的本征解，将平面波作为解代入哈特里-福克方程，进一步利用库仑势的傅里叶展开可以求得电子能量本征值。最后，对占据态的费米统计分别取平均就可以得到斯莱特平均交换势。在此过程中没有考虑关联相互作用。

（2） Kohn-Sham-Gaspar 交换势近似

科恩和沈吕九假定电子密度变化不大，此时可以利用对自由电子气导出的表示式。如果把密度看作常数，忽略关联相互作用，可得与 Slater 平均交换势相似的 Kohn-Sham-Gaspar 交换势近似。

（3） Wigner关联势近似

由Wigner提出并由Pines修正的一种LDA关联势。

（4） Hedin-Lundqvist关联势近似

一种常用的由Hedin和Lundqvist提出的LDA关联势形式。

（5） Ceperley-Alder交换关联势近似

是目前在LDA自洽从头计算框架下用得最多的交换关联势，它源自Ceperley和Alder用Monte-Carlo方法计算均匀电子气的结果。

在多数情况下，与其他解决量子力学多体问题的方法相比，采用局域密度近似的密度泛函理论计算得到了非常令人满意的结果，同时计算相比实验的费用要少。然而，用局域密度近似来描述分子间相互作用，特别是描述包含范德瓦耳斯力的分子间相互作用，或者计算包含过渡金属元素的半导体能隙还是有一定困难的。目前，密度泛函理论仍在不断尝试提炼出更好的电子交换相关作用模型，以应对不断涌现出的新型材料电子结构研究的迫切需求。

对于包含范德瓦耳斯力材料的电子结构计算，可以采用半经验的色散矫正密度泛函（DFT-D）方法实现，也可以通过新开发的一些非局域混合交换关联泛函（hybrid exchange-correlation functional）来近似实现。对于半导体能隙计算，则一般采用考虑了多体作用（many-body）的GW方法进行计算，其中G表示格林函数（Green function），而W表示屏蔽参数。对比实验结果，GW方法可以提供非常好的近似。在凝聚态领域，根据波函数基组和近似方法的不同，比较常用的方法都有：全势-线性原子轨道组合方法（full potential-linear combination of atomic orbitals，FP-LCAO）、全势-线性muffin-tin轨道方法（full potential-linear muffin-tin orbitals，FP-LMTO）、全势-线性化缀加平面波方法（full potential-linearized augmented plane-wave，FP-LAPW）、赝势-平面波方法（pseudopotential plane-wave，PP-PW）等。以上近似方法均由程序代码实现。目前，比较流行的基于DFT理论的第一性原理计算软件有：基于平面波基组的适用于周期体系的DFT计算软件，例如VASP、CASTEP、WIEN2K、ABINIT、PWSCF、CPMD等；还有基于原子轨道基组的适用于周期/分子体系的DFT/HF计算软件，包括DMol、ADF、Crystal、SIESTA、Gaussian等。

自1970年以来，基于密度泛函理论的DFT计算经常被应用于解释和预测物理学、材料学、化学、矿物学以及生物学中原子尺度上的复杂系统行为。在许多领域，DFT计算甚至已经部分取代实验被用作测试和完善物质性能的一种手段。

当代DFT计算在材料学中应用的例子包括：研究掺杂物对氧化物中相变行为的影响、研究铁电和稀磁半导体中的磁和电子行为、预测合金材料的机械性能、热力学和相图计算等。在化学领域，DFT方法用于研究氧化还原电位、蛋白质背景下的铁硫簇、反应势能面和过渡态、分子结构和振动频率、表面反应和酶反应机制、反应热、核磁共振模拟以及谱学参数的计算。此外，DFT计算的有效性在制药研究和多样化工业领域中也得到证实，例如用于药品、汽车、化学品、涂料、玻璃、材料、石油和聚合物等工业产品及部件的研发。DFT在预测纳米结构对环境污染物（如二氧化硫）的敏感性方面也得到了良好的结果。

6.2 半导体器件

本节在量子理论基础上讨论电子气性质。

6.2.1 光伏

当物体受到光照时，物体内部的电荷分布状态发生变化从而产生电动势和电流，这种现象被称为“光生伏特效应”，简称“光伏效应”。光生伏特效应主要是应用在半导体的 PN 结上，将光能转换成电能。由于半导体 PN 结器件在阳光下的光电转换效率最高，所以通常把这类光伏器件称为太阳能电池，也称光电池或太阳电池。

太阳光和其他电磁波类似，基本上是光子的连续轰击。光子的能量(E_λ)决定了电磁波的波长(λ)和光谱特性，可以在数学上定义为

$$E_\lambda = hc/\lambda \tag{6-16}$$

式中，h 是普朗克常数；c 是光速。在光伏效应中，入射的光子能量应大于接收材料的带隙能量。这意味着光子的能级必须足够高，以打破半导体材料的一些共价键，并使电子从价带跃迁到导带，从而产生自由电荷载流子，即电子和空穴。半导体材料在没有电磁辐射和绝对零度以上的温度下，一些共价键发生断裂，自由电荷载流子也会产生。然而，在这种情况下，自由电荷载流子以相同的速率连续重新结合，因此，材料保持稳定状态。当照射半导体材料的光子的能量大于材料的带隙能量时，自由电荷载流子的产生速率比复合速率增加得多，在 PN 结上产生电位差。如图 6-2 所示，当正负极连接时，自由电荷载流子开始流过外部负载。

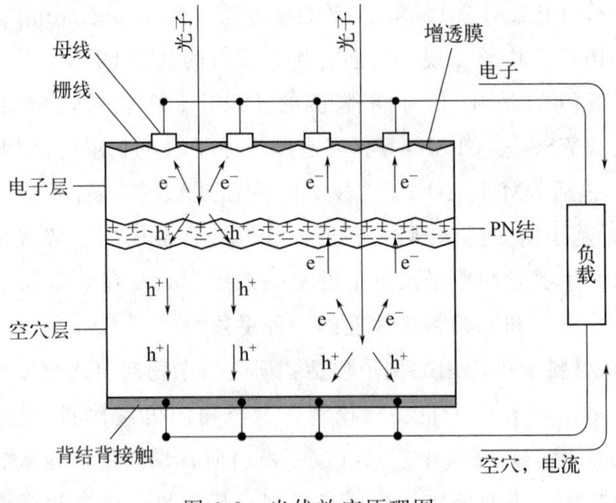

图 6-2 光伏效应原理图

太阳能电池发展至今，种类繁多，一般根据材料可以分为以下几类。

(1) 硅太阳能电池

硅太阳能电池是以晶体硅为基体材料的太阳能电池，有单晶硅电池和多晶硅电池。进入

21世纪以来，单晶硅太阳能电池发展缓慢，光电转换效率没有明显的提高，复杂的制备工艺和高昂的制作成本更是限制了其大规模的使用。多晶硅由于其低成本、低质量的优势成为降低硅电池成本的一个有效的途径，然而传统的选择性扩散和双面钝化技术对其并不匹配，造成了其缺乏广泛应用性。晶体硅太阳能电池由于其较高的光电转换效率，目前仍然是光伏市场上的主导产品，如果能够大幅度地降低其成本，则可能取代石化能源而成为未来能源危机到来时最重要的能源来源。

（2）化合物半导体太阳能电池

化合物半导体太阳能电池指以由两种或两种以上元素组成的具有半导体特性的化合物半导体材料为基体的太阳能电池，主要包括：①晶态无机化合物，Ⅱ～Ⅵ化合物如半导体硫化镉和硫化锌等，及其固溶体如镓铝砷和镓砷磷等；Ⅲ～Ⅴ族化合物，如砷化镓、磷化镓、磷化铟、锑化铟等。②非晶态无机化合物，如玻璃半导体等。③氧化物半导体，如氧化锌、氧化锰、氧化铬、氧化亚铜等。

（3）聚合物太阳能电池

聚合物太阳能电池具有成本低、重量轻、制作工艺简单、可制备成柔性器件等突出优点；另外，有机聚合物材料种类繁多、可设计性强，有希望通过材料的改进来提高电池的性能。因而，这类太阳能电池相关材料和器件的研究近年来受到了广泛的关注。但是，聚合物太阳能电池的光电转换效率与硅基太阳能电池相比还比较低，主要是由于目前使用的共轭聚合物存在着太阳光利用率低和电荷载流子迁移率低的问题，器件也存在电荷传输和收集效率低等缺点。

（4）薄膜太阳能电池

薄膜太阳能电池顾名思义就是将一层薄膜制备成太阳能电池，其活性层用量极少，更容易降低成本，同时它既是一种高效能源产品，又是一种新型建筑材料，更容易与建筑完美结合。目前已经能进行产业化大规模生产的薄膜太阳能电池主要有：硅基薄膜太阳能电池、铜铟镓硒薄膜太阳能电池（CIGS）、碲化镉薄膜太阳能电池（CdTe）。在国际市场硅原材料持续紧张的背景下，薄膜太阳能电池已成为国际光伏市场发展的新趋势和新热点。

（5）染料敏化太阳能电池

染料敏化太阳能电池主要是模仿光合作用原理研制出来的一种新型太阳能电池，其主要优势是：原材料丰富、成本低、工艺技术相对简单，在大面积工业化生产中具有较大的优势，同时所有原材料和生产工艺都是无毒、无污染的，部分材料可以得到充分的回收，对保护人类环境具有重要的意义。染料敏化太阳能电池主要由纳米多孔半导体薄膜、染料敏化剂、氧化还原电解质、对电极和导电基底等几部分组成。纳米多孔半导体薄膜通常为金属氧化物（TiO_2、SnO_2、ZnO等），将其聚集在有透明导电膜的玻璃板上作为电池的负极；对电极作为还原催化剂，通常是在带有透明导电膜的玻璃上镀上铂；敏化染料吸附在纳米多孔二氧化钛薄膜上；正负极间填充的材料是具有氧化还原能力的电解质，最常用的是I_3^-/I^-。

（6）有机/无机杂化太阳能电池

在光活性层中同时包含有机和无机材料，并且都对器件的光伏效应有贡献，这种器件被称作有机/无机杂化光伏器件。有机/无机杂化光伏器件可以将有机和无机材料两者的优势结合起来，达到构建稳定、高效率光伏器件的目的。

6.2.2 二极管

1874 年，德国物理学家卡尔·布劳恩在卡尔斯鲁厄理工学院发现了晶体的整流能力，他观察到某些硫化物的电导与所加电场的方向有关，在它两端加一个正向电压，它是导通的；如果把电压极性反过来，就不导通，这就是半导体的整流效应。现在二极管主要是用硅、硒、锗、砷化镓和氮化镓等半导体材料制备。二极管是世界上第一种半导体器件，具有单向导电性、整流性能。二极管和二极管的电路符号如图 6-3 所示。

(a) 二极管　(b) 二极管的电路符号

图 6-3　二极管（a）及二极管的电路符号（b）

二极管的主要原理就是利用 PN 结的单向导电性，在 PN 结上加上引线和封装就成了一个二极管。晶体二极管是一个由 P 型半导体和 N 型半导体形成的 PN 结，在其界面两侧形成空间电荷层，并建有自建电场。当不存在外加电压时，由于 PN 结两边由载流子浓度差引起的扩散电流和由自建电场引起的漂移电流相等而处于电平衡状态。

当外界有正向电压偏置时，外界电场和自建电场的互相抑消作用使载流子的扩散电流增加了正向电流；当外界有反向电压偏置时，外界电场和自建电场进一步加强，形成在一定反向电压范围内与反向偏置电压值无关的反向饱和电流。

当外加的反向电压高到一定程度时，PN 结空间电荷层中的电场强度达到临界值，发生载流子的倍增过程，形成大量电子空穴对，产生了较大反向击穿电流，称为二极管的击穿现象。PN 结的反向击穿有齐纳击穿和雪崩击穿之分。

二极管按照应用和特性可以分为 PN 结二极管、肖特基二极管、稳压二极管、恒流二极管、变容二极管、发光二极管等。

6.2.3 场效应晶体管

场效应晶体管（field effect transistor，FET）简称场效应管，是利用输入回路的电场效应来调节控制输出回路电流的半导体器件，根据其内部结构，主要分为结型场效应晶体管（junction FET，JFET）和绝缘栅型场效应晶体管，绝缘栅型场效应晶体管又称金属-氧化物半导体场效应管（metal-oxide semiconductor FET，MOS-FET）。MOS-FET 依照其沟道极性的不同，主要分为电子为多数载流子的 N 沟道型与空穴为多数载流子的 P 沟道型，通常被称为 N 型金属-氧化物半导体场效应晶体管（NMOS-FET）与 P 型金属-氧化物半导体场效应晶体管（PMOS-FET）。MOS-EFT 的工作原理很简单，以图 6-4 的 NMOS-FET 为例，其源极（source）和衬底相连并接地，同时在其栅极（gate）处存在栅极电压 V_G，在其漏极（drain）处存在漏极电压 V_D，可以通过改变栅极电压 V_G 来控制“感应电荷”的多少，以改变由这些“感应电荷”形成的导电沟道的状况，然后达到控制漏极电流的目的。在制造 MOS-FET 时，通过工艺使绝缘层中出现大量正离子，故在交界面的另一侧能感应出较多的负电荷，这些负电荷把高渗杂质的 N 区接通，形成了导电沟道。当栅极电压改变时，沟道内被感应的电荷量也改变，导电沟道的宽窄也随之而改变，因而漏极电流随着栅极电压的变化而变化。

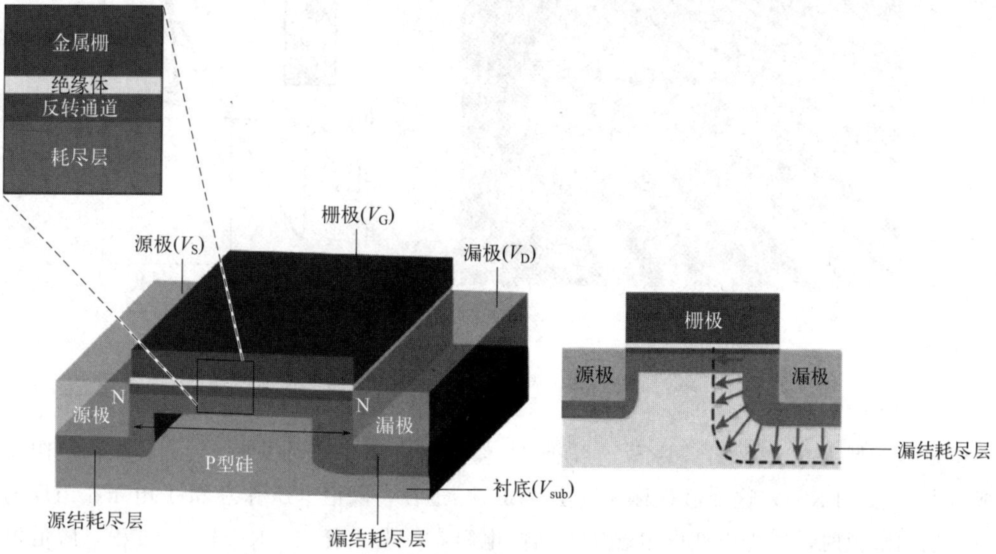

图 6-4　N 型金属-氧化物半导体场效应晶体管模型

场效应晶体管主要应用于集成电路等领域。1947 年，美国贝尔实验室研制出世界上第一款点接触晶体管。随后，IBM 公司推出世界上第一台商业计算机，其重量庞大，约为 1090kg。为了解决计算机过于庞大的问题，1958 年，德州仪器成功地将五个晶体管器件集成在一起，发明了世界上第一块集成电路。之后，如何缩小晶体管器件的尺寸便成了半导体领域的发展方向。例如，1965 年，仙童半导体公司的 Gorden Moore 提出了著名的摩尔定律，即集成电路芯片上集成的晶体管数目将每隔十八个月翻一番。直到现在，摩尔定律依旧预测着集成电路领域的发展。例如，苹果公司最新发布的新一代移动端 CPU，M1 Pro Max 以 5nm 制程在 $432mm^2$ 的芯片内部存放高达 570 亿个晶体管以实现其卓越的性能。因此，由场效应晶体管组成的集成电路将在摩尔定律的指导下不断追求更加先进的性能。

6.2.4　忆阻器

1971 年，加州大学伯克利分校的蔡少棠教授从电路理论完备性角度预测，除电阻、电容和电感之外，还存在第四种遗失的无源基本电路元件，用以表征电荷和磁通量之间的关系，并将其命名为忆阻器。2008 年，惠普实验室制备的 $Pt/TiO_2/Pt$ 三明治结构器件在电压扫描过程中出现的捏滞回线就是忆阻现象（见图 6-5）。这项发现打破了忆阻器长达 30 年的研究沉寂，标志着“忆阻”从概念走向物理的实现，此后忆阻器迎来爆发式发展。忆阻器具有高速、低功耗、易集成，以及与互补金属氧化物半导体（CMOS）工艺兼容等优势，能够满足下一代高密度信息存储和高性能计算对通用型电子存储器的额外性能需求。

忆阻器的基本结构是电极（导体）/中间层/电极（导体），中间层通常是一层绝缘体或者半导体性质的存储介质［见图 6-6（a）］。忆阻器的各项性能参数甚至电阻转变机理都与组成器件的材料的性能密切相关，不同类型的存储介质材料将导致电阻转变极性、开关比等性能的差异。常见的忆阻材料主要有氧化物、氮化物、硫系化合物、聚合物、有机物以及复合材料。

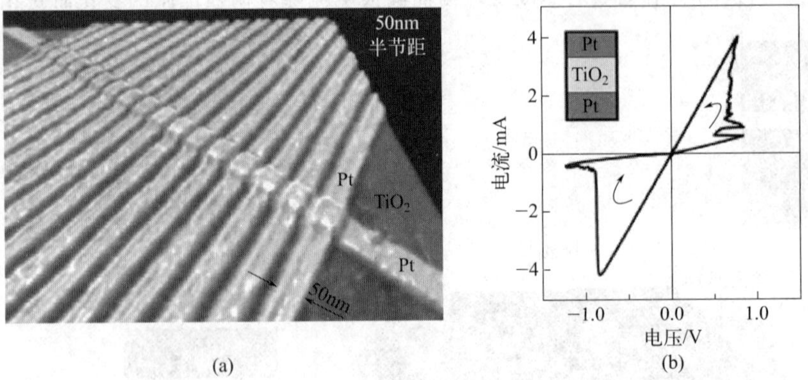

图 6-5 忆阻器的扫描透射显微镜照片（a）和实测的捏滞回线（b）

忆阻器初始为高电阻态（HRS），当施加一个正向电压并达到阈值时，器件由高电阻态切换成低电阻态（LRS），这个过程称为置位（SET）过程，阈值电压称为 SET 电压；当反向施加电压达到阈值时，器件由低电阻态切换回高电阻态，发生复位（RESET）过程，阈值电压称为 RESET 电压［见图 6-6（b）］。通过施加电压下高低电阻态的转变就可以实现信息的 0、1 二进制存储。衡量忆阻器的几个性能参数包括操作电压、开关比、循环耐受性和保持特性等。

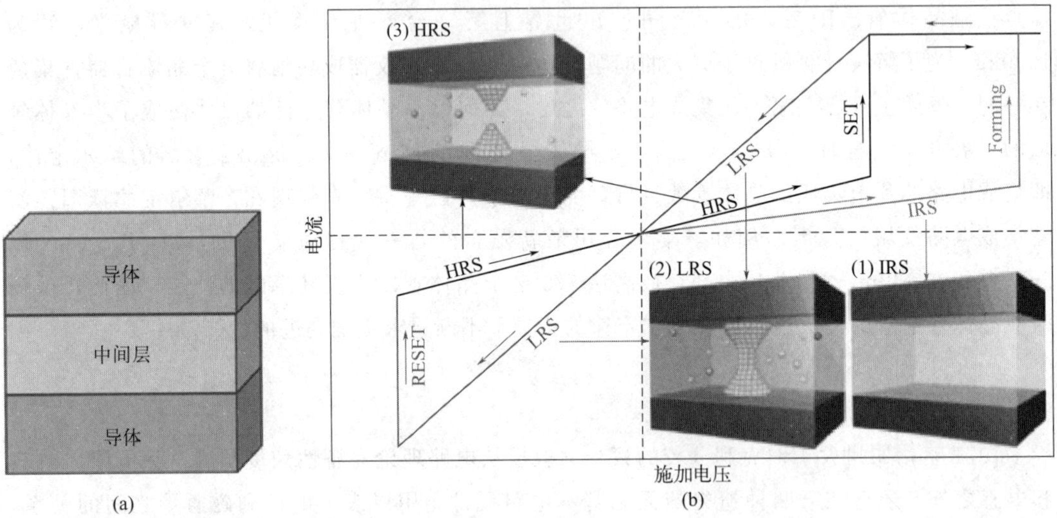

图 6-6 忆阻器的结构（a）和忆阻器的典型电流-电压曲线（b）
HRS—高电阻态；LRS—低电阻态；SET—置位；RESET—复位；
IRS—初始电阻态；Forming—形成导电细丝

（1）操作电压

操作电压是指驱动忆阻器切换到相反电阻状态的电压，例如从 LRS 到 HRS，或者从 HRS 到 LRS。考虑到器件的功耗，该值越小越好。

（2）开关比

开关比是指器件的高低电阻态之间电阻的比值，该值越大就越有利于外围电路识别器件所处的存储状态。忆阻器的开关比一般都在10以上，更有研究报道开关比高达10^{11}的忆阻器。

（3）循环耐受性

循环耐受性是指忆阻器在高低电阻态之间能够循环转换的次数，即器件可重复进行擦写的次数。目前报道的最高循环次数是三星公司在TaO_x薄膜中达到的10^{12}次。

（4）保持特性

保持特性是指高电阻态和低电阻态的电阻值保持不变所能维持的时间。为了保证数据的可靠性和安全性，要求存储器的保持时间要在10年以上。

6.3 电子跃迁与显示材料

6.3.1 激光显示和有机发光二极管OLED

（1）激光显示原理

激光（laser）是指通过受激辐射放大和必要的反馈，产生准直、单色、相干光束的过程。自发辐射是由于原子的运动状态可以分为不同的能级，当原子从高能级向低能级跃迁时，会释放出相应能量的光子。受激吸收是指当一个光子入射到一个能级系统并为之吸收，会导致原子从低能级向高能级跃迁；受激辐射是指部分跃迁到高能级的原子又跃迁到低能级并释放出光子。这些运动不是孤立的，而往往是同时进行的。激光即受激辐射产生的光，首先是通过激励能源即泵浦（pump）源激励工作物质实现粒子反转，使工作物质处于激活状态，就是粒子很容易产生跃迁的一种状态；然后当光经过这种被激活的工作物质时，会激发更多的光子，光在谐振腔里经过多次反射不断增强，达到一定阈值条件后产生激光输出。那么当采用适当的媒质、共振腔、足够的外部电场，使受激辐射得到放大从而比受激吸收多时，就会有光子射出，从而产生激光。

激光显示是显示产业迭代更新的重要方向之一，在技术上主要采用红（R）、绿（G）、蓝（B）三基色激光作为显示光源，分别经过扩束、匀场及消相干后入射到对应光阀上，经图像调制、投影物镜等得到显示图像，其原理如图6-7所示。由于激光光波较窄，具有方向性强、单色性好以及亮度高等特点，故可以实现几何与颜色双高清、大色域及高观赏舒适度的视频图像显示。激光显示采用线状光谱取代了传统带状光谱，颜色编码不重叠，且激光波长可控，能更好地呈现真实色彩，解决颜色问题。

（2）激光显示技术特点及其关键材料

激光显示技术特点：

① 几何与颜色双高清。几何高清即线分辨率高。激光的方向性好、发散角小，易实现4K、8K甚至更高的（全屏）显示分辨率。颜色高清即颜色数大。激光显示最突出的特点就是激光光谱很窄，称为线状光谱，谱宽小于5nm；而其他显示光源基本为带状光谱，谱宽为30～40nm，由于谱宽太宽，三基色光谱在颜色混合时很多精细的颜色重叠，人眼已经分辨不

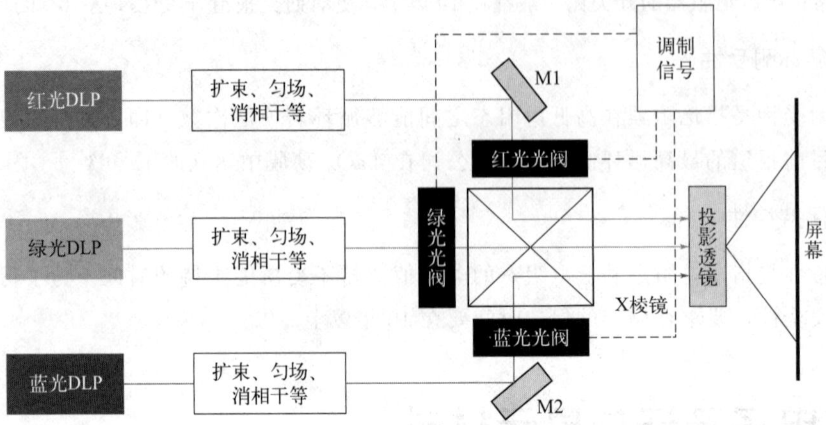

图 6-7 激光显示原理

DLP—数字光学处理器

出，无法在终端很好地展现出来。采用光谱宽度小于 5nm 的三基色激光作为光源时，颜色的色纯度很高，可以完全实现 12bit 颜色数编码不重叠，实现传统显示的 500 倍以上的大颜色数显示，更能反映自然界的真实色彩。

② 大色域。现有的彩色显示设备其红、绿、蓝三基色光源的光谱为带谱，在色度图中，其色域只覆盖了人眼所能识别颜色的一小部分，因而不能再现饱和度很高的颜色。而激光的单色性好，其光谱为线谱，可在色度图上形成超大色域，颜色更加鲜艳，颜色表现能力是传统显示器的 2～3 倍，拥有无与伦比的颜色再现能力。

③ 高观赏舒适度。激光显示采用反射式成像，与自然万物反射光成像进入人眼的原理相同，经屏幕反射至人眼，柔和不刺眼；同时激光显示工作原理决定了其像素与发光面积相同，且像素与像素之间无边缘效应，过渡平缓，因此观赏舒适度高。

④ 轻薄、低成本、绿色制造。激光电视功耗比同尺寸液晶电视节能 50%，使用寿命长，节能环保；产品体积小、重量轻、价格低，100in 激光电视质量约为 20kg（同尺寸液晶电视质量约为 150kg），容易投放于电梯和进入寻常百姓家；激光显示属于绿色制造产业，不需要大型投资规模，相比于传统平板显示在高世代面板方面的巨大投资（显示面板领域累计投入超过 1.2 万亿元），激光显示制造工艺简单，符合新型显示柔性、便携、低成本、高色域、高光效的发展趋势。

激光显示技术要走向产业应用，亟待解决红绿蓝三基色光源、超高清视频图像技术、配套关键材料与器件、总体设计与集成这四大关键技术（见图 6-8）。关键材料包括三基色激光材料、超高清成像材料。日本、韩国和美国在 20 世纪 90 年代启动了激光显示关键技术研究布局，通过美国能源部计划、日本科技基本计划等国家项目予以引导，支持相关企业开展技术攻关。日本日亚化学工业株式会社、三菱电机株式会社等已投入约 32 亿美元研发三基色（半导体激光器）激光显示，其中磷化铟镓（GaInP）红光、氮化镓（GaN）蓝绿光激光显示的功率和寿命等关键指标领先国际。美国德州仪器公司、日本索尼集团等基本垄断了 2K、4K 分辨率的反射式数字微镜（DMD）、反射式硅基液晶（LCOS）等激光显示超高清图像处理芯片供应。

目前，激光显示关键材料的重点发展方向是以整机应用为牵引，突破短波长铝镓铟磷红光、长波长铟镓氮蓝绿光等激光显示发光材料工艺，发展 4K、8K 超高分辨、快响应成像芯片，补齐短板以提升新材料的持续供给能力。

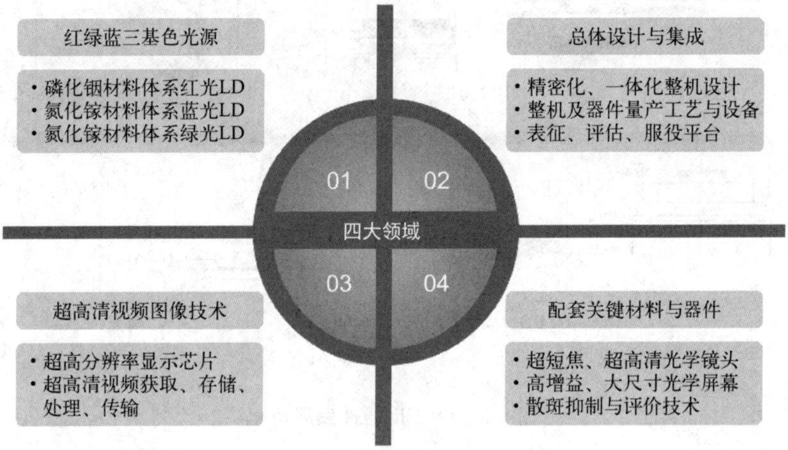

图 6-8　激光显示技术四大关键技术

LD—激光二极管

（3）激光显示的应用领域

近年来，作为下一代显示技术，激光显示在教育、工程、商用、家用等领域都得到广泛应用。在过去 20 年，投影机主要应用于工程、教育及商用领域，只是小范围地涉足家用领域，主要聚焦于家庭影院市场。进入激光显示时代后，各个应用领域都激活到前所未有的高度。在工程领域，高亮及寿命长的特点将工程机的应用延伸到一些更加高端、环境更恶劣的场景里；在教育领域，由于抗光性好及色彩好的特点，让学生走出“黑灯瞎火”的投影教学环境；激光显示改变更多的领域是家用领域，激光电视的横空出世有望改变整个电视行业的格局。激光电视其实就是采用激光作为光源的投影机，是一种反射式超短焦投影机，其优势如下：

① 采用激光作为光源，寿命长，达到了 20000h，每天使用 4h 可使用 13 年多。

② 亮度达到了 3000ANSI 流明以上，满足家庭环境开窗也能正常观看的要求。

③ 采用反射式超短焦，投影机与幕布的距离不超过 60cm，可直接放在电视柜上，避免麻烦的安装和理线，整洁美观。

④ 色域广，采用蓝色激光加荧光粉色轮模式，使色域比数字光处理（DLP）中色片色轮的色域更广，显示的色彩更丰富。

（4）OLED 器件的发展

自 1953 年有机电致发光现象被报道以来，器件大多以强荧光蒽为核心发光层，在此阶段，器件的研究和制备一直停留在实验室中，直到 1987 年邓青云等人成功将其推广至商业化，接着高分子、柔性和白光有机电致发光器件相继被报道。在激子的利用机制上经历了荧光、磷光和热活化延迟荧光 3 代发光材料的更替，最近几年更是提出了杂化局域电荷转移等新的激子利用机制。未来，有机电致发光必将与数据驱动相结合，机器学习将替代人工分析，进而探索出更具潜力的新型有机电致发光材料。图 6-9 是 OLED 器件发展历程。

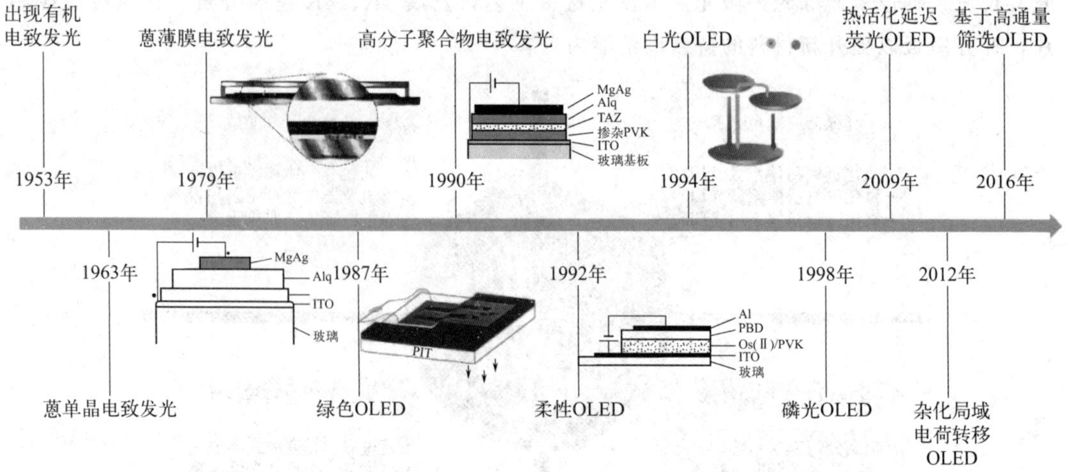

图 6-9　OLED 器件发展历程

（5）OLED 显示特点

① 结构组成方面。液晶显示器（LCD）是在两片玻璃基板之间放置液晶盒，上玻璃基板设置彩色滤光片，下玻璃基板设置薄膜晶体管，其结构还包括偏光片、背光模组、扩散膜、导光板等，这导致 LCD 结构复杂。有机发光二极管（OLED）在结构上只需要两层薄膜和玻璃/塑料基板，无需背光模组，也没有彩色滤光片、扩散膜、导光板等，这使得 OLED 结构简单、显示器件更薄，在制作上也比 LCD 工序少，量产后成本可明显降低。

② 发光原理方面。OLED 显示为有机发光层发光，利用材料能阶差将释放出来的能量转换为光子，发光效率高，稳定性好；OLED 是自发光器件，无需背光，这使其在亮度、可视度、功耗方面优于 LCD；OLED 结构简单，有机材料层非常薄，具有响应速度快、轻薄、色域宽的特性，还可实现柔性显示。

③ 显示原理方面。LCD 显示属于非主动发光显示，需要背光源来进行照明，这使得 LCD 显示技术在动态对比度、宽容度等方面不如其他技术；而 OLED 显示为主动发光器件，不需要背光，当有电流通过时，有机发光层就会发光，相比 LCD 具有更高的显示亮度。此外，目前量子点发光二极管（QLED）显示技术仍处在光致发光阶段，为非主动发光显示，需要背光源。

（6） OLED 应用领域

有机发光二极管（organic light-emitting diodes，OLED）具有可柔性制备、低驱动电压、低功耗等优点，且近年来技术上的突飞猛进及其广泛的应用前景，使之成为平板显示、新型照明、可穿戴，以及智能电子产品开发中最热门的研究课题之一。作为新一代的显示及照明技术，小尺寸 OLED 显示器已实现商业化，大尺寸 OLED 电视和家用照明也有产品问世。由于 OLED 显示器具有响应速度快、功耗低、无辐射、重量轻、柔性显示等优点，因此可应用于音响面板、车载显示器、数码相机、智能手机、仪器仪表以及家电产品等领域，已经抢占了 LCD 的多种应用场合。但 OLED 器件在可穿戴、智能电子等领域的应用仍处于探索期。

① 车载照明领域的应用。OLED 照明器件除具有自发光、面光源、节能环保等优点以外，还具有柔性、轻薄、曲面兼容、可个性化设计、耐冲击性好等特殊优势，近年来在车载照明领域的应用备受关注。光源作为车灯的重要设计元素，在整个汽车的设计中越来越重要。OLED 可差异化设计、可透明设计、可柔性化、可整面变色的全新潜力，使未来 OLED 照明技术的应用成为汽车行业竞争格局中的影响因素之一。

② 智能车窗领域的应用。与液晶相比，透明 OLED 面板不需要背光，因此，它不仅吸引了生产自动驾驶汽车、飞机和地铁公司的大量关注，还吸引了智能家居和智能建筑等多个领域的关注。LG Display 通过这一独特优势来开拓应用场景，从而扩大面板销售，该公司于 2020 年 8 月 23 日宣布，LG Display 已成为世界上第一家为北京和深圳地铁“智慧车窗”提供透明 OLED 的公司。智慧车窗的重点是把车窗与显示屏相结合，实现透明显示，安装在北京地铁 6 号线和深圳地铁 10 号线列车上的 55 英寸透明 OLED 面板，透明度已接近 40%。将车窗变为可移动显示器，作为重要的车载信息媒介，具有光线可调、通透性好、保护隐私、响应快、智能交互等特点，可以实时提供天气预报、列车运行信息、列车位置信息、地铁换乘信息、实时航班信息等相关信息。

③ 在可穿戴医疗领域的应用。OLED 可低温加工在各种柔性衬底上，被认为特别适合应用于可穿戴设备或人体可接触设备，是易于实现轻柔、灵活、可拉伸和物体共形的光源技术。目前智能手表类可穿戴设备多采用柔性 OLED 显示，但可穿戴设备中 OLED 的应用并不局限于智能手表显示屏，其在移动可穿戴医疗领域也发挥着重要作用，如健康监测传感器测量心跳和血氧水平等，以及用于高级伤口护理或皮肤护理的光贴片或面膜。

6.3.2 稀土发光材料

(1) 稀土发光材料的分类

根据稀土元素的作用和激发方式、稀土材料的应用范围以及形态来分类。

① 按稀土元素的作用可分为：稀土化合物作为基质材料或者稀土元素与过渡元素共同构成的化合物作为基质材料、稀土离子作为激活剂。

② 按稀土元素的激发方式可分为：光致发光（紫外线激发）材料、阴极射线发光（高能电子束的轰击）材料、电致发光（直流电或交流电激发）材料、放射线发光（核辐射的照射）材料、高能量光子激发发光（X 射线或 γ 射线激发）材料等。

③ 按稀土材料的应用范围可分为：照明材料、显示材料、检测材料。

④ 按稀土材料的形态可分为：粉末材料、单晶材料、玻璃材料和陶瓷材料等。

图 6-10 为一种稀土发光材料的扫描电子显微镜图像。

(2) 稀土发光材料的发光机理

稀土发光材料的发光过程一般可分为：第一步基质晶格对激发能的吸收；第二步基质晶格将激发能传给待激活离子，令其激发；第三步处于激发态的离子发射荧光返回基态（见图 6-11）。

(3) 稀土发光材料的合成方法

目前稀土发光材料的合成方法有很多，常见的如下：

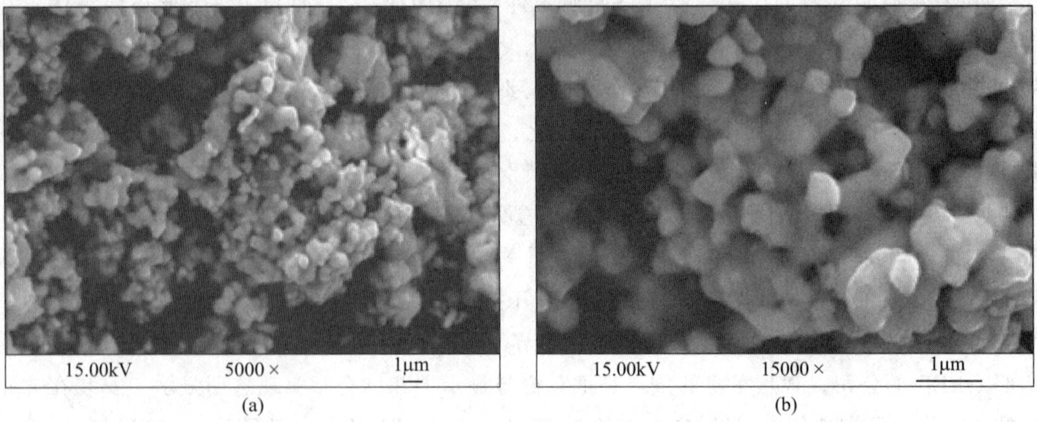

图 6-10　一种稀土发光材料的扫描电子显微镜图像

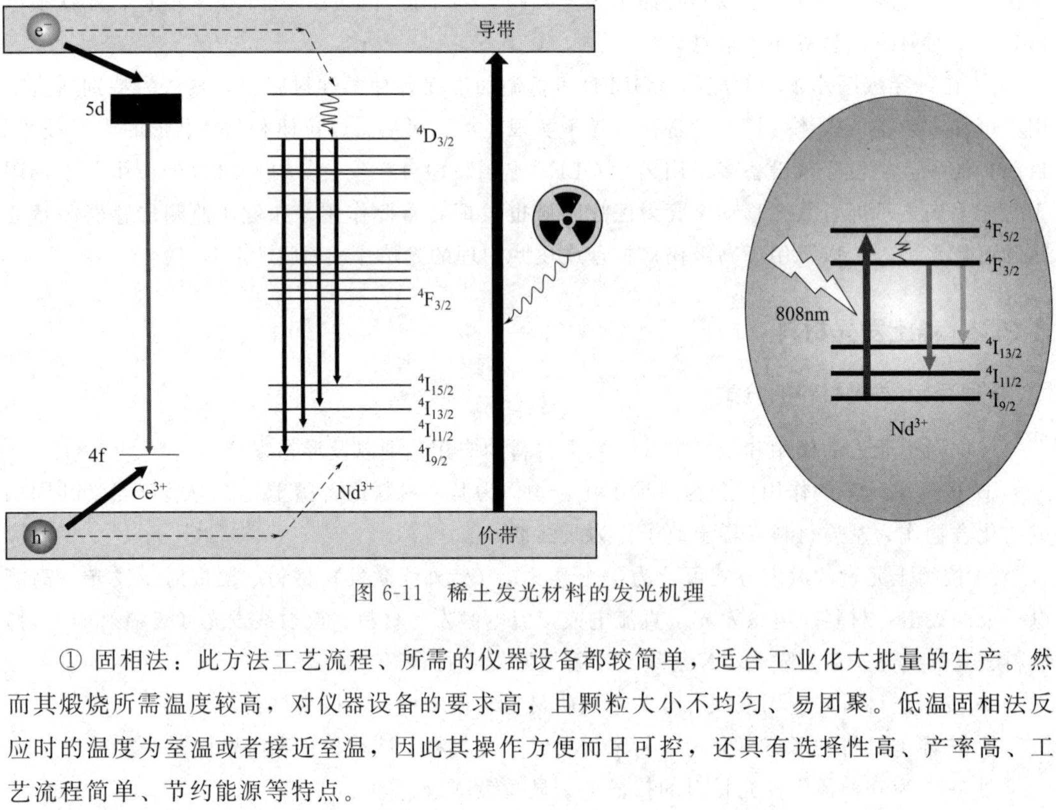

图 6-11　稀土发光材料的发光机理

① 固相法：此方法工艺流程、所需的仪器设备都较简单，适合工业化大批量的生产。然而其煅烧所需温度较高，对仪器设备的要求高，且颗粒大小不均匀、易团聚。低温固相法反应时的温度为室温或者接近室温，因此其操作方便而且可控，还具有选择性高、产率高、工艺流程简单、节约能源等特点。

② 沉淀法：可细分为直接沉淀法、共沉淀法和均匀沉淀法。

③ 溶胶凝胶法：此方法各种组分混合比较均匀，反应所需温度较低，产物的纯度高；反应物在分子、原子水平，发光效率较高且中心均匀分布；工艺流程简单、所需仪器设备并不复杂。但是其所需原料成本高、颗粒容易团聚，最后干燥处理时颗粒有明显收缩现象。

④ 燃烧法：此方法合成的荧光粉呈松散且易破碎的泡沫状，发光强度减弱趋势很小，合成步骤简单，反应速度很快。但是所得荧光粉纯度一般，且反应过程中会放出氨等对环境有危害的物质。

⑤ 微乳液法：此方法合成的超细颗粒分散性较好，形貌、晶态可以控制，粒径可以控制、分布均匀且窄，在合成纳米粒子材料方面比较优越。

⑥ 热分解法：此方法合成的荧光粉超微粒形态为较好的球状而且分布均匀。

⑦ 水热法：此方法制备的荧光粉是纯度比较高、单分散体系、晶型很好而且粒径大小可以控制的超细颗粒。

⑧ 微波法：此方法制备的稀土发光材料测试的荧光谱图中仅有微弱的红移现象，合成过程中可以向基质中掺杂浓度较高的离子，并且制备出的材料易保存。

(4) 稀土发光材料的应用

稀土发光材料主要用作三基色荧光及彩色显示材料［图 6-12（a）］，还可以用作光致防伪材料、放射线防护材料。稀土发光材料对时间分辨荧光分析、特定物质分析和检测及药物开发都有重要作用［图 6-12（b)］。此外，其在农用光转换膜、医疗 X 射线增感屏、荧光涂料制品等方面也都有应用。

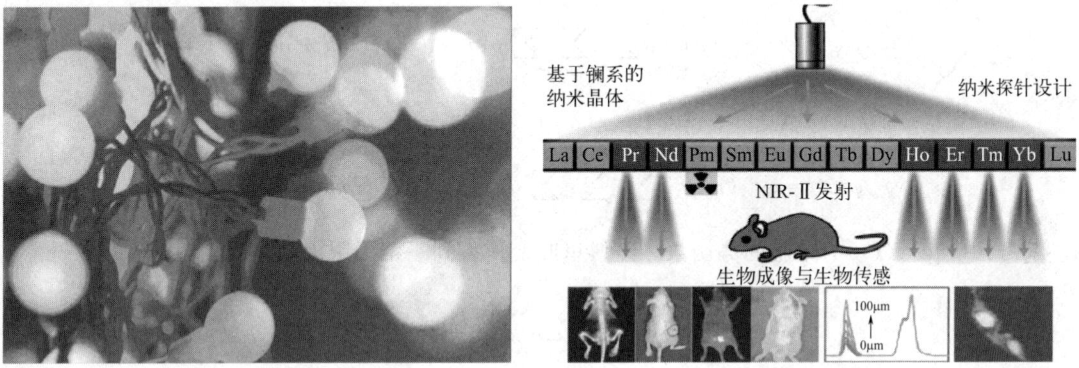

(a) (b)

图 6-12 稀土发光材料的应用

(5) 稀土发光材料的展望

中国已经连续多年成为稀土发光材料生产和消费第一大国，整体技术逼近国际领先水平。稀土发光材料的发展趋势为：①对稀土发光材料制备的新方法进行开发探索。现有的制备方法均有其各自的优缺点，需要不断完善、改进，将各种制备方法优化组合以取长补短。②对稀土发光材料的表面进行修饰改性。对稀土纳米微粒表面进行修饰，使得微粒表面出现新的化学、物理性能及新功能，从而拓宽其应用范围。稀土发光材料的纳米化和对渡金属离子、稀土掺杂纳米材料也已成为当今的研究热点。

6.4 衍射原理

衍射是分析周期性结构的重要方法，而晶体中原子周期排列、规则有序，故可用衍射研究晶体。晶体是单胞在三维空间的周期重复，晶体中所有原子都分布在与点阵的阵点呈某种固定关系的位置上，故用点阵来描述晶体的平移周期性。点阵的最短平移周期称为点阵的基矢，对初基点阵（单胞内只有一个阵点）来说，基矢就是单胞的三个轴。下面分析无限尺寸晶体的衍射和有限尺寸晶体的衍射。

6.4.1 无限尺寸晶体的衍射

将单胞内的原子分布在三维无穷大空间作周期重复，即可得到无限尺寸晶体，势函数记为

$$\varphi(\boldsymbol{r})=\sum_{j=-\infty}^{\infty}\left\{\sum_{i=1}^{n}[\varphi_i(\boldsymbol{r})\times\delta(\boldsymbol{r}-\boldsymbol{r}_i)]\times\delta(\boldsymbol{r}-\boldsymbol{r}_j)\right\} \tag{6-17}$$

由于晶体具有三维平移周期性，点阵矢量记为

$$\boldsymbol{r}_j=m\boldsymbol{a}+n\boldsymbol{b}+o\boldsymbol{c} \tag{6-18}$$

式中，m、n 和 o 均为整数。则势函数可以写为

$$\varphi(\boldsymbol{r})=\varphi_{\mathrm{UC}}(\boldsymbol{r})\times\sum_{m=-\infty}^{\infty}\sum_{n=-\infty}^{\infty}\sum_{o=-\infty}^{\infty}\delta[\boldsymbol{r}-(m\boldsymbol{a}+n\boldsymbol{b}+o\boldsymbol{c})] \tag{6-19}$$

或

$$\varphi(\boldsymbol{r})=\varphi_{\mathrm{UC}}(\boldsymbol{r})\times\sum_{m=-\infty}^{\infty}\sum_{n=-\infty}^{\infty}\sum_{o=-\infty}^{\infty}\delta(\boldsymbol{x}-m\boldsymbol{a},\boldsymbol{y}-n\boldsymbol{b},\boldsymbol{z}-o\boldsymbol{c}) \tag{6-20}$$

式中，$\varphi_{\mathrm{UC}}(\boldsymbol{r})$ 为单胞的势函数。经傅里叶变换得到三维无限大晶体的衍射振幅为

$$F(\boldsymbol{u})=F_{\mathrm{UC}}(\boldsymbol{u})\sum_{h=-\infty}^{\infty}\sum_{k=-\infty}^{\infty}\sum_{l=-\infty}^{\infty}\delta[\boldsymbol{u}-\boldsymbol{g}(h,k,l)] \tag{6-21}$$

式中，$\boldsymbol{u}$ 为衍射空间的任意矢量，而

$$\boldsymbol{g}=h\boldsymbol{a}^*+k\boldsymbol{b}^*+l\boldsymbol{c}^* \tag{6-22}$$

式中，h、k、l 为整数；$\boldsymbol{a}^*$、$\boldsymbol{b}^*$ 和 $\boldsymbol{c}^*$ 为倒易基矢。可以看到，对于晶体，散射振幅仅在 $\boldsymbol{u}=\boldsymbol{g}(h,k,l)$ 的孤立点处有值。公式引出了倒易点阵的概念，三维无限大晶体的散射振幅分布在三维无限大 $\boldsymbol{u}$ 空间中，且仅在用 δ 函数描述的孤立点位置上有值，这些孤立点在 $\boldsymbol{u}$ 空间中仍呈周期排列，构成倒易点阵，$\boldsymbol{g}$ 为倒易点阵的点阵平移矢量。

三个倒易基矢与实空间基矢之间有如下关系

$$\boldsymbol{a}\cdot\boldsymbol{a}^*=\boldsymbol{b}\cdot\boldsymbol{b}^*=\boldsymbol{c}\cdot\boldsymbol{c}^*=1 \tag{6-23}$$

$$\boldsymbol{a}\cdot\boldsymbol{b}^*=\boldsymbol{a}\cdot\boldsymbol{c}^*=\boldsymbol{b}\cdot\boldsymbol{a}^*=\cdots=0 \tag{6-24}$$

可以证明 $\boldsymbol{g}$ 平行于面 (h,k,l) 的法线，且 $|g|=\dfrac{1}{d}$，d 为反射面 (h,k,l) 面间距。对于 $\boldsymbol{a}$、$\boldsymbol{b}$、$\boldsymbol{c}$ 互相正交的情况，则有

$$\boldsymbol{a}\parallel\boldsymbol{a}^*,\boldsymbol{b}\parallel\boldsymbol{b}^*,\boldsymbol{c}\parallel\boldsymbol{c}^* \tag{6-25}$$

$$|\boldsymbol{a}^*|=\frac{1}{a},|\boldsymbol{b}^*|=\frac{1}{b},|\boldsymbol{c}^*|=\frac{1}{c} \tag{6-26}$$

这时有

$$F(\boldsymbol{u})=F_{\mathrm{UC}}(\boldsymbol{u})\sum_{h=-\infty}^{\infty}\sum_{k=-\infty}^{\infty}\sum_{l=-\infty}^{\infty}\delta\left(\boldsymbol{u}-\frac{h}{\boldsymbol{a}},\boldsymbol{v}-\frac{k}{\boldsymbol{b}},\boldsymbol{w}-\frac{l}{\boldsymbol{c}}\right) \tag{6-27}$$

由三维任意周期函数的傅里叶变换也可以得到式（6-27）。可以看出，$F(\boldsymbol{u})$只在$\boldsymbol{u}=\boldsymbol{g}$处有值，衍射振幅$F(\boldsymbol{u})$值的平方（衍射强度）与结构因子$F_{\mathrm{UC}}(\boldsymbol{u})=F(h,k,l)$的平方成比例。

$$I(\boldsymbol{u})=F_{\mathrm{UC}}(\boldsymbol{u})F_{\mathrm{UC}}^{*}(\boldsymbol{u})\sum_{h=-\infty}^{\infty}\sum_{k=-\infty}^{\infty}\sum_{l=-\infty}^{\infty}\delta[\boldsymbol{u}-\boldsymbol{g}(h,k,l)] \tag{6-28}$$

三维无限大晶体的 Patterson 函数分布则可记为

$$P(\boldsymbol{r})=\varphi_{\mathrm{UC}}(\boldsymbol{r})\varphi_{\mathrm{UC}}(-\boldsymbol{r})\sum_{i=-\infty}^{\infty}\sum_{j=-\infty}^{\infty}\delta[\boldsymbol{r}-(\boldsymbol{r}_i-\boldsymbol{r}_j)] \tag{6-29}$$

衍射空间矢量$\boldsymbol{u}=\boldsymbol{k}-\boldsymbol{k}_0$，$|k|=|k_0|=\dfrac{1}{\lambda}$。这里，$\boldsymbol{k}_0$、$\boldsymbol{k}$分别是入射和散射波矢量。当$\boldsymbol{u}=\boldsymbol{g}$时，可以得到劳厄方程组

$$\begin{cases}\boldsymbol{u}\cdot\boldsymbol{a}=h\\ \boldsymbol{u}\cdot\boldsymbol{b}=k\\ \boldsymbol{u}\cdot\boldsymbol{c}=l\end{cases} \tag{6-30}$$

式（6-30）称为劳厄衍射条件。由劳厄衍射条件可以直接导出布拉格衍射条件

$$2d\sin\theta=n\lambda \tag{6-31}$$

这就是著名的布拉格定律，又称为布拉格公式。常用埃瓦尔德衍射球构图（图6-13）来表示这个衍射条件，以$1/\lambda$为半径画球，称为埃瓦尔德衍射球，让入射波矢$\boldsymbol{k}_0$从球心指向倒易点阵原点O^*，当某个倒易阵点G正好在衍射球上时，满足$\boldsymbol{u}=\boldsymbol{k}-\boldsymbol{k}_0=\boldsymbol{g}$，衍射波矢$\boldsymbol{k}$从球心指向该倒易阵点。这就是说，当倒易矢量端点在衍射球上时劳厄衍射条件（以及布拉格衍射条件）成立。

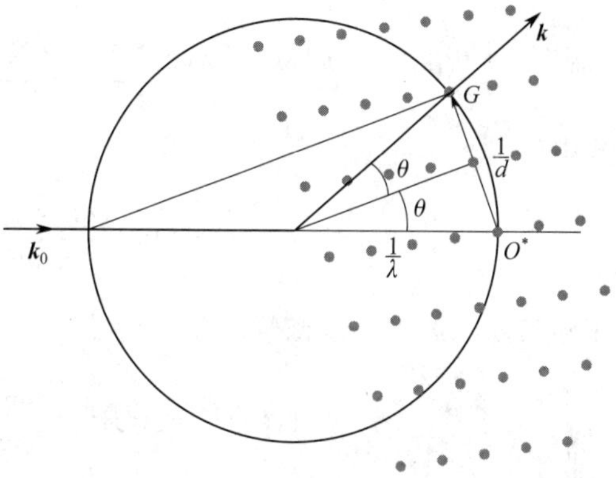

图6-13　埃瓦尔德衍射球构图

6.4.2　有限尺寸晶体的衍射

可以将有限尺寸晶体的势函数描述为无限尺寸晶体的势函数被形状函数$s(\boldsymbol{r})$所调制

$$\varphi_{\mathrm{f}}(\boldsymbol{r})=\varphi_{\mathrm{inf}}(\boldsymbol{r})s(\boldsymbol{r}) \tag{6-32}$$

傅里叶变换得到散射振幅的分布

$$F_{\mathrm{f}}(\boldsymbol{u})=F_{\mathrm{inf}}(\boldsymbol{u})s(\boldsymbol{u}) \tag{6-33}$$

式中，$\varphi_{\mathrm{f}}(\boldsymbol{r})$、$\varphi_{\mathrm{inf}}(\boldsymbol{r})$和$F_{\mathrm{f}}(\boldsymbol{u})$、$F_{\mathrm{inf}}(\boldsymbol{u})$分别表示有限尺寸和无限尺寸晶体的势函数和散射振幅，是形状函数$s(\boldsymbol{r})$的傅里叶变换，称为干涉函数。当形状函数$s(\boldsymbol{r})$的分布（晶体

尺寸）比原子尺寸大得多时，$s(\boldsymbol{u})$与$F(\boldsymbol{u})$相比是分布窄得多的函数，这时

$$|F_f(\boldsymbol{u})|^2=|F_{inf}(\boldsymbol{u})|^2|s(\boldsymbol{u})|^2 \tag{6-34}$$

是个好的近似。傅里叶变换得到Patterson函数分布

$$P_f(\boldsymbol{r})=P_{inf}(\boldsymbol{r})[s(\boldsymbol{r})s(-\boldsymbol{r})] \tag{6-35}$$

考虑具有正交初基单胞晶体的简单情况，晶体的三维尺寸分别为$A=N_1a$、$B=N_2b$、$C=N_3c$，形状函数$s(\boldsymbol{r})$记为

$$s(\boldsymbol{r})=s(x,y,z)=\begin{cases}1 & |x|\leqslant\frac{A}{2},|y|\leqslant\frac{B}{2},|z|\leqslant\frac{C}{2}\\0 & \text{其他}\end{cases} \tag{6-36}$$

势函数可以分别表示为

$$\begin{aligned}\varphi(\boldsymbol{r})&=\left[\varphi_{UC}(\boldsymbol{r})\sum_{i=-\infty}^{\infty}\delta(\boldsymbol{r}-\boldsymbol{r}_i)\right]s(\boldsymbol{r})\\&=\varphi_{UC}(\boldsymbol{r})\sum_{i=1}^{N_1}\sum_{m=1}^{N_2}\sum_{n=1}^{N_3}\{\delta[\boldsymbol{r}-\boldsymbol{r}(l,m,n)]\boldsymbol{r}(l,m,n)\}\\&=l\boldsymbol{a}+m\boldsymbol{b}+n\boldsymbol{c}\end{aligned} \tag{6-37}$$

从而可得到

$$I(\boldsymbol{u})=\{|F^2(h,k,l)|\sum_{h=-\infty}^{\infty}\sum_{k=-\infty}^{\infty}\sum_{l=-\infty}^{\infty}\delta[\boldsymbol{u}-(h\boldsymbol{a}^*+k\boldsymbol{b}^*+l\boldsymbol{c}^*)]\}|s(\boldsymbol{u})|^2 \tag{6-38}$$

式中

$$s(\boldsymbol{u})=ABC\,\frac{\sin(\pi A\boldsymbol{u})}{\pi A\boldsymbol{u}}\times\frac{\sin(\pi B\boldsymbol{v})}{\pi B\boldsymbol{v}}\times\frac{\sin(\pi C\boldsymbol{w})}{\pi C\boldsymbol{w}} \tag{6-39}$$

干涉函数$s(\boldsymbol{u})$是个实函数，有

$$|s(\boldsymbol{u})|^2=A^2B^2C^2\,\frac{\sin^2\pi A\boldsymbol{u}}{(\pi A\boldsymbol{u})^2}\times\frac{\sin^2\pi B\boldsymbol{v}}{(\pi B\boldsymbol{v})^2}\times\frac{\sin^2\pi C\boldsymbol{v}}{(\pi C\boldsymbol{v})^2} \tag{6-40}$$

经傅里叶变换得到Patterson函数分布

$$\begin{aligned}P(\boldsymbol{r})&=\{\varphi_{UC}(\boldsymbol{r})\varphi_{UC}(-\boldsymbol{r})\sum_{i=-\infty}^{\infty}\sum_{j=-\infty}^{\infty}\delta[\boldsymbol{r}-(\boldsymbol{r}_i-\boldsymbol{r}_j)]\}[s(\boldsymbol{r})s(-\boldsymbol{r})]\\&=\{\varphi_{UC}(\boldsymbol{r})\varphi_{UC}(-\boldsymbol{r})\sum_{m=-\infty}^{\infty}\sum_{n=-\infty}^{\infty}\sum_{o=-\infty}^{\infty}\delta[\boldsymbol{r}-(m\boldsymbol{a}+n\boldsymbol{b}+o\boldsymbol{c})]\}[s(\boldsymbol{r})s(-\boldsymbol{r})]\end{aligned} \tag{6-41}$$

对于真实晶体，晶体尺寸一般远大于原子尺寸，因而$I(\boldsymbol{u})$表达式成立。当$\varphi(\boldsymbol{r})$有N_1个峰值时，$P(\boldsymbol{r})$有$2N_1-1$个峰值；衍射强度则有无穷多个峰值。实空间晶体尺寸越大，倒易空间中$s(\boldsymbol{u})$和$|s(\boldsymbol{u})|^2$分布越狭窄，衍射斑点越锋锐。反之，晶体尺寸越小，衍射斑点扩展得越宽。有限体积效应会导致倒易点呈现棒状、盘状、球状以及其他复杂形状，这取决于晶体的三维空间尺寸。

6.4.3 协同散射与非协同散射

衍射的运动学近似条件破坏可以分为两种情况：协同多次散射和非协同多次散射。

如果单晶体处于某个 $\boldsymbol{g}(h,k,l)$ 反射的布拉格衍射位置上，晶体的其他反射面都远离反射位置，对于这个 $\boldsymbol{g}(h,k,l)$ 反射，晶体中包括的所有单胞的结构因子同相位叠加，晶体的衍射总振幅则是 $NF(h,k,l)$，N 为参加衍射的晶体区域所含单胞个数；而在其他散射方向上，晶体的散射振幅或是由于单胞的散射叠加抵消为零，或是由于远离衍射位置而变得很小。即使组成单胞的是低或中等原子序数原子，原子散射因子小，散射能力弱，但排列有序的大量原子集团协同散射的结果仍可以使衍射的振幅与强度足够强，从而协同散射导致多次散射过程极易发生，运动学散射条件遭到破坏。在这种情况下，电子波强度集中在透射和一两个衍射方向上。

与电子的散射过程相比，X 射线光子和中子与物质的动力学交互作用要弱得多，只有对大体积晶体，协同散射的结果才会有较强的衍射振幅与衍射强度。对于完整晶体的某个强衍射，X 射线程长一般需达到 1μm 左右，多次散射效应才变得明显；而对于中子衍射，需要认真考虑动力学散射效应的程长还要长几倍。对于较薄样品，X 射线衍射和中子衍射基本上是运动学问题；而对于电子衍射，即使是轻元素原子组成的晶体，传播距离仅在 10～20nm 范围内，就需要考虑动力学效应。

通常获得衍射的晶体区域尺寸远大于原子尺寸，完整晶体的衍射振幅与强度呈狭窄的峰形分布。但是如果晶体不完整，存在大量缺陷，衍射振幅与衍射强度均下降，需要考虑动力学散射问题的样品厚度要略厚一些。当原子排列完全无规则（非晶体）时，各原子或原子集团散射波的相位是随机的，总的散射是一种非协同散射。对于由轻元素原子组成的非晶薄样品，动力学散射效应并不很严重；然而，当电子从重原子散射，即使是从单个重原子散射，散射振幅也有可能相当大，因此重原子的非协同散射同样存在动力学散射问题。

6.5 压电效应

当材料受到外力拉伸或压缩作用时，材料表面出现与应力成比例的等量异号电荷，这种现象称为压电效应，也叫正压电效应；反之，当材料在受到电场作用时发生机械形变（伸长或缩短）的现象称为逆压电效应。具有压电效应的材料统称为压电材料。材料的压电性取决于其晶体结构的对称性，有对称中心的晶体不可能具有压电效应，而材料中有手性中心的原子、离子或分子晶体才具有压电性。

6.5.1 正逆压电效应和压电方程

（1）正压电效应

1880 年，法国科学家居里兄弟（Jacaues Curie 和 Pierre Curie）在研究石英晶体的物理性质时发现，按某种方位在石英晶体上切下一块薄晶片，在薄晶片表面加上电极后，沿着晶片

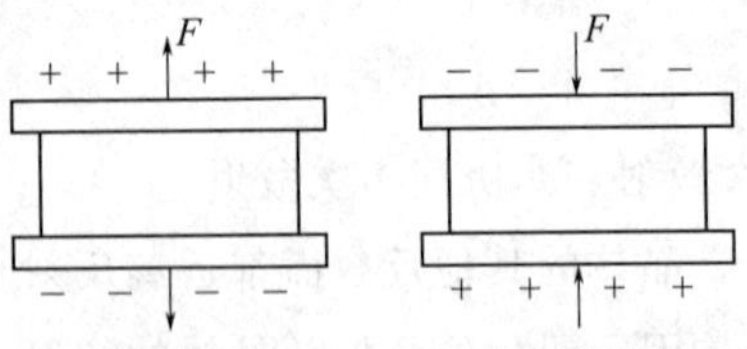

图 6-14　在不同状态下材料表面的电荷分布

的某些方向施加作用力，晶片产生形变，两个电极的表面出现了等量的正、负电荷。在不同状态下材料表面的电荷分布如图 6-14 所示。同时，电荷的面密度与作用力的大小成正比，当作用力撤除后，电荷随之消失。这种由于外力作用使石英晶体表面出现电荷的现象称为正压电效应。之后，其他晶体在进行类似实验时，也发现了与石英晶体一样的现象，将这些具有压电效应的晶体统称为压电晶体。

（2）逆压电效应

1881 年，李普曼（Gabriel Lippmann）根据热力学原理预言了逆压电效应存在，居里兄弟通过实验证实了逆压电效应的存在。若在外加电场中放入压电晶体，在电场作用下压电晶体会发生形变，形变的大小与外电场的大小成正比，当外加电场撤除后，压电晶体的形变也消失。这种由于外加电场作用而产生机械形变的现象称为逆压电效应。实验证明，正压电效应与逆压电效应是一一对应的关系，即凡是具有正压电效应的晶体，也一定具有逆压电效应。

（3）压电方程

压电方程代表了压电材料的性质，它是压电效应的数学表达式，压电性就是力学和电学之间的一种关系性质。正压电效应和逆压电效应可以用以下方程描述。

正压电效应
$$\boldsymbol{D}=[\boldsymbol{e}]^{\mathrm{T}}\boldsymbol{S}+[\boldsymbol{\varepsilon}^{S}]\boldsymbol{S} \tag{6-42}$$

逆压电效应
$$\boldsymbol{T}=[\boldsymbol{C}^{E}]\boldsymbol{S}+[\boldsymbol{e}]\boldsymbol{E} \tag{6-43}$$

式中，$\boldsymbol{D}$ 是电位移矢量；$\boldsymbol{T}$ 是应力矢量；$\boldsymbol{S}$ 是应变矢量；$\boldsymbol{E}$ 是电场矢量；$[\boldsymbol{e}]$ 是压电应力常数矩阵；$[\boldsymbol{\varepsilon}^{S}]$ 是常应变场下的介电系数矩阵；$[\boldsymbol{C}^{E}]$ 为恒定电场下的弹性系数矩阵。

6.5.2 压电材料分类

压电材料一般可以分为 3 类。第一类是无机压电材料，分为压电晶体和压电陶瓷。压电晶体是指由单一晶粒组成的压电单晶体；压电陶瓷泛指人工制造的压电多晶体材料。石英、镓酸锂等单晶的压电性弱、介电常数很低、受加工的限制，但其稳定性很好、机械品质因数高，多用来作标准频率控制的振子、高选择性的滤波器以及高频高温超声换能器等。与压电单晶相比，压电陶瓷压电性强、介电常数高、形状不受加工限制，但机械品质因数较低、电损耗较大、稳定性差，因而适合大功率换能器和宽带滤波器等方面的应用。第二类是有机压电材料，又称压电聚合物，如聚偏氟乙烯（PVDF）及以它为代表的其他有机压电材料。这类材料具有高强度、耐冲击、材质柔韧、低密度、低阻抗和高电压常数等优点，在技术应用领域中拥有独特的地位，目前已在水声超声测量、压力传感、引燃引爆等方面获得应用。不足之处是它们的压电应变常数偏低，使其在有源发射换能器方面的应用受到很大的限制。第三类是复合压电材料，这类材料由两相或多相材料复合而成，通常是由压电陶瓷与有机聚合物组成的两相复合材料，复合材料的某些压电性能大大提高，并获得了单一组成材料所不能达到的综合性能。复合压电材料具有压电性能较强、柔顺性好、密度小等优点，同时克服了不易加工成形的缺点，易制成大面积薄片和其他各种形状，现已在水声、电声、超声、医学等领域得到广泛应用。

6.5.3 压电效应的应用实例

6.5.3.1 压电传感器

（1）高温压电振动传感器

在航空航天领域中，高温压电振动传感器是航空发动机健康管理系统的专用器件，其通过压电材料的正压电效应进行测量，具有较高的耐温性、自发电、体积小、抗电磁干扰能力强、在高温环境中稳定、寿命长等优点，在发动机的健康评估、故障预测和诊断等方面起着至关重要的作用。

图 6-15 为压缩型和剪切型高温压电振动传感器的结构。高温压电陶瓷材料是结构中的敏感元件，与惯性质量块等形成组件，利用其正压电效应实现振动信号向电信号输出，从而实现测量。由于装配结构和工作原理的不同，高温压电振动传感器主要分为压缩型和剪切型。剪切型相较于压缩型，具有输出高、尺寸小、带宽大、低横向输出等优点，同时剪切型高温压电振动传感器与压电元件无直接接触，因此其瞬变温度灵敏度更低，温度性能更好，但固定压电元件方面仍存在一定困难。

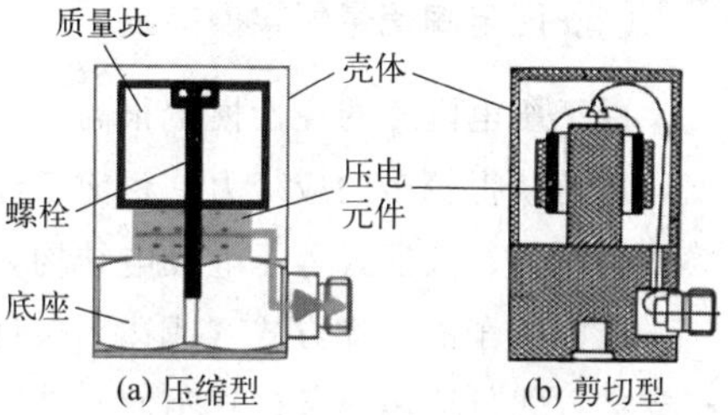

图 6-15　压缩型（a）和剪切型（b）高温压电振动传感器结构

目前，能够生产出成熟高温压电振动传感器的公司集中在美国和西欧国家，国内部分科研单位也对高温压电振动传感器开展了系统研究，并实现了小批量生产，但与国外先进压电陶瓷材料相比仍存在一定差距，尤其在长时间温度稳定性、机载环境适应性等方面。

（2） PVDF 复合材料压电触觉传感器

压电触觉传感器利用材料的压电效应来获得触觉信息，具有高灵敏度、动态响应、低能耗甚至自供能等优势，在发展快速动态响应、低能耗、自供能的柔性触觉传感器方面具有独特的优势。PVDF 是最具代表性的有机压电聚合物材料，PVDF 及其共聚物是一种化学性能稳定的柔性压电材料，其机械强度高、声阻抗易与水和生物的声抗匹配、频响范围宽，且可用于制备大面积薄膜，是柔性压电触觉传感器的理想材料之一。

基于 PVDF 的压电触觉传感器由上电极、PVDF 薄膜、下电极组成敏感单元。当有正压力施加在 PVDF 薄膜表面时，薄膜向下弯曲的瞬间产生压电电荷，并在上、下电极两端积累产生电势差，所产生的电荷与施加的压力成正比。当压力释放后，PVDF 薄膜快速恢复至无电荷状态。当 PVDF 压电触觉传感器受到外界的作用（与物体之间产生接触力和滑移等）时，将在两个电极端产生对应的压电电荷，通过电荷放大器将电荷信号转换为电信号，根据采集到的电信号即可得知物体表面的几何性质和材料性质等有效信息。PVDF 压电触觉传感器在机器手、微创手术、健康监测等领域都表现优异，应用领域不断拓展。He 等将 PVDF 和四角针状 ZnO（T-ZnO）纳米材料混合，在柔性织物衬底上研制出一种集自供电、自清洁、触觉传感、气体探测为一体的多功能传感器，如图 6-16 所示。将传感器弯曲相同角度（57°）时，纯 PVDF /织物衬底和 T-ZnO/PVDF /织物衬底的压电电压分别为 0.18V 和 0.23V。

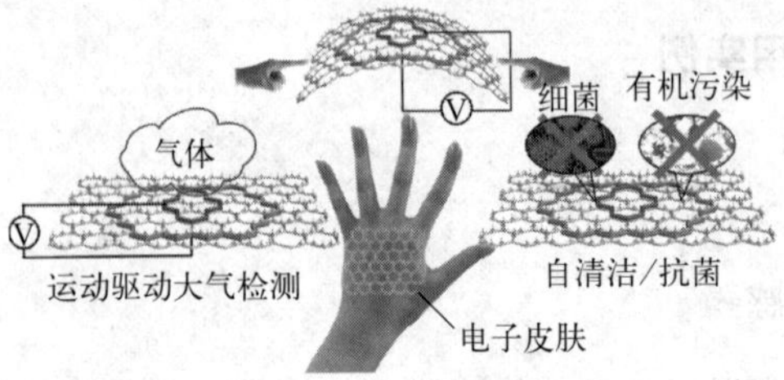

图 6-16　基于 PVDF 压电聚合物的柔性压电触觉传感器阵列结构

6.5.3.2　压电换能器

（1）压电陶瓷悬臂梁换能器

由于压电陶瓷的弹性模量很高，不能发生延展性形变，故利用材料的弯曲性使其出现形变，从而获得较多的应变力。目前已经研究了许多使其弯曲的结构，常见的包括悬臂梁、隔膜式、钹式、圆桶式等压电发电结构，其中应用及研究最多的结构是悬臂梁式结构。

压电振子的支撑方式（或边界条件）和结构尺寸是影响其发电能力的重要因素，压电振子支撑方式（或边界条件）不同，其工作方式及能量输出特点将有较大差异。通常，压电振子有四种不同的支撑方式，如图 6-17 所示，分别为悬臂支撑、周边固定支撑、自由边界支撑、简支支撑。

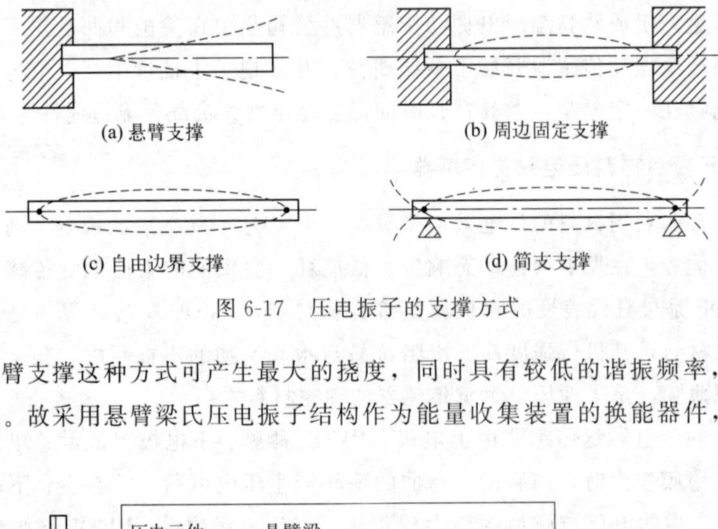

图 6-17　压电振子的支撑方式

其中，悬臂支撑这种方式可产生最大的挠度，同时具有较低的谐振频率，压电发电元件多采用此方式。故采用悬臂梁氏压电振子结构作为能量收集装置的换能器件，其基本结构如图 6-18 所示。

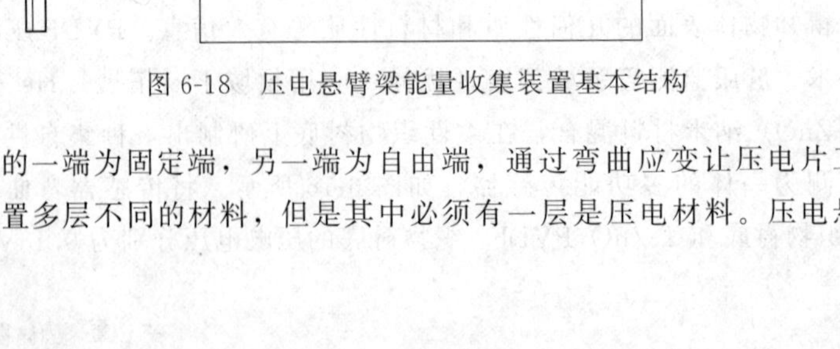

图 6-18　压电悬臂梁能量收集装置基本结构

压电悬臂梁的一端为固定端，另一端为自由端，通过弯曲应变让压电片工作的装置一般是在悬臂梁上安置多层不同的材料，但是其中必须有一层是压电材料。压电悬臂梁是以压电陶瓷片作为能量收集元件，利用正压电效应实现机械力和电能转化的装置，在外部机械力的作用下悬臂梁容易发生振动，而产生一定的形变量，贴在悬臂梁上的压电片由于受到悬臂梁的应力作用，会在其表面产生一定量的电荷，产生的电荷量与外部机械力大小成正比，即受到的机械作用力越大，压电片产生的电荷就越多。

（2）夹心式压电换能器

夹心式压电换能器是压电换能器中最常见的一种结构形式，主要由中心压电陶瓷片和前后的金属体通过预应力螺栓紧固在一起，形如“夹心”，如图6-19所示。夹心式压电陶瓷换能器利用多晶陶瓷经强电场极化后具有的压电效应实现电能和机械振动能的转换。夹心式压电换能器可在外电场作用下产生各种振动变形，并且能够产生强超声波辐射，在功率超声领域应用较为广泛，具有低输出频率、高功率容量、稳定的振动输出等特点。

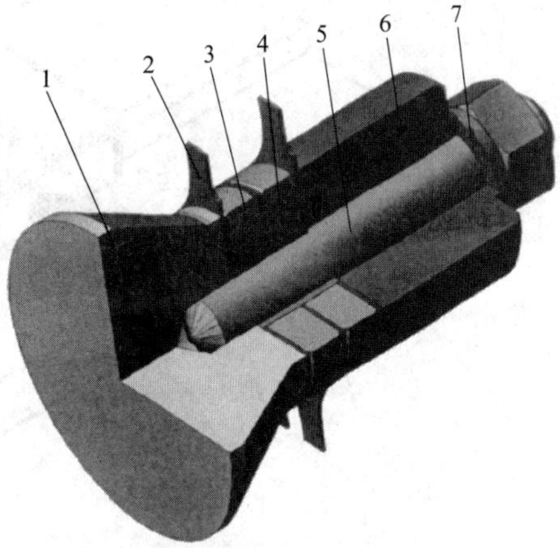

图 6-19　压电换能器装置
1—前盖板；2—压电陶瓷片；3—绝缘套筒；4—铜片电极；5—预应力螺栓；6—后盖板；7—预应力螺母和弹簧垫圈

通过改变换能器材料和几何尺寸，比如压电陶瓷材料的厚度、形状及金属体的尺寸和形状，可以十分方便地对夹心式压电换能器进行优化设计，从而获得不同的工作频率及其他性能参数，以满足各种不同场合的需求。

6.5.3.3　压电驱动器

压电驱动器的工作原理是压电陶瓷的逆压电效应，压电陶瓷在电信号激励下产生微小形变，并利用摩擦作用将微形变变为转子的直线或旋转运动。与一般的微驱动器相比，压电驱动器具有位移分辨率高、频率响应好、发热低、线性好、无噪声及电磁干扰、驱动电压低、轻量小型等特点，主要以超精密压电微动台、微型压电驱动器、多自由度超声电机等为主。下面以微型压电驱动器为例作简要介绍。

微型压电驱动器结构简单，同时具有能量密度高、输出力矩大、无需减速装置的特点，目前主要有直线蠕动式、惯性冲量式、毫米压电旋转式微电机等。2003年，董蜀湘等人采用压电材料做振子，制作出直径为1.5mm、高度为7mm的压电管微电机。目前，毫米微电机广泛应用于相机镜头、生物医学器件上，并不断与微型机器人、微飞行器、微型人造卫星、微型定位机构、微型航天器等结合起来。如许多单反相机中广泛使用直径为10mm的压电弯曲微电机对镜头进行调焦；人造卫星中使用微型驱动器对卫星姿态进行调整，并控制太阳能电池板的展开和闭合。

2019年，董蜀湘提出压电-电磁双机理直线纳米运动电机结构，其结构和驱动机理见图6-20。该发明通过共动子与共定子的设计把电磁和压电双机理结合在一起，再利用电磁机理产生宏观快速运动、压电步进机理产生微观低速运动、压电伺服实现纳米运动定位的三种运动模态，实现宏-微-纳全尺度运动精密定位。这种全新的双机理运动系统设计思路，有望有效克服传统的各种单一机理马达或电机存在的问题，特别是在解决快速运动、不受局域限制的纳米定位精度的矛盾方面具有独特优势。

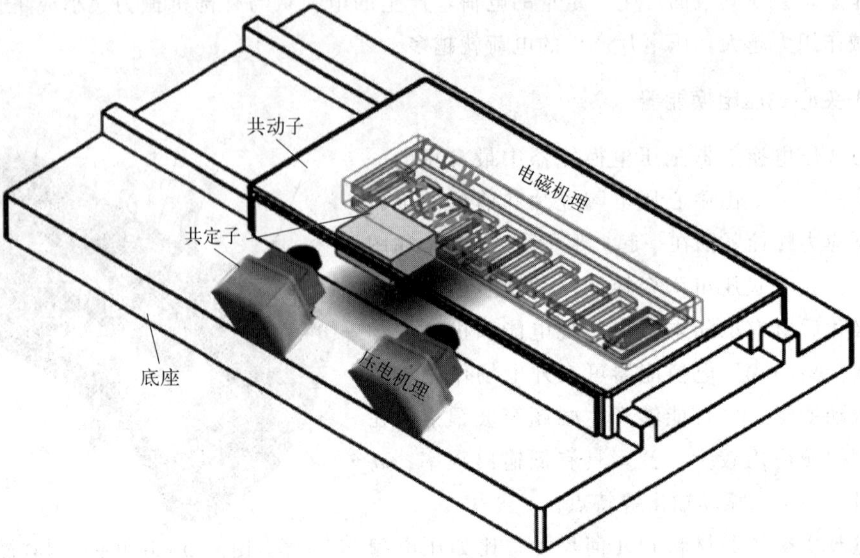

图 6-20　1.5mm 压电-电磁双机理直线纳米运动电机结构和驱动机理

6.6 磁热效应

磁热效应（magnetocaloric effect）是磁性材料本身所固有的一种属性，是指外加磁场变化时磁性材料自身所产生的温度升高和降低的现象。从热力学上来讲，磁热效应是磁性材料在磁场作用下产生熵的变化，从而引起磁性材料温度的改变，导致环境温度相应发生变化。磁制冷是以磁性材料为工质的一种新型制冷技术，其核心原理就是基于磁制冷材料的磁热效应。与传统的气体压缩制冷相比，磁制冷技术具有如下的优点：①绿色环保，磁制冷技术采用固体制冷工质，不会破坏臭氧层和引起温室效应；②高效节能，磁制冷技术的热力学效率可以达到卡诺循环效率的 60%～70%，甚至更高；③稳定可靠，无需气体压缩机，振动与噪声小，寿命长。

常压下，磁性材料的熵 S 由磁熵 S_M、晶格熵 S_L 和电子熵 S_E 组成，即

$$S(T,H)=S_M(T,H)+S_L(T)+S_E(T) \tag{6-44}$$

其中，磁熵 S_M 是磁场强度 H 和温度 T 的函数；而晶格熵 S_L 和电子熵 S_E 仅是温度 T 的函数。当外加磁场发生变化时，只有磁熵 S_M 随之变化，晶格熵 S_L 和电子熵 S_E 仅随温度变化而变化，因此，S_L 与 S_E 可以合并成温熵 S_T。于是式（6-44）可以改写为

$$S(T,H)=S_M(T,H)+S_T(T) \tag{6-45}$$

在绝热条件下，系统的熵变为零，即

$$\Delta S(T,H)=\Delta S_M(T,H)+\Delta S_T(T)=0 \tag{6-46}$$

图 6-21 给出了磁热效应的示意图。自发磁化状态下磁性材料内的磁矩呈无规则分布［图 6-21（a）］。当绝热磁化后，磁矩将由无规分布趋向于与磁场方向平行，这一过程使得磁熵降低，即 $\Delta S_M<0$；由于系统的总熵变不变，故 $\Delta S_T>0$，导致磁性材料的温度升高［图 6-21（b）］。随后通过热交换向外界排出热量，并恢复到初始温度［图 6-21（c）］。实施绝热退磁时，磁性材料内的磁矩又趋于无序排列，磁熵增加，磁性材料的温度降低［图 6-21（d）］，并通过热交换从外界吸收热量。如果绝热退磁引起的吸热过程和绝热磁化引起的放热过程用一个循环连接起来，通过外加磁场有意识地控制磁熵，就可以使得磁性材料不断地从一端吸热而从另一端放热，从而达到制冷的目的，这就是磁制冷。

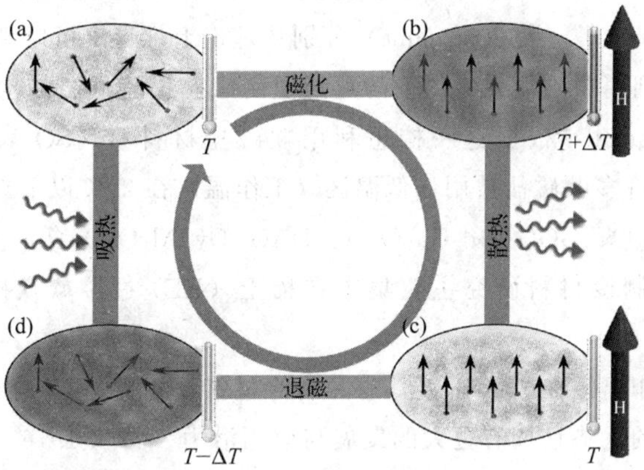

图 6-21　磁热效应

磁热效应的大小可由等温磁熵变 ΔS_M 和绝热温变 ΔT_{ad} 两个参数进行表征。等温磁熵变 ΔS_M 一般采用间接法测得，需要测量一系列不同温度的等温磁化 $M(H)$ 曲线，利用麦克斯韦关系计算等温磁熵变 ΔS_M，即

$$\Delta S_M=\int_0^H \frac{\partial M(T,H)}{\partial T}\mathrm{d}H \tag{6-47}$$

磁熵变与材料磁化强度的变化密切相关，由于磁制冷材料的磁化强度一般在磁有序温度（居里转变）附近随着相结构的改变发生剧烈变化，所以磁熵变会在相变温度附近出现极大值并表现出较大的磁热效应。绝热温变 ΔT_{ad} 可以通过间接法计算得到，也可以通过直接测量获得。根据间接法得到的等温磁熵变 ΔS_M，代入式（6-48）计算绝热温变 ΔT_{ad}，即

$$\Delta T_{ad}\approx T\Delta S_M/C_p \tag{6-48}$$

式中，C_p 为比热容。直接测量绝热温变 ΔT_{ad} 能够获得更为准确的磁场诱发的温度变化，其原理为：在绝热条件下磁场分别为 H_0 和 H_1 时，测量相应的试样温度 T_0 和 T_1，则 T_0 和 T_1 之差即为磁场变化时的绝热温变 ΔT_{ad}。可以采用两种方法进行测量，①半静态法：把试样移入或者移出磁场时测量试样的绝热温变 ΔT_{ad}；②动态法：采用脉冲磁场测量试样的绝热温变 ΔT_{ad}。

图 6-22 给出了 ΔS_M 与 ΔT_{ad} 之间的关系。绝热条件下施加磁场，系统的熵不变，试样的

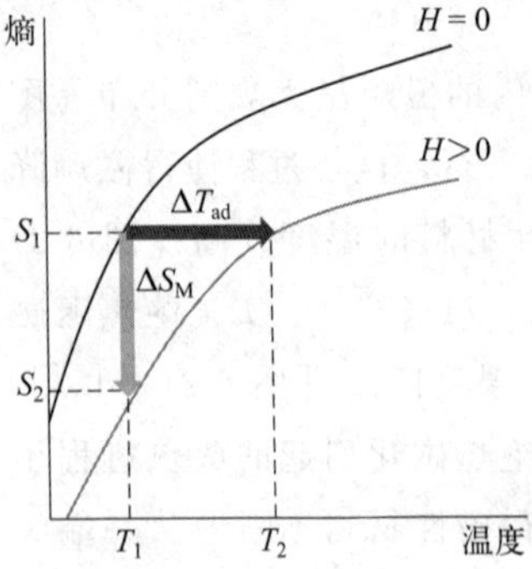

图 6-22 ΔS_M 与 ΔT_{ad} 之间的关系

温度从 T_1 升高到 T_2，用绝热温变 ΔT_{ad} 表征；等温条件下施加磁场，材料的熵从 S_1 降低到 S_2，用等温磁熵变 ΔS_M 来表征。

磁热效应是磁制冷技术的基础，开发具有大磁热效应的磁制冷材料一直是研究的热点。1881 年，瓦尔堡（Warburg）在铁中发现了磁热效应的存在，这一发现不仅使人们增进了对材料物理性质的认识，更重要的是为后来磁制冷技术的产生、发展和广泛应用奠定了基础。1905 年，郎之万首次证明改变顺磁体的磁化强度可以引起温度变化。1918 年，外斯和皮卡德（Piccard）从实验中发现 Ni 的磁热效应。1927 年，德拜和吉奥克（Giauque）分别从理论上推导出可以利用绝热去磁来实现制冷的结论，并提出了利用顺磁盐在磁场下的可逆温变来获得超低温的构想。1933 年，吉奥克和麦克杜格尔（McDougall）根据这一构想利用顺磁盐材料 $Gd(SO_4)_3 \cdot 8H_2O$ 成功获得了 0.25 K 的低温。此后许多顺磁盐被用作低温区（工作温区在 20K 以下）的磁制冷材料，例如 $Fe(NH_4)(SO_4) \cdot 2H_2O$、GGG（$Gd_3Ga_5O_{12}$）、DAG（$Dy_3Al_5O_{12}$）等。中温区（工作温区在 20～77K 之间）的磁制冷材料研究主要集中在稀土（RE）-过渡族铁磁合金，例如 $RECo_2$、$REAl_2$、$RENi_2$ 等。

对于高温区（工作温区在 77K 以上）的磁制冷材料，尤其是在室温下，磁制冷技术比传统气体制冷具有更大的优势且拥有更大的发展与应用潜力。自从 1976 年单质 Gd 成功获得了室温制冷效果后，室温应用下的磁制冷越来越受到关注，研究的磁制冷材料主要集中在重稀土及其合金、稀土-过渡金属化合物、过渡金属及合金、钙钛矿化合物等上，典型材料包括单质 Gd、Gd-Si-Ge、Fe-Rh、La-Ca-Mn-O、Mn-Fe-P-As、La-Fe-Si 等。

Heusler 型 Ni-Mn-X（X = Ga、In、Sn、Sb 等）系列合金是近年来引起广泛关注的一类多功能材料，这类材料因马氏体相变过程中结构与磁性的强烈耦合作用，可以获得显著的磁热效应。Ni-Mn-Ga 合金的低温相通常为铁磁性马氏体，而高温母相为顺磁性或铁磁性奥氏体；若通过调整合金成分实现顺磁-铁磁转变与马氏体转变同时发生（磁-结构转变），亦即顺磁奥氏体直接转变成铁磁马氏体，相变过程中的磁化强度变化会显著增加，从而能够获得大的磁热效应。为调控合金的磁-结构转变行为，通过第四组元 Cu 来替代 Mn，利用甩带技术制备了成分为 $Ni_{50}Mn_{25-x}Ga_{25}Cu_x$（$x=0\sim7$）的多晶合金薄带，并对薄带实施了 1173K 保温 24h 的后续退火。随着 Cu 含量的增加，马氏体相变温度近似线性升高，而居里温度则逐渐降低，居里转变与马氏体相变之间的温度间隔逐渐变小。图 6-23（a）与图 6-23（b）分别给出了 $Ni_{50}Mn_{21}Cu_4Ga_{25}$ 薄带与 $Ni_{50}Mn_{18}Cu_7Ga_{25}$ 薄带在 0.005T 磁场下的磁化强度随温度变化的曲线［$M(T)$曲线］。可以看出，$Ni_{50}Mn_{21}Cu_4Ga_{25}$ 薄带在降温过程中首先发生顺磁-铁磁转变，进而发生马氏体相变；而 $Ni_{50}Mn_{18}Cu_7Ga_{25}$ 薄带则实现了马氏体转变和磁转变的同时发生，即磁-结构转变，因而能够获得显著的磁热效应。

图 6-24（a）给出了 $Ni_{50}Mn_{18}Cu_7Ga_{25}$ 薄带在磁-结构转变过程中的 $M(H)$曲线，根据麦克斯韦关系计算得到的等温磁熵变 ΔS_M 如图 6-24（b）所示。在 2T 和 5T 磁场下，合金薄带的 ΔS_M 分别为 -14.3J/(kg·K) 和 -17.8J/(kg·K)。

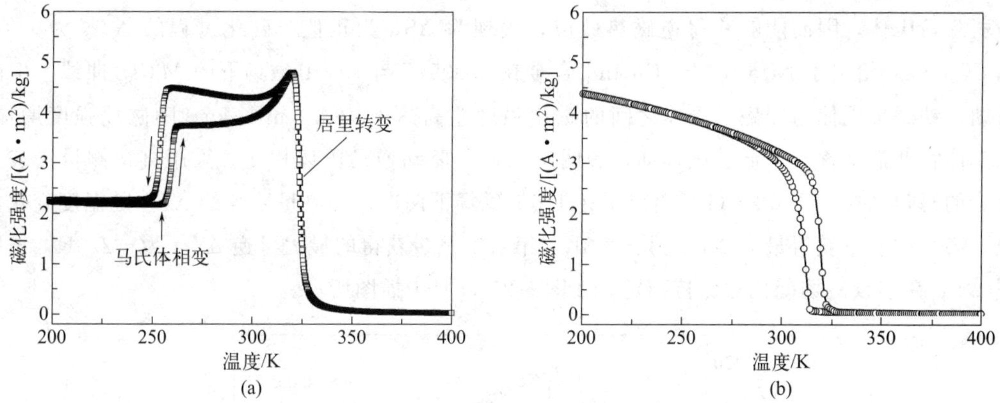

图 6-23　$Ni_{50}Mn_{21}Cu_4Ga_{25}$ 薄带（a）和 $Ni_{50}Mn_{18}Cu_7Ga_{25}$ 薄带（b）在 0.005 T 磁场下的 $M(T)$ 曲线

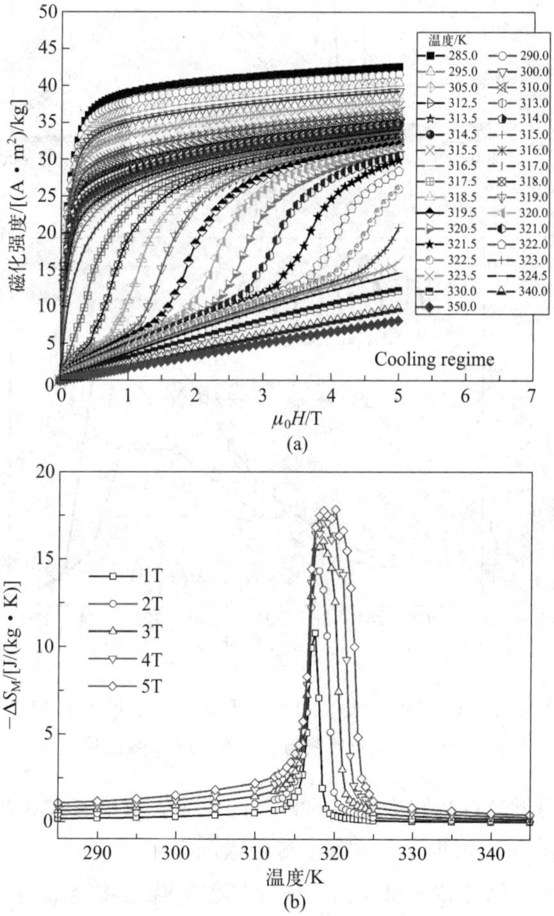

图 6-24　$Ni_{50}Mn_{18}Cu_7Ga_{25}$ 薄带在磁-结构转变过程中的 $M(H)$ 曲线（a）和不同磁场强度下的等温磁熵变 ΔS_M 随温度变化曲线（b）

与 Ni-Mn-Ga 合金不同，Ni-Mn-In（Sn，Sb）系列合金的马氏体相变是由铁磁奥氏体转变为弱磁马氏体，因而能够获得逆磁热效应，表现为 ΔS_M 为正值，磁化过程的 ΔT_{ad} 为负值。图 6-25（a）给出了 $Ni_{46}Co_3Mn_{35}Cu_2In_{14}$ 合金在 0.005 T 与 1.5 T 磁场下的 $M(T)$ 曲线。由图可知，铁磁奥氏体与弱磁马氏体之间的磁化强度差高达 110(A・m^2)/kg。随磁场强度增加，马氏体相变温度逐渐向低温区移动，表明磁场可以驱动逆马氏体相变。采用直接测量法表征合金的磁热效应，图 6-25（b）给出了在 1.5T 磁场下两次循环测量获得的 ΔT_{ad} 随温度变化情况。第一次测量获得最大 ΔT_{ad} 为－4.8K，第二次测量获得的最大可逆 ΔT_{ad} 为－2.5K，该可逆 ΔT_{ad} 在连续磁场变化时保持稳定，如图 6-25（b）中插图所示。

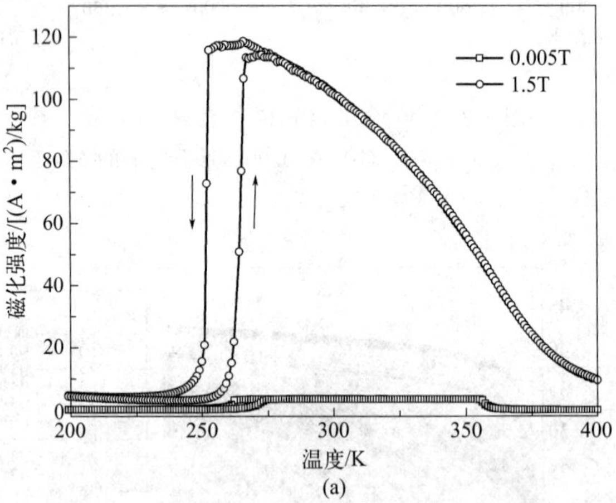

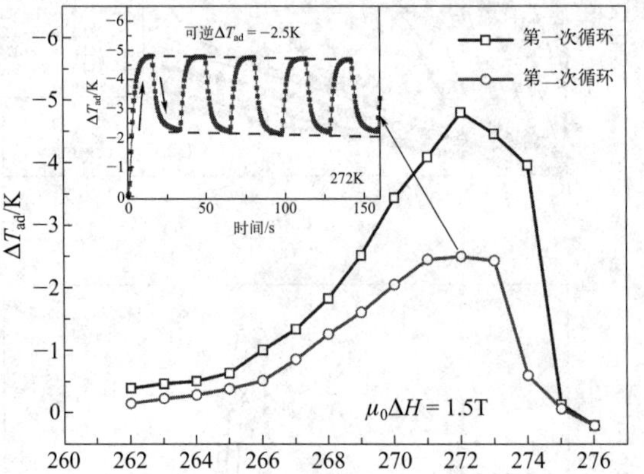

图 6-25　$Ni_{46}Co_3Mn_{35}Cu_2In_{14}$ 合金 0.005 T 与 1.5 T 磁场下的 $M(T)$ 曲线（a）和其在 1.5 T 磁场下两次循环测量获得的 ΔT_{ad} 随温度变化情况（b）

人们在探索室温附近具有高制冷效率的材料的同时，也一直在积极推进磁制冷样机的设计和研制。例如，2015 年海尔集团在美国举行的国际电子消费展上，展出了全球首款无压缩机的磁制冷酒柜。室温磁制冷技术由于其高效和环保的优点将会成为一种极具潜力的制冷方式，有望替代目前的家用、商用、工业以及其他特殊用途的制冷装置。

6.7 弹热效应

弹热效应（elastocaloric effect）是指施加单轴应力而引起的等温熵变（ΔS_{iso}）和绝热温变（ΔT_{ad}）的现象。基于弹热效应的弹热制冷系统具有结构设计简单且制冷效率高的优点，是有望替代传统压缩空气制冷的新型制冷技术。

形状记忆合金是典型的弹热材料，其弹热效应源于应力诱发马氏体相变过程中的相变潜热。如众所知，马氏体相变是一类非扩散型的固态相变，由高对称性的奥氏体转变为低对称性的马氏体。当合金处于马氏体状态时，施加外力会诱发马氏体变体的再取向从而产生形状变化，再将合金加热到某一温度之上会发生逆马氏体相变，奥氏体的晶体结构和晶体取向得到完全恢复，宏观形状变化也随之恢复，这一现象称为形状记忆效应。形状记忆合金的另一个特性是超弹性，其特征是合金在奥氏体状态时，施加应力会诱发马氏体相变而产生形变，应力去除后立即发生逆相变回到母相状态，宏观形变也随逆相变而完全消失。形状记忆合金的弹热效应通过应力诱发马氏体相变实现，借助应力诱发马氏体相变和逆相变过程中放出和吸收的相变潜热而达到制热和制冷的目的。

图 6-26 给出了形状记忆合金应力诱发马氏体相变（超弹性）及弹热效应的示意图。未施加应力时，合金处于奥氏体状态，其温度为 T_0。当施加的应力高于马氏体相变临界驱动应力后，应力能够诱发奥氏体向马氏体转变，合金的熵降低，释放相变潜热；如果该过程是一个绝热过程，合金本身温度会升高，此时温度为 $T_0+\Delta T_{ad}$，随后会向环境散热并恢复到环境温度（T_0）。去除应力后，合金发生逆马氏体相变，合金的熵增加，吸收热量；绝热条件下，合金的温度降为 $T_0-\Delta T_{ad}$，随后周围环境会向合金传递热量，使其温度回到 T_0，从而达到制冷的目的。

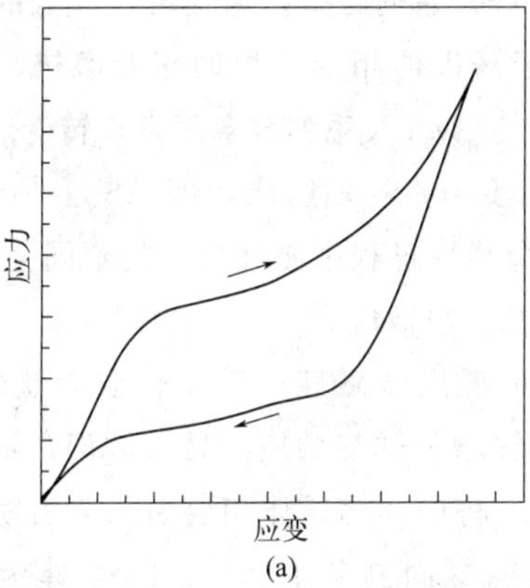

(a)

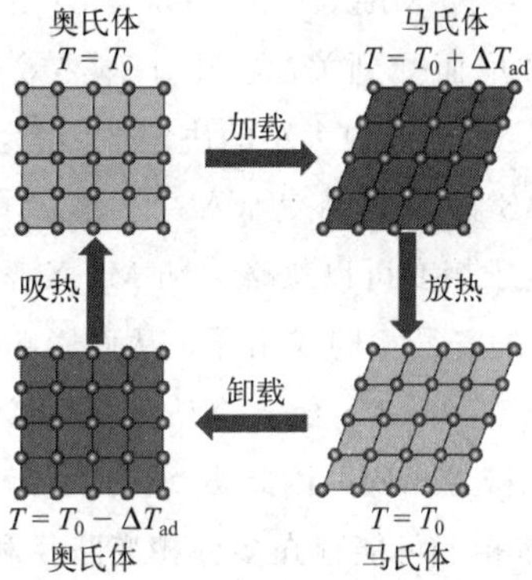

(b)

图 6-26　形状记忆合金应力诱发马氏体相变（超弹性）(a) 及弹热效应 (b)

弹热效应的大小通常以单轴应力作用下的等温熵变（ΔS_{iso}）或绝热温变（ΔT_{ad}）进行量化。ΔS_{iso} 一般采用间接法获得，而 ΔT_{ad} 通常采用直接法测得。

通过测量不同温度下的应力-应变曲线或者不同应力条件下应变-温度曲线并计算可得到

ΔS_{iso}，ΔS_{iso} 可利用式（6-49）和式（6-50）进行计算

① Clausius-Clapeyron 方程：$\Delta S_{iso}(0\rightarrow\sigma)=-\Delta\varepsilon(\mathrm{d}\sigma^T/\mathrm{d}T)$ (6-49)

② 麦克斯韦关系：$$\Delta S_{iso}(0\rightarrow\sigma)=\int_0^{\sigma}\left(\frac{\partial\varepsilon}{\partial T}\right)_{\sigma}\mathrm{d}\sigma \qquad (6\text{-}50)$$

式中，σ 为应力；σ^T 为驱动马氏体相变的临界应力；ε 为转变应变。根据计算得到的 ΔS_{iso}，理论绝热温变可以通过式（6-51）进行估算

$$\Delta T_{ad}=-T\Delta S_{iso}/C_p \qquad (6\text{-}51)$$

式中，T 为试验温度；C_p 为比热容。此外，ΔS_{iso} 也可以通过差示扫描量热分析（DSC）近似测得，即 $\Delta S_{iso}=Q/T$，Q 为相变潜热。但 DSC 测量获得的等温熵变通常要高于应力诱发的 ΔS_{iso}。

直接测量 ΔT_{ad} 可以通过在合金试样上的焊接热电偶或者采用非接触式的红外相机实现。测量过程中绝热条件一般通过快速加载/卸载来近似，需要应变速率达到 $0.2s^{-1}$ 或者更高。红外相机不但能获取温度变化值，而且可以提供温度空间分布随时间变化的信息，从而间接给出相变的空间分布。图 6-27 给出了快速加载与卸载过程中由红外相机所获得的 $Ni_{50.9}Ti_{49.1}$ 形状记忆合金样品温度的演变。

NiTi 合金是发展最早、研究最全面的形状记忆合金，具有形状记忆特性好、耐疲劳、强度高、生物相容性优异等优点，在工业、医学、航天、建筑等许多领域均已获得广泛应用。近年来，研究人员在 NiTi 合金中获得了优异的弹热效应。例如，$Ni_{50}Ti_{50}$ 合金丝材中获得了 25.5K 的绝热温变，$Ni_{50.4}Ti_{49.6}$ 多晶合金中获得了 27.2K 的绝热温变，$Ni_{49.8}Ti_{50.2}$ 多晶合金中获得了 30K 的绝热温变。近期，研究人员在 $(Ni_{50}Mn_{31.5}Ti_{18.5})_{99.8}B_{0.2}$ 多晶合金中获得了高达 31.5K 的绝热温变，这一巨弹热效应源于其相变前后大的体积变化，该发现也为寻找巨弹热制冷材料开辟了新思路。

Heusler 型 Ni-Mn-X（X = Ga、In、Sn、Sb 等）系列合金，因其可在较低的应力下获得显著的弹热效应而受到关注。由于弹热效应源于马氏体相变过程的相变潜热，因此转变熵（ΔS_{tr}）是决定弹热效应大小的决定性因素。对于 Ni-Mn-X 系列合金而言，转变熵主要由晶格振动熵变（ΔS_{vib}）、磁熵变（ΔS_M）以及电子熵变（ΔS_E）组成，即 $\Delta S_{tr}=\Delta S_{vib}+\Delta S_M+\Delta S_E$，其中电子熵变可以忽略。Ni-Mn-X 系列合金相变过程中磁性变化的不同会使得 ΔS_M 的符号与 ΔS_{vib} 的符号相同或相异，从而影响 ΔS_{tr} 及弹热效应。

一方面，Ni-Mn-Ga 合金的马氏体相变是由顺磁或铁磁性奥氏体转变为铁磁性马氏体，ΔS_M 与 ΔS_{vib} 符号相同，因此磁-结构耦合转变能够增强弹热效应。另一方面，根据合金成分不同，马氏体相变可能存在多种相变路径和产物，将中间马氏体相变引入应力诱发马氏体相变过程中亦能够增强 ΔS_{tr} 及弹热效应。利用定向凝固制备了＜0 0 1＞$_A$ 择优取向的多晶 $Ni_{55}Mn_{18}Ga_{27}$ 合金，该合金在降温过程中会发生两阶段的结构转变，即奥氏体首先转变为 7M 马氏体，进而转变为 NM 马氏体。图 6-28（a）给出了定向凝固 $Ni_{55}Mn_{18}Ga_{27}$ 合金压应力下的超弹性压缩应力-应变曲线，加载过程中出现了两个应力平台，表明应力可以诱发两阶段相变。基于两阶段相变，在 350MPa 应力下通过快速卸载获得了 －10.7℃ 的绝热温变，如图 6-28（b）所示。

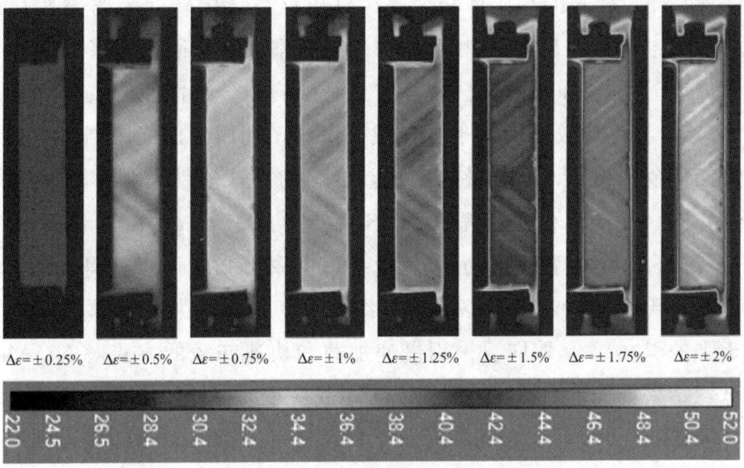

(a) 加载

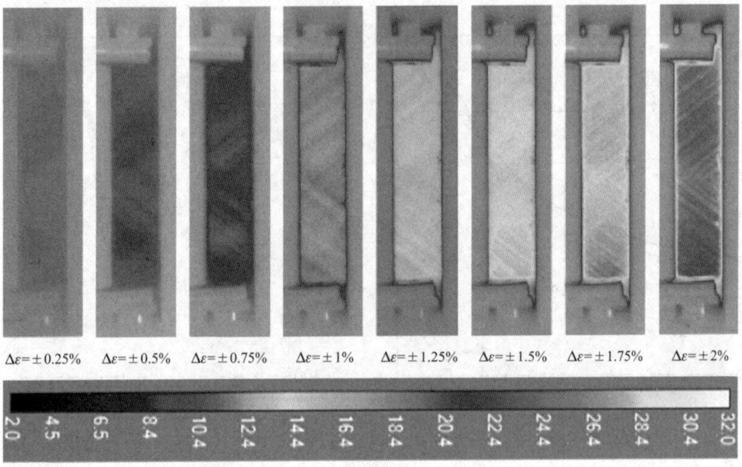

(b) 卸载

图 6-27　快速加载与卸载过程中由红外相机所获得 $Ni_{50.9}Ti_{49.1}$ 形状记忆合金样品温度的演变

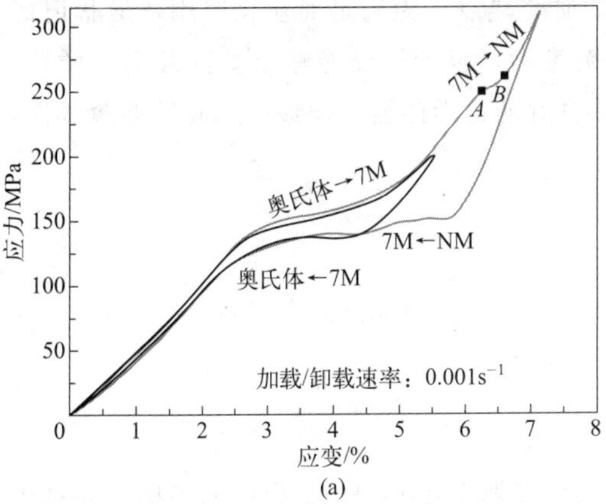

(a)

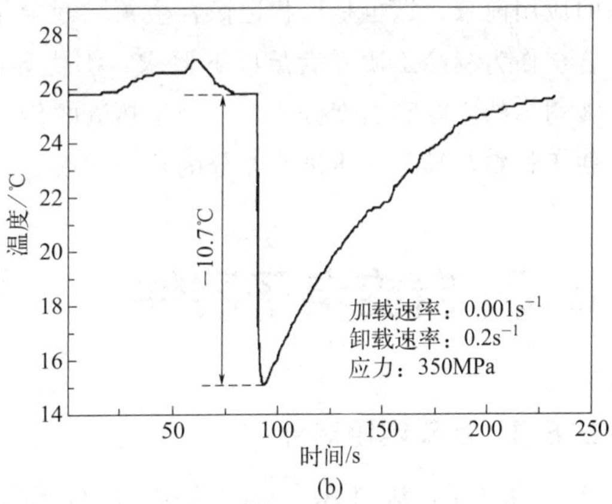

(b)

图 6-28　定向凝固 $Ni_{55}Mn_{18}Ga_{27}$ 合金压应力下的超弹性压缩应力-应变曲线（a）和样品温度随时间变化曲线（b）

Ni-Mn-In (Sn, Sb) 合金的马氏体相变是由铁磁性奥氏体转变为弱磁性马氏体，故相变过程中的 ΔS_M 与 ΔS_{vib} 符号相反，磁性变化对 ΔS_{tr} 起副作用。因此，降低两相之间的磁性变化有利于获得大的 ΔS_{tr} 以及弹热效应。合金成分是影响合金磁性能的重要因素，故也可以通过改变成分增大 ΔS_{tr} 及弹热效应。基于合金成分设计，利用定向凝固制备了强<0 0 1>$_A$ 取向的 $Ni_{44}Mn_{46}Sn_{10}$ 合金。由于 Mn 含量的增加，合金的反铁磁性增强，两相之间的磁性差别仅为 36 (A·m^2)/kg，马氏体相变过程中的 ΔS_{tr} 高达约 50J/(kg·K)。图 6-29 (a) 给出了定向凝固 $Ni_{44}Mn_{46}Sn_{10}$ 合金的超弹性应力-应变曲线，由图可知，可以获得高达 8%的可恢复应变，发生应力诱发马氏体相变的临界驱动应力约为 150 MPa。大的超弹性应变及低的临界驱动应力应归因于强的<001>$_A$ 取向。采用慢速加载和快速卸载的方式对 $Ni_{44}Mn_{46}Sn_{10}$ 合金进行弹热效应测试，结果如图 6-29 (b) 所示。随卸载应变量从 3%增大到 7%，测得的最大绝热温变分别为−5.4℃、−7.9℃、−9.8℃、−11.8℃和−14℃；当应变量进一步增加到 8%时，卸载过程中获得了−18℃的绝热温变。

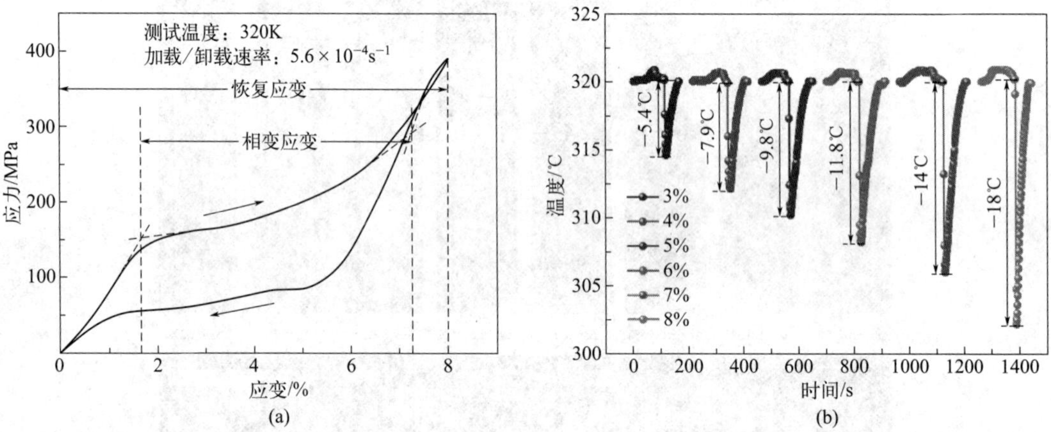

图 6-29　定向凝固 $Ni_{44}Mn_{46}Sn_{10}$ 合金的超弹性应力-应变曲线 (a) 和样品温度随时间变化 (b)

利用形状记忆合金的弹热效应实现制冷具有环境友好、制冷效率高的优点，且具有良好的应用前景，这也是形状记忆合金领域近十年来的研究热点。为满足商业化应用，形状记忆合金作为制冷工质应满足以下要求：①优异的疲劳寿命，至少需要能够经受百万次的循环；②均匀的应变和温度分布，以利于热流的传导；③良好的力学性能，能够加工成足够薄试样，便于材料与导热介质进行充分的热量交换。

6.8 自旋电子器件

6.8.1 巨磁电阻器件

1988 年，法国 A. Fert 和德国 P. Gruberg 的两个课题组在 Fe 和 Cr 组成的多层膜体系中分别发现，当外加磁场将所有 Fe 层的磁矩取向从反平行转变为平行时，多层膜的电阻会非常明显地下降，如图 6-30 所示，Fe/Cr 多层膜结构的磁电阻可以达到 50%，远远大于传统的磁电阻和各向异性磁电阻。在这种金属/非磁金属多层膜结构中得到的巨大磁电阻称为巨磁电阻（giant magnetoresistance，GMR）效应。

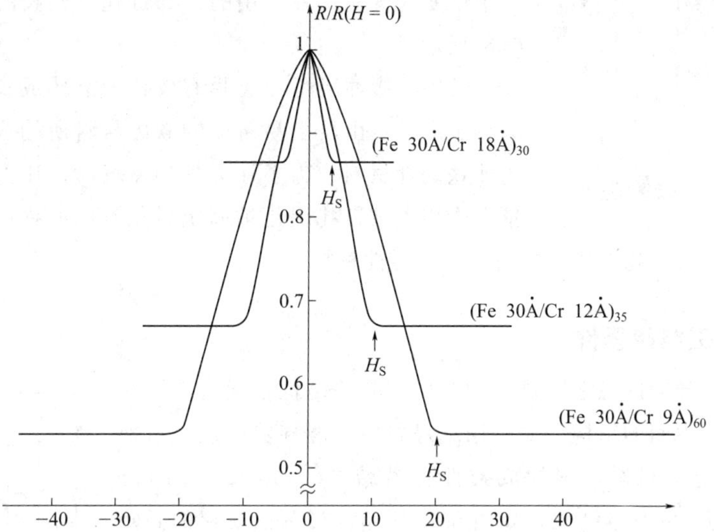

图 6-30　Fe/Cr 多层膜的 MR-H 曲线

GMR 效应可以采用 Mott 提出的双电流模型进行解释。在该模型中自旋向上和自旋向下分处于两个独立的通道，并且这两个通道是并联关系，如图 6-31 所示。没有磁场作用下，两个铁磁层的自旋方向是相反的，电子在穿过多层膜时将受到增强的自旋相关散射，从而表现出大电阻。当多层膜处于磁场环境下时，两侧的铁磁层将趋向于相同的自旋方向，在这种情况下，电子受到的来源于自旋相关的散射就会减弱，从而使得电阻降低。因此，在有无磁场的情况下，整个体系将分别处于高低两种不同的阻态。

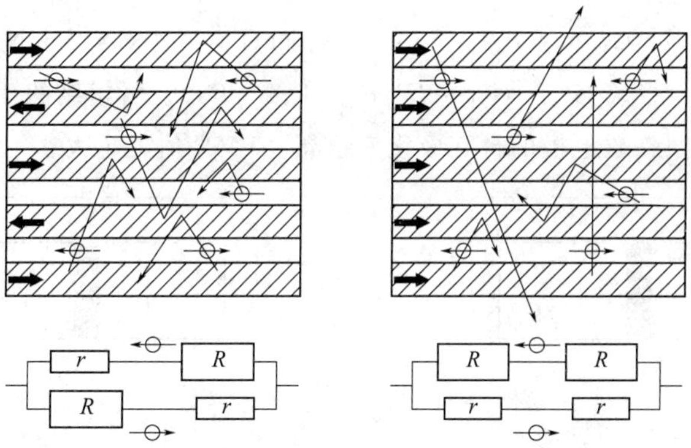

(a) 反平行时高阻态　　(b) 平行时低阻态

图 6-31　GMR 效应示意（R、r 为等效电阻）

在 GMR 效应基础上，人们设计出了自旋阀，自旋阀的核心结构是两边为铁磁层，中间为较厚的非铁磁层构成的多层膜（图 6-32）。其中，一边的铁磁层矫顽力大，磁矩固定不变，称为被钉扎层；而另外一边铁磁层的磁矩对小的外加磁场即可响应，称为自由层。被钉扎层的磁矩与自由层的磁矩之间的夹角发生变化会导致电阻值改变，如此，在较低的外磁场下相

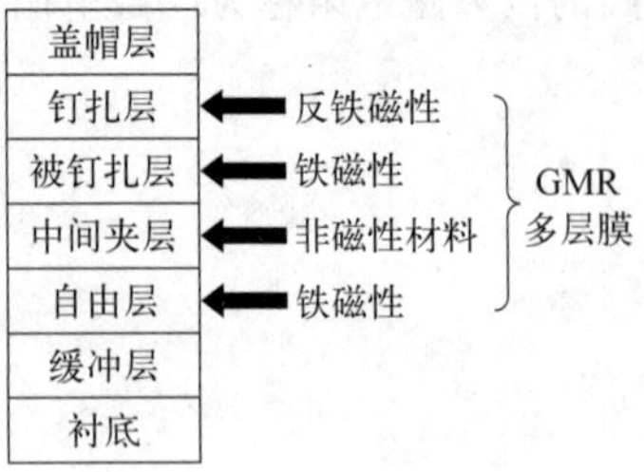

图 6-32　自旋阀叠层结构

邻铁磁层的磁矩能够在平行与反平行排列之间变换，从而引起磁电阻的变化。自旋阀结构的出现使得巨磁电阻效应的应用很快变为现实。最常用的顶部钉扎自旋阀的具体结构如图 6-32 所示。

其中，缓冲层可使镀膜有较佳的晶体成长方向，故也称为种子层。自由层由易磁化的软磁材料所构成。中间夹层应为非铁磁性材料，为了在无外加磁场时，让上下两铁磁层无耦合作用。被钉扎层是被固定磁化方向的铁磁性材料，而钉扎层是用于固定被钉扎层磁化方向的反铁磁性材料。

6.8.2　隧道磁电阻器件

如上所述，产生巨磁电阻效应的多层膜是非磁性金属材料层夹在两铁磁材料层中间的结构。如果用绝缘材料（隧穿势垒层）替换中间的非磁性金属材料，则构成磁性隧道结（magnetic tunneling junctions，MTJ）的基本结构，如图 6-33 所示。当两铁磁层的磁矩平行与反平行排列时，磁性隧道结的电阻有较大的不同，这种磁性隧道结的电阻随铁磁层磁矩相对取向不同而发生变化的性质被定义为隧道磁电阻（tunneling magnetoresistance，TMR）效应。

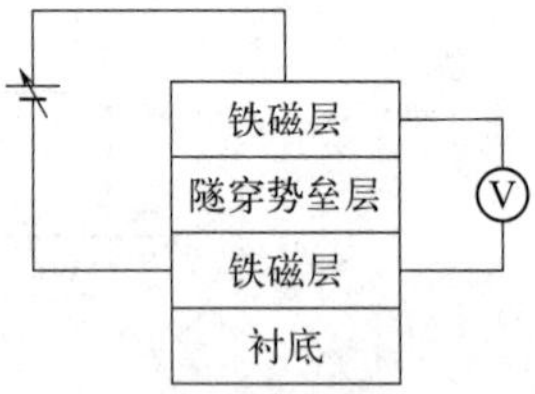

图 6-33　磁性隧道结的结构

TMR 效应可以采用 Julliere 模型进行解释。Julliere 假设自旋极化率和金属铁磁电极上自旋和下自旋电子的占据态有关，也就是和金属铁磁电极的态密度有很大关系。如图 6-34 所示，定义两个金属铁磁电极的自旋极化率为 $P=(N_\uparrow-N_\downarrow)/(N_\uparrow+N_\downarrow)$，其中 $N_\uparrow$、$N_\downarrow$ 分别代表电极费米面处上自旋与下自旋电子的态密度。该模型认为电极中的电子是完全相同的，故可以认为铁磁电极的磁矩平行与反平行排列时的隧道电导与两铁磁电极费米面处的电子态密度的乘积成正比，即：$G_P \propto N_{1\uparrow}N_{2\uparrow}+N_{1\downarrow}N_{2\downarrow}$ 和 $G_{AP} \propto N_{1\uparrow}N_{2\downarrow}+N_{1\downarrow}N_{2\uparrow}$，这样隧道磁电阻可表示为 $\mathrm{TMR}=(G_P-G_{AP})/G_{AP}=2P_1P_2/(1-P_1P_2)$。隧道结的 TMR 值与铁磁电极的自旋极化率有关，金属铁磁电极的自旋极化率越高，TMR 值就越大。

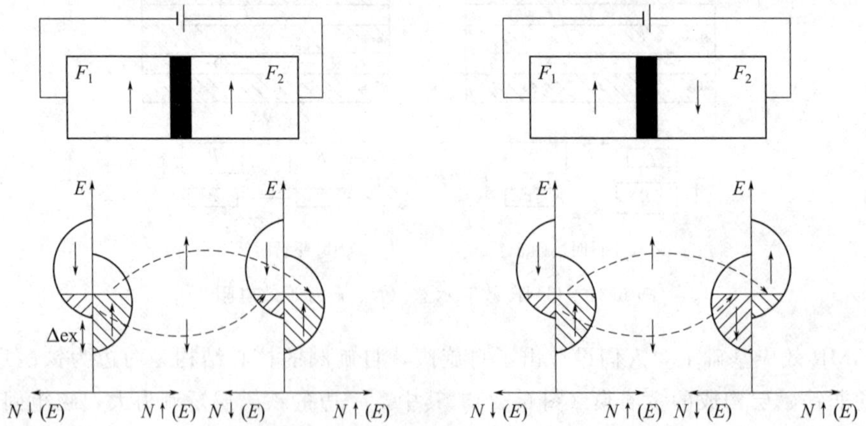

图 6-34　隧道磁电阻的理论模型［$N(E)$ 为能态密度］

由于实验设备及材料制备技术的不足，Julliere 的研究结果发表后的一段时间里，磁性隧道结的研究一直没有大的发展。直到 1995 年，美国麻省理工学院的 Moodera 课题组和日本东北大学的 Miyasaki 课题组在非晶氧化铝（AlO）势垒的 MTJ 中分别观察到了 18%和 12%的室温隧道磁电阻效应值，进而掀起了磁性隧道结及其物理性质的研究热潮。随着实验研究的发展，2008 年，Wei 等在以 CoFeB 为电极、非晶 AlO 为势垒的 MTJ 中获得了 81%的室温 TMR 值。然而，对于自旋电子器件应用的要求，81%的室温 TMR 值还存在明显的差距。2004 年，Tsukuba 和 IBM 实验室的 Parkin 两个课题组分别在以 MgO 为势垒的磁性隧道结中获得了约 200%的室温 TMR 值。此后，以 MgO 为势垒的磁性隧道结成为磁性隧道结研究的重点。到目前为止，以 MgO 为势垒、CoFeB 为电极的单势垒 MTJ 在 450℃高温退火后，室温 TMR 值最高可以达到 604%（5K 时为 1144%），使得基于 TMR 效应的磁性隧道结成为开发磁随机存储器（MRAM）、自旋纳米振荡器以及磁逻辑器等下一代自旋电子学器件的核心。

6.8.3 自旋转移矩与自旋轨道矩

自旋转移矩的发现是磁学历史上的一个里程碑，材料的磁矩不仅可以由外加磁场改变，外加电流也是改变材料磁性的一种手段。1996 年，Slonczewski 和 Berger 从理论上预测了一种被称为自旋转移矩（spin transfer torque，STT）的纯电学的磁隧道结写入方式。当自旋极化的电流流入磁性层时，其与磁性层的磁化相互作用，导致自旋极化电流的横向分量被转移，由于角动量守恒，被转移的横向分量将以力矩的形式作用于磁性层，迫使磁性层的磁化方向与电流极化的方向接近，该力矩被称为自旋转移矩，如图 6-35 所示。

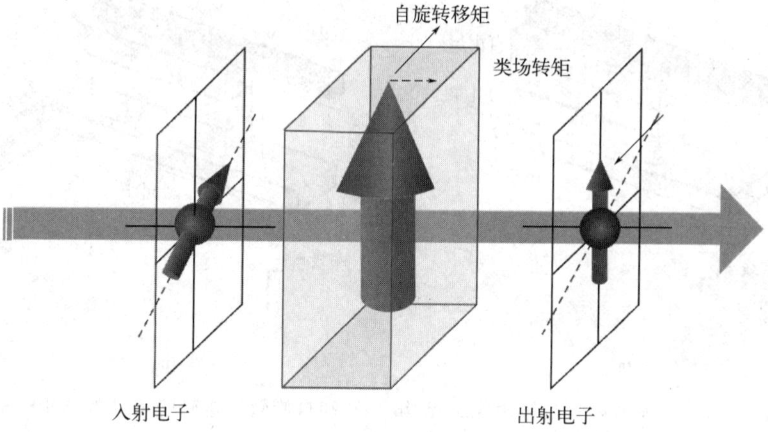

图 6-35　自旋转移矩

此外，也可以基于自旋轨道矩（spin-orbit torque，SOT）实现磁矩的翻转。自旋轨道矩指基于自旋轨道耦合（spin-orbit coupling，SOC），利用电荷流诱导的自旋流来产生自旋转移矩。可以通过自旋霍尔效应和 Edelstein 效应产生自旋轨道矩，如图 6-36 所示。

6.8.4 磁电阻随机存储器

磁阻式随机存取内存（magnetoresistive random access memory，缩写为 MRAM）是一种非易失性内存技术。当前，磁性随机存储器主要有两个分支：基于自旋转移矩和自旋轨道矩

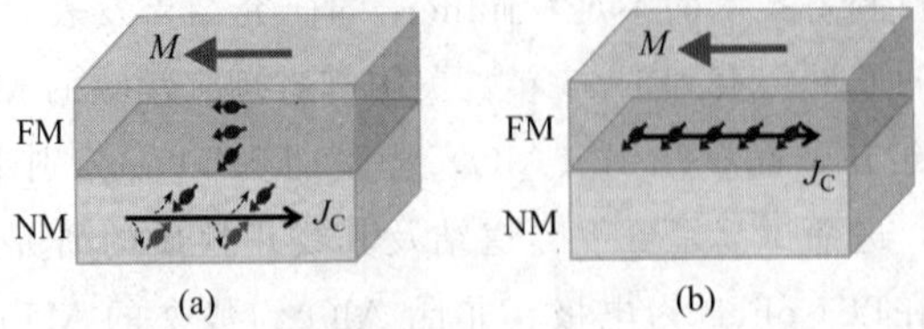

图 6-36　由自旋霍尔效应产生的自旋轨道矩（a）和
由 Edelstein 效应产生的自旋轨道矩（b）
FM—铁磁体；NM—非磁体

技术的 MRAM，其器件结构如图 6-37 所示。二者的器件结构具有很多相同点，其中基于自旋转移矩的 MRAM 是两端口结构，主要包括自由层（free layer）、势垒层（tunnel barrier）和固定层（pinned layer）；而基于自旋轨道矩的 MRAM 是三端口结构，在自旋转移矩 MRAM 的基础上，在自由层下加一个重金属层。两种器件的主要区别是改变器件磁阻的方式不同，基于自旋转移矩的 MRAM 是利用电流直接通过磁隧道结，从而改写自由层的磁化方向；基于自旋轨道矩的 MRAM 的编程方式主要为电流通过底层重金属，产生自旋流并注入自由层中，利用自旋轨道矩使自由层的磁化方向产生扰动，并结合多种方式让磁化方向产生确定性的翻转。相比于自旋转移矩的存储技术，基于自旋轨道矩的存储技术具以下优势：①自旋轨道矩来源于重金属材料，因此写入路径不通过磁隧道结，与读取路径分开，几乎避免了势垒击穿；②对于垂直磁各向异性磁隧道结，由于初始的自旋轨道矩比传统的自旋转移矩更强，从而消除了初始延迟，因此自旋轨道矩写入速度更快。

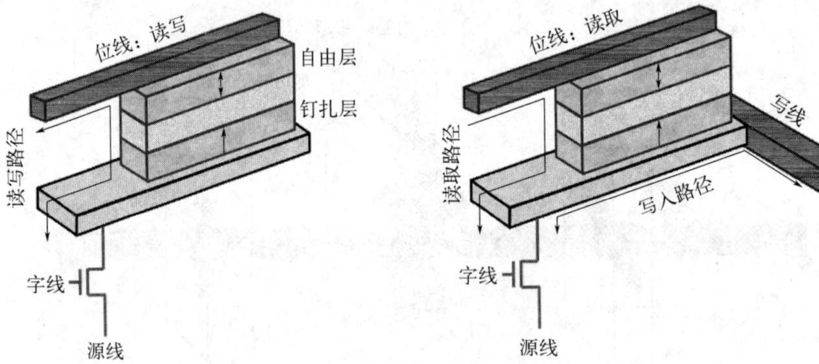

图 6-37　自旋转移矩磁隧道结的结构（a）和自旋轨道矩磁隧道结的结构（b）

6.8.5 其他自旋电子学研究的最新进展

除了上述自旋电子器件的研究之外，近年来自旋相关研究领域还出现了许多新的自旋相关效应，例如自旋霍尔效应、自旋泽贝克效应等，同时在有机材料、反铁磁材料、石墨烯和拓扑绝缘体等新型材料中的自旋输运现象，成为自旋电子学发展中值得关注的新方向。

(1) 自旋霍尔效应研究

除了在金属和半导体体系中研究自旋的注入、操作和探测外，有关自旋流特别是自旋霍尔效应的产生、操纵和检测，正成为构筑自旋电子学框架的另一选择。自旋霍尔效应（SHE）及其反效应（反自旋霍尔效应，ISHE）提供了一种在非磁材料中操控自旋的手段，从而可能在非磁材料中实现自旋的产生。SHE/ISHE 可以用在非磁系统中进行自旋注入和自旋探测，这种特性可以用来设计许多自旋功能器件，如光敏自旋器件（偏振光探测器、自旋场效应管，以及通过 SHE 来控制磁矩动力学等）。自旋霍尔效应有可能实际应用于自旋电子学器件。

（2）热自旋电子学及自旋泽贝克效应相关研究

热自旋电子学是最近几年自旋电子学领域兴起的热门方向，其本质是研究热流和自旋流之间的耦合关系。这些研究有利于发展绿色信息和通信技术，发展更节能的器件以及重新利用废弃的热。现阶段研究主要集中在观测和理解自旋泽贝克效应（spin Seebeck effect）。

（3）反铁磁材料中自旋效应研究

反铁磁材料也是一种常见磁性材料，其在自旋电子器件中的应用源于自旋阀，其中反铁磁材料作为钉扎层来调控铁磁层的磁矩方向。现有研究表明，反铁磁材料的自旋输运性质可以应用于自旋电子器件，为自旋电子器件的设计提供了新的思路。

（4）二维电子材料和拓扑绝缘体中的自旋电子学研究

石墨烯和拓扑绝缘体是近年来凝聚态物理研究的热点材料，它们都是二维电子体系，具有相似的狄拉克锥二维电子能带结构；但是石墨烯和拓扑绝缘体具有非常不同的自旋轨道耦合强度，因此两者应该具有不同的自旋散射机制。由于石墨烯和拓扑绝缘体具有独特的物理性质，研究其中的自旋注入和输运特性，探索利用其进行自旋电子器件设计，已成为目前自旋电子学研究中的一个新兴热点研究方向。

6.9 量子材料

量子材料作为一个标签，为凝聚态物理的重要前沿领域“强关联量子系统”提供了另一种定义。本领域所涉广泛，但其核心目标是发现与探索那些电子性质用传统的凝聚态物理教科书框架难以阐明的材料体系。量子材料研究的发展历程如图 6-38 所示。量子材料具有一定的量子关联特征，或者具有特定的量子序，包括超导电性、磁序/铁序性。那些电子性质呈现“反常”量子效应的材料也当属此类，例如拓扑绝缘体、狄拉克电子系统；那些集体行为呈现量子特征的系统，如超冷原子、冷激子、极化子等等体系也可归于此类。毫无疑问，衍生概念是量子材料研究的共同特征。下面重点介绍两类重要的量子材料即二维材料以及拓扑材料。

6.9.1 二维（功能）材料

二维材料又称二维原子晶体材料，是指电子仅可在两个维度的纳米尺度（1～100nm）上自由运动（平面运动）的材料，如纳米薄膜、超晶格、量子阱。这一概念是伴随着 2004 年曼彻斯特大学 Geim 小组成功分离出单原子层的石墨材料——石墨烯（graphene）而提出的。石墨烯突出的特点是单原子层厚、高载流子迁移率、线性能谱强度高。无论是在理论研究还是

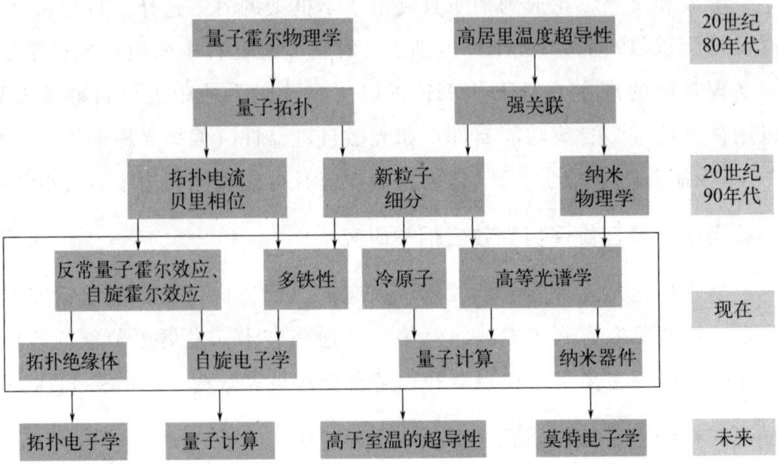

图 6-38　量子材料研究的发展历程

应用领域，石墨烯都引起了人们极大的兴趣，Geim 本人称为“Gold Rush（淘金热）”。后续又有一些其他的二维材料陆续被分离出来，如氮化硼（BN）、二硫化钼（MoS_2）、二硫化钨（WS_2）、MXene 材料等，最近在凝聚态物理领域有着广泛的研究。

二维材料因其载流子迁移和热量扩散都被限制在二维平面内，而展现出许多奇特的性质。其带隙可调的特性在场效应管、光电器件、热电器件等领域应用广泛；其自旋自由度和谷自由度的可控性在自旋电子学和谷电子学领域引起深入研究；不同的二维材料晶体结构的特殊性质导致了不同的电学特性或光学特性的各向异性，包括拉曼光谱、光致发光光谱、二阶谐波谱、光吸收谱、热导率、电导率等性质的各向异性，在偏振光电器件、偏振热电器件、仿生器件、偏振光探测等领域具有很大的发展潜力。

下面从主要的单元素和多元素二维材料以及二维磁性材料三个方面对二维材料进行介绍。

6.9.1.1　单元素二维材料

（1）石墨烯

研究表明，石墨烯所具有的高载流子迁移率、柔韧性、导电性以及生物相容性，令其在现代电子器件材料的发展中占有一席之地。因此石墨烯的加工与制备也成了一个重要的课题，从最初的机械剥离法到如今多种制备方法的成功应用，例如液相剥离法、超临界流体制备法等，石墨烯工业级别的制备或在不久的将来就能实现。

石墨烯这一新型材料已被应用于生物医学等研究当中，如芝加哥伊利诺伊大学就通过实验证实石墨烯具有辅助治疗癌症的能力。在现代医学中，光动力疗法（PDT）与光热疗法（PTT）的结合被应用于癌症的治疗当中，但该方法经常受肿瘤特异性差异的限制，从而增加了产生副作用的风险。经研究发现，可以将纳米级氧化石墨烯（NGO）与 PDT 光敏剂（IR-808）、聚乙二醇（PEG）和支化聚乙烯亚胺（BPEI）化学偶联［*N*-羟基丁二酰亚胺（NHS）/1-(3-二甲氨基丙基)-3-乙基二亚甲胺（EDC）偶联］来实现靶向消灭癌细胞，同时减少对健康细胞的损害（见图 6-39）。

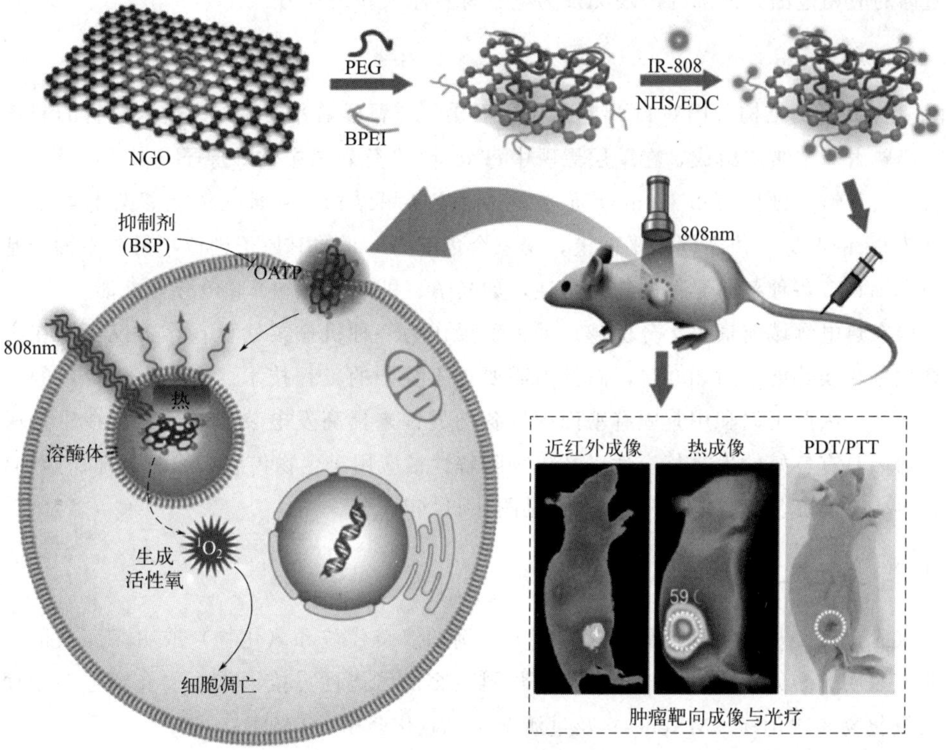

图 6-39　石墨烯在生物医学中的应用

（2）硅烯

硅烯起初并不被人们看好，学者们曾一度认为硅烯只是“理论”上可行的材料，但自 2012 年硅烯首次被制备成功后，研究人员便尝试将其应用于电子元件当中。这是由于硅烯具有低弯曲的几何结构、“狄拉克锥”、高费米速度和高载流子迁移率等优秀的电子特性，且与石墨烯相比，硅烯具有更强的自旋轨道耦合、更好的带隙可调谐性。硅烯的结构如图 6-40 所示。

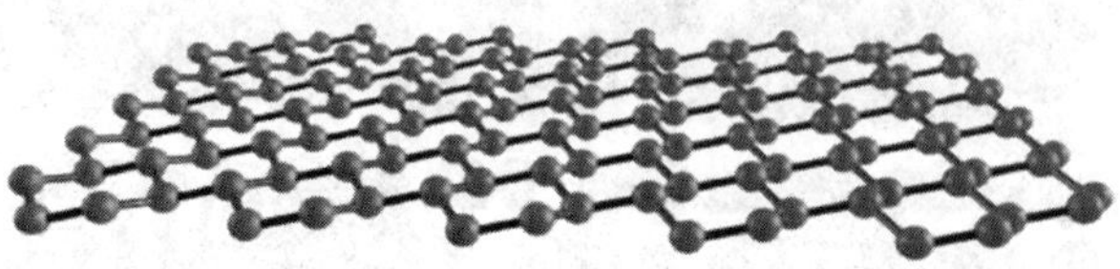

图 6-40　硅烯的结构

与石墨烯不同，硅烯不能直接从体硅中剥离。这是因为硅具有 sp^3 杂化结构，而打破共价 Si—Si 键难以在实验上实现。自从 2012 年研究人员在不同基质如 Ag(111)、Ir(111)、ZrB_2(0001)、ZrC(111) 和二硫化钼表面上成功合成了不同结构的单层硅烯片后，在固态表面上外延生长硅就成了制造硅烯的主要方法。

硅作为性质优良的电子材料之一，一直主导着电子器件领域的发展，许多高精设备离不开硅技术。石墨烯作为优良的导电体，因其电子移动速度大于单晶硅的优点，为研究人员开辟了新的研究思路。但可惜的是石墨烯不能在导电体与绝缘体之间自如转换，这极大地限制了石墨烯的应用范围。硅烯的出现无疑为电子材料注入新的动力。

（3）磷烯

磷烯（BP）的结构如图 6-41 所示，可以看出，与石墨烯和其他二维纳米材料的制备母体不同，黑磷由双层皱褶组成，在单层黑磷中每个 sp^3 杂化轨道中的 P 原子与其他三个相邻的 P 原子通过共价键（键长为 0.218nm）形成四边形金字塔结构。并且三个相邻的 P 原子中有两个角度为 98°的 P 原子位于同一平面上，第三个角度为 103°的 P 原子则位于另一平面。基于这一结构磷烯具有各种各向异性的物理特性，如光学、机械、热电子和电导等性能。

磷烯在热电领域前景也十分优越。因为磷烯作为一种机械柔性材料，不仅可以在高温条件下高效地转换热能（约 300K），而且不需要过于复杂的工程技术。这是由于磷烯的晶体方向是正交的，因此可以利用其固有平面内的各向异性来提高发电装置的性能。在生物医学方面，磷烯因具有良好的生物相容性以及生物降解性被应用于生物传感、诊断成像、药物传递、神经元再生、癌症治疗、3D 打印支架［见图 6-41（d）］。

6.9.1.2 多元素二维材料

二维家族已经从单元素拓展到含有两个（例如双卤代烷和氧化物）或更多元素的二维材料，研究表明，多元素的组合赋予了二维材料更多的可能性。接下来主要介绍过渡金属碳化物、碳氮化物和氮化物（MXenes）及过渡金属二硫化合物（TMDs）。

（1）MXenes

过渡金属碳化物、碳氮化物和氮化物（MXenes）作为二维材料世界的新成员，一般组成是 $M_{n+1}X_nT_x$（$n=1\sim3$），其中 M 代表早期过渡金属（如 Sc、Ti、Zr、Hf、V、Nb、Ta、Cr、Mo 等），X 是碳或氮，T 为官能团（O、F、OH）。$Ti_3C_2T_x$ 是 2011 年报道的首个合成的 MXenes，后经研究表明（如图 6-42 所示），MXenes 依据结构不同可分为 3 类：M_2X、M_3X_2 和 M_4X_3。由于 MXenes 具有灵活的可调性能，它的应用前景十分广阔，可应用于储能、电磁干扰屏蔽、增强复合材料、生物传感器和化学催化等方面。

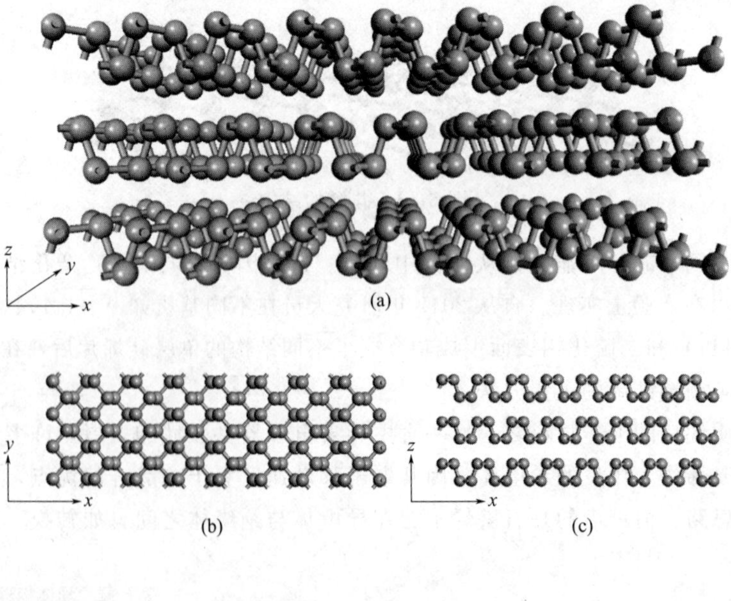

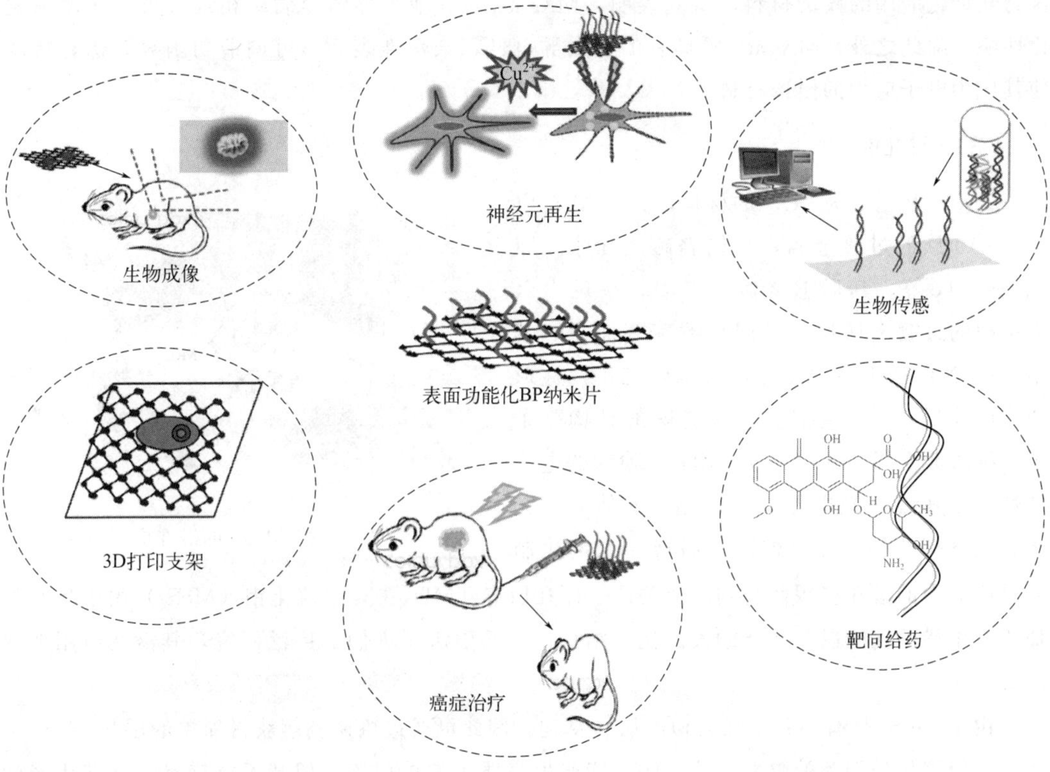

(d)

图 6-41　BP 的层状结构（a）～（c）及其在生物医学领域中的应用（d）

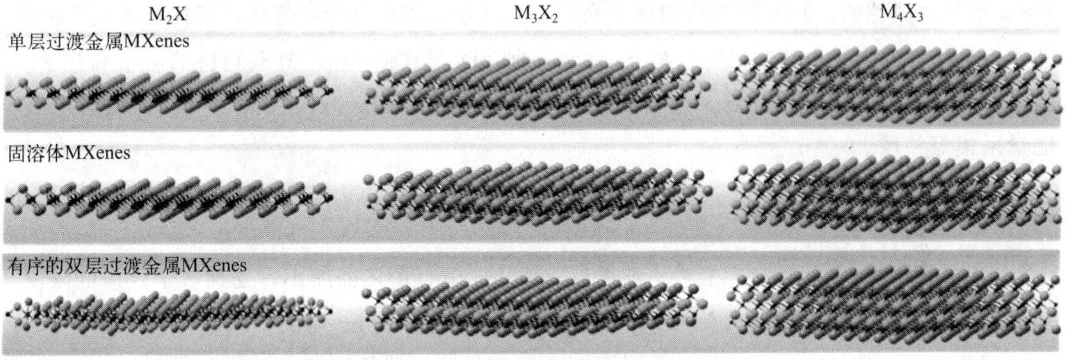

图 6-42　不同结构的 MXenes 材料

MXenes 是通过从其层状前驱体（MAX 相）中选择性地蚀刻某些原子层而制得的，迄今已制备出了 70 多种。但由于 M—A 键是金属键，因此不可能通过 MAX 相的机械剪切来分离 $M_{n+1}X_n$ 层并制造 MXenes。不过 M—A 键较 M—X 键有更强的化学活性，因此可以通过选择性刻蚀 A 元素层来达到分层的效果。

在光催化方面，由于 MXenes 具有半导体结构，且在可见光区域具有光吸收和良好的催化性能，因此，它们在各种光催化反应中具有潜在的应用前景。以 Ti_2CO_2、Zr_2CO_2、Hf_2CO_2、Sc_2CO_2 和 Sc_2CF_2 等为例，由于这些材料具有优异的半导体性能，因此可以把它们作为光催化应用的候选材料。研究表明，MXenes 与其他半导体异质结相结合可用于增强催化性能。除此之外，MXenes 所具有的金属导电性、亲水性表面、可调谐功函数等优异特性使其成为电子应用的候选材料。

（2） TMDs

TMDs 是通式为 MX_2 的材料，其中 M 对应于 4～10 族的过渡金属，X 代表硫族元素，即 S、Se、Te 等。其形态类似于石墨，呈现出六方堆积的过渡金属层，层间交替硫族原子，其中 X-M-X 结构中的过渡金属通常以三角棱柱形或八面体形的形式存在。这种特殊的结构赋予了二维过渡金属二硫化物（TMDs）独特的电子特性，使其因在光电器件、催化、晶体管、光子、光电探测器、传感器、存储器和光催化制氢反应器中的潜在应用而受到广泛关注。而在所有 TMDs 中，二硫化钼（MoS_2）由于具有类似于石墨烯的性能以及复杂的表面化学结构，因而引起了人们的广泛研究，其潜在应用如图 6-43 所示。

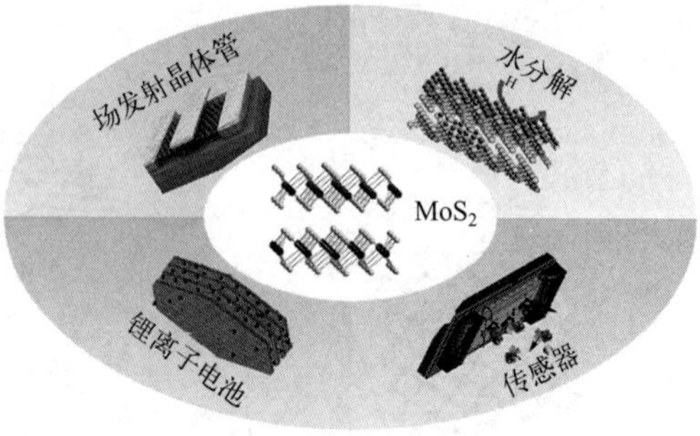

图 6-43　MoS_2 的潜在应用

由于 MoS_2 具有与石墨烯类似的层状结构，因此可通过机械剥落获得简单的层状 MoS_2 纳米片。但因机械剥落的弊端，该方法虽能产生高质量的单层膜，但却不能满足工业化生产的要求。除了机械剥离法和液体剥落法，化学气相沉积法（CVD）也可以用来在绝缘载体上生长 MoS_2 薄层，如 SiO_2 或蓝宝石。不过，与石墨烯相比，通过控制 CVD 的层数来获得晶体 MoS_2 更具挑战性的。与上述方法相比，高温退火法制备出的 MoS_2 薄片，不仅具有优异的电性能而且尺寸的大小也非常可观。MoS_2 作为一种 2D TMDs 材料，具有独特的电子和光学特性，可用于各种光电应用领域，包括光收集、场效应晶体管、微波开关、可调谐微波电路、能量采集等领域。

6.9.1.3　二维磁性材料

当前，尽管集成电路制造工艺不断提高，但由于器件的不断缩小，受到量子效应的限制，业界遇到了可靠性低、功耗大等瓶颈，微电子行业延续了近 50 年的“摩尔定律”将难以持续，因此，寻求从材料到系统的各个层面探究突破集成电路性能瓶颈的方案是亟待解决的关键科学问题。自旋电子学有望突破上述瓶颈，已成为后摩尔时代集成电路领域的关键技术之一。1988 年巨磁阻效应的发现标志着自旋电子学的诞生，并带来了信息存储领域的快速发展。

磁性材料是自旋电子器件的基础，不同于传统磁性薄膜，二维磁性材料的出现和其优势为传感、存储、电子及医学等诸多领域打开了新的局面，受到国内外的广泛关注。二维磁性材料的特点在于其以层状的形式存在，通过范德瓦耳斯力即分子间作用力堆叠在一起，层内原子以化学键进行连接，在原子级厚度下依然在磁学、电学、力学、光学等方面保持新奇的物理和化学特性。进一步地，通过较弱的范德瓦耳斯相互作用与相邻层结合，匹配度不同的原子层结合成为可能，进而创建多种范德瓦耳斯异质结构，摆脱晶格匹配和兼容性的限制，从而为实现具有电路微型化、力学柔韧性、三维堆叠高密度、响应速率快和高开关比性能的磁传感器和不易失随机存储器等新型自旋电子学器件提供了新的契机。

二维磁性材料具有丰富的材料集合（见图 6-44），涵盖丰富的磁性性能。总体而言，二维磁性材料具体可分为以下六类：过渡金属卤化物、过渡金属硫化物、过渡金属磷硫化合物、过渡金属锗碲化合物、过渡金属铋碲化合物以及过渡金属氧卤化合物。磁性材料的磁矩一般来源于过渡金属离子中 3d 电子的自旋和轨道角动量，过渡金属离子间的交换相互作用驱动了长程磁序。具体地，在局域自旋磁性材料（CrX_3、$Cr_2Ge_2Te_6$、$MnBi_2Te_4$ 等）中，直接交换、超交换和双交换等相互作用是长程磁序的主要来源。直接交换作用是由两个相邻磁性离子轨道波函数的重叠形成的，在磁性材料中并不常见；相比之下，超交换相互作用与磁性阳离子和非磁性阴离子轨道波函数的重叠有关，在磁性材料中普遍存在，也就是说，当磁性阳离子之间的距离较远时，由非磁性阴离子介导的磁性阳离子之间的超交换作用对稳定磁序起着重要的作用；双交换相互作用常出现在具有不同价态的磁性材料中，对于 Fe_3GeTe_2 等巡游磁性材料而言，导电电子介导了磁性，即流动的电子和局部磁矩将共存并相互作用。值得注意的是，这些不同的交换相互作用之间的相互影响，加上自旋轨道耦合产生的磁各向异性的存在，

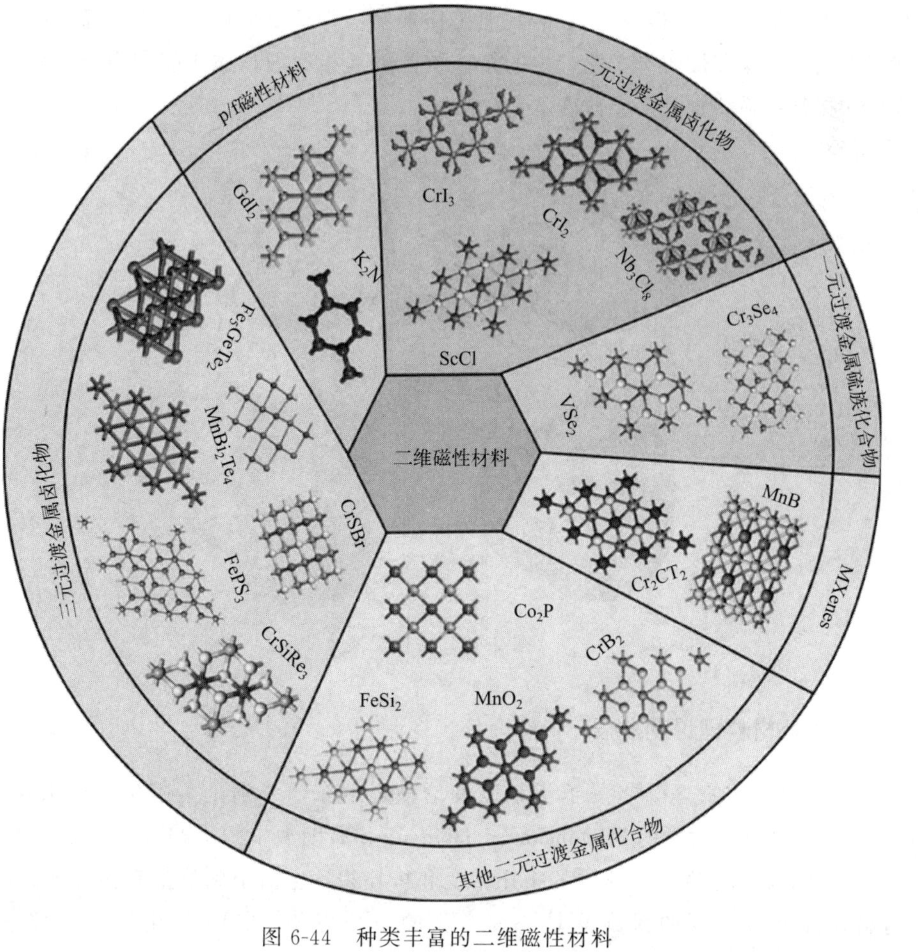

图 6-44 种类丰富的二维磁性材料

使得在具有相似晶体结构的材料中也能产生非常丰富的磁态。

6.9.2 拓扑材料

6.9.2.1 拓扑学相关知识

拓扑学（topology），是研究几何图形或空间在连续改变形状后还能保持不变的一些性质的学科。在拓扑学中不讨论两个图形全等的概念，而是讨论拓扑等价的概念。比方说，尽管圆和方形、三角形的形状不同，但在拓扑学中它们是等价图形，通过拓扑变换可以使它们互相转化。因此，从拓扑学的角度来看，它们是完全一样的。如有几种形状不同的三维多面体，虽然它们的形状不一样，但是可以通过计算发现：顶点数（v）减去棱数（e）再加上面的数目（f），对于这些多面体都是 2。定义多面体的欧拉（Euler）数为 $v-e+f$，具有相同欧拉数的多面体被称为同胚。在拓扑变换下，点、线、面的数目仍和原来的数目一样，这就是拓扑等价。一般来说，对于任意形状的闭曲面，只要不把曲面撕裂或黏合（即在曲面上产生新的点或者使不同的点重合），它的变换就是拓扑变换，就存在拓扑等价。在拓扑学中，甜甜圈可以通过拓扑变换，渐变为水杯（见图 6-45）。甜甜圈类型的物体的欧拉数是 0，对于一个实际物体无论怎么进行拓扑变换，其欧拉数都是恒定的。即欧拉数守恒是受拓扑学保护的，它是一个拓扑不变量。对于类似欧拉数的其他拓扑不变量，只要是拓扑变换，那么拓扑不变量的值就不会改变。这种性质对于能带中的拓扑结构也是相似的，描述能带中的拓扑结构的拓扑不变量在拓扑变换下也是不会改变的。

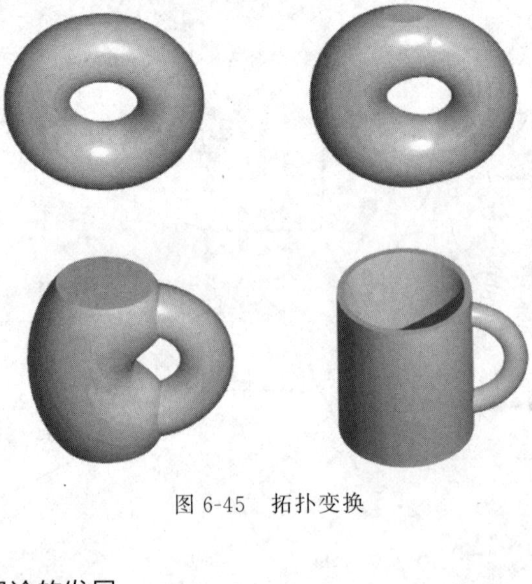

图 6-45　拓扑变换

6.9.2.2 拓扑材料理论的发展

2016 年的诺贝尔物理学奖授予了三位理论物理学家，分别是美国华盛顿大学的 David J. Thouless、普林斯顿大学的 F. Duncan M. Haldane 和布朗大学的 J. Michael Kosterlitz，以表彰他们在理论上提出了凝聚物质中的拓扑相变和拓扑相。生活中到处都有拓扑现象，比如说每天清晨在洗漱台见到的涡旋就是一种常见的拓扑现象。2016 年诺贝尔物理学奖得主

Thouless 和 Kosterlitz 发现的二维超流/超导体中的 Kosterlitz-Thouless（KT）相变，就与涡旋激发有着密切的关系。

（1）超流/超导体中的 KT 相变

1972～1973 年，Thouless 和 Kosterlitz 两位研究者通过理论工作，推导出了二维超流/超导体系中涡旋运动的理论模型，他们发现两种手性的涡旋（左旋和右旋）可以看成是被限制在二维平面内的正负“电荷”，互相之间存在二维“库仑作用”。更有意思的是，他们还发现随着温度的变化，这一体系中还存在着一种特殊的相变。在相变温度以上，涡旋是自由运动的，破坏了超导/超流的长程相位有序；而在相变温度之下，不同手性的涡旋只能两两配对形成束缚态，这时候存在着波函数相位的“准长程序”。这种由相位无序到“准长程序”的特殊相变，是涡旋游离态到束缚态转变所导致的，并不伴随着对称性的破缺，因此不能用朗道相变理论来刻画。这种相变便被命名为 Kosterlitz-Thouless（KT）相变。在实验上，KT 相变在许多超导薄膜中被观测到，这种由拓扑元激发导致的相变受到了广泛的关注。此外，苏联科学家 Berezinskii 也完全独立地对理解这一概念作出了重大贡献，因此这一相变也被称为 Berezinskii-Kosterlitz-Thouless 相变。

（2）动量空间中的拓扑不变量：TKNN 指数

上文介绍的是实空间中的拓扑构型与拓扑激发，产生拓扑激发的本质原因是相位空间是紧致的，也就是说相位空间只能在 $0 \sim 2\pi$ 之间取值。动量空间也是紧致空间，在动量空间中，电子态波函数背后隐藏着异常丰富的拓扑结构。TKNN 指数研究的问题属于电子态波函数的拓扑分类，这是一个很大的领域，目前这一领域的进展很快，拓扑绝缘体、量子自旋霍尔效应、量子反常霍尔效应、外尔半金属等新材料及新现象层出不穷。

跟上文介绍的涡旋激发类似，动量空间中波函数的拓扑结构还是隐藏在它的相位当中。每个波函数的相位是不定的，可以通过规范变换（波函数乘以相位因子）来进行改变，而任何有意义的物理可观测量都必须在这样的变换下保持不变。因此，问题就转化为是否能在看似任意变化的波函数相位结构中找出规范不变的量来，TKNN 指数给出的答案就是陈数。

陈数可以用以下方法直观展示：在看似随意的波函数相位中找一个规范不变的量，可以把二维布里渊区按照不同的 k_y 切成一条条的横线，并且在每一条线上按照一定的间距分成 N 个点，于是把相邻 k 点的占据态波函数求内积再乘起来就是规范不变的，如下式

$$A e^{i\theta(k_y)} = \langle \psi_{k_1} | \psi_{k_2} \rangle \langle \psi_{k_2} | \psi_{k_3} \rangle \cdots \langle \psi_{k_{N-1}} | \psi_{k_N} \rangle \langle \psi_{k_N} | \psi_{k_1} \rangle \tag{6-52}$$

需要注意的是，这个连乘是从 k_1 开始，最后回到 k_1，因为布里渊区其实是轮胎面，所以 k_N 和 k_1 也是相邻的。这个量在规范变换下是不变的，并且当 N 趋于无穷大时，这个复数的模 A 趋于 1，而只留下一个相位 $\theta(k_y)$，这个量是 k_y 的函数，因为对每一个固定 k_y 的环都可以做同样的计算。相位 $\theta(k_y)$ 是随着 k_y 的变化而变化的，假设 k_y 从 $-\pi$ 变化到 π，因为 $-\pi$ 和 π 其实是等价的，所以相位 $\theta(k_y)$ 必须回到初始值或者变化 2π 的整数倍。于是随着 k_y 变化一圈，相位角 $\theta(k_y)$ 必须在布里渊区的轮胎面上绕整数 C 圈，这个整数 C 就是陈数。

6.9.2.3 拓扑材料的分类

TKNN 的经典论文发现 TKNN 不变量即陈数，利用这一整数可以对所有的二维绝缘体进

行分类（见图 6-46）。想要在天然晶体中找到与量子霍尔效应体系类似的拓扑材料，首先要确定搜索的方向。如果这个新的拓扑材料是用陈数来刻画的，那么它必须满足两个条件：①必须是二维材料；②必须破坏时间反演对称。第一个条件很显然，因为陈数本身就是定义在二维体系中的。第二个条件需要进一步阐明，简单地说，时间反演就是时间箭头反向，即向前运动的粒子掉头往后，原来往后运动的粒子转而向前。除了粒子平动自由度以外，内禀转动自由度也要反向，即原来顺时针转的变为逆时针，逆时针转的变为顺时针，导致的后果就是粒子自旋方向的翻转。对于任何晶体材料，只要具有时间反演对称，其陈数就必须为零。换而言之，具有非零陈数的晶体材料，只能在破缺时间反演对称，也就是具有自发磁性的系统中去找。而绝大多数天然晶体材料是没有磁性的，能否找到陈数以外的拓扑不变量来刻画具有时间反演对称的绝缘体系统呢？答案是肯定的，近年来这方面的重大突破就是拓扑绝缘体理论。根据这一理论，可以把具有时间反演对称的绝缘体系统分为拓扑绝缘体和普通绝缘体两类，而用来刻画其拓扑特性的不变量就叫作 Z2 拓扑不变量。在半个布里渊区的相位角演化只有两种拓扑上不等价的构型，分别环绕半个布里渊区柱面奇数和偶数圈，前者对应拓扑绝缘体而后者则对应普通绝缘体。与陈数分类不同，这种分类在数学上是奇偶类而非整数类，因此称为 Z2 拓扑不变量。

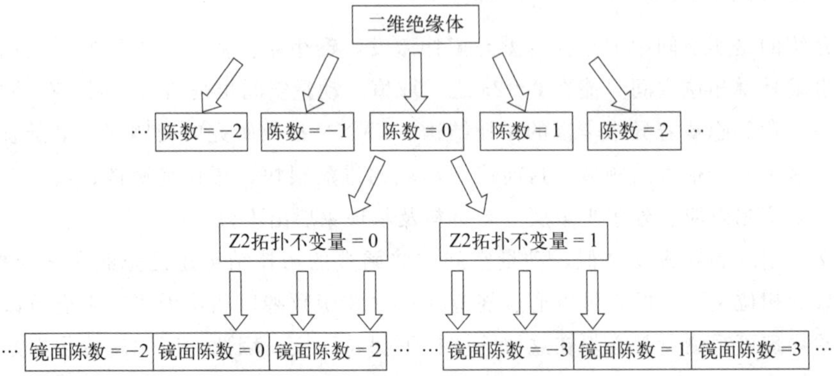

图 6-46　二维绝缘体按陈数分类

（1）拓扑绝缘体

2006 年，Bernevig、Hughes 和张首晟提出了实验上有可能真正实现的二维拓扑绝缘体系统——HgTe/CdTe 量子阱，HgTe 等材料被称为第一代拓扑绝缘体。次年德国维尔茨堡大学的 Molenkamp 小组在该体系中第一次观测到了量子自旋霍尔效应的迹象。此后，傅亮和 Kane 等把拓扑绝缘体的概念推广到了三维体系。2009 年，戴希和方忠所在的小组与张首晟小组合作，通过计算提出了目前影响最大的三维拓扑绝缘体材料——Bi_2Se_3 家族，这又被称为第二代拓扑绝缘体。如果不对体系的对称性做任何限制，那么二维绝缘体只能按照 TKNN 指数分类，也就是每一个整数 C 代表一类，其中 TKNN 指数等于零的二维绝缘体又可以进一步按照 Z2 指数分为奇偶两类。同理，还可以进一步加入各种晶体对称性，对连续形变做更高的对称性要求，从而获得更加丰富的拓扑晶体绝缘体，如镜面陈数（mirror chen number）绝缘体和沙漏型（hour glass）绝缘体等，这些被称为第三代拓扑绝缘体。

拓扑绝缘体材料的主要特性包括以下几个方面：①拓扑绝缘体的载流子在表面态的传输

过程中具有极低的能量损耗，此外，由于动量与能量之间具有线性的色散关系，因此拓扑绝缘体具有超高载流子迁移率，非常适用于高速低能耗的电子和光电子器件。②拓扑绝缘体具有窄带隙的体态和零带隙的拓扑表面态，因而具有较宽的光谱探测范围，在中红外及太赫兹波段的光电探测中具有重要的应用前景。③磁性元素掺杂可以破坏拓扑绝缘体表面态的时间反演对称性，从而打开拓扑绝缘体表面态的带隙，因此可以通过磁性杂质掺杂的方法实现带隙的调控。

（2）拓扑半金属

目前，针对金属体系布里渊区中波函数的普遍拓扑分类问题，还没有一个明确的答案。但对于一类特殊的金属体系——半金属，目前已经取得了突破，这就是拓扑半金属，它可以分为狄拉克半金属、外尔半金属等。第Ⅰ类狄拉克半金属主要包括 Na_3Bi、Cd_3As_2 等，这些三维狄拉克半金属目前已通过角分辨光电子能谱（ARPES）实验观测到的三维动量空间的线性色散关系而被证实。相比于二维狄拉克石墨烯和具有表面态的拓扑绝缘体，三维拓扑半金属除了具备作为光敏材料的高光吸收率特性外，还具有零带隙结构和线性色散关系所引起的超高载流子迁移率，因此有望在长波红外及太赫兹频段的低能光子探测中发挥重要作用。2015 年，中国科学院物理研究所方忠、戴希团队率先从理论和实验上预言并发现 TaAs 体系中存在着外尔费米子（Weyl fermion）的新型拓扑电子态。随后，外尔费米子相继在 TaP、NbP、NbAs 等 TaAs 家族中发现，这类承载着外尔费米子的材料体系即第Ⅰ类外尔半金属。随着研究的不断深入，关于拓扑半金属材料的分类越来越丰富和多样化。在 2016 年前后，另外一类外尔半金属（其外尔锥在动量空间有所“倾斜”）随之被预言并证实，即第Ⅱ类外尔半金属。这类拓扑量子材料主要包括 WTe_2、$MoTe_2$、WP_2 及 $TaIrTe_2$ 等二维材料体系。2017 年，在二维层状材料 $PtTe_2$ 中发现第Ⅱ类狄拉克费米子，之后在晶体结构相同的 $PtSe_2$ 中也观测到。目前已发现的第Ⅱ类狄拉克半金属主要存在于 $PtTe_2$、$PtSe_2$ 及 $PdTe_2$ 这类层状过渡金属硫族化合物中。

6.9.2.4 拓扑材料的潜在应用

由于拓扑材料的拓扑表面态受自旋耦合效应和时间反演对称性的限制，载流子在输运过程中的能量损耗极低，因而具有很高的电荷迁移率，这在发展低功耗高响应率的电子和光电子器件中具有重要优势。其应用主要体现在电子学、零能耗电子器件、能源领域、拓扑催化剂等方面。

① 电子学：量子物理的发展有助于了解电子在拓扑材料中的迁移规律，可以促进电子学、超导体领域的发展，还能助力未来量子计算机、光子芯片和光子计算机的研发。

② 零能耗电子器件：拓扑材料的高迁移率、零质量对于电子的输运具有重要的作用，有望能促进超导体、半导体材料的发展。

③ 能源领域：拓扑材料可应用于新型金属离子电池、热电转化方向中，未来可能有助于新能源材料的研发。

④ 拓扑催化剂：较高的电子态密度、高载流子输运速率和适当的热力学稳定性等拓扑材料所具有的特性，使其有望能够应用在水、CO_2 等的催化分解中。

6.10 固态相变的物理基础

固态相变是获得特定材料微观组织结构、改变材料性能的重要手段，指的是由外界环境所引起的固态材料内部组织或结构变化。从物理的角度，相变指的是系统从一个相转变为另一个相，是普遍存在于自然界的突变现象。大体上可以分为两类：第一类相变有明显的体积变化和热量的吸放，有过冷或过热的亚稳状态和两相共存现象；第二类相变没有体积变化和潜热，不容许过冷、过热和两相共存，比热容和其他一些物理量随温度变化的曲线上会出现尖峰。从热力学函数的性质看，如图 6-47 所示，第一类相变点对应两个相函数的交点，不是奇异点，交点两侧每个相都能存在，通常是能量较低的那个相得以实现；第二类相变点则对应热力学函数的奇异点，在相变点每侧仅能存在一个相，又称为连续相变。

发生第二类相变的体系有许多共同的特征，长期以来，人们用平均场理论来解释。早在 1895 年，皮埃尔·居里发现镍的磁化强度随温度的变化规律与 CO_2 在临界点附近的密度-温度变化曲线极为相似。根据这种类比，1907 年，Weiss 参照范德瓦耳斯状态方程提出著名的“分子场理论”，用于解释铁磁-顺磁相变和反铁磁-顺磁相变。1937 年 Landau 在概括平均场理论基础上提出了描述二级相变的朗道理论，强调了相变对对称性改变的重要性，认为对称性是不能缓慢改变的，对称性在相变点发生突然改变。例如，低温相通常是比较有秩序的相，其对称性较低，而高温相通常较为混乱，对称性较高，伴随着高温相到低温相的相变会出现对称破缺。对单轴各向异性铁磁体，自发磁化只能沿一个晶轴方向向上或向下。在 T_c 以上，上和下两个方向是等价的；在 T_c 以下，这两个方向不等价，出现了对称破缺。

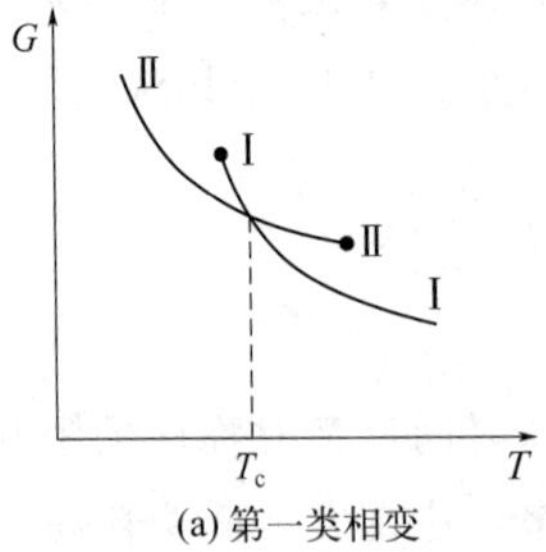

(a) 第一类相变

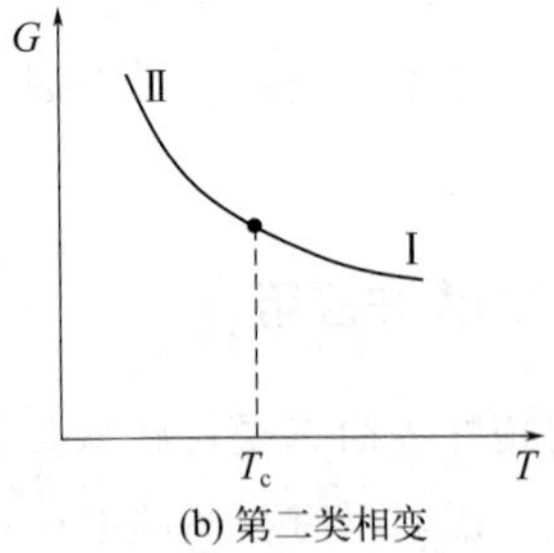

(b) 第二类相变

图 6-47　相变的热力学函数示意

朗道总结了相变特点并提出了二级相变理论，引入一个热力学参量，即序参量（η）描述相变时的对称破缺，并提出了势函数（如自由能、自由焓）在临界点附近展开形式。把高对称相称为无序相，对应于序参量 η 为零；低对称相称为有序相，序参量 η 具有非零值。作为宏观的热力学量，序参量 η 反映体系内部状态，应该是一些微观变量 σ_i 的系综平均值。每一个变量 σ_i 则是 i 格点附近时空坐标的函数，因此时间变化和空间分布同样对这些变量的平均有意义。在高于 T_c 的无序相，η 通常处于快速随机运动中，所以在每个格点对时间的平均值 $\langle\sigma_i\rangle_t$ 为零，与集合位置 i 无关。而当温度低于 T_c 时，这些变量彼此关联，形成空间分布决定的有序相。只要 η 具有无穷小的非零值，就意味着对称性发生变化，出现了有序。

序参量有两种变化方式：一类是一级相变，在这种相变中，当温度在 T_c 时降温或升温序参量出现不连续的跃变，高对称相的对称群与低对称相的对称群可能毫无关系，也可能有母群和子群的关系；另一类是二级相变，也就是连续相变，序参量在这种相变中的相变点逐渐变化，相变前后两相具有的对称群相关，低对称相的对称群一定是高对称相对称群的子群。序参量的另一个特点是具有一定的维数，下面结合具体例子做一些说明。

各向异性铁磁体中存在一个容易磁化的易轴，原子磁矩的取向只能平行或反平行于这个轴。在绝对零度时，所有原子磁矩取向相同，完全有序，自发磁化强度 $J(0)$ 最大。当温度升高时，热运动逐步削弱这种规则取向，自发磁化强度逐渐减弱，当达到居里温度时，自发磁化强度为零，铁磁相转变为对称性高的无序相——顺磁相。由此可见，自发磁化强度可作为序参量。由于自发磁矩只能沿晶轴向上或向下，所以序参量是一维的。对于一般铁磁体，自发磁化强度在微观上对应的是自选，序参量的维数就是自选矢量的分量数目；对于平面各向异性铁磁体，自旋可取平面内的各个方向，序参量是二维的；多维铁磁体自旋可取三维空间的各个方向，序参量是三维的。

对铁电体，序参量是电极化强度矢量，当温度降低到 T_c 以下，电极化强度将连续或不连续地从零变为一个有限值。图 6-48 显示了 $BaTiO_3$ 一级相变（或不连续相变）。当温度较高时，$BaTiO_3$ 的立方晶格原胞中，Ba 原子处在顶角上，Ti 原子处于体心，O 原子处于面心。当温度降低到 T_c 以下的时候，Ti 原子和 O 原子将沿着立方体的边相对 Ba 原子移动，使 $BaTiO_3$ 的对称性发生变化，从立方相转变为四方相。在这个过程中，电极化强度作为序参量，在 $T_c=120$℃时从零跳变至一个有限值。

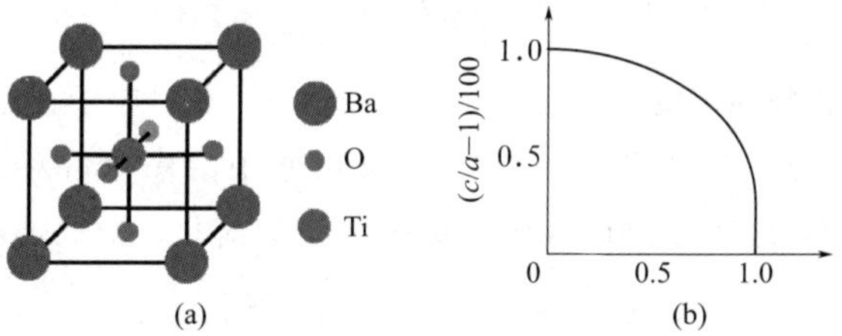

图 6-48　$BaTiO_3$ 结构（a）及一级相变（b）（c/a 是两个方向的晶格常数比）

Laudau 的二级相变理论将系统的自由能作为温度 T、压力 p 和相变序参量 η 的函数来展开。在函数 $\phi(T,p,\eta)$ 中，变量 η 的地位和变量 T、p 的地位不一样。当温度和压力取为任意值时，参数 η 只能由热力学的平衡条件，即要求由自由能为极小值的条件来决定。二级相变中状态连续变化，意味着 η 的值在相变点可以取任意小，在相变点附近自由能可以展开为 η 的幂级数。对于标量情形的序参量 η，自由能可写为

$$\phi(T,p,\eta)=\phi_0+\alpha\eta+A\eta^2+C\eta^3+B\eta^4+\cdots \tag{6-53}$$

式中，ϕ_0 是高对称相的自由能，其值与相变发生与否无关；α、A、C、B 是系统的参数，依赖于 p 和 T 而变化。以温度作为宏观变量导出相变。由于自由能在 $\eta=0$ 时，一阶偏导等于 0，则 $\alpha=0$。同时 $\pm\eta$ 对应一定的有序度，应有相同的 ϕ，则式（6-53）中的奇次项不存在，自由能展开为

$$\phi(T,p,\eta)=\phi_0+A\eta^2+B\eta^4+\cdots \tag{6-54}$$

或写成

$$\phi(T,p,\eta)=\phi_0+\frac{1}{2}A\eta^2+\frac{1}{4}B\eta^4+\cdots \tag{6-55}$$

由于稳定性条件要求，ϕ 作为 η 的函数应取最小值，并满足

$$\left(\frac{\partial\phi}{\partial\eta}\right)=0,\left(\frac{\partial^2\phi}{\partial\eta^2}\right)>0 \tag{6-56}$$

不计高次项，则

$$\left(\frac{\partial\phi}{\partial\eta}\right)=A\eta+B\eta^3=0 \tag{6-57}$$

$$\left(\frac{\partial^2\phi}{\partial\eta^2}\right)=A+3B\eta^2>0 \tag{6-58}$$

由式（6-57）和式（6-58）可以证明，对于高对称相，$T>T_c$，$\eta=0$，自由能对二阶偏导大于0，则 A>0；对于低对称相，$T<T_c$，η 取非零值，ϕ 的最小值将连续迁动，则要求 A<0。在相变点 T_c 附近可以认为二次项系数 A 是温度的线性函数，并在 T_c 上下变号，即

$$A=a(p)(T-T_c) \tag{6-59}$$

其中 $a(p)>0$，由一阶导数等于 0 可以得到两个解

$$\eta_1=0,\eta_2=\pm\left(-\frac{A}{2B}\right)^{\frac{1}{2}}=\pm\left[\frac{\alpha(T-T_c)}{2B}\right]^{\frac{1}{2}} \tag{6-60}$$

对于 $T>T_c$，$\eta=0$ 的相是稳定的；但是当 $T<T_c$ 时，$\eta=0$ 对应于自由能取最大值。只有非零解才是最稳定的，对应于有序相的出现。式（6-60）中的序参量对温度的依赖关系表明，在相变点转变是连续的，这些性质显示在图 6-49 中，为简化，取高温相的自由能 ϕ_0 为能量零点。

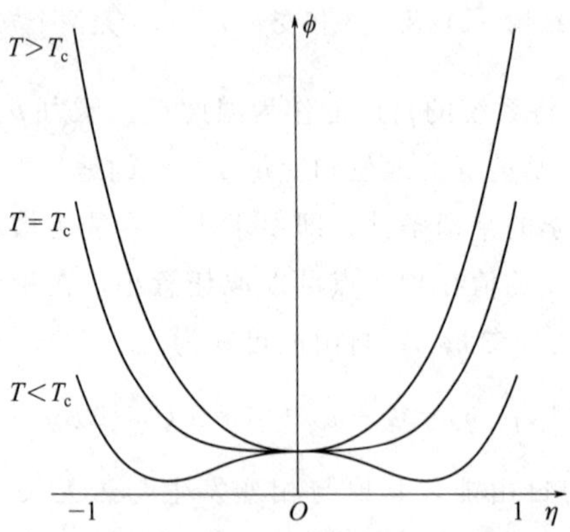

图 6-49　作为标量序参量函数的二级相变点附近的自由能

思政阅读

打赢核心技术攻坚战，走科技自强自立之路

与西方国家相比，我国半导体行业起步较晚，但在众多技术人员与科研人员的不懈奋斗、长期钻研之下，与相关领域已趋于成熟的西方国家间的差距正逐渐缩短。随着我国坚持以习近平新时代中国特色社会主义思想为指导，深入实施全民科学素质行动，厚植创新沃土，以及“中国制造 2025”和“十四五”规划等政策对科技的大力推动，我国半导体行业迎来了快速发展，应用场景不断扩展。随着人工智能、虚拟现实和物联网等新兴技术的出现，半导体的市场需求不断扩大。根据有关数据，2013 年中国半导体行业市场规模为 1.0566 万亿元，在科技兴国等战略、政策的大力推进下，2019 年中国半导体市场规模达到了 2.12 万亿元。

习近平总书记曾指出，实践反复告诉我们，关键核心技术是要不来、买不来、讨不来的。只有把关键核心技术掌握在自己手中，才能从根本上保障国家经济安全、国防安全和其他安全。我们只有将核心技术牢牢掌握在自己的手中，才能不受制于外国的技术封锁。与此同时，要实现“两个一百年”伟大目标，持续不断地加快发展、改善民生，也必须依靠科技创新的力量。时代之势正呼唤一个更独立、更完备、更具有发展活力的中国自主科技体系。

“青年兴则国家兴，青年强则国家强。青年一代有理想、有本领、有担当，国家就有前途，民族就有希望。”面对百年未有之大变局，新时代的建设者和接班人都应有为承担社会责任做思想上与行动上的准备的意识，争取在日后投身的领域中有所突破。锐意进取无论人生阶段，埋头骨干不限身份行业，砥砺深耕只为朝夕光阴，芳华待灼不负静世芳华。中华民族在实现伟大复兴的路上注定不会一帆风顺，但在一代代人的努力下，在亿万人的辛勤付出下，我们终将攻克难关，将核心技术牢牢掌握在自己的手中，走出泱泱大国独立自信的科技发展道路。

参考文献

［1］ 黄昆，韩汝琦．固体物理学[M]．北京：高等教育出版社，2014.

［2］ 曾谨言．量子力学[M]．北京：科学出版社，2014.

［3］ 汪志诚．热力学・统计物理[M]．北京：高等教育出版社，2020.

［4］ 梁昆淼．数学物理方法[M]．北京：高等教育出版社，2020.

［5］ Born M，Oppenheimer J R. On the quantum theory of molecules[J]. Annalen der Physik，1927，389：457-484.

［6］ Hartree D R. The wave mechanics of an atom with a non-Coulomb central field. Part I. Theory and methods [C]. Mathematical Proceedings of the Cambridge Philosophical Society. Cambridge University Press，1928，24(1)：89-110.

［7］ Slater J C. The self consistent field and the structure of atoms[J]. Physical Review，1928，32(3)：339.

［8］ Kohn W，Sham L J. Self-consistent equations including exchange and correlation effects [J]. Physical Review，1965，140(4A)：A1133.

［9］ Thomas L H. The calculation of atomic fields [C]. Mathematical Proceedings of the Cambridge Philosophical Society. Cambridge University Press，1927，23(5)：542-548.

［10］ Bagayoko D. Understanding density functional theory (DFT) and completing it in practice [J]. AIP Advances，2014，4(12)：127104.

［11］ Parr R G，Yang W. Density-functional theory of atoms and molecules [M]，Oxford：Oxford University Press，1995.

［12］ Ghosh S，Yadav R. Future of photovoltaic technologies：A comprehensive review[J]. Sustainable Energy Technologies and Assessments，2021，47：101410.

［13］ Ferain I，Colinge C A，Colinge J P. Multigate transistors as the future of classical metal-oxide-semiconductor field-effect transistors[J]. Nature，2011，479(7373)：310-316.

［14］ Chua L. Memristor-the missing circuit element[J]. IEEE Transactions on circuit theory，1971，18(5)：507-519.

［15］ Strukov D B，Snider G S，Stewart D R，et al. The missing memristor found[J]. Nature，2008，453(7191)：80-83.

［16］ 龙世兵，刘琦，吕杭炳．阻变存储器研究进展[J]．中国科学：物理学 力学 天文学，2016，46(10)：145-171.

［17］ 潘峰，陈超．阻变存储器材料与器件[M]．北京：科学出版社，2014.

［18］ Tang C W，Vanslyke S A. Organic electroluminescent diodes [J]. Applied Physics Letters，1987，51(12)：913-915.

［19］ 王亚丽，韩美英，黄达，等．OLED 器件新型应用研究进展[J]．影像科学与光化学，2021，39(1)：1-6.

[20] 陈莉. 激光显示，中国的机会[J]. 电器，2021(02)：34-35.
[21] 王与烨，于意仲，徐德刚，等. 全固态激光电视的研究[J]. 光电子·激光，2008，19(06)：739-742.
[22] 高伟男，毕勇，刘新厚，等. 我国新型显示关键材料发展战略研究[J]. 中国工程科学，2020，22(05)：44-50.
[23] 李继军，聂晓梦，甄威，等. 显示技术比较及新进展[J]. 液晶与显示，2018，33(01)：74-84.
[24] 蔡佳，胡湘洪，韦胜钰，等. 新型显示技术产业发展研究[J]. 电视技术，2021，45(06)：46-51.
[25] 邹源佐，王丹. 印刷 OLED 显示用发光材料进展[J]. 中国材料进展，2021，40(06)：454-462.
[26] 刘琳，陈雪波. 有机电致发光的过去、现在和未来[J]. 北京师范大学学报(自然科学版)，2021，57(05)：671-680.
[27] 刘苏. 稀土发光材料的研究进程与展望[J]. 中国稀土学报，2021，39(3)：338-349.
[28] 阚春海. 稀土金属钐掺杂的钛酸锶基发光材料制备及表征[J]. 黄金，2021，11(42)：1001-1277.
[29] 刘荣辉，刘元红，陈观通. 稀土发光材料亟需技术和应用双驱协同创新[J]. 发光学报，2020，41(5)：502-506.
[30] 王俊生. OLED 电视显示屏应用技术研究[D]. 广州：华南理工大学，2020.
[31] 宋道仁，肖鸣山. 压电效应及其应用[M]. 北京：科学普及出版社，1987.
[32] 阎瑾瑜. 压电效应及其在材料方面的应用[J]. 数字技术与应用，2011(01)：100-101.
[33] 潘家伟. 基于压电效应的能量收集[D]. 南京：南京航空航天大学，2008.
[34] 王春雷，李吉超，赵明磊. 压电铁电物理[M]. 北京：科学出版社，2009.
[35] Jiang X，Kim K，Zhang S，et al. High-temperature piezoelectric sensing[J]. Sensors，2013，14(1)：144-169.
[36] Choy S H，Wang X X，Chan H L W，et al. Study of compressive type accelerometer based on lead-free BNKBT piezoceramics[J]. Applied Physics A-Materials Science & Processing，2006，82(4)：715-718.
[37] 孙倩，尹菲，尚晶. 基于压电式加速度传感器的船用振动测量仪设计[J]. 传感器与微系统，2013，32(5)：71-73.
[38] Bilgunde P N，Bond L J. Resonance analysis of a high temperature piezoelectric disc for sensitivity characterization[J]. Ultrasonics，2018，87：103-111.
[39] Mathews J. Piezoceramic Accelerometer[M]. New York：Springer. 2008.
[40] Tressler J F，Alkoy S，Newnham R E. Piezoelectric sensors and sensor materials[J]. Journal of Electroceramics，1998，2(4)：257-272.
[41] 王天资，周志勇，李伟，等. 高温压电振动传感器及陶瓷材料研究应用进展[J]. 传感器与微系统，2020，39(6)：1-4.
[42] Yang T，Xie D，Li Z，et al. Recent advances in wearable tactile sensors：Materials，

sensing mechanisms, and device performance[J]. Materials Science and Engineering R-Reports, 2017, 115: 1-37.

[43] Lou Z, Li L, Wang L, et al. Recent progress of self-powered sensing systems for wearable electronics[J]. Small, 2017, 13(45): 1701791.

[44] Hu K, Xiong R, Guo H, et al. Biotactile sensors: Self-powered electronic skin with biotactile selectivity[J]. Advanced Materials, 2016, 28(18): 3549-3556.

[45] Kimoto A, Sugitani N, Fujisaki S. A multifunctional tactile sensor based on PVDF films for identification of materials[J]. IEEE Sensors Journal, 2010, 10(9): 1508-1513.

[46] 刘玉荣，向银雪. 基于PVDF的压电触觉传感器的研究进展[J]. 华南理工大学学报(自然科学版), 2019, 47(10): 1-12.

[47] Larson C, Peele B, Li S, et al. Highly stretchable electroluminescent skin for optical signaling and tactile sensing[J]. Science, 2016, 351: 1071-1074.

[48] Liang J, Liao W H. Improved design and analysis of self-powered synchronized switch interface circuit for piezoelectric energy harvesting systems[J]. IEEE Transactions on Industrial Electronics, 2011, 59(4): 1950-1960.

[49] Anton S R, Sodano H A. A review of power harvesting using piezoelectric materials (2003—2006)[J]. Smart Materials and Structures, 2007, 16(3): R1-R21.

[50] Han J, Jouanne A V, Le T, et al. Novel power conditioning circuits for piezoelectric micropower generators[C]. Nineteenth Annual IEEE Applied Power Electronics Conference and Exposition, 2004.

[51] 孙皓文. 基于压电效应的振动能量采集电路研究[D]. 石河子: 石河子大学, 2017.

[52] 梁松. 夹心式压电超声换能器设计及其振动性能研究[D]. 沈阳: 东北大学, 2011.

[53] 林书玉. 夹心式压电陶瓷功率超声换能器的优化设计[J]. 压电与声光, 2003, 25(3): 199-202.

[54] 高书宁. 多层压电陶瓷及其在压电驱动器中的应用[D]. 北京: 清华大学, 2018.

[55] Dong S, Lim S P, Lee K H, et al. Piezoelectric ultrasonic micromotor with 1.5 mm diameter[J]. IEEE Transactions on Ultrasonics, Ferroelectrics, and Frequency Control, 2003, 50(4): 361-367.

[56] Gao X, Li Z, Wu J, et al. A piezoelectric and electromagnetic dual mechanism multimodal linear actuator for generating macro- and nanomotion[J]. Research, 2019 (1): 177-185.

[57] Chaudhary V, Chen X, Ramanujan R V. Iron and manganese based magnetocaloric materials for near room temperature thermal management[J]. Progress in Materials Science, 2019, 100: 64-98.

[58] Li Z, Zou N, Sánchez-Valdés C F, et al. Thermal and magnetic field-induced martensitic transformation in $Ni_{50}Mn_{25-x}Ga_{25}Cu_x$ ($0 \leqslant x \leqslant 7$) melt-spun ribbons[J]. Journal of Physics D: Applied Physics, 2015, 49(2): 025002.

[59] Li Z, Yang J, Li D, et al. Tuning the reversible magnetocaloric effect in Ni-Mn-In-based

alloys through Co and Cu Co-doping[J]. Advanced Electronic Materials, 2019, 5 (3): 1800845.

[60] Tušek J, Žerovnik A, Čebron M, et al. Elastocaloric effect vs fatigue life: Exploring the durability limits of Ni-Ti plates under pre-strain conditions for elastocaloric cooling[J]. Acta Materialia, 2018, 150: 295-307.

[61] Cui J, Wu Y, Muehlbauer J, et al. Demonstration of high efficiency elastocaloric cooling with large ΔT using NiTi wires[J]. Applied Physics Letters, 2012, 101(7).

[62] Shen J J, Lu N H, Chen C H. Mechanical and elastocaloric effect of aged Ni-rich TiNi shape memory alloy under load-controlled deformation[J]. Mater Sci Eng A, 2020, 788: 139554.

[63] Zhou M, Li Y S, Zhang C, et al. Elastocaloric effect and mechanical behavior for NiTi shape memory alloys[J]. Chin Phys B, 2018, 27: 106501.

[64] Cong D Y, Xiong W X, Planes A, et al. Colossal elastocaloric effect in ferroelastic Ni-Mn-Ti alloys[J]. Phys Rev Lett, 2019, 122: 255703.

[65] Li D, Li Z, Yang J, et al. Large elastocaloric effect driven by stress-induced two-step structural transformation in a directionally solidified $Ni_{55}Mn_{18}Ga_{27}$ alloy[J]. Scripta Materialia, 2019, 163: 116-120.

[66] Zhang G, Li D, Liu C, et al. Giant low-field actuated caloric effects in a textured $Ni_{43}Mn_{47}Sn_{10}$ alloy[J]. Scripta Materialia, 2021, 201: 113947.

[67] Baibich M N, Broto J M, Fert A, et al. Giant magnetoresistance of (001)Fe/(001)Cr magnetic superlattices[J]. Physical Review Letters, 1988, 61(21): 2472.

[68] Mott N F. Electrons in transition metals[J]. Advances Physics, 1964, 13(51): 325-422.

[69] Binasch G, Grvnberg P, Saurenbach F, et al. Enhanced magnetoresistance in layered magnetic structures with antiferromagnetic interlayer exchange[J]. Physical Review B, 1989, 39(7): 4828.

[70] 陈闽江，邱彩玉，孙连峰，等. 自旋电子学与自旋电子器件[J]. 物理教学，2011，33(10)：2-5.

[71] Julliere M. Tunneling between ferromagnetic films[J]. Physics Letters A, 1975, 54(3): 225-226.

[72] Moodera J S, Kinder L R, Wong T M, et al. Large magnetoresistance at room temperature in ferromagnetic thin film tunnel junctions[J]. Physical Review Letters, 1995, 74(16): 3273-3276.

[73] Miyazaki T, Tezuka N. Giant magnetic tunneling effect in $Fe/Al_2O_3/Fe$ junction[J]. Journal of Magnetism and Magnetic Materials, 1995, 139(3): L231-L234.

[74] Wei H X, Qin Q H, Ma M, et al. 80% tunneling magnetoresistance at room temperature for thin Al-O barrier magnetic tunnel junction with CoFeB as free and reference layers[J]. Journal of Applied Physics, 2007, 101(9): 09B501.

[75] Yuasa S, Nagahama T, Fukudhima A, et al. Giant room-temperature magnetoresistance

in single-crystal Fe/MgO/Fe magnetic tunnel junctions[J]. Nature Materials, 2004, 3(12): 868-871.
[76] Parkin S S, Kaiser C, Panchula A, et al. Giant tunnelling magnetoresistance at room temperature with MgO (100) tunnel barriers[J]. Nature Materials, 2004, 3(12): 862-867.
[77] Lee Y, Hayakawa J, Ikeda S, et al. Effect of electrode composition on the tunnel magnetoresistance of pseudo-spin-valve magnetic tunnel junction with a MgO tunnel barrier[J]. Applied Physics Letters, 2007, 90(21): 212507.
[78] Ikeda S, Hayakawa J, Ashizawa Y, et al. Tunnel magnetoresistance of 604% at 300 K by suppression of Ta diffusion in CoFeB/MgO/CoFeB pseu-do-spin-valves annealed at high temperature[J], Applied Physics Letters, 2008, 93(8): 082508.
[79] 翟宏如，等. 自旋电子学[M]. 北京：科学出版社，2013.
[80] 韩秀峰，等. 自旋电子学导论[M]. 北京：科学出版社，2015.
[81] Slonczewski J C. Current-driven excitation of magnetic multilayers[J]. Journal of Magnetism and Magnetic Materials, 1996, 159(1-2): L1-L7.
[82] Berger L. Emission of spin waves by a magnetic multilayer traversed by a current[J]. Physical Review B, 1996, 54(13): 9353-9358.
[83] 赵巍胜，王昭昊，彭守仲，等. STT-MRAM 存储器的研究进展[J]. 中国科学：物理学 力学 天文学，2016，46(10)：70-90.
[84] Brataas A, Kent A D, Ohno H. Current-induced torques in magnetic materials[J]. Nature Materials, 2012, 11(5): 372-381.
[85] 王天宇，宋琪，韩伟. 自旋轨道转矩[J]. 物理，2017，46(05)：288-298.
[86] Bhatti S, Sbiaa R, Hirohata A, et al. Spintronics based random access memory: A review[J]. Materials Today, 2017, 20(9): 530-548.
[87] 于笑潇，资剑，王兵，等. 自旋电子学研究的现状与趋势[J]. 科技中国，2018，05：7-10.
[88] Tokura Y, Kawasaki M, Nagaosa N. Emergent functions of quantum materials[J]. Nature Physics, 2017, 13(11): 1056-1068.
[89] Luo S, Yang Z, Tan X, et al. Multifunctional photosensitizer grafted on polyethylene glycol and polyethylenimine dual-functionalized nanographene oxide for cancer-targeted near-infrared imaging and synergistic phototherapy[J]. ACS Applied Materials & Interfaces, 2016, 8(27): 17176-17186.
[90] Lei W, Liu G, Zhang J, et al. Black phosphorus nanostructures: Recent advances in hybridization, doping and functionalization[J]. Chemical Society Reviews, 2017, 46(12): 3492-3509.
[91] Anju S, Ashtami J, Mohanan P V. Black phosphorus, a prospective graphene substitute for biomedical applications[J]. Materials Science & Engineering C-Materials for Biological Applications, 2019, 97: 978-993.

[92] Naguib M, Mochalin V N, Barsoum M W, et al. 25th anniversary article: MXenes: A new family of two-dimensional materials[J]. Advanced Materials, 2014, 26(7): 992-1005.

[93] Yu R, Qi X L, Bernevig A, et al. Equivalent expression of Z(2) topological invariant for band insulators using the non-Abelian Berry connection[J]. Physical Review B, 2011, 84(7): 075119.

[94] Bernevig B A, Hughes T L, Zhang S C. Quantum spin Hall effect and topological phase transition in HgTe quantum wells[J]. Science, 2006, 314(5806): 1757-1761.

[95] Qi X L, Zhang S C. The quantum spin Hall effect and topological insulators[J]. Physics Today, 2010, 63(1): 33-38.

[96] Langbehn J, Peng Y, Trifunovic L, et al. Reflection-symmetric second-order topological insulators and superconductors[J]. Physical Review Letters, 2017, 119(24): 246401.

[97] Zhang H, Liu C X, Qi X L, et al. Topological insulators in Bi_2Se_3, Bi_2Te_3 and Sb_2Te_3 with a single Dirac cone on the surface[J]. Nature Physics, 2009, 5(6): 438-442.

[98] Hsieh T H, Lin H, Liu J, et al. Topological crystalline insulators in the SnTe material class[J]. Nature Communications, 2012, 3: 982.

[99] Wang Z, Alexandradinata A, Cava R J, et al. Hourglass fermions[J]. Nature, 2016, 532: 189-194.

[100] Weng H, Dai X, Fang Z. Topological semimetals predicted from first-principles calculations[J]. Journal of Physics-Condensed Matter, 2016, 28(30): 303001.

[101] Wan X, Turner A M, Vishwanath A, et al. Topological semimetal and Fermi-arc surface states in the electronic structure of pyrochlore iridates[J]. Physical Review B, 2011, 83(20): 205101.

[102] Xu S Y, Belopolski I, Alidoust N, et al. Discovery of a Weyl fermion semimetal and topological Fermi arcs[J]. Science, 2015, 349: 613-617.

[103] Sun Y, Wu S C, Yan B. Topological surface states and Fermi arcs of the non-centrosymmetric Weyl semimetals TaAs, TaP, NbAs, and NbP[J]. Physical Review B, 2015, 92(11): 115428.

[104] Soluyanov A A, Gresch D, Wang Z, et al. Type-Ⅱ Weyl semimetals[J]. Nature, 2015, 527: 495-498.

[105] Ma J, Gu Q, Liu Y, et al. Nonlinear photoresponse of type-Ⅱ Weyl semimetals[J]. Nature Materials, 2019, 18(5): 476-481.

[106] Yan M, Huang H, Zhang K, et al. Lorentz-violating type-Ⅱ Dirac fermions in transition metal dichalcogenide $PtTe_2$[J]. Nature Communications, 2017, 8: 257.

[107] Ma J, Deng K, Zheng L, et al. Experimental progress on layered topological semimetals[J]. 2D Materials, 2019, 6(3): 032001.